CTP技术与应用

（第二版）

张逸新 ◎ 主 编
田东文 刘春林 ◎ 编 著

文化发展出版社
Cultural Development Press

内容提要

随着CTP技术的迅速崛起，国内各大有实力的印刷企业相继投资CTP技术。本书第一版通过对CTP数字化工作流程、CTP系统结构和工作原理、CTP版材的分类和适性，以及网印、柔印、凹印的直接制版技术工艺流程的讲解，得到了业内读者的广泛认同。本书第二版在第一版的基础上，根据技术水平的不断更新，在软件和硬件方面都做了较大的调整，布局更加合理，内容更加实用。读者使用起来，会有与时俱进、得心应手的感觉。

本书是针对从事印刷、包装行业的技术人员和管理人员的实用读本，同时也可供相关院校师生作为授课的指导教材和参考书。

图书在版编目（CIP）数据

CTP技术与应用/张逸新主编;田东文，刘春林编著. —2版. —北京:文化发展出版社，2011.1 (2019.1重印)

ISBN 978-7-5142-0030-0

Ⅰ. ①C… Ⅱ. ①张… ②田… ③刘… Ⅲ.计算机应用－印版制版 Ⅳ.TS804

中国版本图书馆CIP数据核字(2010)第244039号

CTP技术与应用（第二版）

主　　编：张逸新

编　　著：田东文　刘春林

责任编辑：李　毅　　　　责任校对：郭　平

责任印制：邓辉明　　　　责任设计：侯　铮

出版发行：文化发展出版社（北京市翠微路2号　邮编：100036）

网　　址：www.wenhuafazhan.com　www.printhome.com　www.keyin.cn

经　　销：各地新华书店

印　　刷：北京建宏印刷有限公司

开　　本：787mm×1092mm　1/16

字　　数：406千字

印　　张：17.5

印　　次：2019年1月第2版第5次印刷

定　　价：65.00元

I S B N：978-7-5142-0030-0

◆ 如发现印装质量问题请与我社发行部联系。　发行部电话：010-88275710。

再版前言

印刷工艺技术正在朝着数字化方向发展，因可以省去胶片制作工序、提高印刷的质量、降低生产成本、操作更加简便等原因，CTP 技术即计算机直接制版技术，受到印刷业界的广泛重视。

CTP 技术在欧美、日本等发达国家的印刷界已经开始全面普及应用。在我国，CTP 设备的拥有量也已超过 2100 台，但是相比欧美、日本等发达国家，我国 CTP 的普及应用率仍显得相对较低。我国 CTP 技术发展不快的原因主要有二：一是印刷企业家面对丰富多彩的 CTP 技术、面对强调自己产品优势的 CTP 生产商，不知如何选择，他们徘徊在热敏、光敏或 CTcP 之间；二是拥有 CTP 系统的印刷企业，他们所生产的印版在使用过程中往往出现各种问题和差错，造成返工损失，更关键的是相当数量的印刷企业采用 CTP 系统后印刷质量没有明显提高。所以，在我国 CTP 技术普及应用的过程中，为印刷企业提供他们迫切需要了解的 CTP 技术主流发展方向的信息，实现价值最大化是一项十分迫切的工作，这正是本书再版的目的之一。

综合专家对各类 CTP 技术的分析和印刷企业在 CTP 使用过程中积累的实践经验，目前普遍认为热敏 CTP 技术在质量、上墨性、操作性等方面有较大的优势，比较适合书刊印刷、商业印刷、包装装潢印刷等领域；光敏 CTP 技术，特别是紫激光 CTP 技术，由于其速度目前要比热敏 CTP 快些，更适合报业印刷。用好 CTP 系统的关键在于提高企业在印前技术方面的技术水平、改变重视 CTP 设备及其流程软件认识、CTP 工艺的习惯管理方式、人才培训的意识，以及规范以 PDF 文件处理、CTP 设备操作、印刷补偿曲线调节、数码打样和 CTP 印刷过程控制等核心工艺流程。

本书《CTP 技术与应用》出版已三年，在这三年中，原版中所介绍的 CTP 工艺流程所涉技术有长足发展，大量应用软件已有更新，新型 CTP 版材不断出现。为了满足读者的需要，我们认为有必要再版本书，反映这三年来 CTP 技术的发展、增强 CTP 流程相关软件的介绍使本书更系统、更实用，并对原书中的一些错误和不当之处进行修订。再版主要作了如下修订：

（1）第一章第二节中增加了“CTP 系统的运行环境条件”内容；

（2）第二章第二节中的“色彩特征化管理”小节移到第三章构成第四节“色彩管理”；

（3）改写了第四章第二节中“页面拼版技术”部分；

（4）第五章第二节中增加了“数字打样及色彩管理软件”内容；

（5）第六章第二节中的“PDF 工作流程”并入第九章；

（6）改写了第七章“数字直接制版版材”。

（7）新增了“印刷数字化工作流程”一章，即现第九章。

再版修改由张逸新和田东文两位同志完成，在本书的再版编写中，印刷工业出版社艾迪编辑提出了许多宝贵意见，在此向她表示感谢。

由于作者的水平有限，书中仍难免出现错误，请各位同行及读者不吝赐教，以期使本书更加完善，谢谢。

作者

2010 年 10 月

前　言

计算机直接制版（CTP）技术自诞生之日起，就以其优越性成为各行业关注的对象。但是由于当时种种条件的限制，使得计算机直接制版技术在中国的发展十分缓慢。近几年，随着 CTP 版材、CTP 制版机和辅助设备功能的逐步完善，以及价格的日趋合理，计算机直接制版技术正为各行业所接受，它的广泛普及有利于“印刷网络信息化、印刷多样个性化、印后高效自动化、管理科学系列化”的实施。

虽然目前已有大量介绍 CTP 的杂志文章和学术专著出现，但是其侧重点都是在某一方面、某一领域，没有对 CTP 技术的整个流程给出详尽的叙述，同时由于 CTP 技术及其相关设备的新功能、新参数的完善层出不穷，因此迫切需要能够系统地反映当前整个 CTP 工作流程的专著问世。本书作者在总结国内外同行经验的基础上，首次规范、系统、详尽地对 CTP 整个工作流程进行了论述，以使读者获得全面的认识。

本书根据 CTP 工艺流程的特点，共分为八章。第一章对 CTP 的概念、企业实施 CTP 的基本条件和 CTP 数字化流程进行了介绍；第二章重点讲述图像原稿经由扫描仪、数码相机获得时，这些设备参数的设置、色彩的管理并重点介绍了网点拷贝技术；第三章讲述印刷图像的色彩调整、图像锐化；第四章介绍了图像加网方式及补漏白的基本步骤、参数设定、注意事项和 Adobe Indesign CS2.0 软件在页面拼版中的使用；第五章阐述了数字化流程中图像光栅处理器（RIP）工作原理、过程与数字打样方法，在对具体的打样系统分析的前提下，讲述打样质量的控制技术；第六章介绍 CTP 制版系统结构及工作原理，PDF 工作流程和典型的计算机直接制版工艺流程以及 CTcP 技术；第七章阐述了目前 CTP 版材的分类、典型胶印 CTP 版材的参数，以及 CTP 版材的印刷适性；第八章介绍了其他计算机直接制版方式（网印 CTS 技术、柔印 CTP 技术、凹印 CTC 技术）。附录在最后给出了目前数字打样系统、典型 CTP 版材以及 CTP 制版机的主要参数及技术规格。

本书适合于从事印刷、包装行业的科研和产品开发技术人员，以及技师和管理人员参考，同时也可供印刷和包装工程专业本科生作为教材或参考书。

在本书的编写中，研究生孟庆峰、葛京寰等人作了大量的工作，在此向他们表示感谢。还特别感谢印刷工业出版社的编辑艾迪提出的宝贵建议。

由于作者的水平有限，书中难免出现错误，请各位同行及读者不吝赐教，以期使本书更加完善，谢谢。

作　者
于江南大学
2007 年 5 月

目录

CONTENTS

第一章 绪 论

计算机直接制版（Computer To Plate，英文缩写 CTP）是描述采用计算机系统所存储的数据直接在印版上成像过程的术语。CTP 是数字化工作流程中数字化印前的一个主要组成部分，离开数字化工作流程 CTP，就失去实际应用的意义。

第一节 CTP 概 念

一、CTP 的定义

CTP 是指经过计算机将图文直接输出到印刷版材上的工艺过程，主要是指脱机直接制版工艺过程，如图 1－1 所示。传统的制版工艺中，印版的制作要经过激光照排设备输出胶片和人工拼版、晒版两个工艺过程。CTP 技术是将数字页面直接转化成印版，不再存在任何中介环节或中介物理媒体（如胶片）供确认、修改或拼接。其制版设备是用计算机直接控制，用激光扫描成像，再经过显影、定影生成直接可上机印刷的印版。计算机直接制版是采用数字化工作流程，直接将文字、图像转变为版面数据，直接生成印版，它省去了胶片、人工拼版的过程，半自动或全自动晒版工序。

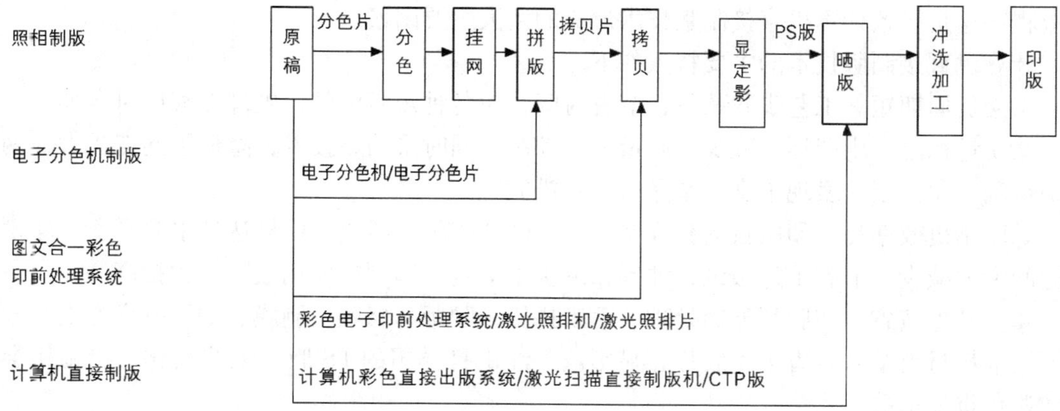

图 1－1 印刷制版的发展过程

CTP 可处理多种印刷方式，包括商业表格、说明书、通讯录、文件、报纸、标签、单张宣传页、宣传册和包装。它尤其适合把前端的编辑、创作部分和后端的制作部分紧密结合起来的封闭式工作流程。因此，CTP 系统对于完全使用数字格式数据的印刷厂尤为适用，如表格印刷、包装印刷、一般的商业印刷和采用全数字化编辑工序或纯分类广告的报章出版。

CTP 技术上是印刷产业技术数字化发展的一个必然结果。如今的 CTP 已经不再是指一个孤立的设备或器材，而是一个完整的系统，需要配套的数字化环境、控制管理技术和设备器材之间的协调作用才能发挥所具有的潜能和优势。

CTP 工作流程所覆盖的范围已经从前端设备一直延伸到印刷机，甚至要延伸到印后工序，实现了印刷生产系统的高度整合和生产流程的综合管理。在这种高度整合的生产系统中，传统的印前、印刷和印后工序由计算机网络加数字媒体连接成为一个整体（系统的无缝连接），各种设备和器材都作为整合系统的组件在系统级别上进行集中统一管理和控制，所有生产信息和产品资源在系统各个组件实现无缝传输、交换和共享。数字化工作流程及管理将成为 CTP 技术运行的必要条件和关键。

由于网络技术、数字化技术的发展，人们普遍采用标准化的工作流程技术管理印前过程以提高工作效率。工作流程技术在中国的推广具有自己独特的方式，大多数企业都以实现 CTP 输出为目标，从实现数字化着手开始，逐步实现数字摄影、数字打样、可移植文件格式（PDF）输出、色彩管理、数字工序管理、网络传送，最终实现全流程数字化。在数字化工作流程的技术发展过程中，PDF（Portable Definition Format 可移植文件格式）、JDF（Job Definition Format 作业定义格式）、CIP3（International Cooperation for Integration of Prepress, Press, Postpress）、CIP4（International Cooperation for Integration of Precesses in Prepress, Press, Postpress）和色彩管理等技术扮演了重要的角色。

二、CTP 技术的特点

目前市场需求的短版印刷活件越来越多、质量要求越来越高、交货周期越来越短、价格竞争越来越激烈。然而传统印刷工艺的生产环节多，质量控制难度高、印版上机调整繁复、印刷生产效率不高。此外，如果没有高效、高精度、全自动化的印前系统无法实现数字化工作流程。这是导致计算机直接制版技术形成的两大主要因素。

计算机直接制版技术的主要特点如下。

①交货周期短。工艺步骤减少，节省时间，对各种短版活件，硬件能够应付自如。

②质量稳定。生产环节减少，质量易于控制，同时采用新技术，降低了网点扩大，网点精确锐利，印刷层次表现丰富，精品印刷轻松完成。

③印刷机效率高。印版自动套准调整少，CTP 印版上墨快，极易达到水墨平衡，印刷准备时间大大减少，节省了过版纸、油墨，减少了浪费，印刷机使用效率大大提高。

④劳动力节省。在胶片显影处理、手工拼版、晒版、修版、剥膜、油墨打样方面。

⑤消耗材料节省。省去了胶片、显影液、油墨打样用的 PS 版，工艺简化，出错机会减少，避免重复浪费。

⑥节省设备。胶片曝光、胶片显影、维护与维修。

当然，CTP 目前存在很多不足之处，如 CTP 系统购置费用比较高，且版材价格较传统版材高，中、小型印刷公司不能接受。计算机直接制版系统的数字化工艺流程还不太成熟，特别是数字打样还不能完全模拟印刷。

三、CTP 系统的分类

从曝光系统方面，可分成内鼓式、外鼓式、平板式、曲线式四大类。在这四种类型中，使用的最多的是内鼓式和外鼓式，外鼓式是主流；平板式主要用于报纸等大幅面版材上；曲线式使用得很少。

①从版材品种方面，可分为银盐版、热敏版（烧蚀式热敏版、非烧蚀式热敏版）、感光树脂版和聚酯版（非金属版基）等。

②从技术方面，可分为热敏技术（普通激光成像）、紫激光技术、UV 光源技术。

③从自动化程度方面，可分为手动型、半自动型、全自动型和混合型。

④从印版在鼓上的固定方式方面，可分为全吸附式和中间吸附与首尾用卡夹固定两种，全吸附式对版材的尺寸没有限制，而卡夹式使用的版材幅面必须有固定尺寸。

⑤从应用方面，可分为商用 CTP 系统和报用 CTP 系统。

第二节　CTP 技术实施基本条件

一、企业实施 CTP 技术的设备投入

1. 软件条件

所需软件有排版软件、拼大版软件、陷印软件、图像处理软件、色彩管理软件、校正软件、RIP 软件、数字化工作流程系统。

2. 硬件条件

所需硬件有工作站或服务器、扫描仪或数字照相机、网络传输设备、数字打样机、CTP 制版与冲版系统、数据存储设备、印版打孔机。

二、企业实施 CTP 技术的人员条件

技术人员应有：

①要有能够熟练使用 PostScript 电子印前系统的印前技术人员，要求印前技术人员熟悉基本的档案处理及故障检查，能迅速找出并解决字体问题、欠缺的图像和构造不好的文件等；

②拥有数字排版与编辑人员；

③印前技术人员具有数字流程的操作经验；

④拥有掌握校正处理、色彩管理、电子拼大版和陷印等图像处理的技术人员；

⑤拥有数字打样经验的印前技术人员，数字打样是 CTP 工作流程中最具争议的技术之一，因为它对客户和印刷车间都会产生影响；

⑥拥有计算机网络维护的技术人员。

除此之外，印刷的成功与否还与公司技术人员有关，他们的技术水平和学习能力直接影响对 CTP 技术引进的快慢程度，公司需要对这样的技术人员进行必要的培训。而当服务器

处理的工作任务十分繁重时，为确保服务器和网络可以正常运行，增加系统管理者又是非常重要的。由于 CTP 系统影响到整个印刷公司，所以凡是牵涉其中的部门都需要进行一系列的调整和培训。

三、CTP 系统的技术条件

1. 数字化工作流程

工作流程是保证直接制版工艺正常运行的管理系统，保证直接制版系统中涉及的各种设备、数据和信息能够协调一致平稳运行，各种资源能够得到充分利用，使系统发挥最大效能。

CTP 系统赖以发展的不是 CTP 设备本身，而是数字化的工作流程，不建立起数字化的工作流程，CTP 就失去了意义。一个完整的数字化工作流程是 CTP 技术的根本，是充分发挥 CTP 优势的有力保障。

2. 数字打样技术

CTP 系统必须采用新的工艺流程：数字打样（有问题修改大版文件，无问题出 CTP 版）→输出 CTP 版。从以上流程可以看出，对某一套印件来讲，客户的修改意见和批注都在数字样张上，输出中心输出的是改样后印版，不会出现版材的浪费，而彩色桌面出版系统 DTP（Desktop Publishing）流程中客户改的样张是传统样张，如有修改势必造成 PS 版及胶片的再次重复输出，造成不必要的材料浪费和时间浪费。从 CTP 工艺流程中也可以看出，数字打样是流程关键，在此应该考虑两个问题，第一个问题是数字打样的颜色是否与印刷颜色一致，第二个问题是数字打样的内容是否完全再现在 CTP 版上，如果这两个问题得到有效解决，那么 CTP 工艺流程就得以顺利实施。

数字打样是否能再现客户原稿，以及印刷能否跟上数字打样的效果，是数字打样技术的基本要求，而要达到这两点要求，必须运用色彩管理测量技术以及所生成的 ICC 特性曲线文件。

3. Copydot（网点拷贝）扫描设备

传统制版与 CTP 结合的过程中，难免会遇到需要将传统分色片转换为电子文件的问题，而 Copydot 扫描仪正是解决这一问题的关键设备。网点拷贝扫描仪可将网目调分色片转换成相同的数字文件，轻松地将外来、存档胶片以及反射稿融入全数字化工作流程。先进的扫描技术采用网点对网点拷贝，复制精确，没有莫尔纹和人工的痕迹。借助网点拷贝扫描，可实现自动拼版，保证单页和整版精确套准，节省了人力，缩短了印刷准备时间，投资回报更快。

4. 数字环境

由于在 CTP 数字流程制作过程中需要有大量的数据在网络上传递，因此高速大容量的网络传输系统是完成这一需求的保障，同时为了方便客户上传、下载制作信息资料，利用高速互联网 VPN 并建立自己的 FTP，是实现与客户顺利沟通的必要渠道。

完整数字环境是生成数字页面，保证控制信息传输和共享的必要条件。直接制版是一个完全数字化的印前生产过程，不再存在任何模拟处理和操作环节，因此要求构成最终数字页面的所有元素（图像、文字、线条、符号、数字等）都必须以数字形式存在，或者能够容易地转化成数字方式，而且数据格式与系统完全兼容，实现在系统中的无缝流通、操作和共享。同样，操作指令和控制以及管理信息的描述也必须标准化，保证在系统中能够被准确无误地接受和执行，例如：CIP3 PPF、CIP4 JDF 等都属于这个范畴。因此，数字环境并不只是一个硬件平台的问题，还涉及软件等标准化问题。

5. CTP 版材与成像系统的匹配

①银盐版材。高感光度、高分辨率、高耐印力，但必须在安全灯下操作，工艺过程中银盐的化学反应生成物必须做妥善处理。

②感光树脂版材。类似于普通版材，必须在水性显影液里处理。但是与银盐版相比，感光树脂版的感光度、分辨率和耐印力就显得很低了。利用新型高感光度树脂乳剂，可以保证产品的一致性和图文的稳固性——这也是选择版材时最应考虑的因素。

③混合型版材。在普通的感光乳剂中加入曝光过程中的低感光度卤化银蒙版层，这样可以得到两种物质折中以后的优点。然而这种混合物需要一条很长的制版生产线和两条排废通道，以及更复杂的制造工艺。

④热敏版材。可在日光下操作，高分辨复制、成像准确、有简化工艺的潜力，打样可以在同一器械上成像。只是热敏技术不如可见激光系统成熟，因此热敏选择局限性很大，热敏技术仍有较大潜力。

第三节 CTP 数字化流程设计

在工作流程设计中，主要问题在于客户和印刷商如何相互协商，确认双方认同的设备和将要从事的印件类型。尽管还没有统一的标准，但任何 CTP 工作流程的设计都需要一些明确的环节和步骤，以便制定的工作流程能够满足对特定印件的指导。

这些步骤主要是：

①客户文件输入；

②图像准备（如果需要时）；

③预检；

④拼版和套色；

⑤页面语言转换和输出；

⑥制版与质量控制；

⑦印刷。

如图 1－2 所示为一典型 CTP 制版数字化工作流程设计。

印刷企业与客户之间的信息沟通是数字化工作流程设计能否成功的首要因素。客户需要明白什么类型文件格式才能够被印刷商所接受，以及印刷企业的能力。所有输入文件都需按规范编排好格式，使制版设备能够识别和使用，并能以印刷企业要求的媒体形式传输（如软件、网络传输或局域网传输）。文件被载入工作流程中，系统内的软件应使其客观展示，此时，文件可以在印刷企业打样（样稿送回客户以获得认可），也可以电子形式传输回客户处打样（采用传统打样或软打样）。以下我们将详细介绍 CTP 制版数字化工作流程的每一步骤。

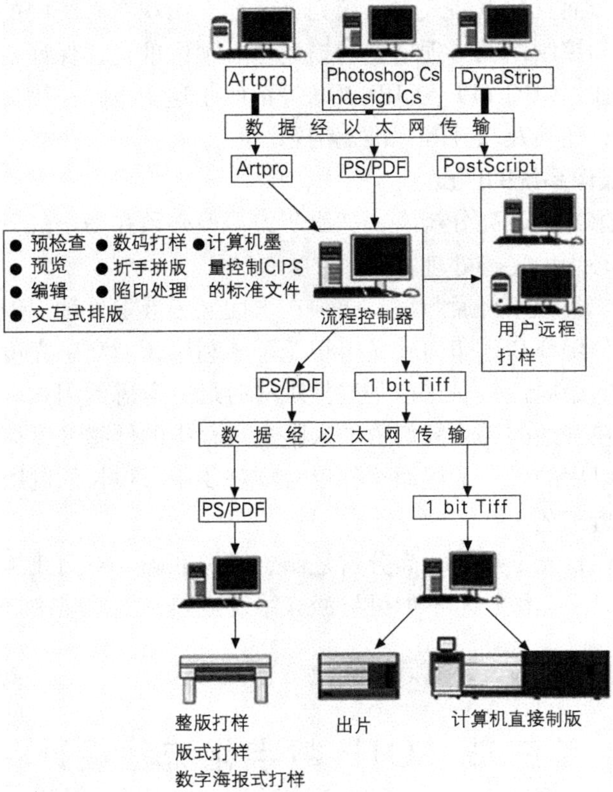

图 1－2 典型 CTP 制版数字化工作流程设计

1. 预检

印刷企业一旦收到文件，第一步就是对文件进行预检，即检查文件在送往 RIP 进行成像输出时是否正确无误，检查文件中所需字符和图像，检查并识别文件的损坏部分和其他任何可能存在的问题。

虽然目前印刷界对在工作流程中是否必须进行文件预检仍处于争论阶段，但现在许多印刷商都在印前部分进行文件预检工作。理想的情况是印件一旦传输到印刷企业，客户服务代表就对印件文件进行预检，迅速向客户反馈情况。现在已有对文件进行预检的专用软件（柯达的 Synapse Prepare Pro 2. 0、美国的 Apago 公司的 PDF/X Check up 3. 0），所以客户自己也能完成对文件的预检工作，从而节省印刷企业提供服务的可能收费。

即便如此，设计者们不能指望依靠文件预检来发现所有错误，而是应该从一开始就修正错误从而保证其顺利通过整个工艺过程。打样的目的和工作流程中的文件预检都是为了尽可能提前发现问题，应该在文件制作时尽早确认问题所在，而不应该在制版完成后才发现，只有这样在经济上才是十分合算的。

2. 数字打样

在 CTP 工作流程中，被认为最薄弱的就是数字打样的可靠性。CTP 工艺可采用以下几种类型的打样方式：色彩打样、拼版打样和二者合一的综合打样。由于 CTP 工艺不采用胶片，胶片打样的方法就无法采用，所采用数字打样方法是必然选择。代替传统打样设备的是高端喷墨、染料扩散和激光彩色打印机。

由于不同印刷方式具有不同的特点，因此数字打样方法一直难以取得常见打样的效果。其中一个主要原因是数字打样方法采用连续调的处理工艺，无法产生连续网目调网点结构的样张。将数字打样样张作为对客户的质量承诺或最终样张，正在被客户和印刷商逐渐接受。但不采用网目调网点打样，就难以检查出加网印刷中潜在的龟纹故障，印刷操作人员就必须在印刷过程中学会用色调匹配方法检查印刷质量，减少印刷故障，而不是采用传统的网点结构匹配的方法。若采用非传统加网方式，如调频加网方式，采用连续调的打样方法则十分有利。解决上述问题的方法之一是使用数字打样机，也可模拟连续网目调加网打样，但成本相当高。因此印刷商往往拥有多种类型打样设备，以应对生产所需的各种特定要求（如大幅面喷墨机用于拼版打样、Kodak Approval 用于色彩确认打样等）。

另一个制约数字打样技术应用的原因则是由于打样色料与印刷油墨色料的不同，造成打样色彩与印刷色彩的差异。因此需要应用色彩管理方法，来补偿色料不同造成的差异。一个 CTP 系统最终能否取得成功，很重要的一点就是需要决定采用何种方式的无胶片打样来获得客户能接受的样张。

3. PS 处理

在文件预检步骤完成之后，通常需要 PostScript（PS）软件（页面描述语言）进行处理。PS 的应用可使各种制造商的不同标记装置在印刷过程中发挥不同作用。首先，文件获得一个印件标签，印件标签中包括了对印件进行合理加工和对印件进行识别的各种生产信息。然后，生产人员和印前操作人员开始工作，对此印件采用各种软件（如套色、拼版或色彩管理软件）进行处理。最后，处理完毕的印件被送往制版机、印刷机或存入数据库储存。

数字形式的图像文件十分利于重复调用，而重复调用则是指需要时再次使用数字形式存储的图像。所以各种印件可方便地存储在数据档案库中，在需要时以 CD－ROM 形式或通过网络调用。

4. 图像栅格处理器 RIP

印刷数据输出设备需要 RIP 来翻译 PS 格式描述的印刷文件。印刷文件通过 RIP 传送到数字输出设备上，RIP 对该文件进行三项工作：语言转换、项目列表和图像栅格化处理。RIP 对 PS 格式文件语言转换时，是将文件转换为标记装置设备能够读懂的语言。项目列表工作不是对文件的列表，而是对每个页码中的每一个项目（文字、插图、图像等）以列表的形式进行单独的描述。对文件的栅格化实际上是一种操作指导，它告诉标记装置在什么时候和什么地方标注极轴，使用什么形状的网点，以及其他类似信息。一旦一个 PS 格式文件送到 RIP，通常认为这个文件就已被确定，它将根据 PS 格式（也包括错误在内）输出印刷文件。

在 CTP 工作流程设计中，另一点值得关注的是图像处理采用单 RIP 还是多 RIP 输出。最理想的是采用同一 RIP 输出进行制版和打样，这样可避免不同 RIP 图像输出产生的差异。遗憾的是，在 RIP 进行打样时，制版就无法进行。所以使用单个 RIP 还是多个 RIP 取决于印刷商和他们的工作方式。

5. 拼版打样

这种打样主要是为了检查印件所有各部分在版面中的最终位置，核实裁切标记、折页标记、套准标记和色标是否都在正确的位置。这种打样应是制版前的最后打样，其打样尺寸与印件活尺寸大小相同。对于某些客户，拼版打样的色彩质量也可以被认可为色彩定稿打样。

6. 制版

在制版工艺中，十分重要的一点是谨记印版与胶片的制版工艺完全不同。由于印刷操作人员已得到获得客户认可的打样样张，因此在制版前，文件中出现的任何错误都必须修正。一旦制版完成，还需要进行质量检查，这些检查包括制版工艺能否顺利进行、RIP 是否无误输出，以及曝光度和分辨率试验、定向斜线、最小和最大网点变化等。因为没有一种制版方法是十全十美的，一旦印版安装上机开始印刷，对未被检查出的错误进行修复将要付出极高的代价。而一个良好设计的数字化工作流程就能够避免印件作废或重做。

第二章　数字原稿

第一节　图像扫描

一、扫描仪的性能与参数

目前扫描仪的种类已经发展得相当多，从大到小有：大型滚筒扫描仪、小型滚筒扫描仪、台式扫描仪、双平台扫描仪、底片扫描仪、手持扫描仪、笔形扫描仪。

图2－1和图2－2分别给出了平台式扫描仪和海德堡DC3000系列滚筒扫描仪及其工作原理。

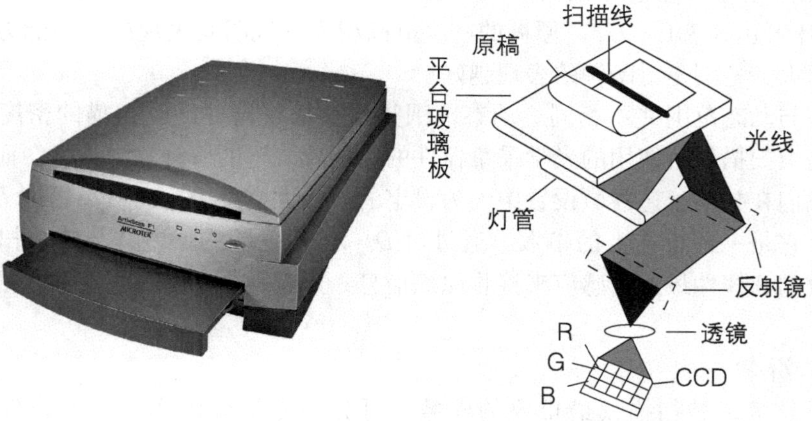

图2－1　平台式扫描仪及工作原理

扫描仪的工作性能主要用以下几个参数来评价。

1. 信噪比

所谓信噪比就是指信号和干扰噪声之间的比例关系。信噪比越高，对有用信号的提取就越准确和清晰。目前平台扫描使用CCD作为光电采集器，而影响CCD采集器精度的最大问题就是噪声问题。

2. 动态范围和密度范围

为了便于说明，先介绍一些密度的概念。设想射到原稿上某一点的光强是 I_0，通过原稿的光强（或反射光强）为 I，透射（反射）率则为 I/I_0，则密度 D 为透射（或反射）率倒数的以 I_0 为底的对数，即：

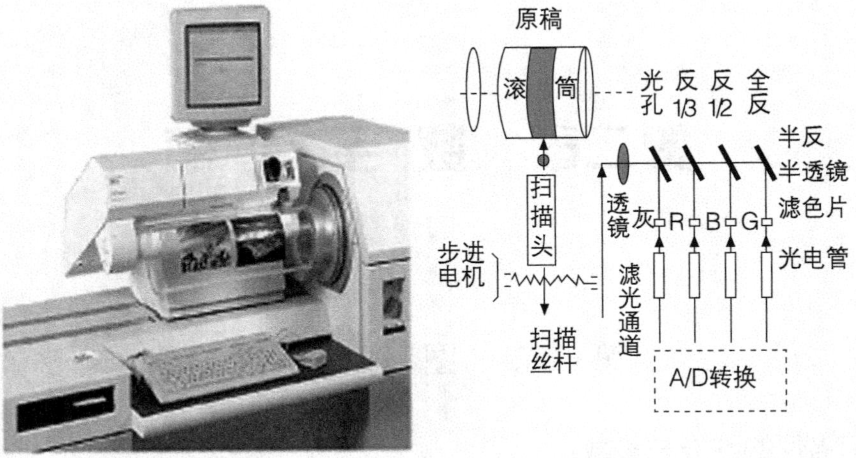

图2－2　海德堡滚筒扫描仪及其工作原理图

$$D = \lg(I_0/I) \tag{2-1}$$

密度表示了对透射原始图像的光阻能力和反射式原始图像的光吸收能力的度量，原稿上越黑的地方密度越大。从理论上讲，最大的密度范围为0～4.0。4.0是炭黑的理论密度，0是无光阻或无光吸收。彩色印刷品的最大密度在1.6～2.0之间，彩色照片大约可以达到2.5，彩色正片可达到3.0～3.3。原稿的密度范围越大，说明其表现层次的能力越强，色域表现范围就越大，特别是对暗调的表现越好。

密度范围与动态范围并不相同。动态范围是指扫描仪器件能够扫描的密度区间的最大值，它主要是由扫描仪所使用的光学采集器件的性能所决定的一种能力指标。而普通的密度范围往往指我们在扫描工艺参数设置中人为设定的从最大密度 D_{max} 到最小密度 D_{min} 之间的工作密度范围。它是一种工艺上的参数。通过对 D_{max}/D_{min} 范围的调整，并结合扫描仪的动态范围中最有效的和线性最好的感应来接收原稿信息，来获得更多更加真实和丰富的层次和色调信息。

3. 扫描分辨率

扫描仪的分辨率是扫描仪最重要的参数，可分为光学分辨率、最大分辨率和色彩分辨率。

（1）光学分辨率

扫描仪的光学分辨率表示它的光学系统能够达到的最高输入分辨率，光学分辨率是指扫描仪的光学系统可以采集的实际信息量，也就是扫描仪的感光组件CCD的分辨率。例如，最大扫描仪范围为216mm×297mm（适合于纸）的扫描仪可扫描的最大宽度为8.5in（216mm），它的CCD含有5100个单元，其光学分辨率为5100dots/8.5in＝600dpi。平台式扫描仪光学分辨率又分为水平分辨率和垂直分辨率。如扫描仪的光学分辨率为300dpi×600dpi，即表示水平分辨率为300dpi，垂直分辨率为600dpi。水平分辨率与光学系统、CCD的真实分辨率以及硬件设计电路有关。垂直分辨率是根据扫描仪中的步进电机在机械设计中每英寸可移动多少步而定的，它与步进电机和机械传动部分有关，因此垂直分辨率不如水平分辨率重要。一般提到光学分辨率指的是水平分辨率。

滚筒式扫描仪的光学分辨率与扫描头分析光孔的尺度、扫描头采样的速度和扫描头横向步进电机移动步距有关。

光学分辨率决定了扫描仪所能分辨扫描的图像的清晰程度。

(2) 最大分辨率

最大分辨率又叫插值分辨率，它是在相邻像素之间求出颜色或者灰度的平均值从而增加像素数的办法。内插算法增加了像素数，但不能增添真正的图像细节。比如我们扫描一朵花，如果增大插值分辨率，则只是将已经看清楚的部分放大一些而已，无法对细节部分进行更进一步的表现。

光学分辨率与最大分辨率的关系。扫描仪的最大分辨率，通常高于光学分辨率 2 ~4 倍。在最大分辨率中，扫描仪不能捕获其他“真实”数据，它是在光学系统能够采样的像素之间生成新的像素，根据产生的数字估算大约什么色调值插入到相邻像素之间，因此不要用比最大分辨率还高的分辨率扫描。

(3) 色彩分辨率

色彩分辨率又叫色彩位深，是表示扫描仪分辨色彩或灰度细腻程度的指标，它的单位是 bit (位)。色彩位确切的含义是使用多少个位来表示扫描得到的一个像素。如 1bit 表示黑白像素，因为计算机中的数字使用二进制，1bit 能表示两个值（$2^1=2$），即 0 和 1，它们分别代表黑与白。8bit 以表示 256 个灰度等级（$2^8=256$），它们代表从黑到白的不同灰度等级。24bit 以表示 16 777 216 种色彩（$2^{24}=16777216$），其中红、绿、蓝各个通道分别占用 8 位，它们各有 $2^8=256$ 个等级，一般称 24 位以上的色彩为真彩色。从理论上讲，色彩位数越多，颜色就越逼真，但对于非专业用户来讲，一味追求高色彩位只会带来不必要的浪费。

4. 扫描仪的位深、层次级数与动态范围

扫描仪所记录的层次级数也是由扫描仪的色彩位深决定的。所谓层次等级可用黑白之间不连续层次的数值来表示，如图 2 –3 ~ 图 2 –5 所示。

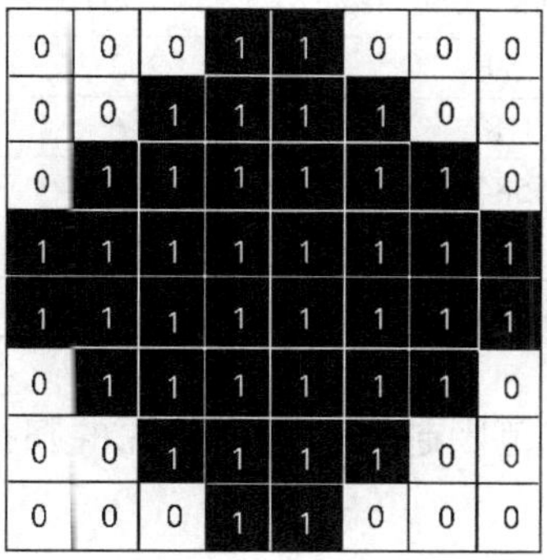

图 2 –3　黑白

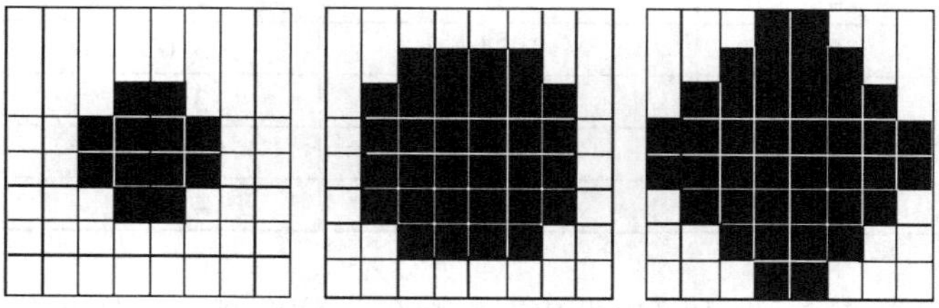

图 2 –4　灰度级变化

理论上 24 位扫描仪能区分 256 级层次和 1677 万种颜色；30 位扫描仪能够区分 1024 级层次和 10 亿种颜色；而 36 位扫描仪能够区分 4096 级层次和 687 亿种颜色；48 位扫描仪能够区分 65536 级层次和 281 万亿种颜色。因此，扫描仪的位深越高，捕获的色彩越丰富，扫描的图像层次越清晰。

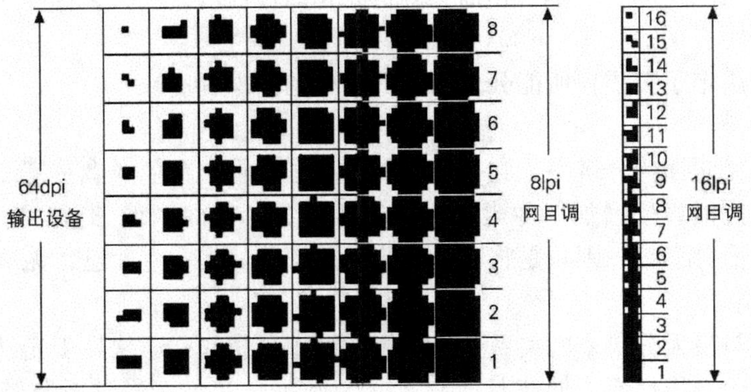

图 2－5　灰度级

通过讨论我们已经知道，动态范围是描绘扫描仪再现色调细微变化的能力，如一台具有良好动态范围的扫描仪，可以正确地捕捉各种色调的层次并直接输出，得到更多的图像细节。而一台动态范围较小的扫描仪，则无法检测到范围足够宽的色调层次，无法分辨出图像的暗部层次，损失亮部区域的细节，不能正确反映真实色彩。要得到高质量的扫描图像，就应提高扫描仪的动态范围。

扫描仪的动态范围与扫描仪的位深有直接关系，其动态范围是用扫描仪能分辨出明暗层次的以 10 为底的对数表示的。例如 24 位扫描仪所能表达的层次为 256 级，因此最大动态范围是 D = lg256 = 2. 4。但 24 位的扫描仪不可能完全表现出 256 级，一般动态范围是 2. 2，即扫描仪所能表达的层次是 10 的 2. 2 次方，为 159 级。30 位、36 位、48 位扫描仪的动态范围见表 2－1。

表 2－1　扫描仪的动态范围

扫描仪位深	能表现的层次级数	最大动态范围	实际达到的层次级数	动态范围
24	256	2. 4	159	2. 2
30	1024	3. 0	398	2. 6
36	4096	3. 6	1584	3. 4
42	16384	4. 2	10000	4. 0
48	65536	4. 8	39810	4. 6

从表 2－1 中可以看出，扫描仪的位深越高，所提供的动态范围越大，同样位深的扫描仪，其动态范围越大，所能表现的层次也越多。

5. 缩放倍率

缩放倍率是指扫描仪对原稿缩小或放大的倍率。缩放是扫描软件中产生较大或较小图像的处理程序，当扫描得到的图像送入图像编辑程序中时，无须重新改变图像的大小。

在扫描软件中，缩放比例与分辨率成反比关系，分辨率越低，图像的缩放比例越大。当使用最大的分辨率时，缩放比例只能小于 1。为了说明缩放的用途，假定用 300dpi 的分辨率扫描 2in × 2in 的图像，在不损失细节而希望得到 4in × 4in 的放大图像时，则应设定缩放比例为 200% 而保持分辨率为 300dpi。

这一结果与使用600dpi的分辨率、100%的缩放比例扫描所得到的结果是一样的，但后者必须通过图像编辑软件将分辨率更改为300dpi（文件大小维持不变）后再输出。在上述例子中，图像的大小是通过调整缩放比例而不是用图像编辑软件改变的。

6. 扫描接口

（1）EPP接口

EPP接口是从原来的普通打印机接口发展而来的，叫做增强并行接口。EPP接口有以下几个特点：速度较慢，每秒传输率只能达到0.5～2MB；对电脑的要求低，应用范围小。EPP接口一般只能连接打印机、扫描仪等少数设备，扫描仪和打印机可以串联起来使用，但不能同时工作。EPP接口是所有个人电脑标准配置，无须另外增加接口卡，安装方便，价格便宜。EPP接口的扫描仪使用在家庭、办公室等非专业场合。

（2）SCSI接口

SCSI是小型计算机系统接口的缩写，起初是为了在微型机上连接多台高速外设而发明的。SCSI接口的主要特点是：传输速度高，扫描稳定，扫描时占用的系统资源少，而且由于SCSI接口自带一块微处理器，可以独立帮助计算机完成许多工作。但是SCSI接口需要一块独立的控制卡，而SCSI控制卡的价格一般比较贵，且安装麻烦。SCSI接口的扫描仪一般用于专业领域，因此增加一块SCSI控制卡的费用对于普通家庭用户来说显得有些浪费。

（3）USB接口

USB接口是近来兴起的一种支持即插即用的接口，其主要特点是：支持热插拔，使用方便，速度可达12MB/s。比EPP接口要快且不占用EPP接口，所以不存在与打印机冲突的问题。由于USB接口的产品省略了电源线，因此能够将产品做的更小，所以在便携产品中被广泛采用。但是USB接口对主板质量要求高，另外，据测试表明如果主板对USB设备供电不足，就有可能导致扫描仪死机，影响扫描工作。随着USB应用的日益广泛，USB接口扫描仪将成为未来的发展趋势。

（4）火线接口

Apple公司研制的火线接口（Fire wire接口）IEEE 1394也进入了扫描仪这一行列。火线接口具有USB接口的全部特性，而且传输速度比SCSI接口还要快。由于目前只有Apple电脑内配置了火线接口，普及率还不是很高，因此配备这种接口的扫描仪基本用于专业领域。

二、扫描设定及调整

图像分辨率是指一幅图像在单位长度内的像素数目，一般用ppi（pixels per inch）表示，即每英寸像素数，通常指扫描分辨率为spi（samples per inch）。大多数用户在显示器上观看图像所使用的分辨率为72ppi，高于72ppi的扫描图像并不会影响显示效果。图像的输出分辨率用dpi（dots per inch）表示，是度量输出设备在每英寸胶片（或印版）上可能产生的激光点（胞点）数。加网线数是指单位长度内的网点个数，用lpi（lines per inch）表示，通常也称为网目数、网屏线数、网目调网屏、加网频率或印刷机频率。

1. 扫描分辨率的设定

PostScript语言形成了与使用的网屏线数（lpi）相应规格的栅格，并根据程序在栅格网孔中相应位置上生成反映密度或色度的网点。按照图像设定的分辨率（dpi），最多可表现256个阶调（灰度）。

用网点在纸张上复制图像时，利用扫描形成的数字化图像作为网屏。因此，最终的图像质量取决于每英寸像素数（ppi）的多少。

按常规想法，加网线数应等于数字图像的分辨率。然而，由于四色印刷的四个色版采用不同的网线角度，加网线数等于数字图像的分辨率这一原则应重新考虑。实际上，加网线数等于数字图像的分辨率这一原则仅适用于沿水平（网线角度为0°）和垂直方向（网线角度为90°）加网的情况。当网线角度不等于0°或90°时，在网线角度方向上的分辨率不能满足所需图像分辨率的要求。

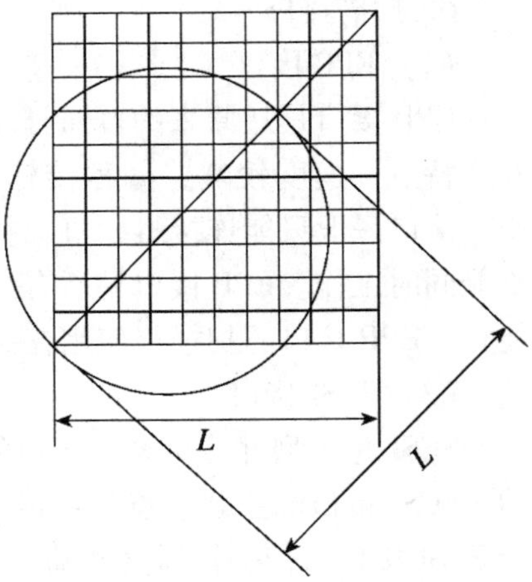

图2-6　质量因数

如图2-6，设数字图像在纵向和横向均有10个像素，图像的边长为L，则该图像的分辨率为$R=10/L$。当加网角度为45°时，则图像对角线长度为$1.414L$，在这样的长度上像素也为10个，则此对角线上的分辨率为$10/(1.414L)=0.707(10/L)=0.707R$。为了使45°对角线上图像的分辨率也达到$R$，必须将加网线数增加1.414倍，常取整数1.5或2，此常数即所谓质量因数。

扫描仪分辨率的确定需要根据三个因素，即印刷品的尺寸、加网线数和质量因数（常取为1.5~2.0）。即

$$\text{图像扫描分辨率} = \text{缩放倍率} \times \text{加网线数} \times \text{质量因数} \qquad (2-2)$$

然而如果加网线数超过250lpi，就会背离这个规律，输入分辨率对加网线数的依赖关系已不十分明显，这时，可选取$C=1\sim1.5$来确定输入分辨率。根据经验，当加网线数小于133lpi时，取$C=2$；当加网线数大于或等于133lpi时，取$C=1.5$。

在设置分辨率之前，应了解所用扫描仪光学分辨率是多少，最好将分辨率设置在光学分辨率内扫描。只有在放大较小图像时，才采用最大分辨率扫描，且不要超过最大分辨率的给定值。同时还应考虑扫描图像的用途。

（1）多媒体制作、电子出版物

一般情况下，如果扫描图像只作为屏幕显示用，设置的分辨率不必大于屏幕的分辨率，如进行多媒体、电子出版物制作。使用MAC计算机，扫描分辨率设置为72dpi；使用PC计算机，扫描分辨率则设置为96dpi。但也要根据具体情况而定，例如：当用在医疗中，扫描图像经过网络进行“远程会诊”，虽然图像最终显示在计算机的屏幕上，但需要设置较高的分辨率，以便医生能清楚地看到图像的更多细节，做到正确会诊。

（2）艺术线条印刷品

若想获得艺术线条品质的照片印刷品，避免缺口外观，需要注意很高的分辨率和锐化程度。采用层次模式扫描线条图并对扫描图像进行锐化处理，锐化处理能明显地提高艺术线条的扫描质量。

当印刷艺术线条扫描图像时，根本不需要使扫描图像分辨率高于输出图像分辨率。因为

艺术线条图片和图像不出现缺口，外观的最小分辨率为 800dpi，而高于 1200dpi 则不会对图像质量有更大的改善。所以，扫描并在激光照排机上输出的艺术线条的图像分辨率最好选择 1200dpi。

（3）层次图像和彩色图片印刷品

根据一般原则，当缩放倍率为 1∶1 时，扫描分辨率 = 网线数 × 质量因数。但实际上网线数（lpi）和扫描仪的分辨率（spi）之间的关系不是线性关系。

设置分辨率时，应充分考虑原稿与输出图像的缩放比例。如果图像放大，需要增加数据，使输出图像具有正确的分辨率。如果输出图像比原稿小，则必然丢失数据。一般情况下，根据所需要的缩放比例，调整缩放比例值。

考虑到与输出分辨率的关系，应当用能除尽输出分辨率的最高输入精度输入。比如，当用 2400dpi 输出时，可用 800ppi 输入，2400 用 800 除得尽即可。如果用 1200dpi 输出时，用 800ppi 输入看起来似乎可以，但却除不尽，这在输出时就会出现不完整的像素。

当扫描黑白图像时，可将分辨率设置成输出设备的分辨率。例如，将扫描的黑白图像送给 600dpi 的印刷机印刷，扫描分辨率就设置成 600dpi。为了使扫描的图像清晰，原则上应在扫描仪的光学分辨率下扫描，但是当扫描黑白图像或者放大较小的原稿时，使用插值分辨率也是很有用的。如将黑白图像送到 2400dpi 的照排机输出时，就用 1200dpi 的插值分辨率扫描，得到的图像具有平滑的线条，图像质量也很好。

插值分辨率要斟酌使用，例如，当我们扫描 1in ×2in 的照片时，希望得到 2in ×4in 的图像，将扫描分辨率设置成扫描仪最大的光学分辨率 600dpi，而将缩放倍率设置成 200%，这样相当于使用 1200dpi 的插值分辨率扫描，得到的图像比实际图像放大了一倍，但图像的锐利度和清晰度仍然很好。使用插值分辨率并不是越大越好，当大到一定程度时，会使图像失真、模糊。

2. 加网线数与图像输出分辨率的关系

输出分辨率、输出图像的加网频率（每英寸线数）以及灰度级的关系为：

$$\left(\frac{\text{输出分辨率 dpi}}{\text{加网线数}}\right)^2 + 1 = \text{灰度级} \qquad (2-3)$$

一般来说，对输出图像的灰度要求为 256（2^8）级，因此，要达到 150lpi 的加网线数，输出设备的输出分辨率应在 2400dpi 以上。换句话说，输出设备的输出分辨率为 2400dpi，采用 150lpi 即可得到其输出灰度为 257 级。人的眼睛所能分辨的灰度约为 140 级，可见 257 级大大超出了这一范围，完全可以达到高档产品的要求。

3. 扫描与调整

在选择最佳扫描设定时，要使用一系列不同的设定值对同一幅图像扫描多次，这时使用扫描仪软件附带的批扫描（batch scanning）的功能（一次设定多幅扫描图的能力）十分有效。

一旦创建扫描图，立刻存储文件，这样能够在需要的时候恢复到其原始形式。

根据前面的分析，可在扫描前使用扫描软件的色调编辑控件调整。为了达到最好的结果，需使用类似于 Photoshop 中的色阶及曲线命令。扫描时离最终扫描质量越近，在 Photoshop中所做的工作就越少。如果对预扫描的设定值感到不适，只要尽量去获取尽可能宽的色调就行了，然后按本章前面所谈到的“测试层次图扫描”那样去做。

对原稿进行正确的白场、黑场选点和设定是再现原稿颜色、灰度层次的关键，因为只有在选点、设立正确合理的基础上，才能有效地进行颜色层次的调整。

白场、黑场正确的选点与设定，就是要根据各种类型原稿的特点和印刷适性条件，充分利用纸张的白度和四色油墨叠加的最大色彩密度空间，达到最大的印刷密度反差和视觉上的明暗对比度。因此，白场选点、设定一定要充分利用纸张的白度，尽可能把图像中的极高光设定为0绝网，从而表现出印品高光的明亮度，同时又能兼顾好高光调的灰度层次。黑场选点，设定一定要根据印刷适性条件，尽可能把图像中的最暗部分设定为印刷能印出来的最大值。同时充分利用黑版，拉开暗调层次，加强反差，从而表现出印品暗调的力度，这是提高印品质量的关键之一。

为保证印刷品图像的密度范围尽可能地接近原稿的密度范围，应在印刷适性条件允许下，在印前系统扫描分色时进行白场、黑场设定，同时应尽量把原稿密度范围对应调整在分色片的最大记录网点值反差上，使印品的反差尽可能地接近原稿的反差，使原稿层次得到充分再现，实现印品达到最佳的密度反差效果。

（1）白场

①白场选点、设定的重要性。白场的设定就是对图像中需要层次最亮、最白部分的印刷网点值的设定，彩色图像的扫描分色最重要的是白场的选点、设定。如果白场采样点设定的密度值过低，为0.17，网点值设定过大，则表现为印刷品的白场颜色过深，白场不亮，给人一种灰平、沉闷的感觉。如图2－7中A点。

若白场设定的密度值过高，网点值设定过小，为0.21，则白场颜色变浅，以致原稿上需要层次的白场部分在印刷品上变成0%绝网，致使白场层次损失。如图2－7中C点。

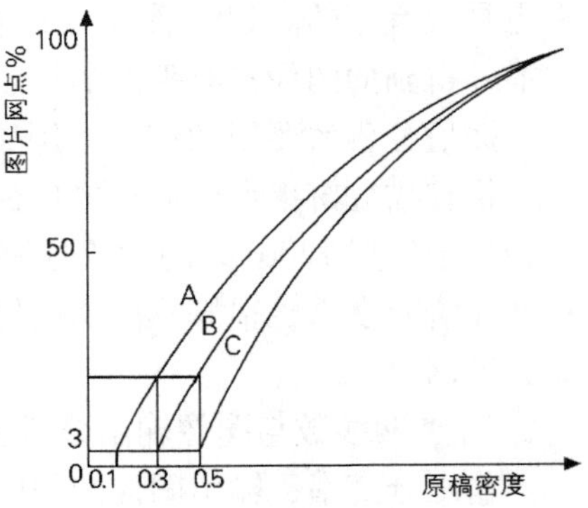

图2－7　白场选点的影响

如果白场采样点选择正确，网点值设定正确，则原稿上的高光、亮调和中调的全部信息可以再现出来。反之，则会造成高光灰暗或层次平淡和损失，失去画面最精彩的部分。因此，随意选点、设定是不科学的。

白场选点和网点值设定正确，印刷最小网点值设定也正确，则原稿上的亮、中调的全部信息在印刷品上能无损失的正确再现。例如：反射原稿上的白场密度值为0.19，而扫描仪上设定的白场密度值也是0.19，则说明原稿上的白场信息在印刷品上能得到理想的再现。如图2－7中B点。

②白场点选择。首先根据原稿密度反差、色调厚薄情况以及原稿主体处在哪一灰度层次段，确定白场采样点选在哪里，即选在极高光、最亮部分，还是次亮部分。

确定原稿的最亮、最白部位。正确分析这张画面中最亮或最白部分在哪一部位，作为设定的最亮、最白的控制点。若没有最亮的白色，可确定哪一部位的颜色最亮。总之，一幅画面总要有一个最明亮、最响亮的部位，作为视觉中心。例如：一是极高光；二是需要有层次的最白部分；三是最明亮的颜色部分。

根据原稿白色物的质地特性确定网点值。如白纸、白云、白棉花、白丝绸、白玉、白瓷等。根据白色物面积的大小，决定网点值的设定。如面积大，又需要表现其层次的质感，则输出小点即白场可设定稍大1% ~2%。如面积小，又不需要层次，则输出小点设定可小1% ~2%。

③白场设定。白场设定既不能太平，太平会造成印品高光发灰不亮。又不能太崭，太崭会造成高光层次损失，以及信号噪声大，容易产生粗颗粒感。

（a）以中调为主、密度反差标准的图片。极高光定为绝网，而把需要层次的高光白色（透射稿密度为0.30~0.40，反射稿密度为0.19~0.20）设定为印刷能印出来的最小网点值的基础白，即印刷品中需要层次的最亮、最白部分。

（b）以亮调为主、色密度淡薄的图片。白场设定网点值可稍大些，以最亮、最白处（透射稿密度为0.15~0.25，反射稿密度为0.17~0.18）设定基础白，以加深亮调的颜色层次。

（c）以暗调为主，色密度深厚的图片。可把次高光定为绝网，以突出高光的明亮度和提亮中调。设定基础白对应处（透射稿密度为0.50~0.65，反射稿密度为0.21~0.29）。

遵循灰平衡网点值比例。高光白色定义为中性白色或需要做成白色的物体。需要层次的高光中性白色，按灰平衡比例C要大于M、Y 2% ~3%；C、M、Y三色版网点值也可以等比例，但高光白色稍许偏暖；如果M、Y色版大于C，则印品呈偏暖的白色。切忌缺少一个色版。缺少一色，高光白色就会偏色，露色，必须注意。

④白场设定应注意以下三个方面。

（a）注意白场的中性白色与摄影家、画家所追求的高光特殊光源色和泛色的关系。因为高光色彩变化是非常丰富、微妙的，如果把白场特殊光源色和泛色当作采样点，用Auto键设定，纠偏成中性白，那么就失去了高光调丰富微妙的色彩变化。

（b）注意白场与亮调、中调的关系。白场设定是按曲线方式进行的，它设定的深浅平崭都会牵动着中调的变化，其规律是白场设定加深，减浅5%，则中调加深、减浅2.5%，影响约为1/2。所以进行白场选点，设定时，同时应注意中调的变化。

（c）注意白场与亮调基本色的关系。白场设定的加深或减浅，会影响亮调的基本色，主要是影响亮调基本色接近白场的部分。如M版的浅粉红，C版的浅蓝、浅绿，Y版的浅黄等，其网点值都在5%左右，它与白场设定经常发生矛盾。如果白场设定过崭，即选取原稿的密度值过大，印刷品的网点值过小，则浅色调受到影响。若照顾到浅色调，白场稍定平，即选择原稿的密度值小一些，印刷品的网点值大些，则白场又不够亮。因此，设定时应考虑主要方面。若整个画面以拉开反差为主，需要白场定崭，则就影响一些亮调基本色。若画面以浅色调为主（如水彩、水粉画等），需要白场稍定平些，则就会影响一些白场的亮度。

（2）黑场

①黑场选点、设定的重要性。黑场设定的定义为：图像中最暗部分的印刷网点值的设定。暗调是图像造型艺术的重要部位，暗调选点设定用于确定层次复制的终点，它可改变暗调反差，又可改变暗调层次，纠正色偏。其选点、设定的正确与否，直接影响着暗调、中调层次再现和图像的反差效果。因此，黑场选点、设定正确与否，会对印刷品质量产生三种情况，如图2-8所示。

黑场选点及其密度值设定正确，印刷最大网点值设定也正确，则原稿上的暗调、中调的全部信息就能正确传递到印刷品上，没有层次损失，印品反差也理想。例如：反射稿上的暗调密度值为1.90，而电分机或桌面扫描仪上设定的暗调密度值也是1.90，则说明原稿上的暗调信息在印刷品上能得到理想的再现。如图2－8中B线。

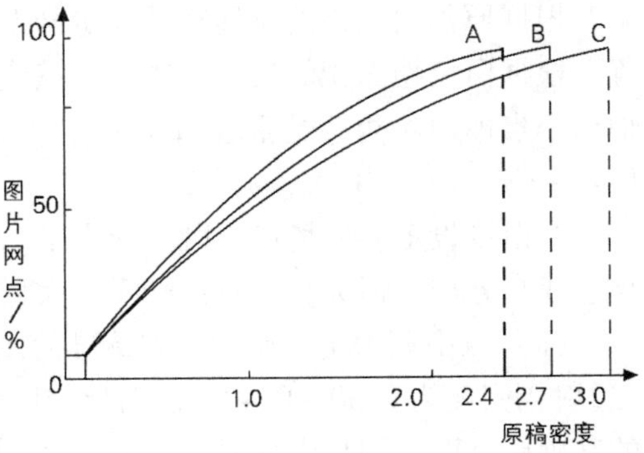

图2－8　黑场选点的影响

若黑场密度值设定过小，为1.70，暗调网点值设定过大，则暗调变深，层次并级，印品反差过大，如图2－8中A线。

若黑场密度值设定过大，为2.10，暗调网点值设定过小，则暗调变浅，印品反差就小，如图2－8中C线。

②黑场点选择。一般黑场采样点都选在原稿暗调部分的中性黑部位，不同原稿没有太大的差别。但由于人眼对暗调变化的识别能力差，暗调（特别是彩色反转片）的反差较大，色彩浓度大，透光率小，偏色较大，颗粒较粗，往往找不到中性黑色部位。把物体的深暗阴影，次黑部分当作黑场采样点，设定大网点值，结果造成印品暗部一团漆黑；若把物像暗调部分的偏色部位作为采样点，如偏蓝，以C版设95%，而黑版只有50%～55%，致使黑版太浅，造成印品反差不足，暗部不暗，没有力度。

正确的方法如下：

首先分析原稿，确定这张图像中的最暗最黑部分在哪里，作为这张图像的最深、最暗部分，设定最大网点值。总之，任何一幅图像都要有最深最暗的部位。黑场采样点应尽量选择中性黑或接近中性黑的部位，最好是选择黑色的物体，这样C、M、Y、K色版的设定网点值比例能达到中性黑。

③黑场设定。黑场设定既不能太浅，太浅会造成印品暗调不厚实，力度不够；也不能太深，太深会造成印品暗调漆黑一团，层次并级。其要领是：

密度反差标准的图片，黑场设定应选择图片暗调纯黑色部位，透射稿密度设定为2.70～3.00，彩色照片密度设定为1.80～1.90。

密度反差小，色调淡薄的图片，要加深复制，黑场设定则应选择图片次黑部位（透射稿密度为2.30～2.50，彩色照片密度为1.50～1.60）处设定为基础墨。基础黑的定义是指印刷能印出来的最大网点值。也就是说，在需要层次的暗调部分，设定印刷能印出来的最大网点值，即基础黑的设定。

密度反差大，色调厚重，要减浅（提亮）复制，可选择图片最深最黑部位，加大设定密度值，把透射稿密度3.00～3.50，彩色照片密度为2.00～2.30处设定为基础黑。

④正确的黑版设定和调整。黑场设定的技术关键在于对黑版的设定和调整。用好黑版，可以加强图像反差，增强暗调层次，使暗调部位有力度，有强烈的立体感，是增强图像美感、提高图像质量的关键之一。

黑版的设定和调整有两个技术指标：

（a）黑版色量的调整。从用黑版来补充印刷品的最高密度的角度来说，一般 0.3 的印刷密度就可以了，但由于光学密度相加是非线性的，即印刷品的最高密度，并非各色版油墨的印刷密度的总和，因此，实际所需要黑版的补充密度应在 0.5 左右，否则黑版就不会或者不能完全达到黑版所应起的作用。0.50 的积分密度相当于 68% 的网点值，所以黑版在图像的最深暗处至少应保持 70% 的网点值，最佳为 75% ~80% 。

从原稿种类，内容特性上讲国画以墨为主，浓墨部分可设定为 85% ~90% ，焦黑可达 100% ；风景、人物一类及大多数原稿，黑版设定为 70% 。

（b）黑版阶调的调整。黑版阶调长短的调整，即黑版起始点的调整，要根据原稿种类及内容特性来决定，油画、水彩画、水粉画一类以色彩为主的原稿，黑版设定为 75% ~80% 。黑版阶调一般分短调、中调和长调三种。桌面系统扫描分色的黑版标准曲线都是采用短调骨架黑版，黑版的高光起始点部从 C 版的 50% 处出小黑点。如图 2 -9 所示曲线没有充分发挥出黑版的全阶调轮廓作用。因此，应改用中调黑版为佳，把黑版的高光起始点延长至 C 版的 35% 处出小黑点，如图 2 -10 所示对增加图像亮、中调层次和稳定灰色十分有利。国画一类原稿，黑版的高光起始点可延长至 C 版的 3% ~10% 处出小黑点，如图 2 -11 所示。有效地使用黑版，不仅仅是简单地在三原色上增添黑色，其技术要领在于要与 UCR 相匹配，要在黑色部分适量减少三原色油墨量，为增加匀实的黑版而腾出空间，用黑版拉开暗调层次，用黑版加强图像反差。

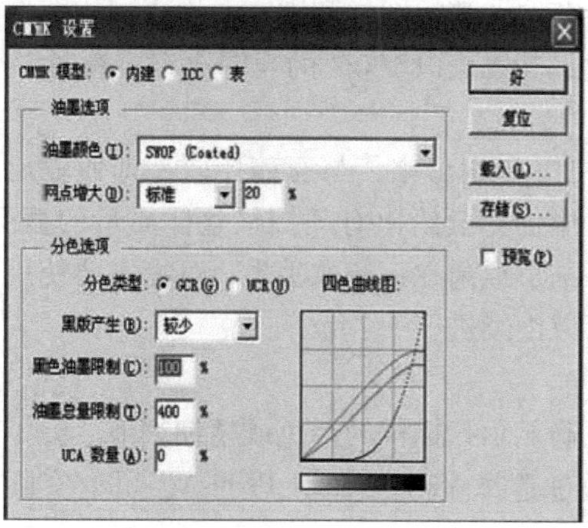

图 2 -9　短阶调黑版

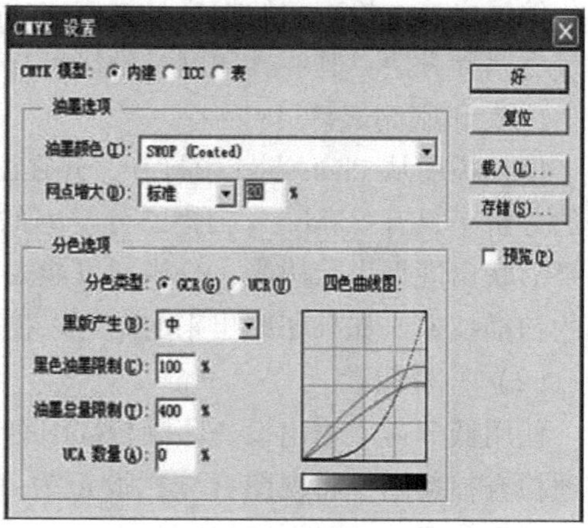

图 2 -10　中调黑版

目前大多数原稿去除量为 20% ，去除后的网点值为 C75% 左右，M、Y65% 左右，K90% 左右，四色网点值叠加总和为 290% ~310% 。

⑤黑场设定应注意以下三个方面。

（a）注意暗调与中调层次之间的关系。因为黑场设定密度值的改变会影响中调，暗调加深或减浅 5% ，中调也随之加深或减浅 2.5% ，比例约为 1/2。

（b）注意深暗调与 80% 区的关系。因为 80% 区是印刷网点的一个跳跃区，网点超过 80% 增大得多，增大得快。因此，黑场设定时要注意对图像中处在 80% 区的重要颜色的处理。如侧逆光的人物肤色，处在逆光的面部，Y、M 色版网点值经常处在 80% ~85% 的关键区。因此，要注意把它控制在 80% 以下，保持在 75% ~78% ，使其避开 80% 的网点跳跃区，从而使逆光肤色稳定而不冒红，这是提高印品质量的一个要领。

（c）注意暗调网点值与色饱和度的关系。因为黑场网点值设定的大小，会使得原色的饱和度也随之加深或减浅。原则上色饱和度设定值应大于暗调网点值设定的 10%，如图2－12 所示。

设定顺序：先进行黑场阶调设定，后进行色饱和度调整。

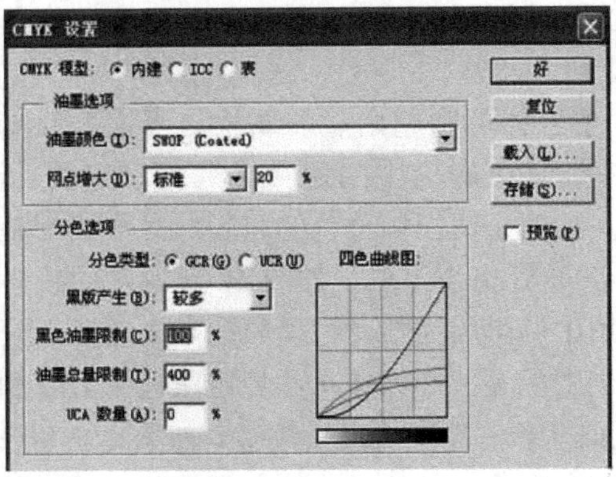

图 2－11　长调黑版

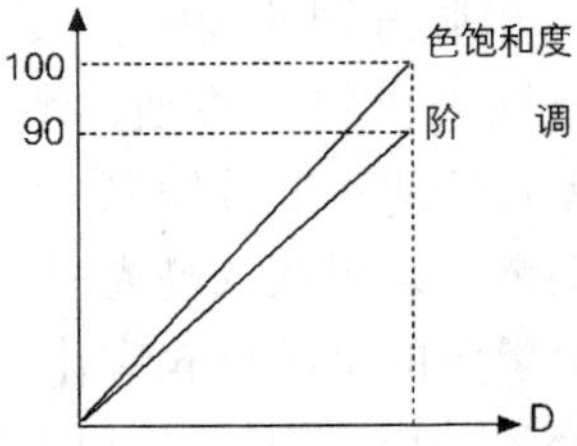

图 2－12　色饱和度调整示意

4. 评估图像

编辑之前，检查初始扫描是否成功。评估是否获取了整幅图像和细节。检查扫描图像的质量有两种方法：其一，印刷一份拷贝与原稿对比；其二，以 100% 的视图比率检查像素。

（1）印刷测试拷贝

把扫描图从 Photoshop 中打开，并在激光印字机上印刷出来，与原稿比较。即使输出设备的分辨率只有 600dpi（扫描图分辨率的一半），他仍然会给出有关扫描整体质量的概况。如果形状出现锯齿状边缘，分辨率可能太低；如果细节混淆在一起或丢失，可能需要使用不同的扫描技术。如果印刷出来的图可以接受，就可以继续进行。

（2）检查像素

使用低分辨率输出设备印刷扫描图有时不能正确显示扫描仪的杂色或精细细节。为了完整地检查扫描图，将视图百分比设定为 100%，通过选择 View/Actual Pixels（视图/实际像素）或双击 Zoom（缩放）工具。

注意在页面拼版程序或矢量类图形程序中，当设定视图为 100% 时，文件以实际尺寸显示，或按这个幅面进行印刷。然而在 Photoshop 中，100% 精确表示用屏幕上的像素显示相同尺寸的图像中的像素。

线条图评估步骤如下：

①设定 View（视图）为 100%。

②按住键盘上的 Home 键，自动卷到图像的左上角。检查窗口中的内容，查看是否有随机像素或杂色。

③按下 PgDn 键，向下卷动一屏图像，检查窗口中的内容。

④到达图像底部后，在窗口底部图标右侧的滚动条上单击一下，这将使图像向右卷动一个窗口的宽度。

⑤按下 PgUp 键，向图像顶部滚动图像。到达顶部时，按上一步所说，再次单击底部的滚动条。

重复步骤③~⑤，直到抵达图像的右下角。

通过图像评估可以了解到许多扫描图像的信息，如此幅图像是否太脏，是否再次清洁玻璃板并再次扫描。细节丢失是否严重等。

对于网目调图应放大查看图像的暗调信息。不要点击，将光标在最暗的区域上移动。在 Info 面板上，可看到 K 值闪烁，改变一系列的百分比。这说明获取不同的色调值，且扫描仪获取到必要的细节。如果百分比不变，说明暗调平均成一个值时，暗调将产生实心大斑点。

放大高光区，看一看有没有相同的可变像素值并确定没有区域色调丢失到 0%。如果扫描图不含有必要的细节，用不同的设定值再重新扫描一次。

评价图像的色调和细节时；要加倍注意查看有无缺陷；如果有很多尘土或其他异物，则要清洁扫描仪台板和原稿，然后再扫描。重新扫描总比在 Photoshop 中手工修补缺陷的时间少。

整理一个图像潜在问题点以及它们所处位置的清单，此单可作为检查表供评估使用。

5. 裁切

裁切图像时，模拟裁切照片的常规技术。裁切照片时，要标记一幅照片，指定需要使用的部分。在 Photoshop 中，则是围绕要存储的像素拖曳出一个裁切虚线框来达到同样的目的。具体方法为：

通过拖曳虚线框的一个角点或一条边进行虚线框的大小调整；如果按住 shift 拖曳一个角点，则可以按需要成比例的缩放虚线框。当将光标放在轮廓线内部，然后拖曳则可以按需要重新放置虚线框；拖曳轮廓外的任意位置则又能按需要旋转虚线框。如果要取消虚线框，则按 Escape 键。

双击虚线框内部即可实现“裁切”操作。在裁切虚线框移动到图像边缘 1/8in 之内时，虚线框的边缘自动与图像边框重合，拖曳时按住 Command，Control 键可取消这个效果。

（1）剪裁并清洁图像

在进行图像修整和存储之前，使用 Photoshop 的裁剪工具剪裁多余的图像部分，减少文件的尺寸十分必要。同时，在导入页面拼组程序时也可以更精确地放置图像。

清洁线条图很容易：如果白色区域有脏黑点出现的话，将其改成白的；如果黑色区域里有脏白点出现的话，将其改成黑的。最常见的方法是使用铅笔工具，可以使用不同大小的画笔来画上黑信息或白信息。具体方法为：

在选择铅笔工具后，选择 Windows/Show Brush（窗口/显示画笔面板），访问“画笔”面板。选择相应细节所需的画笔尺寸：如果要从大片白的区域除去黑像素，使用大的画笔；如果要靠近实际画稿上操作，选择较小的画笔。

用黑色像素绘制时，将黑色设定为前景色。用白色像素绘制时，将白色设定为前景色。按“×”键可切换白色和黑色。

如果需要的话，使用铅笔工具的自动擦除功能（在“铅笔选项”面板里有）。这里不必在黑和白之间切换，颜色自动应用。如果在黑色像素上点击，铅笔工具应用白色；如果在白色像素上点击，铅笔工具应用黑色。

如果操作失误（例如，如果意外擦去图像的重要部分），立刻按 Control + Z 将其恢复。该组合键只能还原最后一次编辑。如果在应用它时恰好点击屏幕一下，就不能得到所要的结果了。好在 Photoshop 的 History（历史）面板能够模拟多重还原的效果：按 Alt + Control + Z 可循环回到过去的编辑，而 Control + Shift + Z 向前循环。

（2）歪斜扫描图的取正

一般不可能在扫描仪上精确重合排布画稿，除非扫描的原稿有完美的方框边缘，可楔入平台上的一个角，否则很快就会遇到图像要取正的情况。最简单的方法是采用旋转裁切虚线框，具体方法为：先使用“裁切”工具，在围绕要裁切的图像要素上拖曳出一个虚线框来。然后在虚线框的外部移动光标，拖曳光标，旋转轮廓。使用图像本身来确定所需的角度。例如，如果原稿是照片，旋转虚线框，使得平台底部边缘与照片的边缘精确对齐。如果旋转虚线框没有包括整幅图像的信息，可适当调整轮廓的大小。双击虚线框内部，同时裁切并旋转图像。

6. 存储文件

在扫描、评估和清洁完线条图之后，还必须要用输入或输出的格式存储。大部分线条图文件都存储成 TIFF 文件格式，这种文件格式不仅文件小，也允许在导入页面拼组文件后再上色。

存储图像时，出现 TIFF Options（TIFF 选项）对话框；在 Byte Order（字节顺序）选项中选择与接受该图像的平台（IBM PC 机或 Macintosh 机）相契合的选项，选中 LZW Compression（LZW 压缩），可大大缩小文件容量。

三、几种典型扫描工艺

上面我们讲述了原稿图像扫描的原则方法。下面我们仅作为例子介绍几种典型原稿的扫描方法，其他原稿的具体扫描设定请参阅有关著作。

1. 扫描低分辨率图像

（1）采用原始图片。用扫描仪的最大光学分辨率进行扫描，然后将图像缩放到页面上，达到增加图像分辨率的目的。如果原始图片不够大，可以用照相的方法放大原稿。

（2）提高层次——艺术线条工作区的分辨率。这种方法可以使艺术线条的分辨率提高到扫描仪的真实光学分辨率的两倍。

采用扫描仪的最大光学分辨率，在层次模式下扫描图像。例如用 300spi 扫描原稿。

用 Photoshop 图像编辑程序对图像进行重新采样，加倍分辨率，这个目的是通过打开应用程序的图像大小控制件，如图 2－13 所示，达到加倍输出图像分辨率，例如 600dpi。

使用 Photoshop 图像程序的 USM 滤镜对图像进行锐化，如图 2－14 所示，将总量（Amount）设置为 500%；将半径（Radius）设置为 1（在其他应用程序中设置为 2）；将阈值（Threshold）设置为 5。

使用 Photoshop 阈值控制程序调整层次像素，如图 2－15 所示，使其突出白色或黑色。在处理中这个控制件使线条变得更细或更粗。

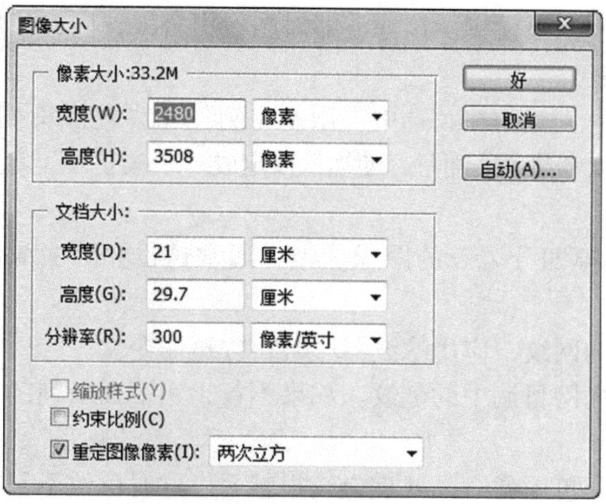

图 2－13　图像大小

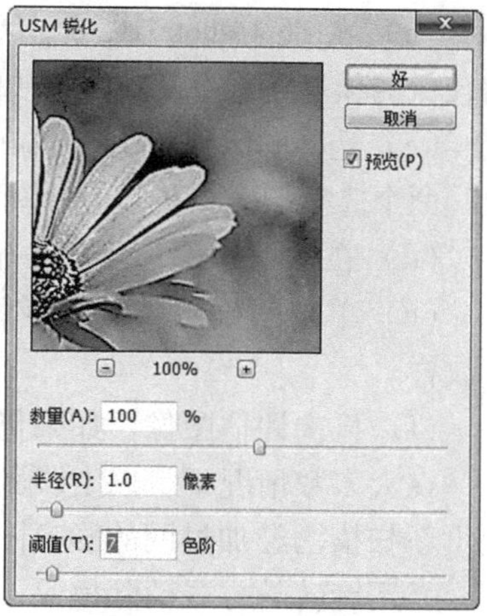

图 2－14　USM 锐化

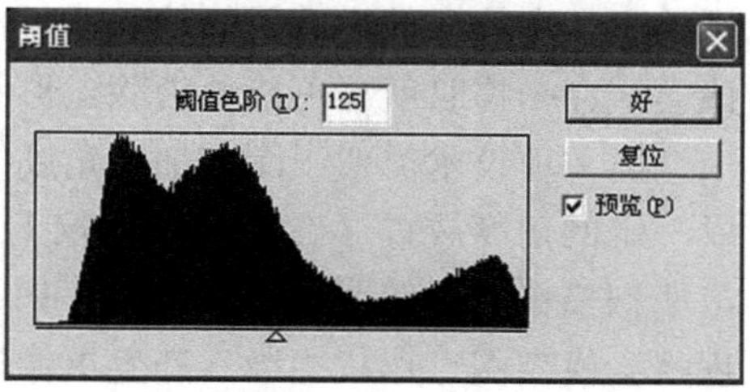

图 2－15　阈值

或者模式（Mode）菜单中，选择位图（Bitmap），命令。将输出（output）图像分辨率设置为 600dpi，然后选择 50% 阈值即可。

2. 扫描网目调图像

（1）龟纹的出现

在网目调图像扫描过程中，最常见的调整项目之一就是消除龟纹，龟纹是由于网格重叠冲突而形成的。龟纹会在下面的三个阶段产生。

①扫描高度细节的纹理。在扫描有纹理的织物（例如细条纹的衬衫或斜纹软呢）的图像时，如果对读入的细节不够敏感，产生的龟纹就存在于扫描图像之中，它几乎不可能去除。

②输出不正确的加网角度。多色图像以错误的加网角度输出时，印件在印刷机上印刷时印品上就会出现龟纹。一般来讲，输出设备自动以优化加网角度输出分色图像，此时不会产生龟纹。但是，当我们对一些特定图像类型（如双色版）定义新的加网角度时，如果不使用最优值，则必然会出现龟纹。

③扫描网目调图像。扫描已经印刷过的图像时，会扫描不到在照片或透明胶片上能得到的那种连续色调信息——扫描的是网目调网点。扫描仪部分地识别网点之间的空间，但不能好到足以原样复制或将其转换成连续调。结果，图像含有龟纹纹样。在这种情况下，可使用几种技术来减少或消除这种纹样。每种方案都需要模糊或去除一定数量的图像细节，因此选择何种技术可能取决于实际的图像。这些技术根据对整体图像质量损害程度的强弱依次排列在下面。

（2）龟纹的减少

①扫描网目调原稿时减少龟纹。扫描已经加过网的黑白网目调时，下列步骤通常可以消除网目调网点之间的空间。

（a）以两倍于正常分辨率减去 10 个像素来扫描图像，例如，如果一般以 300dpi 的分辨率扫描网目调，现在则以 590dpi 来扫描（这里，10 为任意数）。如果让 Photoshop 精确地将分辨率减少 25%、50% 或 75%，它应用"简化"算法来处理图像，这并不产生必要的模糊效果。由于要 Photoshop 重新插值每个像素值，分辨率加倍后减去 10 会产生所需的效果。

（b）在 Photoshop 中，选择滤波器/模糊 /高斯模糊。该滤波器对图像损害大，因此只应用较低的值。半径 0.7 ~1.2 的像素应该足够。

（c）选择图像/图像尺寸。在“图像尺寸”对话框中，选中“限制比例”和“重新采样图像”两个选项，这可改变分辨率而不会影响宽度和高度，而且，使插值设定成“二次立方”。

（d）在“分辨率”字段中输入 300。

（e）单击“确定”将分辨率减半，可去掉四分之三的图像像素，通常这也会除去大部分纹样。

（f）再次评估图像。如果仍然存在少量的网纹，应用滤波器/杂色/去斑命令。

在大多数情况下，以上步骤足够减少扫描网目调中的龟纹。如果不行，用下面所列的方法重新扫描已经加过网的彩色图像。

②用旋转的方式消除龟纹。扫描网目调彩色图像时，处理龟纹很棘手。这时龟纹不只在一个通道（黑）里出现，还可能出现在一个或多个颜色通道中。过分调整整幅图像会对一开始不含有纹样的通道里的信息造成不可挽回的影响。尝试在对指定通道进行编辑之前，应该尝试在扫描时就尽可能地消除点形状。

第一项技术类似于图像加网角度的交换，不以与扫描平台成直角的方式放置图像，而是以一定的角度放置（在平台扫描仪上，使用三角板来测量角度）。这将完成两件事：首先，迫使扫描仪曲解较明显组分色彩，如青和黑色；其次，在 Photoshop 中旋转图像时，插值过程将会模糊网点形状边缘，产生更像连续色调的效果。

通常以 15°扫描，这是最容易的起步。不过，以 30°或 45°来扫描同一图像会给出更多选择，在一种效果不好时，可尝试另一种。

扫描完图像后，有两种方法可以旋转扫描后的图像。一是选择图像/旋转画布/任意角度，输入图像要旋转的角度，然后裁切掉旋转整幅图像后产生的多余画布；二是边剪裁图像边旋转。

③用模糊的方法消除龟纹。这是一种去掉纹样的最可靠方法，也是最具损害性的方法，就是采用一系列的模糊技术。基本步骤如下：

（a）以正常分辨率的两倍扫描。这里，将分辨率加倍有两个目的。首先，在应用第一轮模糊滤波器时，图像含有比标准扫描更多的信息，对重要细节产生较小破坏。其次，在以后减少做过模糊处理的图像的分辨率时，更多的网点结构冲突可能会被消除。

（b）模糊图像。在 Photoshop 中打开扫描图时，使用高斯模糊滤波器略微扭曲网目调网点形状。其目的并不是完全去除龟纹，而是输入一个值以便开始去除龟纹，但是不要输入太多，否则大多数图像的细节就不可挽回地丢失了。就经验而言，应采用小于 1.8 个像素的模糊，一般情况下，接近 0.7 个像素就能做得很好了。

（c）检验颜色通道。通常会有轻微的龟纹残留在图像中。在“通道”面板中单击每个颜色通道检查一下。在许多情况下，龟纹只影响一两个通道。如果是这样，可具体地确定编辑目标，而不会干扰其余颜色的细节。标定有问题的颜色通道之后，使用上述方法再应用一次“高斯模糊”，或应用“去斑”滤波器，找出异常的网点值并将其平均。总之要注意组合信道，以保证在彩色方式下观看一个信道中的图像编辑不会引起明显的人工化痕迹。另外，可以在裁切图像时进行旋转。

（d）减少分辨率。模糊图像之后，将图像分辨率减少到所需的数值。操作时选择图像/图像大小将“约束比例”和“复位图像元素”选项打上钩并在分辨率字段中输入新的值。Photoshop 按新分辨率插值时，必须重设计算出每个像素值，这样就进一步去除了龟纹数量。这时的图像质量应该有明显的改善，如果还有轻微的龟纹存在，再检查一下颜色通道，以较小的值（0.3 ~ 0.5 个像素）再做一次高斯模糊。

（e）锐化图像。在给去网图像应用虚光蒙版滤波器时，必须在图像细节强调和龟纹去除之间达成平衡。其锐化图像的数值选择较为困难。预览滤波器的效果时，可将数量值设定在网纹开始突出之前的一个值。

3. 扫描精细线条图

用层次方式扫描线条图，用 Photoshop 的工具生成线条图时，保留的细节较扫描仪以二值模式扫描时可产生的细节要多。

（1）以层次图模式扫描线条图

以分辨率 800 ~ 1200dpi（精确线条的分辨率）的层次图模式扫描线条图时，图像将以一系列色调的方式存在，然后再转换成位图文件。

（2）锐化图像

为了强调精细图像细节，通过选择 Filter/Sharpen/Unsharp Mask（滤波器/锐化/虚光蒙版）输入总量的值、半径的值和阈值。使用三者值相同时应用该滤波器滤波两次。

（3）应用阈值命令

阈值命令（可在 Image/Adjust“图像/调整”子菜单中找到）将层次图图像的色调信息转换成纯黑和纯白。不进行快速转换，这样操作可以通过移动滑块来确定黑和白的分界点。低值产生较亮的、更“开放”的图像；高值产生较暗的线条图。

最好的方法是前后移动滑块，可在屏幕上预览效果。找出细节良好且开放、而实地黑区域未被白像素弄脏的值。

要得到最好的结果，确保查看百分比为 100%，这样就能看到每个图像像素。为了在“阈值”对话框打开时评估画稿的不同部分，按住空格键点击并拖曳图像。

（4）转换成位图模式

阈值命令产生的图像看起来就像 1 bit 线条图文件，但还没有转变成线条图文件。该图像仍然以层次图的模式存在，如果在此时存储，其将比它应该具有的文件尺寸大 8 倍。如果要导入到页面并印刷，页面拼组程序将尝试给它加网（正如对其他层次图所做的那样），结果在黑色的形状边缘出现模糊网点纹样。

将图像转换成 1bit 颜色的图像可选择 Image/Bitmap（图像/位图）。在 Bitmap（位图）对话框中，确保输出分辨率与输入值相同，选择 50% 的阈值方法，如图 2－16 所示。

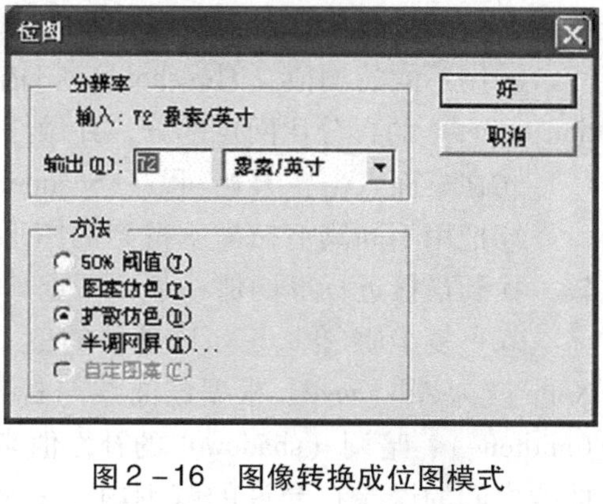

图 2－16 图像转换成位图模式

清理并存储图像。清理那些离散的像素，然后将图像存储为 TIFF 格式。

四、Copydot 扫描技术

在 CTP 制作的过程中，难免会遇到需要将传统分色胶片转换为电子文件的问题，网点扫描设备及技术是传统制版与 CTP 技术结合的桥梁。网点拷贝（Copydot）技术就是利用扫描仪扫描加网分色片，直接由扫描所得的信息转换成的 PostScript 页面进行拼大版的技术。目前，许多性能强的扫描仪都能胜任网点拷贝工作。如 AgfaScanT5000 型平台扫描仪，反射原稿的尺寸达 12in×17in，透射原稿的尺寸达 9.27in×12in，分辨率在 5000dpi，动态密度范围 3.7D。其中配备灵活的气冷系统，可以保持 CCD 在最高的灵敏度；动态聚焦（Dynamic Focus）技术，对悬浮的透射板起到微聚焦调节的作用，以确保全图像的正确聚焦。

Heidelberg CPS 平台扫描仪系列，采用三镜头系统以适用不同的分辨率模式。该扫描仪最大光学分辨率是 2400dpi，最大响应密度 3.7D，位深 42bit（每通道 14bit）。FujiFilm 公司也有网点拷贝技术版软件——C－DotSP，以用于 Celsis 系列扫描仪。该软件输出分辨率达 1219 像素×2540 像素，可以 6 倍正常扫描速度进行网点拷贝。

下面以丹麦宝禄德福公司的 EskoScan2420 为例来说明 Copydot 扫描仪的扫描工艺，如图 2－17 所示。

图 2－17　EskoScan 彩霸系列网点拷贝扫描仪

四色加网分色片透射原稿必须使用专业的 Copydot 扫描仪来扫描。操作时一定要认真地贴片和准确地定位，然后按预先设置好的参数进行扫描，这些参数包括：ScanMode（扫描模式）、Destination（图片格式）、Resolution（分辨率）、Threshold（阈值）和 Separation Preview（分色预览）。

1. 设备的校正

与其他专业扫描仪一样，网点扫描仪首先也要进行扫描仪的校正，主要是进行网点输入、输出的线性化调整，以确保网点准确还原。这一过程是极为重要的，如果线性化做得不好，那么通过网点扫描后的印品同原分色片所得的印品就会相差太远。

①在桌面点击 EskoScanjps，启动 EskoScan。

②点击“Steps”，在“Sheet”项选“Same Sheet”(同一片基)，同时颜色选择为“Mono only”。按 F5 键，进入扫描程序编辑器，将扫描后文件格式设为 TIFF，根据后端 CTP 输出精度，将扫描分辨率设为加网频率的整数倍为好，将 Adaptive 项设为 none。

③用不同的阈值（Threshold）扫描系统所带的标准校准胶片（EskoScan ATMF calibration target）的百分比网点部分，并做好记录。

④在桌面点击“开始/程序/Scanner Copydot Calibration”启动网点拷贝校准程序。

⑤把用不同阈值扫描所得到的图形网点与系统标准曲线（EskoscanATMFscale）进行比较，找到最接近标准的那一条（假定其阈值为 0.5）。

⑥重复步骤②～⑤，只是将阈值（Threshold）设为 0.5，将 Adaptive 项由最初的设置 None 改为 Advanced。根据该曲线与标准曲线的差别，通过调整高光（highlight）、中间调（midtone）、暗调（shadow）的补偿值来达到局部细节的准确性，直到调校后的曲线与标准曲线之间的误差在允许的范围内（±3%）为止。在这个过程中要特别注意的是补偿力度（strength）不宜太大，最好不要超过 80%，否则，胶片上的一些实填线条、字的笔画经扫描

后会出现残缺漏白的问题。另外，可以将调整的重点区域放在80%以下的网点上，因为80%以上的网点在新闻纸轮转印刷时极易并级，误差大点也难在印品上反映出来。

2. 网点复制

根据设备调校找出的最佳参数，分别建立单色胶片TIFF及彩色胶片EPS或DDS扫描模板，以便于每次扫描时直接调用。

对于单色广告胶片的扫描，我们调用相应的单色TIFF模板。先将要扫描的胶片在片基上以背景为参考，横纵正交贴好（扫描仪允许图像旋转的角度为±0.3°），用数字化定位仪定好要扫描的范围，这时可不选用“套准定位点”，然后给选定的图片命名，点击“Scan”键即可扫描。只要大小适宜，可以将多个单色片贴在同一片基上，分别定位和命名后，送扫描仪进行批处理，这样可以大大地提高效率。

对于彩色广告胶片（加网分色片），我们可调用已设好的EPS参数模板。点击“Steps”按钮，弹出菜单，将颜色选择为“CMYK”，如果其幅面较小，四张广告片能放在同一片基上进行扫描，在“Sheet”项选“Same Sheet”；如果分色胶片幅面较大，每一片基只能放置一色胶片，则需用四张片基（每张一色），仍在“Sheet”项选“Separate Sheets”；每一片基只能放置两色（或三色）胶片，则需用两张片基，则在“Sheet”项选“Multiple Sheets”。这种片基与色片的搭配有多种选择性。

3. 图像的处理

由于分色胶片本身、片基及扫描仪玻璃面板带有灰尘及脏污，尽管在胶片扫描前要对这些情况做相应清除，但胶片在高清晰扫描过程中还是会将一些脏点扫描出来。因此，在扫描完后，必须对图像进行去脏处理，以确保广告印品的洁净无瑕。Eskofot提供了专用的网点去脏软件——Perfection。

Perfection提供了裁剪刀、文字、印章、直线、方框、绳索等常用工具，这些工具能有效地对图像进行编辑（如文字更改等）；另外，Perfection也提供了信道编辑功能，可以在四色通道中的一个或几个中进行图像处理。对于彩色图像，最好在通道中对每一色进行单独处理。Perfection进行Dot Clean（网点去脏）时，它能自动地分辨出网点与脏点，对有脏点的地方进行去脏，在它将脏点去除后还会智能地在原脏点位置补上相应的网点。在Dot Clean的参数设置中，Filter Size、Effect、Restore Dot Shape要配合好使用，这样才能更彻底地去脏，更准确地还原网点。Filter Size决定Perfection用来过滤分析面积的大小，Effect决定过滤程度，Restore Dot Shape决定网点还原强度。

由EskoScan扫描单色广告输出的文件为二值TIFF图，这种图能被目前的各种图像及排版软件（如Photoshop等）所使用；而彩色广告输出EPS图的格式是DCS（Desktop Color Separation）二进制位图，它由五个文件组成：四个独立的高分辨率色信息文件——TIFF格式，一个低分辨率的EPS浏览文件。

第二节　图像拍摄技术

数字相机是计算机直接制版中高质量数字图像获取的主要设备之一，数字照相机的基本原理如图2-18所示。

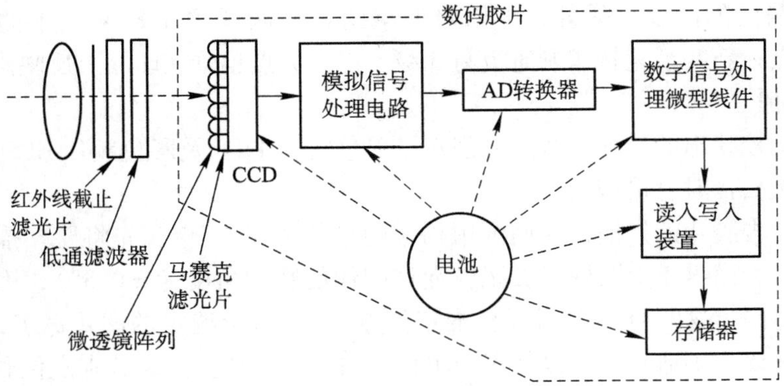

图 2－18　数字相机原理图

图像拍摄前的基本设置如下：

1. 分辨率

方法同扫描仪，根据印刷品的尺寸、加网线数和方式和质量因数（常取为 1.5～2.0）确定。即：

$$图像分辨率 = 缩放倍率 \times 加网线数 \times 质量因数 \tag{2-4}$$

2. 测光方式

数字相机的测光系统通过测定从被拍摄物反射回来的光线，计算出拍摄时的曝光光圈和曝光时间，这对控制成像效果、图像层次等十分重要。测光系统有多区测光、重点测光、中央偏重测光等不同模式。应根据拍摄场景合理选择。

3. 白平衡

白色补偿（White Balance）和色彩校正（Color Correction）是为保证数字相机捕获图像的本色保真而执行的处理操作。白平衡（也称之为白色补偿控制，彩色补偿或光照校正）是用白色作为标准，用于校正捕获图像总的彩色“偏差”。其目的是希望影像中所有白色物体是图像中的白色。基于下面两个原因必须有白色补偿控制。

①传感器本身对可见光谱部分具有不同的灵敏度，因此白色物体的色彩将会偏移不同的色度。

②人眼对光照不同色度的调节使得在不同的彩色光下的色物体总是呈现相同的白色，因此相机必须做同样的调节，使图像具有本来的彩色。

（1）白色补偿运算

白色补偿的实现是把影像中的白色成分在图像中呈现白色。输出装置（如打印机和显示器）在各个彩色成分信号相等时便产生白色，换言之，当到显示器的 RGB 信号相等（$R=G=B$）时，在计算机显示器上产生白色。打印机的情况与此相同，当 $C=Y=M$ 时产生白色。所以对于捕获图像而言，当白色影像成分的彩色数据信号相等时，便得到白色补偿。在观察捕获影像中白色成分的数据时，若 $R=G=B$（或在其他彩色区间相等），则图像是“白色补偿”的，假若我们观察白色影像成分的数据时，其色彩数据不相等，则需要执行白色补偿校正控制，使彩色信号相等，即对图像进行了白色补偿。白色补偿的形式为：

$$\begin{aligned} R_{wb} &= A_1 R_0 \\ G_{wb} &= A_2 G_0 \\ B_{WB} &= A_3 B_0 \end{aligned} \tag{2-5}$$

式中，R_{wb}，G_{wb}，B_{WB}是白色补偿输出信号；R_0，G_0，B_0 是白色补偿前来自相机的输出信号；A_1，A_2，A_3 是白色信号相等所需的系数。

（2）白色补偿的实现

用下列处理步骤可实现白色补偿。对要计算的白色影像，需要白色补偿系数使彩色信号相等。彩色信号乘这些系数，而所得到的图像是白色补偿的，对每个捕获的图像都需要这样做。

白色补偿问题是确定彩色通道系数或增益。典型的实现方法是捕获白色（或灰色，灰色正好是白色的“暗影”）卡或其他白色单元的图像，并检查相机的输出。在捕获白色卡图像时，计算合适的变数或通道增益，使彩色信号相等。

与此存在几个问题，对每个不同的照明都需要做白色补偿。室外白色补偿的相机在室内照明下将不是白色补偿的，反之亦然。尽管不经常需要，但大多数相机用户不希望必须捕获白色卡图像并进行白色补偿操作，所以相机需要具有能自动进行白色补偿的方法。为做到这一点，很多相机具有用于确定白色补偿系数或不同照明设置算法，并把此算法编程到相机中。

白色补偿有自动和手动调节区分。自动处理方便，手动相对精确。手动方式一般有白光（5500K）、阴天（7000K）、白炽灯（3200K）、荧光灯（4000K）、电子闪光灯（5600～6000K）等分档。

4. 色彩校正

在数字相机中用带彩色滤色片的光检测器阵列来检测和捕获图像。这种传感器不能完全像人眼一样检测光，所以必须对检测的图像进行一定的处理或校正，以保证最后的图像能真实地再现原来影像的彩色。

色彩校正（也称之为色饱和度校正）是另一个处理步骤，它“调谐”图像彩色，使得能重现影像彩色。色彩校正是必需的，这是因为数字相机中所用的滤光片不能匹配人眼中的彩色“滤光片”，所捕获图像的彩色通常需要做更多的“饱和”，以便彩色看起来更逼真。色彩校正是输出信号所要执行的另一数学运算。色彩校正所采用的通用形式是 3×3 矩阵运算：

$$
\begin{aligned}
R_{cc} &= A_{11}R_0 + A_{12}G_0 + A_{13}B_0 \\
G_{cc} &= A_{21}R_0 + A_{22}G_0 + A_{23}B_0 \\
B_{cc} &= A_{31}R_0 + A_{32}G_0 + A_{33}B_0
\end{aligned}
\tag{2-6}
$$

式中 R_{cc}，G_{cc}，B_{cc}是色彩校正的输出信号；$A_{11} \sim A_{33}$ 是色彩校正矩阵的矩阵系数；R_0，G_0，B_0 是相机输出信号（它们可以经其他处理步骤获得，如白色补偿处理过的信号）。

色彩校正的问题是确定色彩校正矩阵系数。用传感器对输出器件色彩匹配功能的响应函数的数字变换来计算矩阵系数。矩阵系数的改变取决于所用镜头和红外线滤光片的不同、输出装置（如显示器、打印机）的不同以及传感器和彩色滤光片型号的不同等，因此矩阵系数在不同的应用和硬件使用中是可变量。

色彩校正的实现有很多方法，在许多情况下不必用 3×3 矩阵实现，可用一些较简单的色彩校正形式。在其他情况下可用更复杂的非线性的色彩校正方法，在数字相机中有时采用可编程或可变色彩校正方法。

第三章 图像处理及色彩管理

评价印刷复制品质量的主要指标是颜色、层次和清晰度。其中层次复制最为人们所重视。从原稿到印刷品，层次的传递经历了一系列工艺过程，由于受到各种条件的限制，图像层次的传递是非线性的，为了获得满意的层次再现，必须对其进行补偿。层次校正实际上包含两个方面的含义：一是对原稿的层次进行艺术加工，满足客户对层次复制的主观要求，如对曝光不正确的摄影稿的层次校正；二是补偿印刷工艺过程对层次再现的影响。

第一节 图像的调整与校色

每幅要校正处理的图像，无论其颜色内容如何，都应评估每个通道，确认它们在高光和暗调部分的细节；评估中性灰，以标识任何颜色偏色；标识黑白场；使用 Curves 命令，设定印刷机用的黑白场，平衡中性灰，校正偏色；标定并调整最重要的颜色区域等步骤进行。

一、图像阶调与中性灰的确定

1. 暗调和高光

在调整颜色之前，要确认图像是否有必要调整，即确认图像的高光不丢失成白色，暗调不被填充成黑色。高光可以直接用眼睛检查，如果有小块颜色成为实地的白色，就是有相当数量的细节丢失了。暗调的检查应借用 Info（信息）面板。具体办法为：在图像上移动光标，眼睛注意 Info 面板，如图 3－1 所示。如果有数值改变，说明有一定程度的细节存在；如果面板上显示的是一个常数值，该区域就已经变成纯色了，其中不含细节。

在评估暗调和高光的整体色调时，必须参考原稿。如果原稿上含有非常亮的信息（例如雪和白衬衫），图像的高光应该含有类似的值。如果图像值开始就很暗，整体的对比度已失去平衡，图像就难以校正。通过校正平衡，扩大彩色通道的色调内容会引起两个问题：

①其减少了将来进行彩色调整的灵活性，因为文件中只有较少的信息；

②如果扩大得太厉害，颜色会像洗过一样。评估图像时，要使图像黑白场与在原稿中看到的相匹配。否则，最好重新扫描。

2. 灰色平衡和色偏

每幅图像里都含有中性灰。它们有时很明显，如灰色汗衫、一块花岗岩或一面水泥墙；有时很微妙，只出现在层次高光中，或附着在白色桌布的阴影边缘。无论怎样出现，它们都提供最重要的颜色调整基准。大多数扫描仪会给每幅图像带来微小的色偏。如果定义一个理应为中性灰的值，但确定色偏，要采取措施去除它。

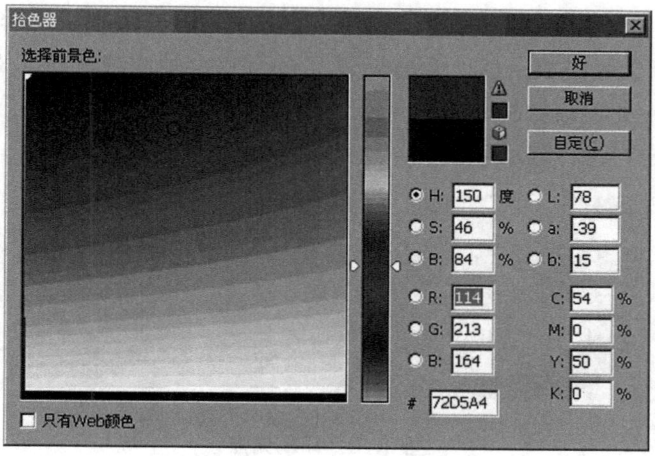

图 3－1　Photoshop 中的拾色器

（1）读入 RGB 中性灰

在 RGB 图像中很容易定义中性灰。相同数量的 R、G、B 可产生中性灰。因此，在评估理应是中性灰颜色时，其值应该是一致的。如果有值不相符，就会出现偏色。假设在“信息”面板上读到的灰色中间色调是 R:127、G:127、B:135；中性灰中含有较多的蓝色信息，说明图像稍微偏蓝。另一方面，如果同样的中调的读数为 R:127、G:127、B:120，则中性灰蓝色值偏低，说明其稍微偏黄。这就是使用中性灰值来标识色偏的优点，如果中性灰偏色，可确定其余的颜色也会受影响。

（2）读入 CMYK 中性灰

在 CMYK 图像中读入中性灰较困难。从理论上来讲，同样数量的 C、M、Y 产生中性灰。实际上并不是这样，这是因印刷油墨不纯所致。如果在 RGB 中做了大量校色，Photoshop 在转换到 CMYK 颜色时自动保持中性灰值的状态（精确百分比取决于“CMYK 设置”对话框中的当前设定值）。如果在 CMYK 图像中补偿色偏，必须熟悉油墨间的基本关系。一般，中性灰中青的含量必须比品红和黄色更多一些。多少取决于中性灰是暗调、中间调还是高光，见表 3－1。

表 3－1　青色油墨量与色调之间的关系

色调	高光	1/4 色调	中间调	3/4 色调	暗调
增加青色比例	2～3	7～10	12.5	8～12	7～10

表 3－1 仅作为参考，请不要作为准则。重要的一点是青和其余油墨间的关系。中性灰值含有相等数量的品红和黄色，但是青增加的数量在沿着灰梯尺移动时也有所改变，不必担心值是否偏离一两个百分点。例如，品红和黄可能差出 1%，或青版的值可能在推荐的值上多一些或少一点。当图像在印刷机上印刷时这种微妙变化是看不出来的。

二、图像白黑场的设置

1. 层次图像

黑白场是图像最暗和最亮的像素值。在编辑图像层次时，操作的网点尺寸范围是 1%～

99%（0%和100%是白和黑，不由网目调网点组成）。一般印刷机可容纳的网点是8% ~ 90%。低于8%的值会丢失成白色，而高于90%的网点会填实成黑色。对于未调整的图像，还会导致低劣的高光和暗调复制，如图3－2所示。因此，对于输入电子版本的图像也必须与扫描标定黑白场一样进行选定与设定。

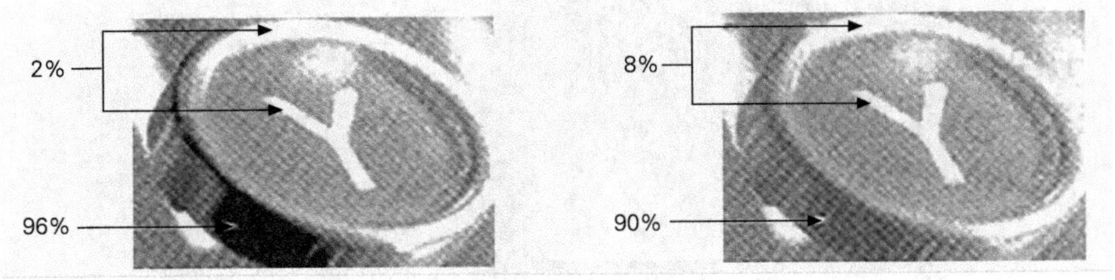

图3－2　印刷网点

（1）图像的黑白场确定

图像黑白场的测定最简单的方法是将光标在图像上移动，在Info面板中读取每一个像素值，直至找到合适的最暗和最亮的像素。

图像黑白场测定的另一种方法是用Levels（色阶）对话框实现的。具体方法为：

①选择Image/Adjust/Level（图像/调整/色阶），访问Levels对话框；

②在不选中Preview（预览）选项的情况下，按住Alt键，“抓住”直方图下方的白滑动块，图像转成黑色；

③将滑动块向左移，在到达直方图上代表最亮色调的那一点时，图像中的那些像素转成白色，这些是最亮的图像像素或是当前的白场，将白滑动块移回其原始位置；

④按住Alt键，“抓住”黑色滑动块，图像转成白色；

⑤将滑动块向右移，在到达直方图上代表最暗色调的那一点时，图像中的那些像素转成黑色，这些是最暗的图像像素或当前的黑场；

⑥将黑滑动块移回其原始位置，单击Cancel，关闭该对话框。

有了这个信息的帮助，就能使用Info面板来确定黑白场的位置。

（2）图像黑白场设置

①在重新设置黑白场之前，必须输入Photoshop中的可复制范围，下面在假设印刷机的复制范围是8% ~90%条件下进行讨论。具体方法为：

（a）选择Image/Adjust/Curves（图像/调整/曲线），打开Curves（曲线）对话框，设定基础黑；

（b）双击黑色的吸管按钮，出现拾色器，在CMYK字段中输入C:0、M:0、Y:0、K:90，单击OK按钮，如图3－3所示。基础白设定方法类似于基础黑的设定：双击白色的吸管按钮，拾色器再次出现，在CMYK字段中输入C:0、M:0、Y:0、K:8，单击OK按钮。

这些值输入之后会保留下来，直到再次手工改变。如果印刷工艺要求不再变化，可一次性设定此值，并保留。如果平时要根据不同的印刷工艺做调整的话，就必须对每次扫描设定一个正确的值。

②黑白场的设置有3种方法。前两种是自动的：

（a）单击Curves（曲线）对话框中的Auto（自动）按钮；

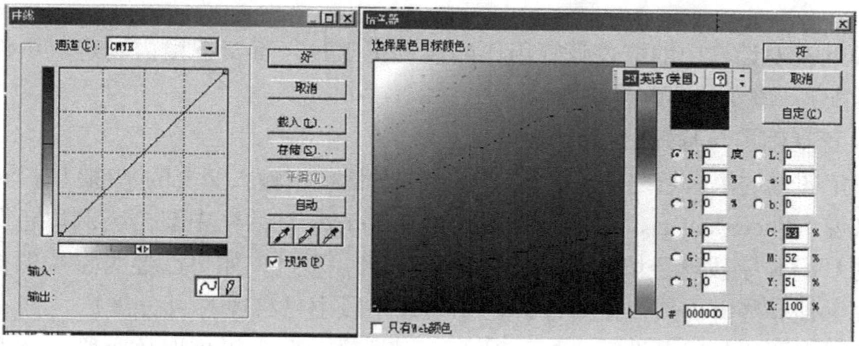

图 3－3　设定暗调的网点值

（b）或者关闭该对话框，选择 Image/Adjust/Auto Level（图像/调整/自动色阶）。

在制版中应避免使用这些选项，因为在这两种设置中，Photoshop 并不知道镜面高光和层次高光有什么不同，只是一味捕获最亮和最暗的像素，随意应用网点值。例如，如果图像中含有小的亮点而要将其转成 0% 黑的话，而 Auto Levels（自动色阶）命令将这些像素设定成 8%，就会歪曲其余的色调。

（c）手动设定：设定黑场，在 Curves 对话框中单击黑色吸管一次，用 Info 面板作为指导，在图像上移动光标，直到找到最暗的值（用“标定黑白场”的方法找出它的位置），单击最暗的像素；设定白场，选择白色的吸管，用 Info 面板作为指导，在图像上移动光标直到找到层次高光的值，单击最亮的像素。

如果觉得有误，按住 Alt 键，对话框中的 Cancel（取消）按钮改成 Reset（重新设定）按钮，单击它可删除命令重新编辑。在重新设定黑白场后，图像通常显得相当均匀，对于这个问题可以通过增加反差对其补偿。

2. 彩色图像

（1）测定黑白场

在给出正常印刷的极暗调和层次高光值之前，需要在图像上确定它们的位置。通过使用光标和 Info 面板检查图像，可找到这些区域，但是需要某种方式来进一步缩小这个区域。

操作下列步骤（该操作在 RGB 和 CMYK 图像中是相同的）：

①打开要处理的图像，选择“图像/调整/阈值”；

②在“阈值”对话框中单击“预览”，将所有的滑动块移到最右边（图像转为白色）；慢慢增加阈值（选中阈值的字段，按键盘上的向上箭头键，以 1 为增量升高该值）。出现的第一个黑色像素是图像中最暗的暗调即当前图像的黑场。将滑动块移到最右边（图像转成黑色），慢慢地减少阈值。第一个变白的像素是图像最亮的高光即当前图像的白场；

③单击“取消”按钮，关闭“阈值”，记下暗调和高光的位置，后面将用到它们，用“曲线”命令为印刷设定它们的值。

（2）设定中性灰黑白场

在彩色图像中，黑白场有两个问题：

①类似于层次图图像，它们必须适合印刷机印刷的范围；

②它们必须以中性灰值存在。当极暗调和漫射高光不平衡时，产生的偏色更可能影响整

幅图像。

采用 Curves 对话框中的取色吸管用作颜色校正工具。重新把黑白场定成中性色（也与印刷需要匹配），该变动影响整幅图像。

（3）设置基础黑与基础白

重新设定图像的黑白场之前，必须在 Curves 对话框中输入想要的基础黑与基础白。

一般来说，Photoshop 自动设定基础黑。可在 Curves 对话框中双击暗调取色吸管时看到拾色器中的 CMYK 字段已经填充了基础黑的百分比。不过，如果已经为层次图像设定基础黑，也会注意到那些值仍然存在（或许在 CMYK 字段中只出现 K 百分比）。

类似于层次图的基础黑设定：打开 Curves 对话框，双击黑色取色吸管。在 Color Picker（拾色器）面板中，移动光标到对话框左半边的颜色字段中。单击并拖曳，将光标移动到字段的左下角，基础黑自动输入到 CMYK 字段中。单击 OK（确定），关闭 Color Picker（拾色器）面板。

即使在编辑 RGB 图像时，设定基础黑时也要将重点放在 CMYK 值上。仅在 RGB 字段中输入 0 值不足以给出合适的 CMYK 百分比。例如，如果 CMYK 的读数是 C:0、M:0、Y:0、K:100，RGB 已经含有零值，重新输入同一个值没有影响。不过，如果 CMYK 的读数值是 C:0、M:0、Y:0、K:95 时；在 RGB 中输入零值会自动设定默认的 CMYK 基础黑。为了安全起见，使用上述方法时要输入想要的值。

为了设定基础白值，双击白色的取色吸管，再次访问 Color Picker 面板。这里必须输入一个保留印刷机上网点结构的中性灰值，在涂料纸上印刷时，最好的开始点是 C:5、M:3、Y:3、K:0，其产生可见的 5% 灰网点。若纸张质量（以及印刷方法可复制范围）下降，可根据具体情况提高这些值。

如果不能确定暗调中性灰的精确百分比，试着在 Color Picker 面板中的 RGB 中输入一系列相等值。Photoshop 知道保持 RGB 的明度值与 CMYK 间的输出值之间的中性灰关系。

假定已经根据单张纸印刷机在非涂料纸印刷的方式优化了 CMYK Setup 对话框中的值。如果在 RGB 每个字段中输入的是 244，则在 CMYK 字段中自动出现 C:8、M:5、Y:5、K:0，这相当于 8% 的灰网点的中性灰值。将它们设置为 233，则 CMYK 值变成 C:10、M:6、Y:7、K:0。

（4）校正中性灰黑白场值

此时，已经确定了图像中最亮像素和最暗像素的位置，并在 Curves 对话框中输入了想要的黑白场值（基础黑与基础白）。在应用它们之前，花点时间将当前图像值与原稿比较一下；特别要注意高光调，必须确定图像的这一部分为中性灰。例如，如果原照片使用彩色胶片或滤色片拍摄，高光将拥有故意做成的偏色。如果要把非中性灰的颜色重新安排成中性灰，产生的颜色偏移在图像其余部分可能会太极端。

设定基础黑与基础白后，我们就可以开展图像黑白场的校正工作。

这些调整的效果在 RGB 图像上使用则更具有可预见性。主要是因为黑版还没有产生的原因，这给 Photoshop 在重新安排整幅图像色调时提供了更大的灵活性。如果正在调整的是 CMYK 图像，应该确定是否真的需要重新设定黑白场。如果使用高端平台式扫描仪或滚筒扫描仪扫描，应在扫描阶段设定黑白场。如果黑白场（特别是在高光部分）只偏离几个网点，最好不要应用曲线调整，这与使用取色吸管相反。

例如，如果 CMYK 图像中的层次高光值当前为 C:5、M:5、Y:3、K:0，则会出现偏粉红色。如果在 Curves 对话框中使用取色吸管重新设定，可能最终会用到 C:5、M:4、Y:2、K:0，它比较接近中性灰，但并不是要寻找的中性灰。可通过在品红版高光中做少量调整来减少品红的偏色。

三、中性灰中间调的修正

给黑白场做中性灰处理会影响图像其余部分的颜色和色调。调整暗色调网点会向下对直达中间调的颜色值产生影响；调整高光会对向上直达中间调的颜色值产生影响。人眼对高光色调变化较敏感。因此，标识并校正该区域的偏色需要进行细致的工作。决定应该建立在对原稿以及当前图像值进行的慎重系统检查之上。

应用中性灰黑白场之后，重新评估剩余的中性灰。如果还存在稍稍偏色，使用 Curves 命令选择性地补偿些附加颜色。例如，在设定中性灰黑白场后，中间调仍然可能具有品红的偏色。如果图像是 RGB，可以通过增加受影响区域中绿的程度来加以补偿。如果图像是 CMYK，可减少品红的程度。

四、图像对比度的调整

成像过程的两个阶段降低了图像的整体对比度：扫描操作和重新设置黑白场。要补偿这种信息损失，必须使用 Curves 对话框来恢复一些对比度。本质上讲，对比度调整是使亮色调更亮一些，使暗的色调更暗一些。

1. Curves 的功能

曲线命令是 Photoshop 中重排（remapping）像素最强大的工具，也就是说改动它们的百分比值。其他命令也能做同样的事，但是曲线命令是迄今最全面的，若使用得当，可把一个像素的值改成任何其他值。下面的章节将论述 Curves 对话框中最重要的选项，如图 3－4 所示。

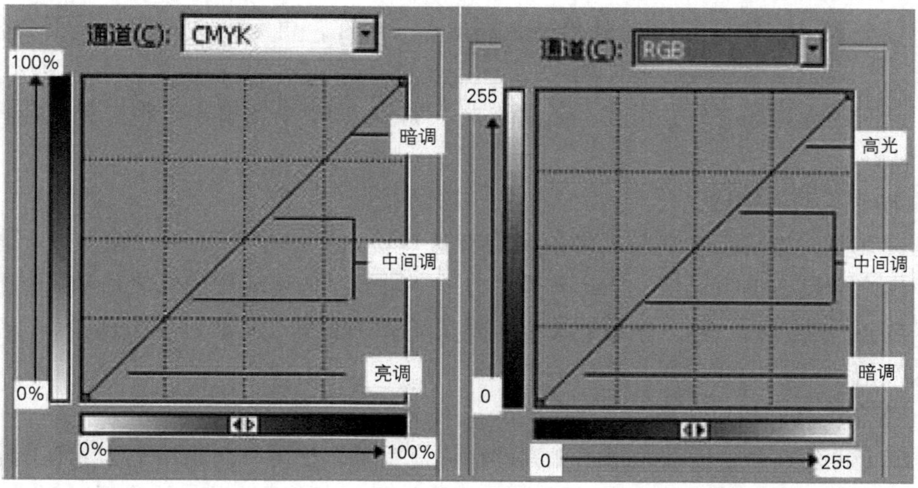

图 3－4　色调图用于在操纵曲线时量度像素值的改变

（1）通道弹出菜单

调整层次图时，实际上是在编辑黑色通道的内容。但是，使用 Curves 命令编辑彩色图像时，可以调整单色通道，也可以一次对整个图像进行调整。Curves 对话框中含有 Photoshop 中最强大、最全面的颜色和色调调整工具。

（2）值的渐变域

对话框中图表下方的灰色渐变条表示从黑到白的所有色调。通过浏览此灰色渐变条，就可知道曲线的哪一端代表暗调，哪一端代表高光。最重要的是，它决定了该命令使用亮度值还是输出百分比。Photoshop 默认使用亮度值，许多用户偏好读取 RGB 颜色，大多数印刷专业人员偏爱读取以表示网目调网点大小为准的值。如果在图表上移动光标时输入、输出字段不显示黑色百分比，在该值的渐变色中单击一次。

（3）色调图

色调图是 Curves 命令的关键。这里给出两种形式色调信息之间的关系：水平轴代表输入色阶值，即打开该对话框前已有的数值；垂直轴代表输出色阶，即应用曲线后将存在的颜色值。确认值后，图表分成 4×4 的网格，因此更容易找到基本图像色调：高光、1/4 色调、中间调、3/4 色调和暗调。可按住 Alt 键单击图表，将其转换成 10×10 的方格。

（4）Curves

曲线用于将色调图当成度量基准来使用以重新安排像素值，如图 3-3 所示。即使图像可能只包含较短的范围，该线仍代表从最亮到最暗的所有可能色调。虽然该线一开始出现时是条直线，但在做校正时就会弯曲成曲线，将所做的改动更平滑地分布在图像的其余部分，因而避免了不协调的结果。

（5）调整点

要想编辑曲线的形状，单击曲线一次以放置调整点。将该点从原始位置向上拖曳以提亮色调，或向下拖曳使图像的色调变暗。参见对话框底部的输入、输出值，它可跟踪所做的改变。调整点有两个用途：可调整色调和颜色，从一个点拖曳到另一个点时就可以重新安排数值的分布；也可用它们来描定曲线，从而可只改动色调范围中的一部分。例如，如果只想编辑高光值，在 25%、50% 和 75% 处单击，添加点。现在，再编辑高光值时就不会影响其余色调了。

除了已有的黑白场之外，可在一条曲线上添加多达 14 个调整点。将点拖曳出图表外可删除这个点。

（6）输出、输入字段

操作曲线时，当前点改动前后的值出现在这些输入字段中。Input（输入）字段显示的是应用编辑之前已有的色调值；Output（输出）字段显示的是应用编辑之后重新给出的色调值。一旦放置一个点后，输入字段就可以编辑了。如果需要，可通过单击选择点，然后在字段中输入数值。

（7）指点工具和铅笔工具

Curves（曲线）命令默认为指点工具，允许拖曳点，也可以使用铅笔工具在图表中手工描绘曲线。一般来说，这个选项会被随意地只当成另一种特殊效果。的确可以创建古怪的色调调整，但同时也可转换到铅笔工具选项上，做一些使用指点工具难以达到的谨慎编辑。

2. 曲线使用技巧

使用 Curves 调整图像色调时，记住下列要点。

（1）注意不要让曲线太陡。即使只做 2% ~3% 的变动都会产生强烈的效果，调整量最多不超过 5%。

（2）不要应用太多曲线。例如，不要应用对比度曲线，若觉得它不够用，可再应用另一条曲线。如果必要的话，还原上述命令再开始。每个改动都会减少可用色调数，过度调整图像最终会引起色调丢失或广告化。

（3）如果不能确定特定的色调值，将光标移到图像中，它改成取色器工具。单击图像时会出现一个小的反馈圈，指示单击点在曲线上的位置。

（4）若想根据图像信息在曲线上添加点，按住 Control 键单击图像。例如，如果按住 Control 键在 63% 的像素上单击，在曲线 63% 的部位自动出现一个点，这样可确定某个图像部位的值。

（5）应用一个调整后再打开这个对话框时，Curves 再次变成直线。该曲线并不跟踪图像色调，只用于改变它们而已。有时，知道上次使用的曲线很有用，特别是在调整不太合适而要对它进行细调的时候，按住 Alt + Control + M 键，会出现显示最后一次调整的 Curves 对话框［如果要细调曲线，不要忘了在调回曲线之前先选择 Edit/Undo（编辑/还原），否则将调整两次图像］。

五、图像的修饰

扫描图像上离散的斑点、尘土或划痕的清除方法有多种。其中常用的是采用橡皮图章工具通过采样及克隆来完成的。

采样和克隆是两步过程。采样时，要指定弥补缺陷时用到的像素；克隆时，应用采样的像素。若操作得当，看起来就像从未产生过缺陷一样。具体方法如下。

①将视图百分比设定为 100%，选择橡皮图章工具。

②在 Brushes（画笔）对话框中，选择最适合于需要采样和克隆数据量的画笔。如果要修饰小的缺陷，就选择小画笔。要达到最好的结果，使用细的、消除锯齿状的画笔，用宽的、软边的刷就会产生不清楚的效果。

③确定要整饰的是什么，例如：小斑点。

④采样时，按住 Alt 键，单击图像。不要单击缺陷处和随机点，而是要靠近缺陷点击，点击在包含类似像素值的区域上。

⑤松开 Alt 键，否则，就会在下次单击图像时创建另一个采样。

⑥若直接点击在缺陷处，小的十字线会出现在最初采样的地方；缺陷处被源像素遮掩。

⑦如果对结果不满意，可选择 Edit/Undo（编辑/还原），再试一次。反之，则可移动到下一个缺陷处。

用橡皮图章工具修饰图像时，要注意以下几点。

①橡皮图章工具对于克隆特殊的图像元素（如树或岩石）并不完全适合。要创建已有元素的多份拷贝，最好使用一种选择工具将所需的像素隔开，然后将其拷贝到新的图层上。这样能更容易地复制并重新放置这个元素。不过，如果打算去除岩石或树，橡皮图章工具是

最有效的工具。

②不要使用橡皮图章工具绘图，或克隆画笔笔画上的像素。例如，如果修饰一条长长的划痕或一根头发时，不要只创建一个样本，然后在整个缺陷段内使用。这样可能做起来比较容易，但会产生更明显的痕迹或色调变异。要想得到最好的结果，按照拉链式的纹样从划痕的两边采样，边克隆边向前移。这边取个像素，那边取个像素，仔细将其轻擦到位。

③不要过于靠近缺陷采样。如果画笔的尺寸较大，可能会将缺陷包括到采样的区域中。发生这种情况时，如果一个接一个地单击，就会产生缺陷遍布屏幕的结果。

④橡皮图章工具可从另一幅图像中读取数据。同时打开两幅图像，按住 Alt 键，在第一幅图像上单击定义一个采样图像区域，然后在第二幅图像上单击，应用这些像素。

⑤使用多个图像图层工作时，橡皮图章工具的效果取决于橡皮图章工具选项面板中的设定值。如果未选中 Use All Layer（使用所有的图层）选项，只能采样激活图层里的像素，当选取了该方框时，就可从所有可见的图层上采样。

六、网点增益的补偿

整理、调整和修饰图像之后，还有一个任务：必须提亮整幅图像，以补偿在印刷机上将要发生的网点增益。这是因为印刷过程产生的网点增益会使网目调变暗，印刷前有意提亮的图像会使色调正好复原。

应用调整之前，必须知道网点增益预计有多少。它全都取决于印刷方法和所用的纸张类型。纸张的吸收性越大，预计的网点增益就越高。由于网点增益值对中间色调的影响比图像其他部位的更大，因此要把调整重点放在 50% 值处。

网点增益以百分比为单位度量，注意通常所说的有 25% 网点增益，并不是指 50% 网点要跳到 75%，而是指 50% 的网点会扩展其原来值的 25%，扩大后的网点面积率大约为 62%。

例如提亮中间色调，使其适应于预计 15% 的网点增益。打开已经按印刷机限制和对比度调整的层次图像。选择 Image/Adjust/Curves（图像/调整/曲线）。将光标移动到中间调，在 50% 处单击，添加一个点。将这个点向下拖曳，直到输出值读数为 44%。单击 OK 按钮（确定），存储图像。

通常采用手动调整图像。手动调整图像时，编辑色调值不可挽回，这使得为其他印刷工艺方法重新设定同一图像变得更为困难。

第二节　图像锐化基本参数设定

大多数扫描稿都需通过进行锐化处理补偿扫描过程中产生的不可避免的轻微模糊现象。

Photoshop 的虚光蒙版滤波器的锐化效果比扫描仪和 Photoshop 其他三个工具做得更好。原因是大多数基于扫描仪的锐化只给扫描图应用单个平衡值，而 Photoshop 的虚光蒙版提供三个独立的控件，可对每个图像应用特定的值。

在分色扫描工艺流程中何时进行锐化，工艺不同处理阶段也不同。在传统印刷中，锐化在分色扫描工艺的最后一步；而在数字式印刷中，则应在色彩调整之前。锐化图像的标志是暗像素变得更暗；亮像素变得更亮，正是这种像素级的反差形成细节增加的错觉。如果在调整完色调后再锐化图像，则极可能会把一些像素推到印刷机可复制的范围之外。

在 Photoshop 的滤波器中共有虚光蒙版（Unsharpen Mask）、锐化（Sharpen）、强锐化（Sharpen more）和边缘锐化（Sharpen Edges）四个功能。

一、USM 锐化基本参数

USM 锐化的基本参数有 3 个：Amount（数量）、Radius（半径）和 Threshold（阈值），它们位于 Filter/Sharpen/Unsharp Mask（滤镜/锐化/USM 锐化）对话框中，如图 3－5 所示。

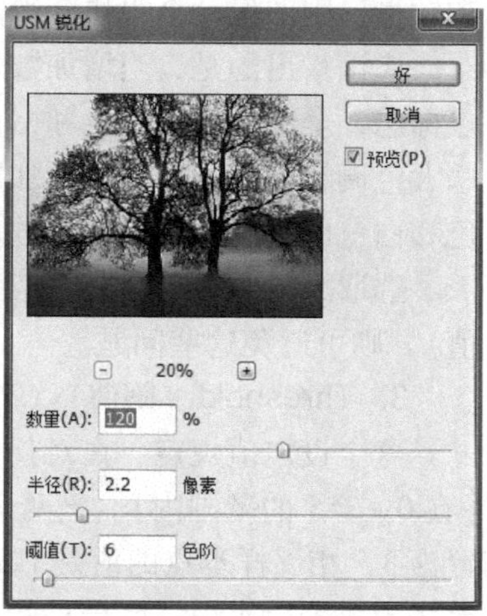

图 3－5　虚光蒙版对话框

1. Radius（半径）（0.1～250 像素）

正确使用虚光蒙版锐化处理的第一步是计算出半径（Radius）值。设置半径后再调整与其相关的其他设置。

半径设置控制边界每侧有多少个样本点宽的光点标志。数值越大，产生的光点标志就越宽（大光晕中包含很多样本点），整个蒙版图像与原稿图像完全不同，锐化效果在整幅图像内都比较均匀。数值越小，产生的光点标志就越小，使反差颜色之间产生清晰的边缘，而变化不大的像素值只受到很微小的影响。锐化处理所产生的光晕大小，影响图像外观的清晰状况（半径越大，意味着越清晰）。但是，另一方面，它导致了许多与锐化处理有关的问题。

半径值为 1.0 时，光点标志是 1 个样本点宽（从亮到暗的整个循环，样本点总数是 2）。半径值为 2 时，标志两侧有 2 个样本点，依此类推。那么，半径值应该设置多少呢？答案是：分辨率除以 200。例如，对于 200spi 的扫描图像，使用 1.0 的半径设置；对于 300spi 的扫描图像，使用 1.5 的半径设置。这样，每个光点标志上产生 1/100～1/50in 的光晕。它大到足以提供锐化处理效果即可，半径设置太大会导致图像不自然、有雕刻感。

可能需要用较大半径设置的一个地方，是人们绝不会走近去看的广告牌和某些海报等大图像。在这些情况下，可能需要较大的半径设置，使清晰度在预定的视觉距离（1/100 英寸，不是多达 100 英尺）真正达到很好的水平。在这些情况下，可使用下面的公式计算半径的大致设置值：

$$半径 = 观看距离(\text{inch}) \times 分辨率(\text{spi}) \times 0.0004 \qquad (3-1)$$

这个公式是根据眼睛对给定观察弧度内振幅调谐周期的敏感度的某些理论推导出来的。

2. Amount（数量）（1%～500%）

该值确定像素提亮或加暗的程度，它调整色调转变处每侧光点标志的强度，即强调的是色调间的差值多少。较高的数值产生较大的对比度，较低的数值产生较小的对比度。锐化的精确数量视像素而定，并受半径和阈值设定值的影响。

图像需要的锐化量取决于图像的尺寸和内容。高分辨率的图像比低分辨率的同一图像需要更大的锐化量，因为滤波器的效果是在较宽范围的像素上展开的。

大数值构成大的光点标志（边界处的色调差值很大）；小数值构成不明显的光点标志。在这里，我们不讨论光晕的宽度，只是讨论相邻样本点之间色调差的数量。

数量选取什么样的数值能起良好的作用？如果使用上面所讲的各种半径设置，那么，将数量设置为200%则是很好的选择。如果数量值设置得太高，所得到的图像类型就会像我们上面讲的外观虚假；如果保持较低的半径设置，不会有太大影响；但是，如果同时增加半径和数量，则图像就会很快变得非常古怪。

应该指出的是，当增加数量设置的时候，采取的措施就逐渐减少。大色调转换周围的光点标志，全部变成了黑色和白色，因此，增加数量在这些区域中没有进一步的效果。既然这些大色调转换区域是最需要加重以便得到清晰效果的区域，同时又不能将它们加重到超过黑色和白色的范围，所以，将数量设置增加到某点之外是无用的。

选取大值数量，会加重杂色和斑点，但是，如果使用下面将要介绍的 Threshold（阈值），则可避免这些问题。

3. Threshold（阈值）（0～255 级）

这个设定值规定，在对任何部分应用滤镜之前，相邻的样本点必须分为多个色调间距（在0～255的范围内）。当两个像素落在阈值范围之内时，不做锐化。例如，如果将阈值设置为3，相邻样本点的值是122和124（差值是2），它们不受锐化处理的影响。如果它们相差多于3个层次级，就会被锐化。因此，低对比度的区域，即渐变平滑的区域是不受影响的，渐变仍是平滑的。阈值为0时会锐化所有像素；阈值为255时，无论其他设定值是什么，都没有像素做锐化。

提高阈值有利于保护不想锐化的像素，胶片上的颗粒是由与其相邻的略为不同的小像素组成的。使用低阈值锐化这样的图像会使细小的颗粒变成不需要的纹样；类似地，对色调变化很少的区域（如肤色）做锐化，会破坏微妙的色调变化，产生人造物品或色带效应。增加阈值可保护这些区域。

阈值设置是避免锐化处理可能导致的麻点、斑点和与人工制品相关问题的关键。它能致使滤镜忽略这些稍微在位置之外的像素，而不是强调它们。对于平滑的自然色调，如背景中有纯蓝色天空的图像，这一点尤其重要。

低阈值的结果使整个图像看起来更加清晰（因为排除在外的区域更少）。高阈值的结果只能导致较低的锐化。对于多数图像，推荐使用的阈值为3～4。阈值设置为10或更高是不可取的，因为它们排除了如此多的区域，导致使锐化处理降低到了很难看到的地步。

虚光蒙版使图像看起来更真实，并没有增加太多的对比度，对比度增加过多会使物体看起来纹理化或不自然。应注意以下几点。

①已经拥有明快细节的图像一般只需要少量锐化或不需要锐化。

②虚光蒙版提供全图像预览，显示应用这些改动之前的精确效果。在访问滤波器之前，查看百分比设定为100%。其他百分比会使预览图变得模糊，导致过度锐化。

③每幅图像需要不同的锐化设定值。作为起点（在300dpi连续色调层次图像），设定数量为100%，半径为1.5，阈值为4。可根据需要上下移动数量滑块。

④对屏幕上看起来已经锐化的图像再多做一点锐化，会恰到好处。

⑤设定的 Amount（数量值）不能过高，否则会出现人工化的现象，或是明和暗像素明显

突出，与周边信息不协调。而设定的半径值过低会产生光晕，即围绕较暗像素的可见光环。

⑥这种滤波器只使用一次。如果不喜欢上次设定的结果，应当在再次应用命令前先还原。

二、锐化的基本方法

1. 锐化、强锐化和边缘锐化

这三种锐化工具都是无法手动的自动锐化工具。锐化是对图像的所有像素进行运算，增加其对比度；边缘锐化只对较大面积边缘进行修整；强锐化相当于几次锐化的作用。

2. 细节锐化

接近锐化的最好方案是区分清晰细节（fine detail）和微妙细节（subtle detail）之间的差别，如图3－6所示。清晰细节可清楚地辨识出来：树枝在空中交织，头发在风中飘舞，格子尼纤维的十字纹理等，都是很好的例子；微妙细节：皮肤色调、苹果皮和修剪过的草坪上的草叶，都是基于轻微的色调和颜色变化。当然，有些图像既不具有清晰细节也不具有微妙细节。

（1）基本方法

对一般的彩色图像不可能建立一种或两种虚光蒙版设定值。但是，可从图像细节层次锐化的不同要求进行分析与设定。

①正常细节。图像细节由醒目的、清晰的线条以及对比度显著的背景所组成时，根据图像分辨率，使用较大的半径（1.5～3个像素之间）和较低的阈值（2～5）。此设定将产生包括大多数图像像素的更显著效果。

②清晰细节。清晰细节区域一般需要用较小半径值（0.5～1.5像素）和较低阈值（2～5）。这样，就不会有细节被较大半径产生的光晕所淹没，更多的像素可包括在整体效果中。

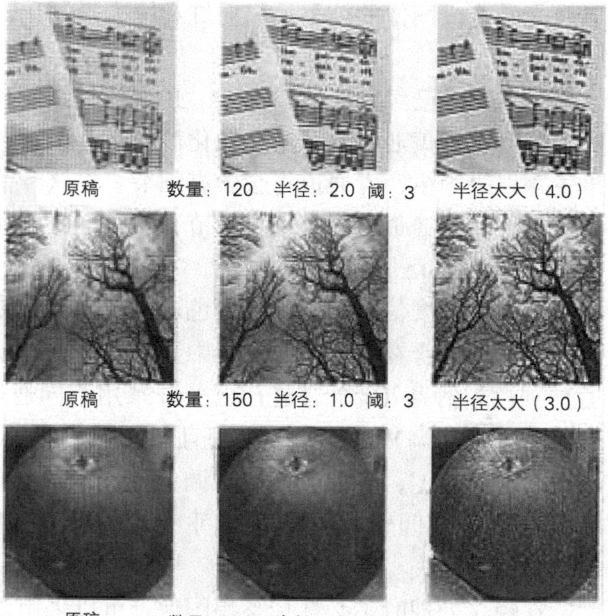

图3－6 正常细节、清晰细节和微妙细节之间的差别

③微妙细节。微妙细节区域一般需要用较大的半径值（1～3）和较大的阈值（6～15），从而增强对比度，保证较小变化的值不受影响。这些关系只是起点，每幅图像的内容将确定最终设定值。而且，注意没有包括数量的设定值。这个值只确定虚光蒙版滤波器提亮或加暗的程度；由于细节受半径和阈值的影响最大，要在设定数量前创建。

（2）模糊确定

如果难以精确确定半径和阈值的效果，则可按如下方法进行。将查看百分比设为100%；打开Unsharp Mask（虚光蒙版）对话框，选定Preview（预览）选项，将数量的滑动块一直设定到500%，将半径和阈值滑动块一直设定到下端。开始，图像不出现锐化。慢慢升高半径值（如果需要，选中半径字段，按键盘上的向上箭头，以0.1像素增量移动）。高的数量值会过分夸大该效果，但会立即看到哪个像素受到设定值的影响。当产生的光晕淹没细节，或出现明显变宽时终止。慢慢升高阈值（选中该字段，按键盘上的向上箭头键，以1个单位的增量移动）。随着这个阈值的增加，会看到越来越多的微妙细节被该命令忽略，确定锐化不会引起人工化或过分强调颗粒而终止。降低数量设定值，不要担心使用值超过100%，事实上，许多图像需要的百分比可达200%或250%。

应用同样的锐化网目调准则：看起来锐化稍过一点时，数量值可能正好适用。通过单击OK（确定），应用虚光蒙版。视图百分比仍为100%，选择Control + Z两次，评估应用前和应用后的效果。如果需要再试，确保选择虚光蒙版命令前还原效果。

3. 通道法锐化

有些图像很难一次性锐化成功，例如：由低端RGB扫描仪生成的图像，尤其是肤色，如果锐化组合通道不能得到平衡和令人满意的结果，最好是对一个或多个颜色通道做锐化。

关键是对含有最少细节数量的通道做锐化。在大多数RGB扫描图中，蓝色通道含有最多的细节，也包含少量的扫描杂色。如果对这个通道做过度锐化，可很快产生可见的人工化以及光晕淹没图像的结果。只对红和绿通道锐化，既可强调图像的细节又不会夸大这些异常的像素。

如果图像已经转换成CMYK，必须更仔细地检查通道。如果原稿图像含有蓝通道杂色，大多数会转到黄通道上来避免锐化该通道。不过，其余通道的内容也决定下一步的操作。如果主题以绿为主，青通道将会含有细节。在这种情况下，锐化品红和黑版。如果主导的颜色是红色，品红通道会含有大量细节，这时，青版和黑版锐化。

4. 阶调和区域锐化

人眼对亮度信息的感受比对色彩信息的差异更加敏感。在RGB颜色空间中亮度信息和色彩信息都混合在一起，在调整中无法对亮度进行调整。LAB颜色空间把亮度信息（1个通道）和色彩信息（2个通道）区分开来用不同通道存储。因此我们可以在LAB颜色空间对图像亮度（阶调）进行锐化处理且不影响色彩细节。当然，如前所述，考虑到颜色空间的转换要损失数据，我们应该把阶调锐化处理放在向CMYK颜色空间前的最后一步。例如将图像从RGB空间转换到LAB空间，进行锐化处理，然后再转换到CMYK空间，这样可以减少色彩信息损失。

在锐化处理时不必选择整幅图像，可以采用手工选定局部区域进行区域性锐化。

第三节　色 彩 管 理

色彩管理是一个对色彩信息进行正确解释和处理的应用技术。色彩管理系统CMS（Color Management System）是与彩色图文处理相关的设备间颜色特性转换的管理系统。其目标是形成一个环境，使支持这一环境的各种设备在色彩信息的传递方面相互匹配，实现色彩最小失真的再现，达到“所见即所得”。其基本思路是：选择一个与设备无关的参考色彩空间，然后对整个系统的各个设备进行特征化描述，最后在各个设备的色彩空间与标准的与设备无关的色彩空间建立确定的对应关系。国际色彩联盟 ICC（International Color Consortium）为了能使多设备环境中色彩信息的共享，制定了一个跨平台系统的色彩管理标准（ICC 标准）。ICC 规范的制定，明确了色彩管理的组成要素。

①一个与设备无关的色彩空间 PCS（Profile Connection Space）。

②设备特征描述文件（Profile）。Profile 文件用于描述设备的颜色特征和色域范围。颜色复制系统中的所有设备都要有自己的特征文件。色彩管理系统根据设备特征文件提供的信息，建立特定设备色彩空间与设备无关色彩空间 PCS 之间的映射关系。

③色彩管理模块 CMM（Color Management Module）。在进行色彩空间转换时，色彩管理模块 CMM 用于解释设备特征描述 Profile 文件，根据特征文件所描述的设备颜色特征进行不同设备间的颜色数据转换。

一、色彩管理技术的基本原理

色彩管理是一个对色彩信息进行正确解释和处理的应用技术。在整个图像复制的工艺流程中，色彩管理系统保证了图像在色彩失真最小的前提下把色彩数据从一个设备色彩空间转换到另一个设备色彩空间。

1. 色彩转换方案

不同设备或复制方法的色域是不同的，因此，在不同的设备之间进行色彩转换时，经常会遇到色域范围不匹配的问题，要根据复制的内容和要求，选择适当的复制方案。复制方案决定了 CMM 的映射方法，CMM 根据不同的复制方案进行设备色空间之间的映射。ICC 规定了四种色彩转换方案（Rendering Intent）。

（1）感知显色意图（Perceptual）

从一种设备空间映射到另一种设备空间时，如果图像上的某些颜色超出了目标设备空间的色域范围，这种复制方案将原设备的色域空间压缩到目的设备空间的大小。这种收缩整个色彩空间的方案会改变图像上所有的色彩，包括那些位于目标设备空间色域范围之内的颜色，但能保持色彩之间的视觉关系。它适用于摄影类原稿的复制。

（2）饱和显色意图（Optimized For Saturation）

当转换到目标设备的色彩空间时，这种方案主要是保持图像色彩的相对饱和度，溢出色域的颜色被转换为具有相同色相但刚好落入色域之内的颜色。它适用于那些颜色之间的视觉关系不太重要，希望以亮丽、饱和的颜色来表现内容的图像复制，比如商用图示等。

（3）相对显色意图（Color Colorimetric Relative）

采用这种方案进行色空间映射时，位于目标设备色彩空间之外的颜色将被替换成目标设备色彩空间中色度值与它尽可能接近的颜色，位于目标设备色彩空间之内的色彩将不受影响。采用这种复制方案可能会引起原图像上两种不同的色彩在经转换之后得到的图像上色彩一样。这就是所谓色彩“裁剪”。这种方案是 Photoshop 4.0 及其以前版本进行色彩转换时采用的缺省方法。

（4）绝对色度显色意图（Calorimetrically Absolute）

这种方案在转换颜色时，精确地匹配色度值，不做会影响图像明亮程度的白场、黑场调整。在复制某些标志色时，比如对于柯达公司商标中的黄色或可口可乐公司商标中的红色，这种复制方案是有价值的。但一般情况不建议选用这个方案。适用于显示器软打样。

图 3－7 所示为某红色的印刷复制，并同时希望它能通过网站在各地浏览显示出来。输入设备正确地获取了这种颜色，但通过胶印设备印刷后出现了变化，在网络浏览时也无法正确地显示。在这种情况下，为了使此红色在不同的设备上呈现出相同的效果，必须在输出前根据输出设备进行转换，并与原稿图像的颜色相匹配，这时就需要用到色彩管理系统技术。

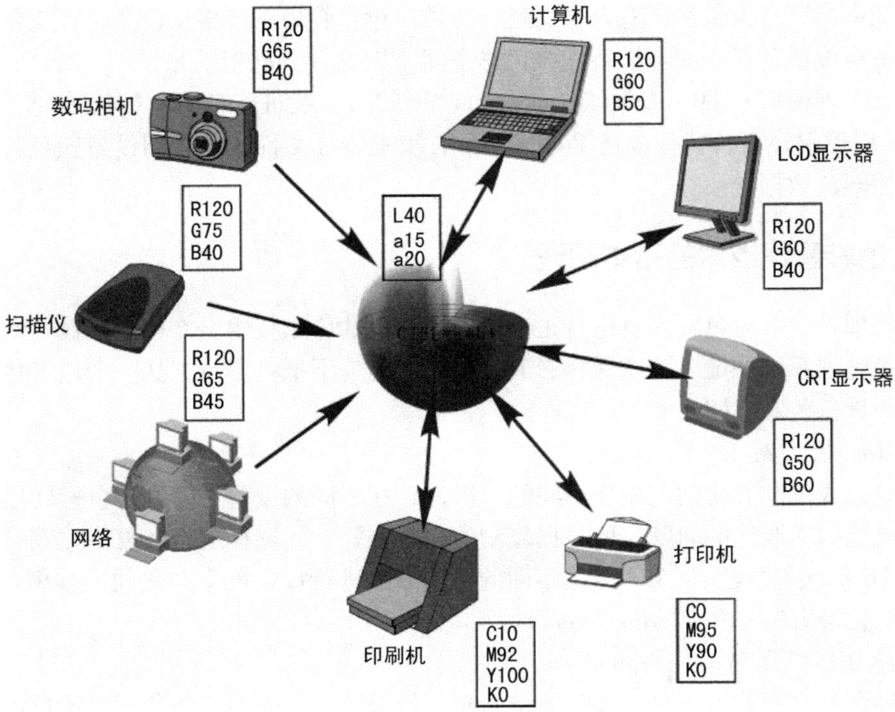

图 3－7　色彩管理的基本工作原理

2. "3C" 控制

色彩管理系统以即定的标准为依据，精确检测、定义从输入到输出影响色彩变化各环节因素的色彩特性描述文件，取得相关呈现的色彩特征数据，通过独立于作业系统之外的标准色彩空间，即图中所示的 Lab 色彩空间，进行分析运算，产生准确地色彩输出信息，即不同的输出设备产生的色彩混合比值将完全不同，从而整体解决各环节因素所造成的一系列偏色问题。

色彩管理系统的工作过程通过所谓的"3C"进行控制，即设备校正（Calibration）、设备特征化（Characterization）和色彩转换（Conversion），其代表了色彩管理技术实施的三个重要环节。

（1）设备校正

设备校正也称为设备最佳化，即使工作设备处于正常与最佳的工作状态的手段与方法。正如，使用测量仪器时，必须校正以确保测量结果的准确，使用设备前也需要通过一系列的调整，使设备达到最佳状态，以确保工作的顺利与准确。

许多设备都可以被校正，也就是把设备返回到一个已知的行为标准。有些设备可以自我校正，例如扫描仪；而其他设备在被要求有稳定的表现之前，需要手动校正。对于色彩管理而言也是如此，色彩复制技术中所使用的设备如果不能正常而稳定的工作，则会使色彩复制的结果无法预知与控制，因此进行色彩管理技术的第一个首要工作，就是对相应的设备进行校正。

当一个设备稳定工作后，只要应用的媒介和外部环境不变，这个设备的工作状态就能够被始终保持一致。对于那些没有校正并且表现不稳定的设备来说，可能每次使用的时候都需要重新校正。

设备校正达到哪一个水平，设备校正对用户有什么效果，将会产生什么影响？很少有用户会认真思考。事实上，部分企业采用色彩管理，主要希望节省成本，在减除工序与耗损后，有一个更大的降价空间。然而，如果企业采用色彩管理并希望有一个更稳定的色彩控制机制，来提高产品质量，则设备校正就需要认真对待，严格地控制。

（2）设备特征化

色彩管理系统工作的核心之一为建立设备特征文件。设备特征文件为色彩管理系统提供将某一设备的色彩数据转换到设备无关的色彩模式中所必要的信息。

设备特征文件是基于颜色光谱数据而得到的设备色彩特性信息，它作为一种标准，可通过不同的设备所附带的电子文件来描述和翻译不同厂商生产彩色设备的能力。其原理在于，不同色彩模式转换时基于一个中间色彩模式 CIELab 数值作为参考。如利用某显示器显示某颜色时，R 为110，G 为60，B 为50，其相对的 CIE Lab 值为 L 为40，a 为15，b 为20，需要打印输出时，色彩管理系统将基于输出设备打印机的特征文件换算出打印设备的 CMYK 数值，当转用印刷设备时，相同的显示颜色便要用另一组的 CMYK 数值产生相同输出颜色的效果。同样地在扫描仪上所产生的色彩在显示器上显示时，其 RGB 的数值也要变成另一组数值才可以得到相同的色彩，如图 3－7 所示。

设备特征文件的创建通过分光光度计对所选的一组标准色块的物理测量，以及相应的软件的计算而产生。这些色块通过测量被创建成一个电子文件，然后通过专业软件计算一个将设备色度值（如 RGB 或 CMYK）转换成 CIE Lab 色彩值的数学描述。正确制作设备特征文件的过程就是精确地将所有的 RGB 或 CMYK 色彩值转换成 CIE Lab 色彩值的过程。

简单来说：色彩管理系统根据输入设备的特征化文件，将数据文件转移到特征文件的色彩空间，再根据输出设备（显示器、打印机）的特征文件，把数据文件的色彩信息转移到输出设备的色彩空间，从而保证工作流程中色彩还原的一致性。

ICC. I：1998—2009 规范中将彩色设备分成三大类：输入、显示、输出设备。对每一种设备，都有一个算法模式会执行色彩转换过程。这些数学模型根据内存需要，执行过程和图像质量的不同要求，提供相应的色彩复制质量。因此，作为设备特征化的结果，特征文件也按设备的类型分为输出设备特征文件、显示设备特征文件与输出设备特征文件。

此外，设备特征文件中都会为相应的设备指定一个色彩联结空间（PCS）。色彩管理标准中规定 PCS 通过 CIEXYZ 空间或 CIELab 空间来定义。所有的经过校正的设备通过色彩测量仪器读取设备色彩信息，并将结果储存于特征文件中，设备的色彩特征文件建立了设备间 RGB 或 CMYK 颜色与 PCS 之间的对应关系。

色彩管理系统，通过彩色设备色彩模式（RGB 或 CMYK）和 PCS 之间的联系为该设备建立设备特征文件，从而实现了对色彩的开放性管理，使得色彩传递不依赖于彩色设备。设备特征文件包含从设备色彩向 PCS 转化的数据，还包括从 PCS 到设备色彩空间转换的数据。

(3) 色彩转换

色彩管理的第三个核心上色彩转换模块（CMM）。CMM 是用于解释设备特征文件，并依据特征文件所描述的设备色彩特征进行不同设备的彩色数据转换。各种设备都有自己的色彩模式，设备的色彩模式是与设备相关的。在实际工作中各种设备之间要进行数据交换，因此色彩要在各个设备的色彩模式之间转换。

色彩转换的一个基本原则是，同一个颜色在不同的设备上保证仍然是同一个颜色。为达到此目的就要有一个与设备无关的颜色系统来衡量在各设备上的颜色。任何一个与设备相关的色彩空间都可以在此色彩空间中表示。如果不同的与设备相关的颜色都能对应到此设备无关的色彩空间的同一点，那么它们之间的转换就一定是准确的。在整个过程中，不同的设备具有不同的色彩模式，这个色彩模式由该设备的特征文件来描述，设备的特征文件中记录了该设备色彩模式与此不同彩色复制系统之间的转换关系。在进行色彩转换时，彩色数据通过设备特征文件先转换为 PCS 的色度值，再根据需要转换成其他设备的色彩值，如图 3 – 8 所示。

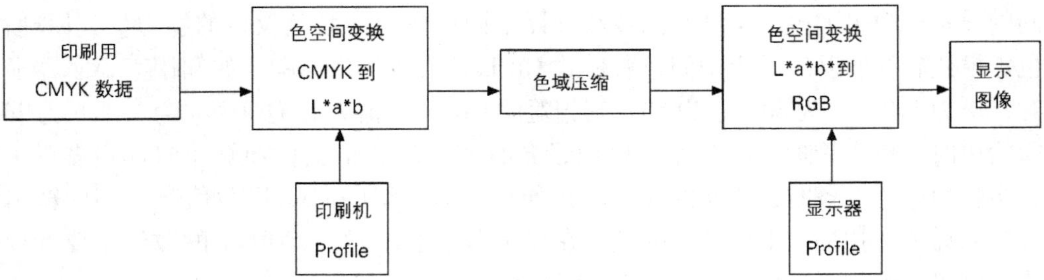

图 3 – 8　CMYK – RGB 颜色空间转换

无论是操作系统还是专业的色彩管理软件都提供相应的 CMM。由于各设备间的色域各有不同，因此不可能在各设备间有完美的色彩搭配，CMM 执行色域搭配，选择最理想的色彩。CMM 把资料从一种设备色彩通过独立色彩空间的传递，转换成另一种设备色彩。例如，如果想要在打样机或者显示屏上仿真印刷的效果，就可运用软件将屏幕色彩数据、打样机色彩数据、印刷机色彩数据等信息下载到 CMM 内，进行比较并将色彩转换的信息送回屏幕。

CMM 模块的转换作用是间接的。如果某个图像处理软件或者 RIP 需要进行图像颜色的转换，那么软件就调用 CMM 模块，并把图像数据与相应的特征文件传送过去。然后，CMM 模块执行转换功能并将转换后的数据再传递回软件。

二、显示器的校正与特征化

设备校色是使输入与输出设备利用色彩描述文件，依照各自的特性化曲线制定和描述色彩，它是将设备呈色方式作为特征化的基础。将色彩数据在不同媒体间转换之前，一定要进行设备的定标。通过定标确定同一设备在不同条件下显色性能的偏差情况，使色彩信息在获取和传递过程中具有时间上的连贯性。显示器色彩特征化的目的，是使显示的图像和最终输出的图像颜色之间尽可能地接近。显示器色彩特征化的方法分软件法与硬件法。常用软件特征化过程运用 Adobe Gamma 完成，具体步骤如下：

①将显示器打开后预热半小时，使显示器处于稳定状态；

②将室内光源调整到一个可以经常保持的水平，关掉额外光源，以免这些动态变化光源影响显示，设定显示器的亮度和反差；

③关掉所有桌面图案，将显示器的背景色改为中性灰，这样就不会在校正过程中对视觉造成影响，有助于调节灰平衡；

④打开 Adobe Gamma，先调出 Gamma 控制面板，选择“逐步”校准方式，在对话框的上方选择适当的 Target Gamma，即目标 Gamma 值，一般图像推荐使用的是 1.8，如果要用录像机或胶片记录以输出图像，Gamma 只设定为 2.2，如图 3－9 所示；

⑤选择荧光剂，决定 RGB 三色的饱和度或选择自定义方式，输入 RGB 三原色的 x，y 值；

⑥校正白场，先在 Photoshop 中建立一个空白新文件，然后选一张与印刷用同样白度的纸张，点击 White Point 按钮，拖动三角形滑块直到显示器中的白色与纸样中的白色尽可能的匹配；

⑦校正 Gamma 值，用 Gamma Adjustment 调整，直到三角形滑块上方的双色灰色条中的两种色块视觉效果相近，没有明显界限为止；

⑧校正色彩均衡度及灰平衡，点击 Balance，调整 RGB 三色滑标，直至滑标下方的灰梯尺中没有色彩，为一灰色的色阶；

⑨校正黑场，点击“Black Point”，拖动 RGB 三色滑标，直至滑标下方灰梯尺的暗部与印刷中灰梯尺的暗部感觉一致。经过以上的步骤，显示器的校色过程完成并生成显示器的 Profile 文件，在下次使用显示器时不用进行校正。校色结果马上会对显示器的显示起作用，此时，关闭 Gamma 窗口，当每次启动电脑时，Gamma 窗口的设定就会生效。

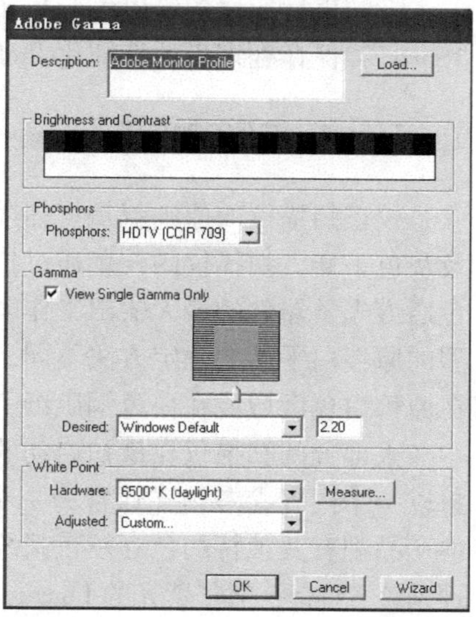

图 3－9　Adobe Gamma 控制面板程序

这时建立的描述文件是在一定的外界环境和设置时创建的。当外界环境和设置发生变化，或经过很长一段时间后，都应该重新建立该显示器描述文件。

当然，我们也可以针对不同的纸张、不同的显示器等各种要求，点击 Save Setting（存储设置）按钮，在 Control Panel（控制板）中存储若干个 Gamma 文件。设置存储后，重新启动机器，点击 Gamma 对话框中的 Load Setting 按钮，选择合适的 Gamma 设定值即可。

硬件的方法比较专业和准确，相应的专用特征化仪器也较多。如：X－Rite 公司生产的带有显示器校正与特征化专业软件 Monaco View 的 DTP94，与 Heidelberg 公司制作的显示器校正与特征化专业软件 ViewOpen ICC 配套的 Sequel Chroma 等。下面以 X－Rite 公司生产的 Monitor Calibrate 仪器为例说明显示器特征化过程，Monitor Calibrate 仪器有多种软件支持，而常用的软件为 Colorshop，采用软件 Colorshop 的特征化过程如下：

①打开 Colorshop 软件下的 Monitor Calibrate，出现需要选择的界面。最上面一项为目标

白场，印刷一般选 D_{65}；中间项为目标 Gamma 值，PC 机选 2.2，Mac 机选 1.8，最下面项为生成和使用的 Profile 文件，直接选左下角的方块，则运行选中的 Profile 文件；选择"calibrate"则进行显示器特征化处理建立新的 Profile 文件；

②选择校正屏幕所使用的硬件和它的端口，选择"Abs Refs---"；

③提示需要校正黑场，将校正仪器吸附到黑色卡片上，点击"OK"，此时软件会提示将设备吸附在屏幕上，请均匀用力将设备吸附在屏幕中央，并将环境光线和屏幕背景色调整好，然后点击"calibrate"；

④屏幕出现已知数值但饱和度不同的 RGB 色彩，设备将测量这些实际显示在屏幕上的色块，建立实际测出的数据和已知数据对应的查找表；

⑤结束后，设备给出色彩校正的结果即白点、Gamma 值和色差的改变幅度，最后点击"Save"，保存处理后的特征化 Profile 文件。

三、扫描仪的校正

校正扫描仪的原则就是将扫描仪调校成能够忠实复制原稿的阶调层次信息、色彩变化以及灰色平衡。扫描仪的校正通过扫描仪白平衡来实现，白平衡校正的作用是调整扫描仪三原色通道光学器件的最大输出工作电压，并保证三通道的信号混合中性色时达到均衡。不同类型的原稿白平衡的确定方法不同，透射稿的白平衡选点在滚筒洁净处，反射稿的白平衡选点在原稿白色区域或在白色铜版纸上。

大部分的扫描仪在最初启动的时候都会自动校正。扫描仪内部的光源是恒定的，扫描仪将以一个内置参考物（通常为一个标准白板与标准黑板）为准来进行自检。不同厂家生产的产品都有其独特的色彩校正系统，如爱克发的 FotoTune 色彩管理软件；柯达公司的色彩管理系统 KCMS；清华紫光的 Image Calibration 色彩管理软件等，通过此类软件，与扫描仪内置的校正装置，自动进行色彩补偿，有效地调整扫描仪的信号标准，使扫描仪达到白平衡。

如果一个扫描仪没有自动校正功能，则必须对它进行手动校正，即手动完成扫描仪的白平衡，即使用专用的反射或透射色标，调节扫描软件中的高光，暗调数值及中间调的Gamma 值，必要时调节 RGB（或 CMYK）单通道数值，以使扫描图像的阶调，色彩与色标一致。

具体操作如下：

（1）扫描仪开机半小时，稳定后，将标准色标放置于扫描区域内，启动扫描软件，用系统缺省的扫描参数扫描（以扫描 RGB 模式为准）。

（2）扫描完成后，在 Photoshop 中用测量灰梯尺的颜色数据。根据需要，在扫描软件中调节高光值，暗调值，即黑白场定标，以使得灰梯尺的第 1 级为 250 ~ 255，暗调 22 级为 0 ~ 5。例如若扫描后所得暗调值为 50，说明暗调不够黑，可将暗调值增大，使第 22 级灰梯尺数值在 5 左右。亮调调节方法类似。调整后，可能出现灰梯尺的第 19 ~ 22 级数值相差不大，大致为 5 ~ 10，暗场层次没拉开，阶调被压缩损失了。这是由于扫描仪本身的性能决定的，即平台扫描仪对暗调图像的记录能力差，易出现阶调损失；如果采用滚筒式扫描仪可避免类似情况产生。对于暗调层次极为丰富的原稿，建议采用滚筒扫描仪扫描。

（3）调节中间调 Gamma，以使灰梯尺第 11 级数值在 125 左右。若 11 级数值偏小，可加大 Gamma 值，同时注意修改亮调与暗调值，以保证三者都能达到要求。

（4）根据每一级灰梯尺 RGB 数值的大小关系，单通道调节三者的数值，以使每梯 RGB 的数值大致相等。例如，若中间调 11 级为 R = 118，G = B = 124，可将红通道的Gamma值加大，加大红通道的强度，使其与绿、蓝持平。若能按需要的数据做完上述几步，则说明该扫描仪已基本校正。购买扫描仪时，厂商一般都要提供一份标准的透射或反射原稿，如 Kodak IT8. 7/4，如图 3 – 10 所示，AGFA – IT8 等，内容包括一条中性灰梯尺和部分彩色色块，利用这些标准原稿可定期完成扫描仪的校正。

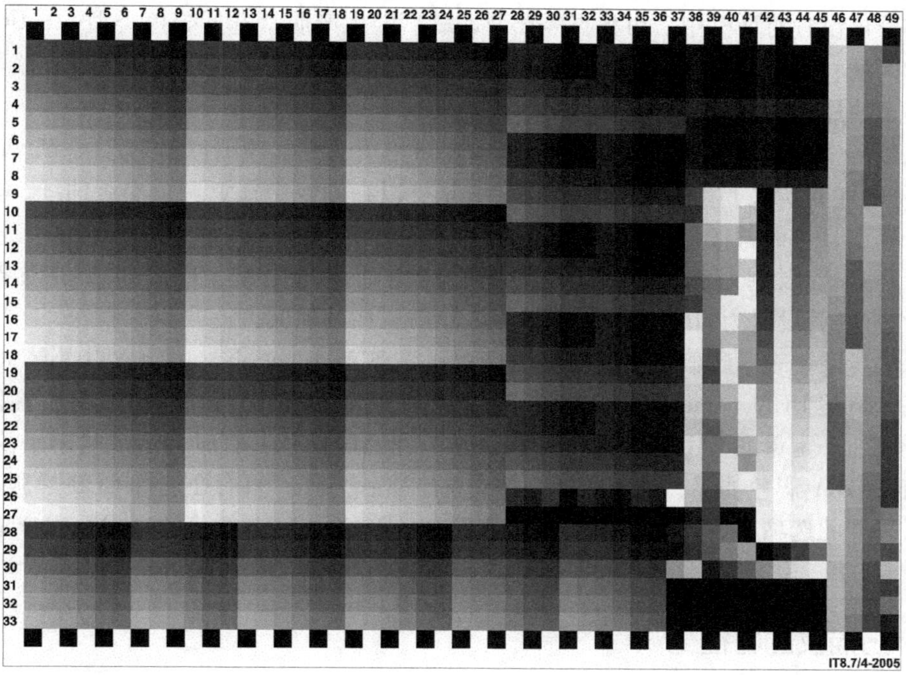

图 3 – 10　IT8. 7/4 色标

大多数扫描仪在出厂时已校正好，但由于制造条件的差别，扫描光源色温的变化，新旧程度等都会影响扫描仪的指标，因此与显示设备一样，扫描仪需要对其定期地校正。

一般情况下，大多数系统配备扫描仪输入图像，在计算机中进行图像处理，图文混排等，然后再通过 U 盘、光盘、移动硬盘或通过网络传输到印前制作中心输出胶片，再去制版、打样、印刷等。因此在扫描仪扫描图像时，应该明确如下问题：扫描的图像用于何处，使用哪种类型的打印机、油墨、纸张等。

（1）打印机油墨设置（Printing Ink Setup）

Fhotoshop 中的 Printing Ink Setup（打印机油墨设置）是配合后端印刷的一个有利工具，其中我们可以设定印刷时油墨的种类、网点扩大以及色偏等可变因素，并且这些设置只有在色彩模式间进行转换时才发生作用。在 Printing Ink Setup 对话框中，点击 Ink Color，选择一个合适的油墨标准以及印刷用纸，因为纸张对油墨的吸收性会对最终结果有很大影响，其中缺省设置是美国标准油墨在涂料纸（铜版纸）上的 Swop Coated 标准，此设置比较适合我国大多数印刷要求；网点扩大的预置代表了在指定纸张上图像中间调的网点扩大率，Photoshop 根据此数据建立一个网点扩大曲线来调整图像各阶调的网点扩大率，使用反射密度计测量打样中的校色条，根据测量结果来调整网点扩大值；灰平衡的设置可通过控制 CMYK 色彩，来补偿印刷色偏；如果图像为灰度图或为彩色图像的某一通道，希望在图像处理过程中在屏幕上看到采用网点扩大后的效果，则可以选择 Use Dot Gain for Grayscale Image 选项。

（2）分色设置（Separation Setup）

在分色设置中提供了如何对 CMYK 四色版的产生进行控制，包括：黑版的产生（Black Generation），底色去除 UCR（Under Color Removal）、印刷总墨量控制（Total Ink Limit）及底色增益 UCA（Under Color Addition）。

①在分色设置对话框中，可根据需要及印刷厂的生产质量选择分色类型——UCR/GCR，由于技术因素，GCR 常会造成高光部分的脏点，而 UCR 只是对暗调部分的替代，不会有太大的偏差，使用比较多；

②黑版产生的程度有 Light（轻度）、Medium（中度）、Heavy（高度）、Maximum（最大）、Custom（自定义）等几种选择，自定义是可以在图像中任意调节黑版曲线，其他色版会自动计算出自身的替代量；

③黑版墨量限制是指 UCR/GCR 中黑版所用油墨量限制，Photoshop 中缺省设置是 100%，通常将其设置为 80% ~90% 就基本上能够压住其他颜色；

④总墨量限制表示印刷机所能支持的最大油墨密度，Photoshop 中缺省设置是 300%；

⑤底色增益 UCA（Under Color Addition）是指采用 GCR 黑版产生方式后，在图像的暗调区域再增加一定量的 CMY，如果在暗调区域只用黑版代替，有时会造成过于平淡的调子，适当地加入 CMY 彩色油墨，会使图像暗部更加丰富；另外，只有在选择 GCR 黑版产生方式时，才可调节此选项，UCA 可以调节的范围是 0 ~ 100%，随着数值的增加，CMY 的量逐渐增大。

四、扫描仪的特征化

扫描仪校正后，可进行扫描仪特征化。扫描仪特征化的基本原理是扫描仪先对专用的标准色表扫描，然后利用专业软件将扫描色表上的各色彩值与标准值进行对比，得出扫描仪色彩与标准值之间的对应关系，形成该扫描仪的色彩特征文件。

扫描仪的特征化需要以下必备条件：

（1）标准的透射与反射色表，如 IT8.7/1 与 IT8.7/2；

（2）与标准色表上每一色块相对应的 CIE 色度测量值；

（3）专业色彩管理软件，即特征文件生成软件。

1. 扫描仪特征化的基本步骤（如图 3 – 11 所示）

（1）确保扫描仪正常工作

①根据常规的扫描工作规范设置好扫描仪的基本工作参数，如将扫描仪的调整参数进行初始化；

②进行扫描仪的预热处理，通常为开机后让其稳定半小时；

③完成扫描的校正处理。

（2）扫描标准色表

选择标准的色表，如 KODAK IT8.7/2。注意扫描过程中，不能进行放大，可缩小处理，即以 100% 等放大方式扫描；其次扫描时采用 RGB 色彩模式，并且不进行任何颜色校正与

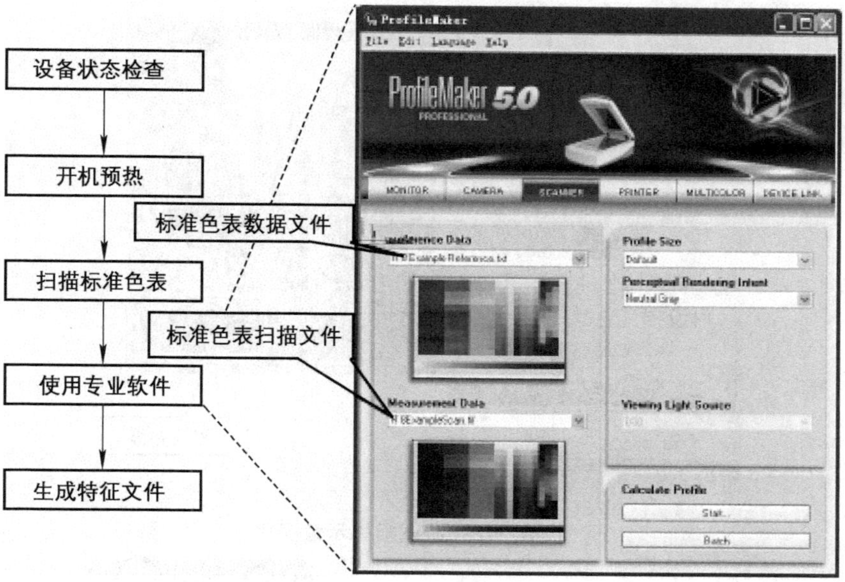

图3－11 扫描仪特征化

调整；最后，扫描分辨率不必设置太高，否则会影响色表的扫描速度。最重要的一点是，扫描色表时一定要将扫描软件中的色彩管理功能关闭。

（3）保存扫描好的色表文件

扫描完成后，将色表保存为 RGB 色彩模式的 TIF 文件格式。注意色表文件的命名，为了将来调用文件时方便，建议以色表名称加扫描日期的方式进行保存，如扫描了 IT8.7/4 色表，则可命名为 IT87_ 4_ 2010_ 10_ 1. TIF。

（4）计算扫描仪特征文件

打开专业色彩管理软件，调用扫描后的色表图像文件，与标准色表所对应的标准数据文件，通过计算，生成扫描仪特征文件。

扫描仪特征化的过程并不难，但是扫描仪特征文件的质量却往往会有许多差别。因此扫描仪特征化时特别需要注意，特征化前必须对扫描仪的校正与工作情况有一个充分地判断，否则会使扫描仪特征化后生成的特征文件携带不正确的信息，从而影响扫描仪的正常工作。

2. 标准色表的检查

扫描仪特征化的依据有两个条件，一个是扫描仪扫描标准色表后所产生文件；另一个则是标准色表的数据文件。两个条件中有一个出现误差必然影响到扫描仪特征文件的质量，因此需要首先对扫描的色表文件进行检查。

（1）检查图像的阶调

利用图像处理软件中的直方图，对扫描的色表图像进行分析。当扫描图像出现阶调损失时，直方图将出现如图 3－12 所示的结果。

（2）检查颜色数值

利用图像处理软件的信息板，查看相应色块的数据。如图 3－13 所示，在色表中的 A16 与 B16 可与其他色块清晰地进行辨认，并且颜色数值不能出现 RGB 三色值同为 255 的情况。或者，L16 与 K16 色块出现 RGB 三色信号全为 0。

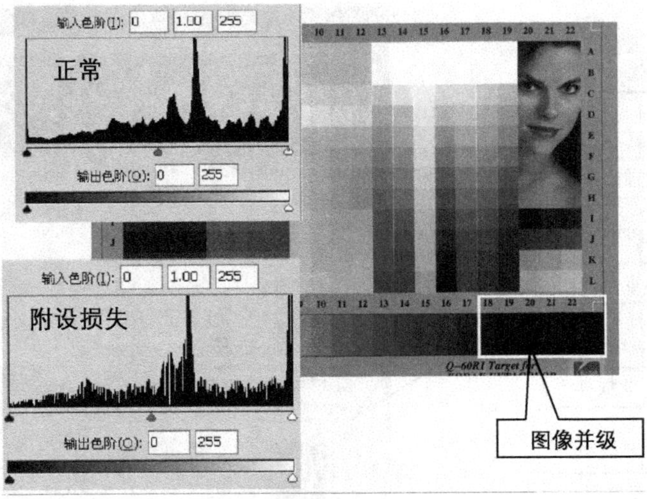

图 3－12　阶调损失示意图

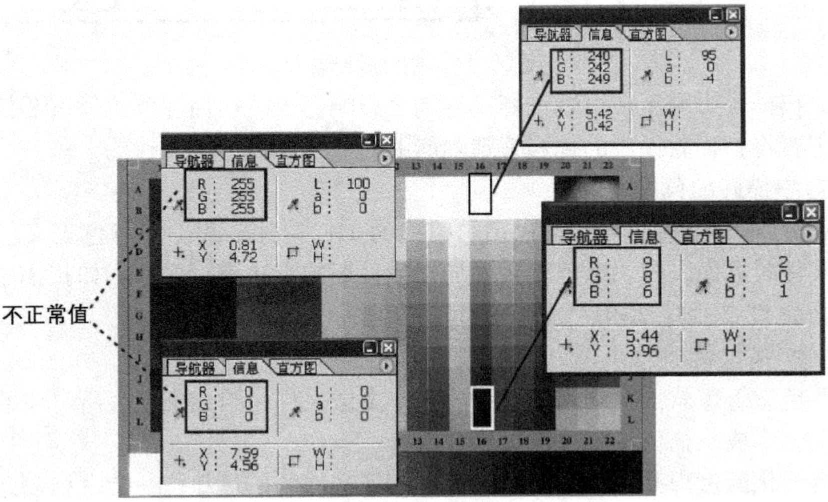

图 3－13　IT8. 7/4 扫描色块数值的检查

如果存在以上情况，则说明扫描仪工作不正常，或扫描的色表不能正确反映扫描仪的工作状态，需要对扫描仪进行维修，并重新校正，或重新扫描标准色表再进行判定。

一旦得到扫描仪特征文件就应该对所扫描的图像进行扫描特征文件的指定。通过指定扫描仪特征文件的方式，可利用色彩管理的方式自动校正扫描图像的色彩。大多数时候，使用扫描仪特征文件并不单纯用于扫描图像，而是将不同设备通过特征文件建立联系，使图像中的色彩在不同的设备上得到正确反映。

第四章 图像加网与页面拼版

第一节 图像加网工艺和补漏白

在实际生活中我们所看到的图像阶调变化都是连续的，我们称之为连续调图像。它通常指在一幅图像上，由淡到浓、由深到浅的阶调变化，并且浓淡、深浅由不同单位面积成像物质颗粒密度构成。如照相分色底片的连续调，是在单位面积内由不同的金属银颗粒密度所构成；各种彩色画稿的连续调，是在单位面积内由各种颜料颗粒密度构成的，单位面积内颜料颗粒多即为深色调，否则为浅色调，连续调图像的深浅变化是无级的。

大多数印刷工艺采用分割图像画面为网点点阵，通过改变网点面积大小或网点出现概率来反映图像浓淡变化，我们称这类由网点点阵构成的图像为网目调图像，相应的印刷技术称网目调印刷技术。在网目调印刷品上，色彩和浓淡均是由网点来表示的，网点面积大，颜色就深，称为暗调；网点面积小，颜色就浅，则称为亮调。通常网目调图像是采用加网技术对连续调图像加网而获取的，故又被称为加网图像。当然，把连续调图像转化为网目调图像的加网技术的好坏对半色调印刷品的质量起着决定性的作用。为了提高网目调印刷品的质量，对加网技术的研究一直是印刷界的重要课题，这其中包括网点的形状、大小、加网角度、加网技术（调幅、调频、调频调幅混合）等对印刷品质量的影响。

一、调幅加网技术

1. 复制细线条线宽

使用科学计算器，可以快速计算出最小安全复制网点的大小，然后计算出可以放心使用相关的最细线条的宽度。

以 133 lpi 加网线数进行图像加网为例，分析从激光照排机中输出分辨率为 2540 dpi 的图像，打印到有涂层的纸张上的最细线长宽度。

从所选用的纸张类型，我们可以确定最小网点面积率，按印刷经验，对于涂层纸张，所需要的最小网点面积率应该取 5%，因为如果网点面积率小于这个值，网点将会完全消失或分解。在此基础上，由所决定的最小网点面积率和下列网点宽度 d 的计算公式，我们即可计算出最细线条宽度。

$$d = \sqrt{(\mathrm{dpi}/\mathrm{lpi})^2 \times 百分比} \tag{4-1}$$

使用英制单位时，将打印机分辨率除以加网线数，就可以得出网目调单元每边上点数目。点数的平方值就是单元的面积，将这个面积乘以0.05，就可得出5%网点的面积，然后求出这个面积的平方根，取整得出5%网点每边的长度。在本例中，5%网点的面积为：$(2540/133)^2 \times 0.05 = 18$，而线宽是18的平方根取整是4，即每边上有4个点或边长为17/10000in =0.043mm。

为了保证线条清晰可见，我们推荐，线条的最小宽度大约是最小网点宽度的2.5倍，这个值大约是（35/10000in）×25.4mm =0.089mm，以12点活字印刷单位来度量，大约是0.3磅。这个数值就是通常推荐的“发丝”宽度。为了比较，如果我们将同样的输出图像打印在粗糙、无涂层的纸张上，则推荐使用的最小网点百分比是10%。这样给出的网点大小大约是23/10000in =0.058mm，或者使用1/2磅的最细参考线。

通过设定最高与最低色彩浓淡百分比可以避免高光调区与暗调区的网点变化，见表4－1所示。

表4－1 色彩浓淡百分比的上下限与最小线宽

纸张类型	最低色彩浓淡百分比	最高色彩浓淡百分比	最小线宽
有涂层纸	5%	95%	0.3磅
无涂层纸	10%	90%	0.5磅
新闻纸	12%	88%	0.75磅

2. 加网线数

网目调网点属性参数包括加网线数、加网角度和网点形状。

在指定加网线数时，若输入的加网线数超过了图像分辨率时，软件将进行灰度插值处理，补足缺少的像素。因此，最好的方法是保证图像分辨率不低于将要采用的加网线数，对于在45°方向的加网操作，应考虑1.5倍质量因子。

加网线数与诸多因素有关，例如纸张的种类和质量、印刷机的套准精度、晒版和印刷工艺等，表4－2给出了不同印刷方法和纸张对应加网线数的参考值。

表4－2 不同印刷方法和纸张对应加网线数的参考值

复制方式	纸张种类	网线数/lpi
胶印	非涂料纸	85～133
	新闻纸	60～85
	涂料纸	120～150
高质量胶印/凹印	涂料纸	150～300

3. 加网角度

在单色网目调印刷中，一般情况下网屏图案的方向采用45°；这是因为在其他角度上，尤其是0°或90°，即使网屏线数超过眼睛能分辨单个点子的极限，眼睛也能看到成行的点子及线形图案。但是，如果为四色套印准备分色的图像，则需要为每一幅主色图像指定加网角度。由光学莫尔条纹理论可知，当类似的网目调网屏图案叠印时，图案的方向是很关键的。如果方向不恰当，就会导致称做“龟纹”的干扰图案产生。这种图案随着分色片的数目和网线间的夹角而改变，这就是加网角度选择的根源。实践表明，除双色、三色和四色印刷会产生龟纹外，在黑白印刷中，如果其原稿带有花边或人字形图案、加网图像或纺织品，也会有出现龟纹的可能。

龟纹是由于加网图案叠印方向不适当引起的，所以通过合理调整网屏图案间的夹角可以减小龟纹。网屏间的夹角为45°时，龟纹最小，网屏夹角为30°时形成的龟纹图案和45°时差别不大。若把网屏旋转90°会发现角度图案105°和15°相同，0°和90°相同，45°和135°相同，因此只有三种能保证最小龟纹的角度。在四色印刷中，黑（K）通常使用45°印刷，品红（M）用45°，青（C）用75°或105°，而黄使用0°或90°，介于品红和青之间，因为它是一种淡色，黄、品红、青之间的龟纹并不十分明显。提高加网角度的精度，对于高质量的彩色复制是十分重要的，因为0.1°的加网角度误差或印刷两种颜色的轻微套印不准都会在三种或四种颜色叠印区域引起严重的龟纹。

当两色间的网角差不可能为30°时，龟纹图案随着角度差的增加而变小且不易觉察，黄与品红和青的网角差为15°时，很可能产生橙、红和绿色的明显龟纹。在橙或褐色（例如皮肤色调）很突出的主题中，品红通常用45°，黑用15°；当绿是主色、红是次色时，青用45°，黑用75°。当不能满足30°的网角差要求时，也可通过使用不同网屏线数的网目调加网来减小龟纹，杂志印刷中黑、品红和青的网目调使用133lpi，黄色所用的网屏线数为120lpi或150lpi。

为了降低网点图案叠合时因互相干涉而产生龟纹，传统照相制版技术通过长期的使用实践总结出了一套最佳的加网角度组合，即黄版0°、青版15°、黑版45°和品红版75°，见表4－3所示。

表4－3　传统网屏角度

颜色	角度	网线数/lpi
青	15°	133
品红	75°	133
黄	0°	133
黑	45°	133

常用的调幅电子加网有有理正切加网和无理正切加网技术。有理正切加网技术（RT Screening）是在1985年自从连诺RIP推出后使用的一种加网方法。有理正切加网技术的特征之一是15°和75°角不可能很精确。此外，在一套分色片中，不同颜色间的网线数可能各不相同，这在黑白活件中是不重要的；但彩色活件角度很接近时，龟纹问题仍很严重。

Adobe的精确加网方法可使网目调网屏的角度精度达到±0.001°，此值与所要求的网屏角度、加网线数精确度、设备的分辨率和算法所需的内存有关。

在有理正切加网中，只能得到基于有理正切值的角度。生成要求角度的网点所需要的计算量很大，这就要求多个网点组合在一起成为一个单元作为图案元素，重复这些单元以得到整个图像，如果没有调整根据输出设备的成像分辨率得到的网屏角度，则叠印后会产生龟纹。

高档彩色印前市场已开始使用无理正切加网技术（Irrational Tangent Screening）。该技术中每一个网点的位置和其周围网点组合在一起进行调整，它可通过特殊的硬件加网计算逻辑来完成，可得到接近于传统照相的加网角度。

另外还有两个可能影响彩色网目调印刷质量的因素：一个是由网屏角度引起的颜色偏移，另一个是取决于印刷中油墨叠印的顺序。两者都和原色油墨的光吸收和反射特性不够理想有关，这就使印品的外观依赖于印刷方式。PostScript 图文记录机的典型网屏角度和线数见表 4 –4 所示，正常网屏线数为 150lpi。

表 4 –4　　PostScript 图文记录设备网屏角度

图文记录机	网屏角度	网屏线数/lpi
Optronics Color Setter（有理正切）	0. 00°	150. 00
	18. 43°	158. 25
	45. 00°	141. 00
	可选细网/黑版	212. 00
	71. 57°	158. 25
连诺 330 或 300 型 Neptune RIP（2540dpi）（有理正切）	0. 00°	141. 11
	18. 43°	133. 87
	45. 00°	149. 67
	71. 57°	133. 87
爱克发 SelectSet5000 Atlas RIP（2400dpi）（有理正切）	0. 00°	150. 00
	18. 43°	126. 50
	45. 00°	169. 71
	71. 57°	126. 50
爱克发 SeleetSet5000 Star RIP（2400dpi）（无理正切）	0. 00°	150. 00
	14. 93°	154. 60
	45. 00°	154. 28
	75. 07°	154. 60

无理正切加网技术（Irrational Tangent Screening）中的每一个网点的位置和其周围网点组合在一起进行调整，它可通过特殊的硬件加网计算逻辑来完成，可得到接近于传统照相的加网角度。

另外，还有两个可能影响彩色网目调印刷质量的因素：一是由网屏角度引起的颜色偏移，二是取决于印刷中油墨叠印的顺序。两者都和原色油墨的光吸收和反射特性不够理想有关，即印品的外观与选择的印刷方式息息相关。

4. 网点跳跃

（1）常规网点的不足

除了容易出现龟纹和玫瑰斑结构外，常规网点的另一个不足，是在网点开始搭接前后出现的层次跳跃，其原因是印刷过程中油墨颗粒被挤压时发生的网点增大。图 4 –1 分别说明了正方形网点、圆形网点和菱形网点在图像复制时阶调跳跃的情况，不同形状的网点出现阶调跳跃处的网点百分比不同。

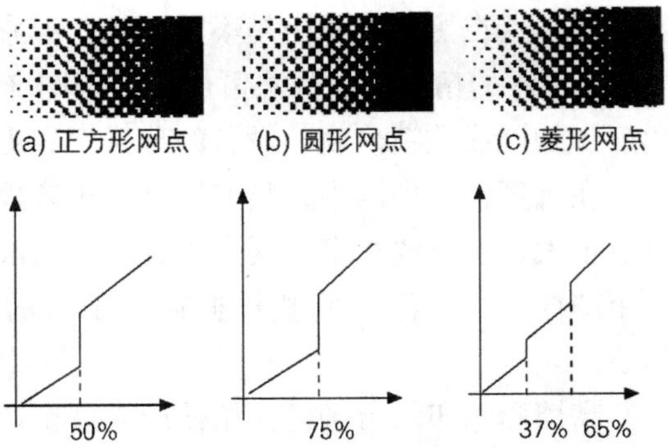

图 4 –1　不同网点形状的阶调跳跃

（2）网点接合角（Joining Comer）

由于数字网目调加网工艺中各阶段的空间

频率响应有限，故在阶调复制时网点连接的角点处有角点范围不连续的趋势，造成网点的四个角依次搭接，而不是直接相连。不能像照相制版那样得到满意的网点接合，即网点接合在几何上是不对称的。这隐含了具有某些低空间频率的能量，从而使网点的边缘变得平滑（Misshapen），这一特点使得表现原稿细节有困难，操作时需要小心。为了避免这一情况的发生，有时可采用椭圆网点，这样可使角点两两相接，在50%的网点处形成45°链。在数字加网技术中可以实现这种类型的网点接合，如图4-2所示。

26	28				24	22				
27	25	14	9	10	21	23				27
	18	7	4	5	12					
	17	6	0	1	11					
	20	8	3	2	13					
24	22	19	16	15	26	28				24
21	23				27	25				

图4-2 椭圆网点

（3）网点周长的影响

由于油墨的互相黏结（Cling），印刷时通常有网点增大的趋势。如果所采用的网点形状其凹角（Nook）和裂口（Cranny）越多，则网点的周长就越长，油墨可铺展的地方（面积）也越多。网点越“肥大”，印刷时的网点增大就会越严重，复制出的颜色会变得越深（暗）。考虑到图像复制时的阶调跳跃现象是与印刷时的网点增大有关的（网点增大越严重，阶调跳跃现象将越明显），因此在分析阶调跳跃问题时不能不计入网点周长的影响。

（4）降低阶调跳跃的理想网点形状

在设计网目调网点时必须考虑的一个问题是网点开始彼此接触（在50%网点百分比处）时将发生什么现象。如果这一问题没有处理好，则可以估计到将产生阶调跳跃现象，并因此导致复制出的颜色发生偏移。

包括Adobe公司的欧几里德网点（Euclidean Screen）在内的某些网点，在50%的网点百分比处会产生突然的网点直角过渡，即这种网点将从搭接处开始从圆形改变到正方形，如图4-3所示。由此而引发的问题是，网点周长在一个狭小的范围内突然增加，这样导致的直接后果是在50%网点百分比附近阶调的不连续。

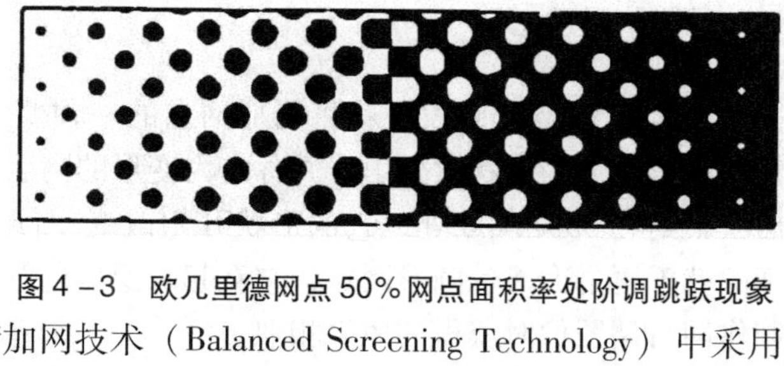

图4-3 欧几里德网点50%网点面积率处阶调跳跃现象

Agfa公司在平衡加网技术（Balanced Screening Technology）中采用的圆形和椭圆形网点很好地解决了这个问题，如图4-4所示。由于这两种网点是用Agfa公司的专用网点函数（Agfa Spot Function）产生的，其设计目的就是为了从数学角度和视觉效果两方面产生平滑的过渡。例如，Agfa椭圆网目调网点函数产生的40%百分比的网点在接触侧包含有尖角，这可使油墨的叠印最小，但这种网点在不接触处的形状还是圆形的。这样，仍然可保持网点的周长为最小，且网点增大也可降低。

(5) 降低阶调跳跃的理想网点组合

分析图 4－1 可知，在彩色复制时为了尽量降低阶调跳跃，理想的网点形状组合应该为：在高光部位采用圆形网点，在中间调区域使用菱形网点或椭圆形网点，而在暗调部位则宜使用阴图型圆形网点。因此，加网操作时，为了获得满意的阶调复制效果，应该根据软件是否提供网点点形选择的功能，按上述原则在不同的部位采用不同的点形。

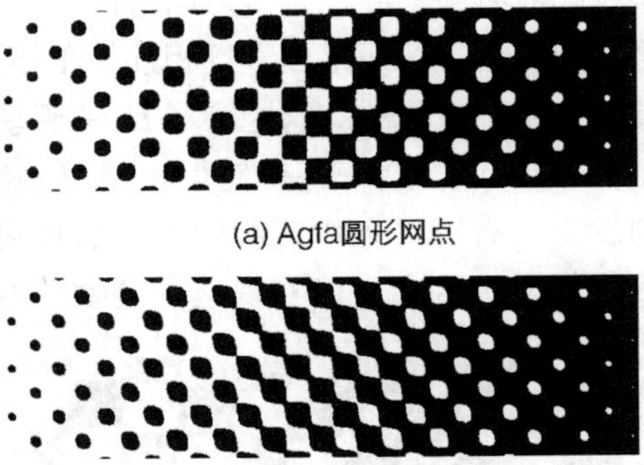

(a) Agfa圆形网点

(b) Agfa椭圆形网点

图 4－4 Agfa 公司的圆形网点和椭圆形网点

5. 网点形状

在网目调中使用不同的网点形状，常见的网点形状有：圆形、方形、椭圆形、菱形、双点和三点网屏。最常用的是圆形点和方形点。

(1) 圆形复合网点

圆形网点开始时很小，然后逐步变大，直到填满网目调单元为止。圆形网点在明亮的色彩区域和高光调区域变化的情况非常好，具有圆形网点的 5% 和 10% 浓淡色彩区域不太可能消失或变白。但是，圆形网点特别容易产生光跳跃，并且在深色彩区域和阴暗区域中也很容易产生严重的网点增益问题。

使用圆形网点的第一个问题是，在给定的色彩浓淡度上，圆形网点的四个边会同时与相邻的网点接触。因此，大约 75% 色彩浓淡度处会出现一个明显的光跳跃，因为网点的四个边在此时已互相接触。第二个问题出现在暗色彩区域中（色彩浓淡度大于或等于 80% 的区域）。在亮调区域中，能够将油墨定位得非常好的圆形网点，现在却与其他网点接触在一起。说明网点间白色形状（未被墨覆盖的区域）是“形状奇怪的方尖形物，看起来就像纸牌中的方块一样”。这种细点状区域很容易被油墨填充，消除了暗色调之间微小的差异，并使任何暗色调都聚集成黑色。

除了原始 PostScript 3.8 版本的 Apple Laser Writer 打印机之外，几乎没有哪种打印机使用这种简单的圆形网点。

(2) 欧几里德网点

从 PostScript 2.3 版本开始，PostScript 设备就将圆形网点的一种变形用作它们的默认选项。变形作用实际上是将圆形网点的形状改变了，并称之为变形的网点。这种欧几里德网点开始时是圆形的，然后，大约在 50% 灰度处，它的形状开始改变，首先变为正方形，然后开始逆转化，这样出现的就不再是大黑色圆形网点，它看起来像黑色背景中的一个小白色网点。这和传统照相法制作网目调图像时获得的效果相似。

这种网点不像普通圆形网点那样易于产生网点增益的问题，因为在阴暗区域中，圆形白色网点不像形状奇怪的方尖形物一样很容易被油墨填充掉。然而，在很多情况下，它却使光跳跃的问题变得更加严重，因为在大约 50% 处，该棋盘排列对视觉产生了影响。在小的渐变混合图像中，这个影响尤其需要注意，因为灰度色阶都被密集在很小的空间了。

（3）卵形网点

为了解决圆形网点问题，有些应用程序引入了卵形网点。这种形状在一定程度上减少了光跳跃，因为卵形网点相互接触时有两个接触点：第一个点是端点的接触；另一点是边的接触。因此，获得了两个较小的光跳跃，大约在浓淡度为50%和80%处（端点和边接触的百分比，取决于卵形被拉长的程度），而不仅在70%处出现一个大的光跳跃。

虽然卵形网点有一些优点（像圆形网点一样，在高亮区它的形状保持得很好），但是，它只是真椭圆形网点的一种低级模仿品。Quark XPress 中选的 Elliptical Spot（椭圆形网点）就是卵形网点。

（4）椭圆形网点

椭圆形或“链形”网点在平版印刷和丝网印刷业已经使用多年，根本原因是其能有效地同时解决光跳跃和网点变化的问题。注意，这里所谓的椭圆形网点并不是真的椭圆，而更像一个圆角的钻石形。这种形状的网点能够非常好地解决光跳跃问题，因为它像卵形网点一样在两端和两边存在着两个接触点。正因为此，椭圆形网点有两个位于网点面积率50%和80%处的更小的光跳跃，而不再是只在70%处出现一个大的光跳跃。同时，因为钻石形的尖状端点被融合得比较慢，光跳跃也就不是很明显。

椭圆形网点在阴暗区域形状保持得非常好，因为剩余的白色区域形状同样也像钻石形。这种形状的白色区域，不像圆形网点和卵形网点中形状奇怪的方尖形物那样，很容易被墨填充。但是，它也仍旧像圆形或卵形白色区域一样，形状不能保持得很好。

请注意，这些椭圆形网点并没有被拉得很长，它实际上接近于圆角的正方形，因为如果它被拉得很长，最终获得的图像在色彩浓淡度为35%～65%之间的区域内，看起来就像网线图一样，或者像被链接起来的网点图，或者像某些平版制作的灯芯绒网点图一样。

（5）变形的椭圆形网点

这是一种最好的网目调网点。当在 Photoshop 中选择 Elliptical Spot（椭圆形网点）选项时，所创建的就是变形的椭圆形网点。变形的椭圆形网点开始时是卵形的，在色彩浓淡度大约45%处变化为椭圆形网点，然后是逆向变化，最终在黑色背景中表现为一个卵形的白色网点。

变形的椭圆形网点在中间色调区域中可避免光跳跃和卵形网点在高亮区和阴暗区域中具有的优点。并且高亮区不变白，阴暗区域不变成一团黑。

（6）正方形网点

正方形网点通常用在高质量的彩色样本作业中，因为它们能给出清晰度的印迹（尤其是在中间色区域，这一点对化妆品摄影和类似工作来说都很重要），不必对整个图像进行锐化处理。

二、调频加网

在调频加网技术中，所有网目调微型网点具有非常小且相同的尺寸，每个点子与记录装置单个元素一样小，是图文记录机或打印机能产生的最小点子，但图像单位面积中点子的平均数目（或频率）随复制色调值的不同而不同。

传统的调幅加网方法中，网点间距离相同而网点大小不同；调频加网（随机加网、FM加网）根据输入像素的明度和黑度，改变网点中心间的距离而网点大小相同，如图4－5所示。从而使传统平版印刷工艺在两个主要方面得到改善。它使用较小的印刷网点以创造较多的图像细节、以较高的油墨密度增加色调范围和对比度。

图 4－5　调幅网屏与调频网屏

1. 调频加网的特点

（1）调频加网的优点

图像看起来更光滑，表现出更多细节；图像文件大小是常规加网文件的 25%；不会出现网屏龟纹；在不用调整的印刷机上过版较快；更容易保持水墨平衡；较厚的油墨覆盖能得到较高的动态范围；干燥时间缩短；在较薄油墨层分布更均匀；套准问题不影响颜色平衡；加网的专色版与原色版套印不会出现龟纹；消除了中间调的阶调跳跃。

（2）调频加网的不足

①具有颗粒感，尤其是在高光部分和 25% 左右的阶调；

②整个生产过程宽容度减小，需要比调幅加网更细致的工艺控制和监测；

③调频网图像打样困难、复制困难、晒版困难，大大妨碍了胶片组合；

④调频加网偏差的宽容度小，胶片和显影处理中的许多变化对最后结果影响不显著，用户在整个生产过程中将必须采用新的精度水平；

⑤RIP 处理应多加注意，尽管 RIP 加速器和较小图像文件降低了其影响，但因为增加墨膜厚度对调频网点大小的影响不像调幅网那样显著，分色效果差的图像很难在印刷机上通过油墨调整来提高质量；同时最小的微点尺寸太小，许多印刷机就不能正确再现。

2. 扫描特性

（1）输入采样

比较使用调幅网和调频网印刷的同一图像文件，调频网使用较低采样频率就可得到与调幅网同一级别的细节。调幅网网目调方法印刷的网点大，网距也大。将接近连续调的扫描图像转换成调幅网的方法是丢弃细节，并均匀分到网目调网点中。用几个扫描像素组成一个网目调网点，通常扫描像素和网目调网点的比率是 4∶1。

在调频网中，可把更多的细节转移到网屏上。扫描像素和印刷网点的比例比常规加网低得多。生产厂商声称扫描像素和印刷网点的比例为 1∶1 时即可得到令人满意的图像质量。

调频网允许复制更多的细节，对于非常高质量的活件，甚至可使用比通常调幅网扫描分辨率高的扫描分辨率，用于进一步增加细节。

（2）扫描仪分辨率

奈奎斯特（Nyquist）理论表明：扫描分辨率超过网屏线数的两倍时，再增加将不会提高调幅网的图像质量。使用相同的扫描分辨率，调频网比调幅网有更多的细节；因此，调频网不受该因素制约。

调频网的图像可能需要更小的分辨率以便能达到相同的视觉效果。其中的简单规则是：

使用与相同细节的传统分色扫描分辨率的一半，从而所得文件大小是传统文件大小的25%。

较高分辨率的优点部分取决于图像。带有高细节的原稿可能会从高的扫描分辨率中受益，而柔和的图像则不受影响。以225spi和以300spi扫描的图像都用21μm网点印刷时，前者看起来比后者好。并且根据图像锐度，只要不低于140dpi，就没有显著的图像降级。

（3）图像细节

调幅网目调加网的印品通常在观察时认为是连续调的，但仔细用肉眼观察时能看出其颗粒。使用的印刷网点越小，能复制的图像细节越多，印刷者在无水胶印机上使用高线数加网可达到这种效果。

调频网中的细节不受调幅加网因素的限制，可以多复制一些扫描中得到的细节。而且调频网加网能从高分辨率扫描中获益，因为它能传递更多的细节，不必按网线数限制扫描分辨率。施加的虚光蒙版量和所需的扫描分辨率取决于需要的图像质量和特定的图像特征。在调频加网技术中能获得更多的细节说明，它是复制扫描图像中线条稿和文字的最好方法。

（4）虚光蒙版

调频网中的细微细节降低了对虚光蒙版的需要。在某些情况下，调频网图像使用虚光蒙版通过在图像中强调噪声会产生额外的问题，而在传统图像中会清除噪声。过分强调细节会造成外观粗糙，通常推荐使用等量或少量的虚光蒙版。

虚光蒙版（USM）、底色去除（UCR）和灰成分替代（GCR）都不会受到调频加网的影响，可以与调幅网相同的方式使用。

然而，做一些调整可能会进一步提高图像质量。在某些情况下，传统虚光蒙版可能会充分利用调频网在细节方面的一些优势，得到比传统图像最好情况下还要高的图像质量。

（5）较小的文件存储空间

用于调频网的图像文件大小比具有相同细节质量的传统分色的图像小；因为调频网用相同的文件大小可得到较多细节，较小的文件与较大的传统文件达到相同的细节。调频网供应商宣称1∶1比率的扫描分辨率就足够了。换句话说，调频网为了达到与按常规2∶1扫描150线网屏相同的细节，调频网的扫描分辨率只需等于想要匹配细节的网屏线数。然而，用户使用这样低的分辨率扫描并不能得到满意的结果，除非该图像细节非常柔软。许多调频网使用者仍以2∶1比率扫描，甚至更高，以复制细节更多的图像。

3. 加网特性

（1）消除网屏角度

玫瑰斑图案的消除，减少了印刷过程中产生龟纹图案的可能性，并降低了上版套准的要求。套准和计算有误的调频网也不可能产生龟纹；但从理论上讲，仍有可能产生主题龟纹。

调频网在套印不准时不会引起中性色的偏色或彩虹，而调幅网则会由于套印不准产生玫瑰斑图案的龟纹效果。调频网印刷的套印不准如同调幅网一样是可察觉的，但彩色部分将不受影响。

（2）网点增加

随着阶调值增加，点子越来越多。每个点子与其邻近的点子保持分开，直到强迫它们连接。通过算法的改进便可将所有印刷点子分开，避免低于中间调密度时发生聚积。完全随机的图案将得到不希望的随机聚积，在较高密度级，几个网点连接在一起。因为调频网网屏在所有特定阶调，都没有突变连接，所以阶调变化比调幅网网屏平滑。

（3）网点大小

3600dpi 的图文记录机激光点的大小是 7μm，2400dpi 点子的大小是 10.5μm；这两种点子组成的 2×2 栅格分别组成 14μm 和 21μm 的基本网点。

一个 14μm 点子的大小大约是 200 lpi 网屏 1% 网点的大小；一个 21μm 的点子的大小是 133lpi 网屏 1% 网点的大小，且显影条件将影响胶片上实际网点的大小。

4. 印刷特性

（1）高保真彩色

由光学莫尔条纹理论，我们知道调幅网点油墨叠印角度小于 30°时，将会产生可察觉的龟纹图案，这个规律限制了在任何区域的加网颜色数目不能超过四种。所以，常规传统加网中只能局限于用 CMYK 四色再现色彩，任何第五种附加的网屏都会和 CMYK 四色叠印引起明显龟纹。调频网不存在角度，不会产生龟纹，所以使用调频网可叠印任意数目的颜色，而不必担心由于龟纹的出现降低质量。

（2）图像干净、动态范围大

调频加网油墨叠印率和油墨向页面其他部分（网点之间留有的间隙）的扩展使印刷网点分布更好，油墨叠印污脏非油墨区域概率小，高光区的扩散较好，不同颜色值分布较均匀，油墨纯度降低对叠印色的影响小。可以用更多的油墨来进一步增加印刷呈色域。由于较高的油墨密度使网点扩大减少，与调幅网相比，在相同网点面积的情况下调频网能够转印更多的油墨。所以，用调频网印刷能得到图像干净、动态范围大的高质量彩色复制。

（3）调频网中的灰度级

确定灰度级的传统计算方法不再适用于调频网。在调幅网中，图文记录机的定位精度和网线数合起来决定网目调单元中的激光点数目。在调频网中，无论图文记录机的定位精度高低，基本的印刷网点大小一致，在和其周围的点子合并之前是不会改变的。灰度级的问题正在逐渐被忽略，可复制细节的多少成为至关重要的问题，其与图文记录机分辨率和扫描分辨率有关。

（4）四分之一阶调区域的“颗粒”

“颗粒”是调频网点随机分布的结果，尤其是在网屏的四分之一阶调区域更是明显。人眼能过滤或忽略某种类型的噪声，调幅网噪声的产生具有一定的规律性，因此很容易被过滤掉，所以在正常观察环境下引不起注意。然而调频网是随机的，产生的随机噪声是不可过滤的。

四分之一阶调区域的点子很容易引起注意，产生颗粒状外观，但还没到相互合并的程度，这种情况在点子尺寸大于 20μm 和非常平滑的图像区域更易发生。这种现象能通过使用较小微点和软柔原稿减弱。

同时，部分问题还与决定微点连接的算法有关。通过把四分之一阶调到中间调过渡的关键区域的对比度拉伸和更精确计算的转移曲线会使这一过渡平滑。

把调幅网和调频网结合使用，可能是将来减少颗粒感的最好办法。调频网图像的平滑阶调区域最好使用调幅网，以保持网屏的平滑外观。色调过渡区域最好使用调频网以复制尽可能多的细节。

（5）网点扩大

网点扩大发生在网点的周边。当一个大网点分成若干小网点，周长和面积的比值增加，周长越大，网点扩大值增加得越多。对于任一给定的网点密度，在调频网中的周长比传统网屏中的周长大。额外的网点扩大是小网点的固有特性。

中间调的网点周长比四分之一阶调的大，因而网点扩大也多。在200线网屏中40%的网点周长增加1μm，网点大小增加1%。

5. 印版分辨率

为了印刷14～25μm范围内的高分辨率网点，印版必须能解析4～6μm的图像。印版曝光时必须能正确再现6～8μm的信号条，以正确再现最小的网点。

印版必须能再现高光和暗调部分的单个调频网点。如果单个网点丢失，在0～20%和80%～100%区域的所有细节都可能会丢失，因为这些区域的色调完全是由单个微点铺展在适当距离复制得到。根据传统标准，为了正确再现高光和暗调部分的网点，需要减少印版常规标准的曝光量。但是减少曝光量可能会减少印版寿命，增加复制的脏点。

使用后曝光处理使网点变实以增加印版寿命。为了防止复制印版上的脏点，需要注意印版的清洁度。为了减少晒版过程中的可变因素，需要高质量的晒版机，差的晒版机会产生热点，使整个印版曝光不均匀；表面粗糙的印版能提高吸附程度，但可能会同时牺牲分辨率。

6. 数字打样特性

观察者评判最终印刷图像产品的方法是在正常阅读距离下进行的。因此，如果打样仅是表示最终印品的外观，则并不需要网点。

7. 印刷适性

（1）印刷机要求

高质量印件中调频网点的两种典型尺寸是14μm和21μm，印刷机必须正确传递这些网点，能准确复制所有阶调。14μm的网点大约是200lpi网屏中1%网点的大小。如果印刷机能正确传递250lpi网屏的1%网点，它将能进行最高分辨率的随机方式印刷。

（2）印刷机套准

因为消除了玫瑰斑和龟纹，调频网印版套印不准时不会在中间调出现彩虹或色偏。然而，套印不准的调频网图像仍然能看得出来，套色印刷仍然需要隐藏可能会出现的轻微承印物偏移，尤其是在旧的或未校准过的印刷机上。

（3）印刷准备

由于在水墨平衡相互作用中微点的行为未知，印刷准备时间通常比常规印刷准备时间长25%～50%。

（4）印刷机上的网点扩大

调频网具有优秀的网点扩大补偿曲线。如果在印前准备中正确使用了补偿，就不需要做印刷机调整。任何用于补偿非平衡网屏的印刷机操作将进一步导致颜色不平衡、混浊的高光、偏色的中性灰和插入的阴影。因为通过调节墨膜密度，不易改变网点扩大值，所以无法在印刷机上调整颜色。这是调频网的一个主要优点：增加油墨密度，得到较大的色调范围，也不会产生像调幅网增加油墨密度而产生的网点扩大。

（5）油墨消耗

和调幅网相比，调频网油墨消耗较少。

（6）油墨密度

调幅网可能印刷C、M、Y、K的密度分别为1.30、1.35、1.00和1.80。调频网可能印出的密度分别接近1.60、1.65、1.25和2.20，而且能保持图像锐度和对比度。调频网较小的网点尺寸限制了纸张上油墨的厚度，因此当提高油墨密度时，不太可能造成油墨铺展或网点扩大现象。

相反地，印版上较大的网点在橡皮布上转移较厚的油墨层。当转移到纸上时便会有严重的网点扩大，这种扩大可用传统网点扩大曲线和油墨密度的标准来补偿。

三、混合型网点

混合型网点不但能够显著地提高印刷质量，而且不影响生产效率。只需要沿用常规的2400dpi或175dpi的生产工序和设备就能实现300dpi高线数网点的印刷质量。混合型网屏，在网点百分比为1%～10%的高光调和90%～99%的暗调区域，它会像调频网点一样，如图4－6所示，使用大小相同的细网点，并通过这些网点的疏密程度来表现画面中的层次变化；在10%～90%的中间部分，又会像调幅网点，对网点的大小进行改变。但所有网点的位置都具有随机性，因此不需考虑网线角度的问题。

1. 高光与暗调区域

高光和暗调部分，由于网点位置随机密集分布程度不同，从而表现出画面的层次不同，如图4－7所示。值得注意的是网点的位置都是经过特别计算处理的，这样可以保证网点不互相重叠，不会出现网点之间空隙过大的现象，并且可以防止粗糙的颗粒性。

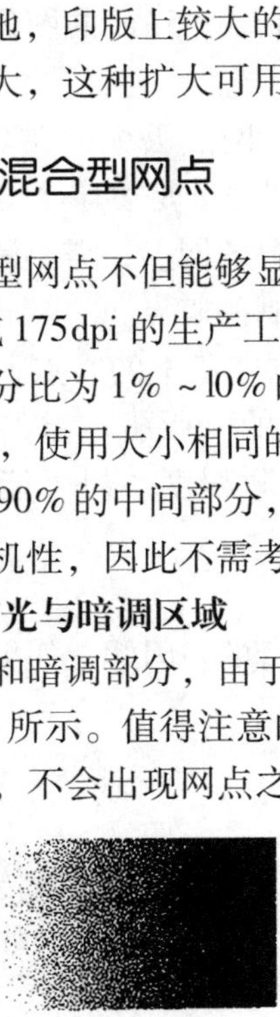

图4－6　混合网屏

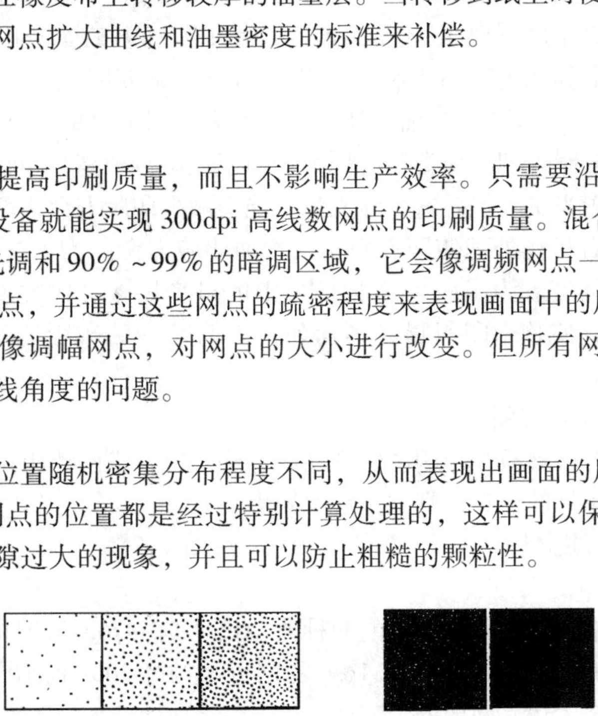

图4－7　高光与暗调

当输出设备的分辨率为2400dpi时，最小网点的直径约为10.5μm（1/2400in），虽然可以把这些网点曝光在印版上，但印刷过程中的不稳定因素往往导致网点丢失现象，从而影响了印刷的稳定性和再现性。这种新型网点的计算方法是利用多个细小的点子组合成一个较大的点子，两个或三个最小点子（每个直径约为10.5μm）组合成的大点子的直径就是21μm或32μm。这样大小的点子才适合于印刷，还可以提高印刷的再现性和稳定性。

2. 中间调

中间调的网点还是像调频网点一样是随机分布的，但是阶调表现方法却和调幅网点一样，也就是说，它是以大小不同、一定数目的网点的随机分布来表现中间阶调的，如图4－8所示。

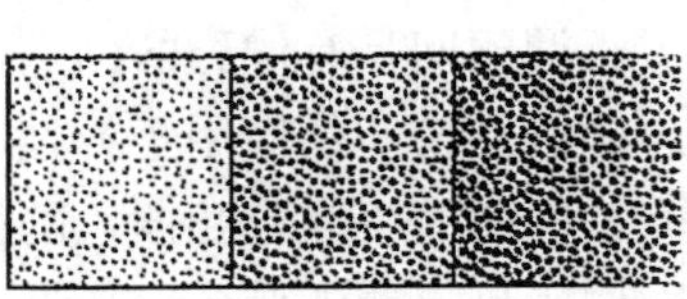

图4－8　中间调

如果注意网点衔接现象，就会发现在调幅网点中，与中间调相近的网点几乎是一齐相接的。因此，在输出时很容易发生跳色现象。而在混合型网点技术中，相近的网点之间接合时，每个接合点的不同防止了跳色；而且跟调频网点相比，其中间调网点的密度（线数）可以被定义。由于网点的个数是固定的，因此可以从每平方英寸所含有的网点个数计算出网点的密度。例如，每单位面积中包含有4000个网点的话，那么就可以再现相当于200线的密度，不过这仅限于中间调范围内。

四、陷印

在印刷过程中，由于纸张以高速或低速滑过印版时，会稍微移位和拉伸，同时纸张吸收了润版液和油墨后会改变尺寸，且印刷色版也不会完全对齐（套印不准），这都会导致一部分与底色混合，而另一部分漏出白边，处理这个现象的方法就是陷印（trapping，也称为补漏白）。从根本上来说，陷印的存在是为了补偿印刷机的缺陷。

如果只印一色的微小偏差是可以接受的，但印刷多色时，颜色必须准确地套准，但是这是十分困难的，页面上两个颜色相交的地方总会出现一小条白纸边，除非在颜色相交的地方设置补漏白点。图4－9显示了两个未补漏白的相邻颜色，它们之间因套印不准而引起色版之间出现一条白色的纸边。

(a) 未陷印　　(b) 陷印

图4－9　套印不准时有、无陷印的比较

通过稍微展开一个对象以便它与另一个不同颜色的对象重叠，即重叠两个油墨颜色，覆盖白边。可以弥补这种套印不准的缺陷，这一过程称为陷印。默认情况下，一种油墨位于另一种油墨之上时，会挖空或移去下面的任何油墨，以避免不需要的颜色混合；而陷印则要求油墨叠印来获得部分重叠。

1. 陷印的基本结构

陷印概念最简单的理解就是内缩和外延。内缩是将对象缩小，减少其空间，有时也叫做压缩或变瘦。外延，则正好相反，有时称做拉伸或变胖，它是将物件变得稍大一点。图4－10说明了外延和内缩的基本意思。陷印采用内缩还是外延取决于前景色比背景色深还是浅，人们总是愿意调整浅色对象的形状，是因为其周边视觉重量比深色对象的要轻。

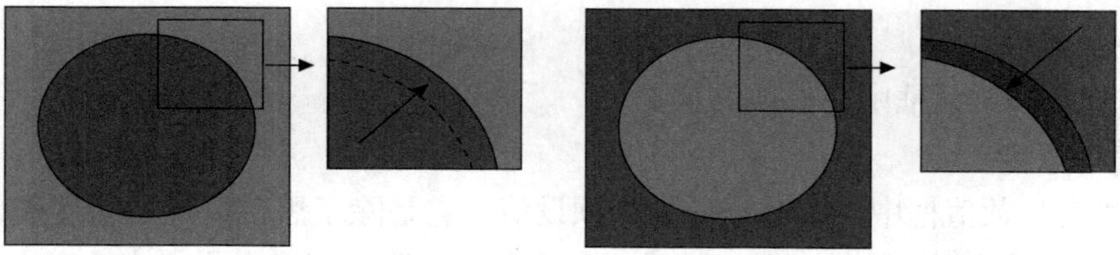

(a) 外延　　(b) 内缩

图4－10　内缩和外延

颜色的扩展方向根据的是该颜色是亮还是暗，无论对内缩还是外延都有一个规律，即从亮色延伸到暗色。通过将亮色延伸到暗色，用眼观察重叠部分变化不明显；若移动暗色，则对象形状的改变较明显。

2. 建立原色过渡

可采用专色时，也会出现补漏白的需要，只要出现颜色接触，就需要补漏白。

当对相邻的物体施用套印色时，可按一定的百分比油墨成分去创造原色过渡。当两个物体共同拥有超过 20% 的一种原色（青，品红，黄或黑）成分时，就需要原色过渡，这样就可消除套印不准产生的白色缝隙。两个对象的颜色越相似，这种效果就越好。如果相邻色有问题，增加补漏白将是必要的，相邻色包含同一种更高比例的原墨时，可能也需要补漏白。

如果两个物体的颜色相同，且成分不止一种颜色，额外的补漏白就不需要了，因为在套印不准时显示的第三色在视觉上可以忽视。一般来说，如果一种颜色的所有油墨组成比例都高于另一种颜色，那么陷印就不需要了。

3. 叠印和挖空

当定义并使用一种颜色，允许这种颜色被挖空，这就意味着没有将这一颜色和其他底层油墨组合在一起。挖空命令对所定义的每种颜色会自动实施。通常对黑色例外。

例如把红色的圆印刷在蓝色的方形上面，在圆的边界内不印任何蓝油墨。当叠印一种颜色，那种颜色就和所有的底色调组合在一起，这常会造成颜色的偏移。

100% 的黑色是唯一可以成功叠印的颜色，通过这一点，我们意识到，黑色能保持黑色，应该放在其他油墨的前面印刷。当叠印其他颜色油墨、专色油墨和套色油墨时，总会出现不同的颜色。叠印黑色不需要补漏白。这一点对有些页面元素是关键的。唯一的问题在于，有些黑色元素在一些软件中是自动叠印的，而另一些则不是，这时需要掌握叠印的特点。

4. Adobe Indesign CS5. 0 中的工具

陷印调板命令：窗口/输出/陷印预设，如图 4 - 11 所示。“陷印预设”调板用于输入陷印设置以及将设置集合存储为陷印预设，双击调板中的某个样式将会弹出“修改陷印样式选项”对话框，如图 4 - 12 所示，可以将陷印预设应用于当前文档的任一页或所有页，或者从另一个 Indesign CS5. 0 文档中导入预设。如果没有对页面范围应用陷印预设，则该页面范围将使用［默认］陷印预设，它是默认情况下应用于新文档中所有页面的典型陷印设置的集合。

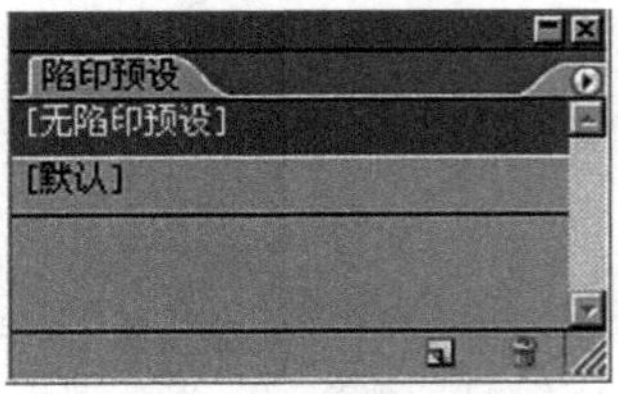

图 4 - 11　Adobe Indesign CS2. 0 的陷印调板

陷印样式选项对话框中各选项的意义。

（1）陷印宽度

“陷印宽度”数值框中“0. 088mm”是预设值，它是除了黑色以外的所有颜色的陷印宽度。但是根据不同的纸张特性、现实标准和印刷条件，陷印宽度需要相应地变化，这需要查阅打印机和图像机的说明文件。

（2）陷印外观

①“连接样式”中有“斜接”、“圆形”、“斜角”3 个选项。可控制 3 个颜色陷印之间

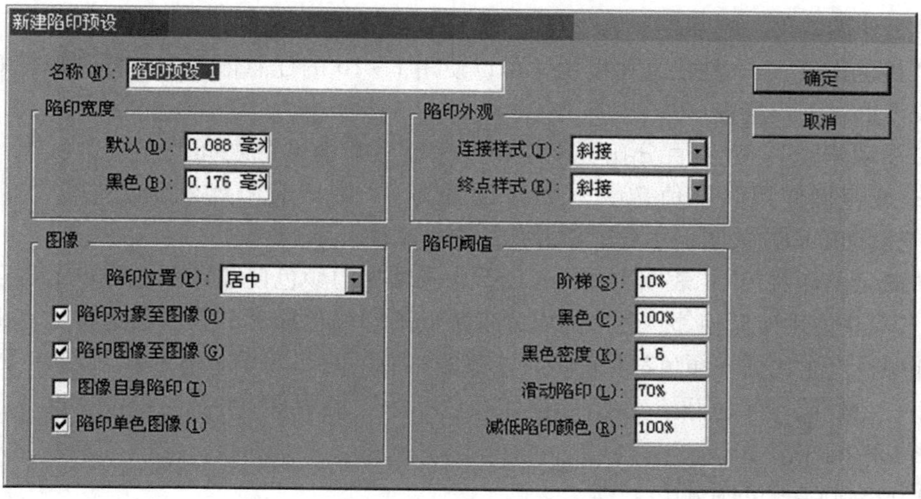

图 4－12　陷印样式选项对话框

的交叉点连接处的陷印外观，如图 4－13 所示。

②在“端点样式”中有“斜接”和“重叠”两个选项，可控制转角处陷印的外观，如图 4－14 所示。“斜角”（默认选项）是指各相交颜色的末端将保持为“斜接”状态，并不产生重叠。“重叠”是指各相交颜色的末端将保持为“交叠”状态，交叠处的颜色将由 3 种颜色中最浅颜色和最深颜色间的重力色决定，最浅颜色的中端将被包裹在 3 个颜色对象相交点的附近。

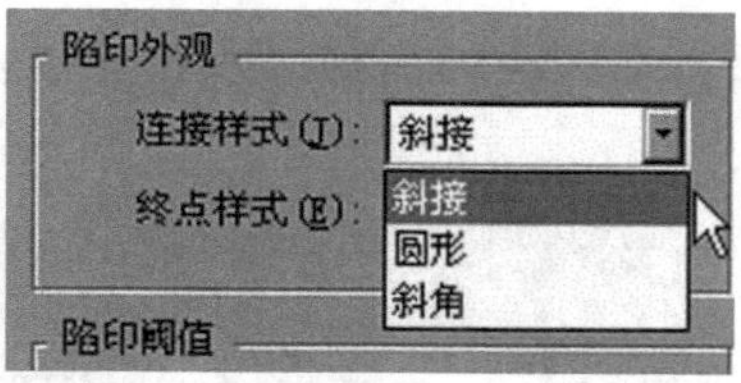

图 4－13　陷印外观的连接样式选择

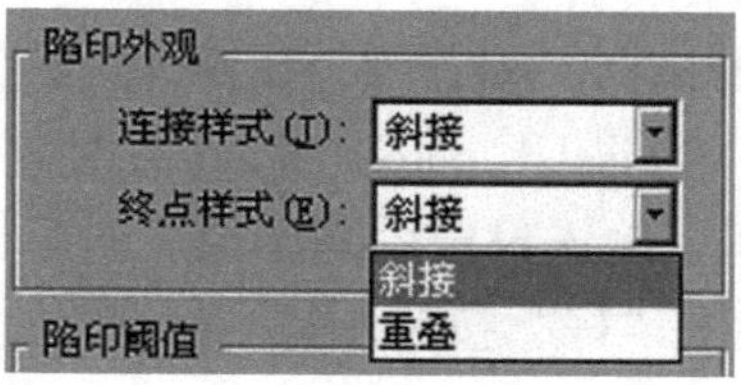

图 4－14　陷印外观的终点样式选择

（3）图像

“对象陷印图像”：保证陷印对象陷印，对图像使用陷印样式设置；“图像陷印图像”：设陷印沿界阻重叠或紧靠图像，这是默认选项；“图像内部陷印”：在图像内设置陷印样式，只有在文档中使用简单、大反差的图像才使用这个选项；“1 位图像陷印”：因为 1 位图像只使用一种颜色，故在大部分情况下不选择这个选项，选择这个选项会使图像变暗。

（4）陷印阈值

①“阶梯”右边数值框中为进行陷印的临界值，数值越小百分比越低，即使对细小的色彩变化，都会执行陷印命令。而在另一些情况下，只有大的色彩变化时才需要陷印，这时可将其百分比设得大一些。可输入 1% ~100% 的任意整数值，默认值为 10%，为了获得更佳效果，可使用 8% ~20% 的值。

②“黑色”：表明在黑色陷印宽度设置的量，输入值从 0 ~100%，或使用默认值 100%，

为了得到最佳的效果，应不高于 70%。

③“黑色密度”：表明中立密度值，可以使用 1～10 的任意值，为了得到最佳效果，这个值建议设置在 1.6 左右。

④“滑动陷印”：表明百分比区别于中立密度紧靠的颜色之间的陷印，可输入百分比 0～100%，或直接使用默认值 70%。如果设置为 0，则所有陷印默认为中心线；若设为 100%，则滑动陷印被关闭，不管紧靠颜色的中立密度关系。

⑤“减低陷印颜色”：表明 Indesign CS5.0 从紧靠的颜色使陷印颜色降低的程度，指示 Indesign CS5.0 使用减低相邻颜色中的成分来减低陷印颜色深度的程度，这样做有助于防止某些相邻颜色产生比任一颜色都深的或缩小后很难看的陷印效果。指定低于 100% 的“陷印颜色缩小”会使陷印颜色开始变亮；“陷印颜色缩小”值为 0，将产生中性密度等于较深颜色中性密度的陷印。

5. Photoshop 中的补漏白处理

Photoshop 中进行补漏白操作的菜单在 Image/Trap 中，此操作必须在 CMYK 模式下才行，Width 为补偿边界的宽度，该值直接与印刷时色版的偏移量有关，数值大小等于四色印刷套印误差的总和（$Width = \Delta C + \Delta M + \Delta Y + \Delta K$）。不同的印刷机套准精度不同，本节最后附带一些典型补漏白值，可供读者参考。Width 宽度的单位有三种：pixel（像素），范围在 1～10；points（点），范围是 0.01～9.99；还有 mm（毫米），范围在 0.01～3.53。它们之间的转换关系是 1in = 25.4mm = 72points。

将文件另存为 RGB 模式，以便以后重新转换图像。选取“图像/模式/CMYK 颜色”将图像转换为 CMYK 模式。

选取“图像/陷印”对话框，如图 4－15 所示，其设置比较简单，只包含陷印宽度一项，宽度单位可用 pixels，points 和 mm 三种。

图 4－15　补漏白对话框

在宽度栏里，输入设定的陷印值。然后选择一种度量单位，点击“好”按钮。

除了上面色块间补漏白外，Photoshop 中该操作对连续调图像也能进行补漏白。这一操作计算难度大，速度较慢，但基本思想不变。结果通常是将明度低的较纯的颜色往四周扩张形成一定的补漏白宽度，因为每次都是往深色中渗透，所以会导致暗调密度加大，层次丢失，建议读者对于连续调图像不要轻易进行补漏白，必须有充分的理由才行，只要图像中没有整齐的边界，往往都无须进行补漏白。若出现了规则的边界，并且要求挖空，如在彩图上加一个标志或文字等色块，读者就不妨试试通道补漏白的方法。

这是借用 Photoshop 中将 CMYK 图分为四个单色通道，通过各色版上图文边缘的相互变化，达到补漏白目的。例如，在一个蓝底上有一个黑色字母，根据需要，应将黑字母相应位置的 C、M 挖空。在单通道下使用 Edit/Stroke 命令，使得背景色侵入字母内。注意：Width 值的大小直接受补漏白值和图像分辨率影响。一幅 300dpi 的图像，若补漏白值为 0.3mm，则 Width 取 3 个 pixels 合适。读者也可在单通道下，利用橡皮印章，将背景色扩充至字母内，以达到补漏白的目的。一些典型的补漏白值见表 4－5。

表4-5 一些典型的补漏白值

印刷方式	承印材料	网点线数/dpi	补漏白值/mm
单张纸胶印	有光铜版纸	150	0.08
单张纸胶印	无光铜版纸	150	0.08
滚筒胶印	有光铜版纸	150	0.10
滚筒胶印	新闻纸	100	0.15
柔性印刷	有光材料	133	0.15
柔性印刷	新闻纸	100	0.20
柔性印刷	瓦楞纸	150	0.25
凹　　印	有光材料	150	0.08

第二节　页面拼版

所谓页面拼版就是将通过适当的文字处理程序中输入并编辑完成的文本、经适当程序生成并修改完成的矢量类画稿和经 Photoshop 处理和校正的扫描网目调图像组合到一起，形成产品版面的过程。

在本节重点介绍页面拼版行业标准软件 Adobe Indesign CS5.0 的文档预置参数设定、有效和高质量的印刷文档设定、版式处理、输出专色和套版色、主页设定、处理和输出扫描图和矢量类图形等问题。

一、拼版软件

拼版专用软件可以对多个页面进行配置，解决拼版中出现的各种问题，如页数、出血量、色彩控制、装订方式、十字线等。

1. 拼版软件的种类

目前，主要的拼版软件有：

①PageMaker，Indesign CS5.0，Framemake（Adobe 公司）；

②方正飞腾、方正书版（北大方正）；

③Imposition 及 Imposition lite（DK&A 公司现已被 Dynagram 公司收购）；

④Impostrip 及 Impress（Ultimate Technographics 公司）；

⑤Imposition Publisher（Farrukh System Ltd 公司）；

⑥QuarkXPress（Quark 公司）；

⑦Presswise（Luminous 公司）；

⑧崭新印通（崭新科技股份有限公司）。

以上专业软件均用 PS 文件拼版，且可在不同尺寸的台纸上进行页面编排，也都可以精确地控制骑马订及其他方式的装订工艺，均适用于平版或轮转印刷机，可处理装订中产生的爬移现象。表4-6给出了部分拼版软件的性能。

表 4 -6 部分拼版软件性能比较

软件名称	Impostrip Second Ceneration 5. 1	DynaStrip	HELIOS PDF Handshake 2. 0	Preps 4. 0	Imposition Publisher
生产商	Ultimate Technographics	Dynagram Software	HELIOS Software GmbH	Scemir Soft Inc.	Farrukh System Ltd
操作系统	Windows，Mac，Unix	Windows，Mac	Win95&NT，Mac	Windows，Mac	Windows，Mac
拼版方式	RIP 前拼版	RIP 前拼版	RIP 前拼版	RIP 前拼版	RIP 前拼版
折手拼版	有	有	有	有	有
自由拼	有	有	有	有	有
补漏白	有	有	有	有	有
OPI 功能	有	有	有	有	有
齿切标志	有	有	有	有	无
色标	有	有	有	有	有
字体下载	无	无	无	有	无
油墨参数	有	无	无	有	无
JDP 输出	无	无	无	有	无
裁切参数	有	无	无	有	无
可接受文件格式	PS、EPS、PDF	DCS、EPS、PDF、PS、TIFF	PDF	PS、PDF、EPS、DCS、TIFF、RDO、Delts	PS、EPS
装订方式	骑马订、胶订	骑马订、胶订	骑马订、胶订	骑马订、胶订	骑马订、胶订
RIP	Adobe P5. 3 RIP（内置）	无	无	无	无
数字打样	无	无	无	无	无
色彩管理	有	无	有	无	无
出血	有	有	有	有	有
定位变形	有	有	有	有	有
PDF 生成	无	无	无	无	无
预检	有	无	无	有	无

2. 拼版软件关键参数

这些参数包括：折手拼版或自由拼；印后装订类型；单、双面印刷情况，第二面印刷参数、纸张尺寸、折页方式等。

二、Adobe Indesign CS5. 0 预置参数设定

在页面拼版程序中，所有的工具和命令加起来有几百个值需要输入，这些值的范围从线条的粗细、颜色菜单到默认的字体等。就印前而言，页面拼版的预置参数有两种：文档和应用程序。

建立预置参数有两种方法。

①如果在文档打开时改变任何默认设置，这个改动只对该文档有效。文档关闭时，默认值恢复为以前的值；再次打开文档时，设定值恢复为前一次的默认值。这些设定值就称为文档预置参数，一般包括在文件内。

②在每个应用程序中，可以在没有打开文件时访问参数对话框。用这种方法设定数值时，改动值是永久的，可应用在此后创建的每个文档上，此参数称为应用程序参数，所以应将这些设定值设置得尽可能与工作环境接近。

创建 Indesign CS5.0 新文档的方法有两种，即通过“边距和分栏”和“版面网格”对话框创建新文档。前者是基于传统边框分栏的创建模式，后者则是专门针对 CJK 等双字节（中、日、韩）文字的创建模式。

无论是以“边距和分栏”模式还是以“版面网格”模式创建新文档，首先都必须激活“新建文档”对话框进行常规预置选择。通过“新建文档”对话框，用户不仅可以设置新建文档的页数、页面尺寸与页面方向，而且单击“更多选项”按钮，还可以进一步设置“出血”和“辅助信息区”的尺寸。执行“文件/新建/文档”菜单命令（快捷键 Ctrl + N），即可打开“新建文档”对话框，如图 4 – 16 所示。

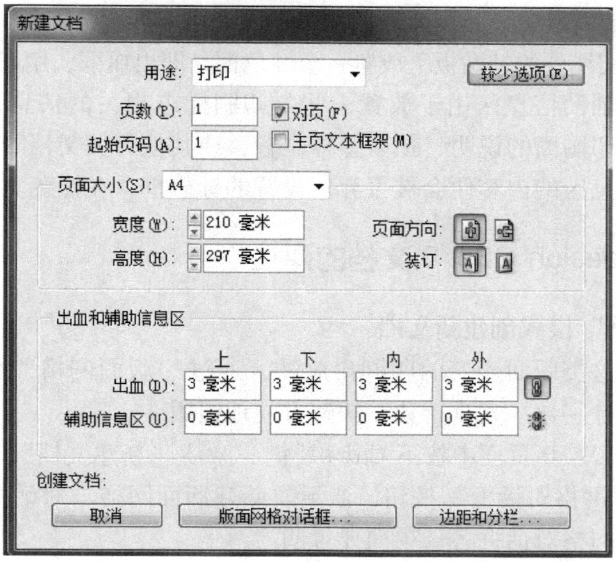

图 4 – 16　新建文档对话框

各项的具体意义：

①页数。需要创建文档的页面数。虽然一个 Indesign CS5.0 文档最多可有 9999 个页面，但页面中的页码却可以大于 99999。例如，一个具有 100 页的 Indesign CS5.0 文档第一页的页码可以为 99985。

②对页。勾选该项，则创建的奇偶页面左右彼此相对，相互靠拢，反之，则页面单独存在互不相连。因此，该项非常适用于一些页面连续的大型出版物，例如：书籍、杂志、报纸等。而“非对页”的页面则适用于单张、正反两面的小型印刷品，例如：名片、招贴海报、宣传单等。

③主页文本框架。勾选该项，将创建一个与边距参考线内区域大小相同的文本框架，并

与用户所指定的栏设置相匹配。此主页文本框架将被添加到主页 A 中，仅当执行“文件/新建/文档”菜单命令时，“主页文本框架”选项才处于可用状态。

④页面大小。制作的印刷出版物最终的成品尺寸。用户既可以从“页面大小”下拉列表中选取一个常用的页面尺寸，也可直接在“宽度”和“高度”数值框中输入所需的数值。Indesign CS5.0 文档的最小页面尺寸为 0.1667in × 0.1667in（4.233mm × 4.233mm），最大面尺寸为 216in × 216in（5486.4mm × 5486.4mm）。

⑤页面方向。页面方向图标会随着输入的页面宽和高的大小而自动调整。当高比宽大时，图标被激活；当宽比高大时，图标也被激活。如果单击这两个图标，则会使页面方面相互交换。

⑥装订。指定印刷品的装订方向，一般正常书籍为左装订，特殊的书籍为右装订。装订方式并不影响页面中的对象，但会直接影响到页边距设置和“页面”调板中的显示方式。如果单击“更多选项”按钮，“新建文档”窗口则会向下弹出“出血和辅助信息区”设置框。以下即为“出血和辅助信息区”各选项的简要说明。

⑦出血。出血区域用于安排超出页面尺寸之外的内容。出血（Bleed）是为了避免在裁切带有超出成品边缘的图片或背景的作品时，因裁切的误差而露出白边而采取的预防措施，通常是把页面边缘的图片或背景向成品页面外扩展 3mm。使用 Indesign CS5.0 中的“出血区域”功能，可以在页面黑色实线外的粘贴板上放置一个红色框，即出血框，用来确定出血的位置。

⑧辅助信息区。辅助信息区用于放置一些与印刷标志相关的信息，比如：设计公司名称、输出公司名称、印刷商的说明、预留签样位置，或其他有关文档的说明。当页面按成品尺寸裁切后，辅助信息区的内容便会被丢弃。设置的标志框，在黑色页面框外用蓝色表示。

三、Adobe Indesign CS5.0 文档的建立

1. 以“版面网格”模式创建新文档

对于杂志、报纸这类版面多变的印刷出版物，通过“版面网格”模式可以很精确地设置字符对齐方式、统计字数、安排行数，快速方便地组版。

（1）在 Indesign CS5.0 页面中按下 Ctrl + N 键，激活“新建文档”对话框。

（2）单击“版面网格对话框”按钮，激活“新建版面网格”对话框，如图 4 - 17 所示。下面对新建版面网格对话框各选项简要说明。

①方向。选择“水平”可使文本从左向右水平排列，选择“垂直”可使文本从上向下竖直排列。

②字体。选定的字体将成为“框架网格”的默认设置。此外，如果在“首选项”中的“字符网格”中将网格设置为“表意字”，则网格的大小将根据所选字体的表意字发生变化。

③大小。指定要在版面网格中用作正文文本的基准字体大小。此选项还可确定版面网格中各个网格单元的大小。

垂直和水平。指定网格中基准字体的缩放百分比，网格的大小将根据这些设置发生变化。

④字间距。指定网格中基准字体字符之间的距离。如果输入负值，网格将显示为互相重叠；设置正值时，网格之间将显示间距。

⑤行间距。指定网格中基准字体的行间距离。网格线间距离将根据输入的值而更改。除

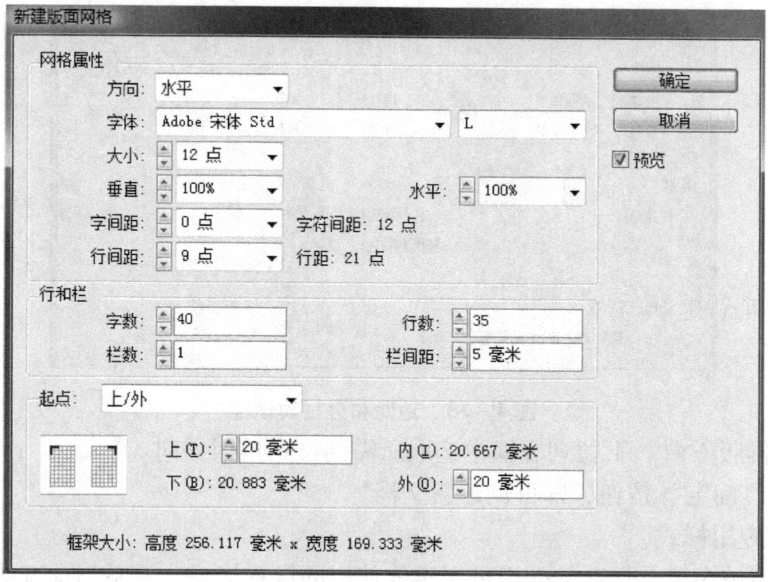

图 4－17　新建版面网格对话框

“方向”外，在“网格属性”部分中为“字体”、“大/小”、“水平”、“垂直”、“字间距”、“行间距”设置的值都将成为“框架网格”的默认设置。

⑥字数。设置“行字数”（网格）计数。

⑦行数。指定 1 栏中的行数。

⑧栏数。指定 1 个页面中的栏数。

⑨栏间距。指定栏与栏之间的距离。

⑩起点。从下拉列表中选择“起点”选项，然后在各个文本框中设置“上”、“下”、“左”、“右”边距，网格将根据“网格属性”和“行和栏”中设置的值从选定的起点处开始排列。在“起点”另一侧保留的所有空间都将成为边距。

（3）根据需要在“新建版面网格”对话框中设置各选项，单击“确定”按钮，即可以“版面网格”模式创建一个新文档。

2. 以“边距和分栏”模式创建新文档

使用“边距和分栏”模式创建新文档的步骤如下。

（1）激活“新建文档”对话框，设置所需的选项。

（2）单击“边距和分栏”按钮，打开“边距和分栏”对话框，如图 4－18 所示。以下为“边距和分栏”对话框各项的简要说明。

①边距。输入值，以指定边距参考线到页面的各个边缘之间的距离。如果在“新建文档”或“页面设置”对话框中选择“对页”，则“左”和“右”边距选项名称将更改为“内”和“外”，这样用户便可以指定更多的内边距空间来容纳装订。

②分栏。对于“栏数”，用户可以在其数值框中输入要在边距参考线内创建分栏数目（例如，输入“2”可创建双栏式版面）。对于“栏间距”，用户则可以输入一个栏间的宽度值。排版方向选择“水平”或“垂直”来指定栏的方向，此选项还可设置文档基线网格的排版方向。

（3）在该对话框的“边距”选项区中设置页面边距，在“分栏”选项区中设置栏数和

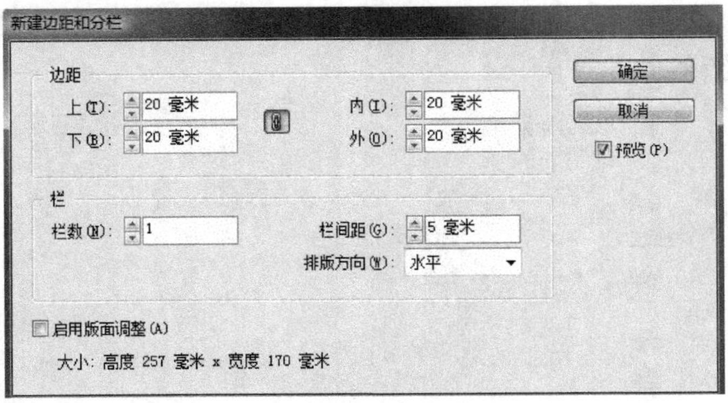

图 4－18　边距和分栏对话框

栏间距，在“排版方向”下拉列表框中选取所需的文本排版方向。

（4）单击“确定”按钮，即可创建新文档。

3. 创建和应用样式

样式就是指被命名并保存的一组可以重复使用的设置格式，一系列预置的排版指令。选取目标对象（段落、文字或图形），再单击样式调板中创建的样式即可快速将其设置应用于所选对象，而无须再对文档中的各个标题、正文、字符或图形重复性地逐一设置其格式。另外，样式也是创建文档目录、索引的首要条件。

（1）新建样式

创建样式一般得通过样式调板来完成，平常用的最多的是“段落样式”和“字符样式”。样式不仅适用于文本标题、正文和注释等，同样也适用于目录、书眉、页码和图形。相对于其他软件，Indesign CS5.0 根据对象的不同，提供了 3 种样式：字符样式、段落样式和对象样式。

（2）了解样式调板

执行“文字”→“段落样式/字符样式”菜单命令（快捷键 F11/Shift + F11），或者直接单击抽屉式目标样式选项卡，都可打开“段落样式”，或“字符样式”调板，如图 4－19 所示。

选取文本或在文本框中插入字符和点时，该文本当前应用的样式即可在样式调板中反白显示；如果同时选取了多个段落样式（如“标题一”和“正文”），这时样式调板将不会显示任何应用样式，而在调板的左下角会显示“混合”两字。

（3）新建段落样式

一般文档主要由“标题样式”、“正文样式”和“段落样式”组成。下面我们将创建“标题选项”对话框和正文段落样式。

①新建标题样式。激活“段落样式”调板，单击调板下方的“新建样式”按钮，创建默认的“段落样式”。

②打开“段落样式选项”对话框。双击调板中“段落样式 1”选项，激活“段落样式选项”对话框。

③设置标题样式。单击“常规”选项卡，输入样式名称（例如，“标题一”），设置该样式的快捷键，如图 4－20 所示。

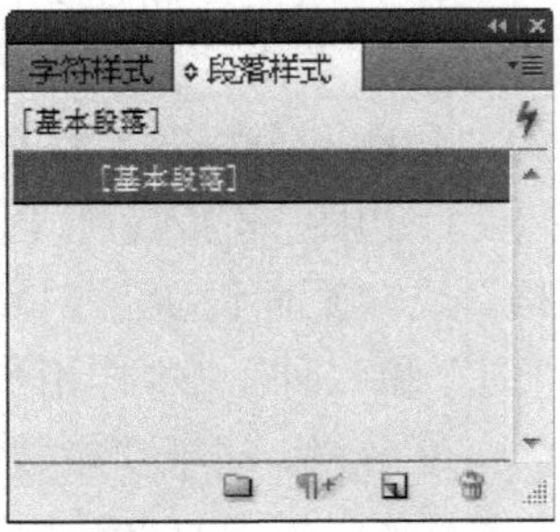

图 4－19　段落和字符样式调板

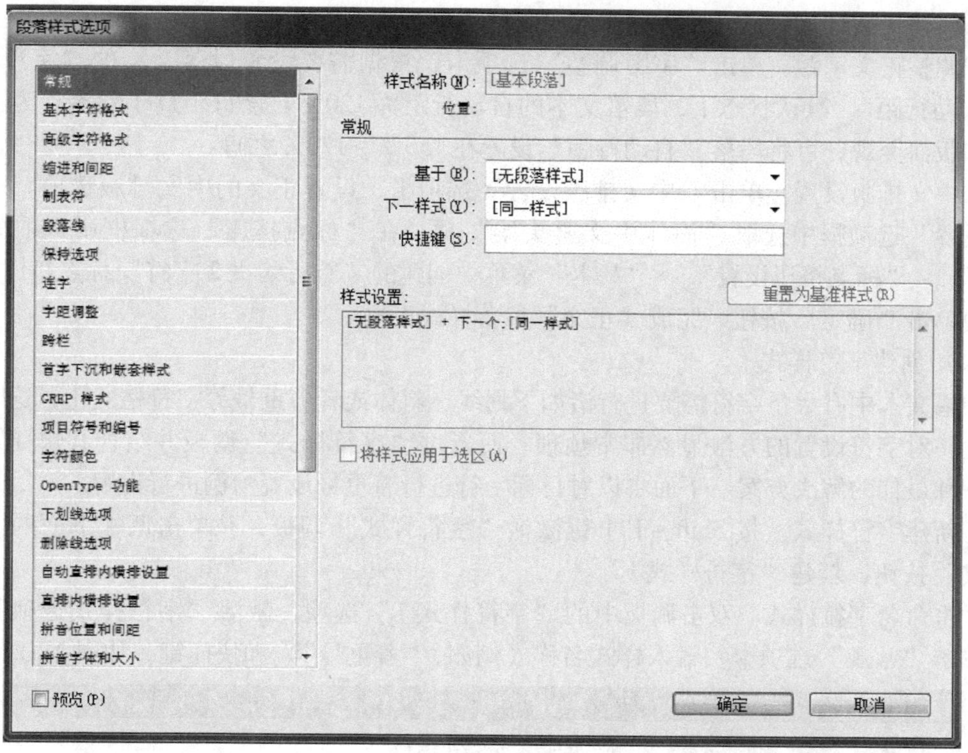

图 4－20 样式快捷键的设置

以下为常规选项的简要说明。

(a) 基于。对于各级文本样式，在多数情况下，存在着其主体类似的情况。例如，“标题一”和“标题二”使用相同的字体，不同的字号。这时就可以通过创建一个基本段落样式或父样式，轻松地在“标题一”和“标题二”之间进行链接。当编辑父样式时，在子样式中出现的对应属性也随之改变。

(b) 下一样式。下一样式是指应用完该目标段落样式后，再按下 Enter 键另起一段文本所应用的段落样式。例如，若想要“标题一”等样式之后是“正文”样式，则可以将“标题一’的“下一样式”选项设置为“正文”。在对段落应用“标题一”样式后，按 Enter 键另起一段的样式就是“正文”样式。

(c) 快捷键。利用样式快捷键可以直接将样式应用到目标文本上，而无须再到调板中选取该样式。同时按 Shift、Alt 或 Ctrl 组合键，再按数字小键盘上的数字即可设置该样式的快捷键。

(d) 预览。勾选“段落样式选项”对话框左下角的“预览”项，即可观察到应用样式的文本效果。

④设置基本字符格式。单击“基本字符格式”选项卡，设置“标题一”的基本字符样式。例如，从“字体系列”下拉列表框中选取先前在“复合字体编辑器”中创建的“标题一”复合字体。

⑤设置缩进与间距。单击“缩进和间距”选项卡，设置“标题一”的段落对齐方式和段前距与段后距。

⑥单击“确定”按钮，完成“标题”样式设置。

⑦新建正文样式。以新建标题样式相同的步骤新建正文样式。

⑧调整正文字距。单击“字距调整”选项卡，根据需要设置段落文本的“字母间距”和“自动行距”。默认状态下，段落文本的自动行距为120%。该行距过于紧凑，为了便于阅读和版面美观，可将段落“自动行距”设置在150%～170%之间。

⑨中文排版设置。单击“中文排版设置”选项卡，设置正文的中文排版选项。在“避头尾设置”选项框中选取“简体中文避头尾”项。在“标点挤压”选项框中选取先前在“文字”→“标点挤压设置”→“基本”菜单中创建的“首行缩进2字符”标点挤压项。

⑩单击“确定”按钮，完成“正文”段落样式设置。

（4）创建字符样式

如果文本中有大量字符需要进行诸如下划线、斜体或者着重号等字符格式化，这时如果采用逐一对字符设置的方法显然非常烦琐。而通过“字符样式”调板并结合其快捷键，无疑是一种最佳的解决方案。下面将以对目标字符进行着重号设置为例进行讲解。

①新建字符样式。按 Shift + F11 键激活“字符样式”调板，并单击调板下面的“创建新样式”按钮，新建“字符样式1”。

②重命名字符样式。双击调板中的“字符样式1”选项，激活“字符样式选项”对话框。单击“常规”选项卡，输入样式名称（例如，“着重号”）和快捷键，如图4－21所示。

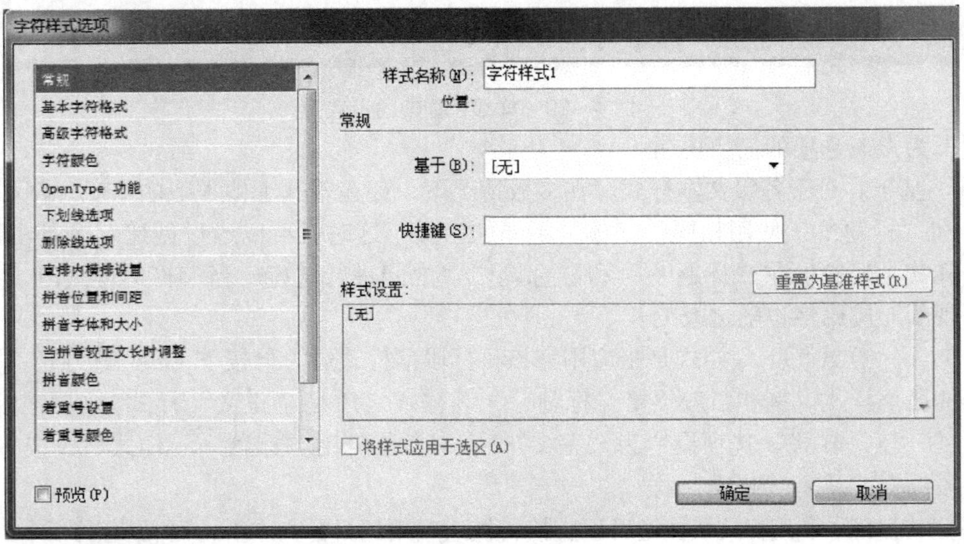

图4－21　字符样式对话框

③设置着重号。单击“着重号设置”选项卡，对“着重号”进行参数设置。

④设置颜色。单击“着重号颜色”选项卡，对“着重号”进行参数设置，单击“确定”按钮，完成“着重号”设置。

⑤格式化字符。选取目标字符，直接按下所设置的“着重号”样式快捷键（例如，Shift + Ctrl + A1t + 8 键），即可快速对目标字符完成着重号的字符格式化设置。

（5）应用样式

①应用段落样式。要对文本段落应用段落样式，只需在目标段落中单击，或者选取目标段落文本，然后单击“段落样式”调板中的目标段落样式名称，或者从“段落格式控制”

调板中的“段落样式”列表框中选取所需的段落样式即可。当然，利用样式快捷键是最快的方法。

②应用字符样式。要对目标字符应用字符样式，首先选取目标字符，然后单击“字符样式”调板中的字符样式名称，或者从“字符格式控制”调板中的“字符样式”列表框中选取所需的字符样式即可。不要忘了，同样也可利用快捷键来设置字符样式。

4. 创建和应用模板

灵活运用除“样式”外的“模板”，是另一种提高效率的好方法。模板是标准文档的有用起点，因为可以使用版面、图形和文本对模板进行预设。例如，如果在准备一本按月出版的杂志，则可以创建包含典型版面（标尺参考线、网格、主页、占位符框、图层以及任何每期沿用的图形或文本）的模板。这样，每月只要打开模板并导入新的内容即可。

（1）创建模板

创建模板与创建常规文档的操作相同，唯一的区别发生在存储文档时。如果准备的模板是让别人使用的，则最好添加一个包含关于该模板说明的图层。在打印文档之前，将该层隐藏或删除即可。

①首先在新建的文档中设置段落、字符样式，并添加页眉和页码。

②执行“文件”→“存储为”菜单命令（快捷键 Ctrl + S），在“存储为”窗口中输入文件名、设置保存路径，在“保存类型”下拉列表中选取“Indesign CS5. 0 模板”项，然后单击“保存”按钮即可。

（2）应用模板

①执行“文件”→“打开”菜单命令（快捷键 Ctrl + O），激活“打开文件”窗口。

②在该窗口中双击 Indesign CS5. 0 模板文档，即可打开模板文件。

③将置入的文本、图片调整后，即可以其他名称保存该文件。

四、Adobe Indesign CS5. 0 排版内容的置入

1. 了解文本框

排版软件与字处理软件（如 Word、WPS）的一大区别在于：为了更好地编排文本，排版软件将所有的文本都放置在被称为“文本框架”的容器中，该文本框架可以根据版面的需要随意变换所在的页面、位置和外观，而不会对框架内的字符和页面间的连接关系有丝毫影响。在 Indesign CS5. 0 文档中主要有“框架网格”和“纯文本框架”两种文本框架，框架网格是中文排版特有的文本框架类型，其中字符的全角字框和间距都显示为网格。纯文本框架则是不显示任何网格的普通文本框架。

2. 置入文本

Indesign CS5. 0 可以直接置入图像、图形和文字文件，支持所有标准的图像格式，并可以将 PDF 格式的文档当做图像置入，并在置入前能够预览显示。Indesign CS5. 0 除能够置入普通的 TXT、RTF 格式的文本之外，还支持 Word 和 Excel 文档，能够保留原有的格式。比如，用户可以使用 Word 或 Excel 写好文章，并设置好格式，在置入 Indesign CS5. 0 后这些格式依然保留，节省了排版的时间。

(1) 了解“置入”窗口

所有其他格式的文件都必须通过“置入”窗口方能置入到 Indesign CS5.0 文档中。执行“文件”→“置入”菜单命令（快捷键 Ctrl + D），即可打开“置入”对话框，如图 4－22 所示。

图 4－22 置入窗口

以下为“置入”对话框中各选项的简要说明。

(a) 显示导入选项。勾选该项，单击“打开”按钮，则弹出“××导入选项”对话框。若取消“显示导入选项”，则 Indesign CS5.0 将使用最后一次用于相似文档类型的导入选项。设置的选项一直有效，直到被修改。若取消该选项，置入的 Word 文档则完全保留其在 Word 程序中所做的字符格式、段落样式等操作。

(b) 替换所选项目。勾选该项，Indesign CS5.0 将删除所选文本框中的文本，而由置入的文本取而代之。Indesign CS5.0 可以最大程度地保留置入文件的格式化设置（例如，在 Word 文档中的各种段落样式），并将其样式直接添加到自己的文档样式列表中，导入的样式旁边将有一个磁盘图标，直至被修改。如果目标格式的文件不能置入到 Indesign CS5.0 文档中，Indesign CS5.0 则会弹出一条警告信息。

(2) 置入 Word 文档

在 Indesign CS5.0 文档中置入 Word 文档、Excel 电子表格、文本文件和标记文本文件的操作方法完全相同，只不过各自的“导入选项”对话框中的各选项互不相同。置入 Word 文档操作步骤如下：

①打开或新建一个 Indesign CS5.0 文档。

②执行“文件”→“置入”菜单命令（快捷键 Ctrl + D），打开“置入”对话框。

③如果在“置入”对话框中勾选“显示导入选项”项，单击“打开”按钮，则弹出“××导入选项”对话框，如图 4－23 所示。若不想设置导入选项，可直接跳过这一步骤。

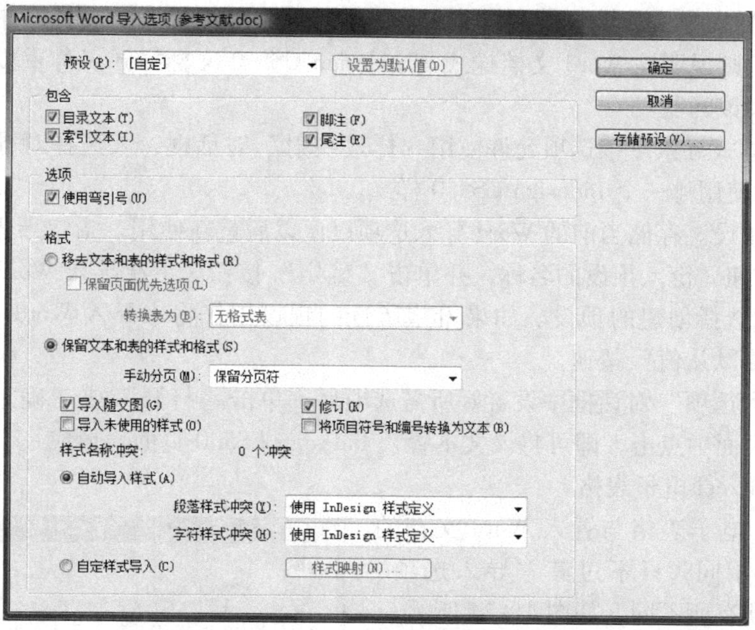

图4－23　导入选项对话框

以下为 Word 导入选项对话框的简要介绍。

（a）目录文本。将目录作为文本的一部分导入到文章中。这些条目作为纯文本导入。

（b）索引文本。将索引作为文本的一部分导入到文章中。这些条目作为纯文本导入。

（c）脚注。将 Word 脚注导入为 Indesign CS5.0 脚注。脚注和引用是保留的，但根据文档的脚注设置重新排列。

（d）尾注。将尾注作为文本的一部分导入到文章的末尾。

（e）使用弯引号。确保导入的文本包含中文左右引号（“”）和撇号（'），而不包含英文直引号（""）和撇号（'）。

（f）移去文本和表的样式和格式。移去导入文本的所有样式和格式，如字体、文字颜色、文字样式、段落样式和随文图形。

（g）保留本地覆盖。选择“移去文本和表的样式和格式”时，可选择“保留本地覆盖”以保持应用到段落一部分的字符格式。

（h）转换表。选择“移去文本和表的样式和格式”时，可将表转换为无格式的表或无格式的制表符分隔的文本。

（i）保留文本和表的样式和格式。在 Indesign CS5.0 文档中保留 Word 文档的格式。可使用“格式”选项区中的其他选项来确定保留样式和格式的方式。

（j）手动分页。确定 Word 文件中的分页在 Indesign CS5.0 中格式化的方式。选择“保留分页符”可使用 Word 中用到的同一分页符，或者选择“转换为分栏符”或“不换行”。

（k）导入随文图。勾选该项，则在置入 Word 文档的同时，一同置入 Word 文档中以嵌入环绕的图形，其他任何形式的浮动环绕图形都不能被置入。

（l）导入未使用的样式。导入 Word 文档的所有样式，即使未应用于文本的样式也可导入。

(m) 自动导入样式。导入带有样式的 Word 文档后，如果“样式名称冲突”旁出现黄色警告三角形，则说明该 Word 文档样式与 Indesign CS5.0 文档样式名称重复，更改某一样式名称即可解决该问题。

(n) 自动样式导入。该选项允许使用“样式映射”对话框，来选择对导入文档中的每个 Word 样式应使用哪一个 Indesign CS5.0 样式。

(o) 存储预设。存储当前的 Word 导入选项以便以后重新使用。指定导入选项后，单击“存储预设”按钮，键入预设的名称，并单击“确定”按钮。下次导入 Word 样式时，可从“预设”菜单中选择创建的预设。如果希望所选的预设用作将来导入 Word 文档的默认值，请单击“设置为默认值”按钮。

④在“导入选项”对话框中设置好所需选项后，单击“打开”或“确定”按钮，鼠标呈框状时，在页面中点击，即可将该文本置入 Indesign CS5.0 页面，形成一个文本框。

(3) 置入 Excel 电子表格

置入 Excel 电子表格与置入 Word 文档的操作步骤完全相同，只不过其“导入选项”对话框中的选项有所不同，如图 4－24 所示。

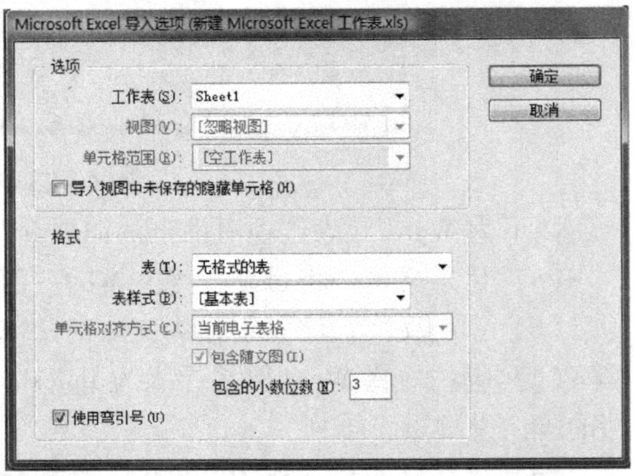

图 4－24　Excel 置入选项对话框

以下为 Excel 导入选项对话框中各选项的简要介绍。

(a) 工作表。指定要导入的工作表。

(b) 视图。指定是导入任何存储的自定义或个人视图，还是忽略这些视图。

(c) 单元格范围。指定单元格的范围，使用符号 (:) 来指定范围 (如 A1 : G15)。如果工作表中存在指定的范围，则在“单元格范围”下拉列表中将显示这些名称。

(d) 导入视图中未保存的隐藏单元格。包括格式化为 Excel 电子表格中任何隐藏的单元格。

(e) 表。指定电子表格信息在 Indesign CS5.0 文档中的显示方式。如果选择“有格式的表”，则 Indesign CS5.0 尝试保留 Excel 中用到的相同格式，但单元格中的文本格式可能不会保留，可将电子表格数据导入到无格式的表或无格式的制表符分隔的文本中。

(f) 单元格对齐方式。指定导入文档的单元格对齐方式。

(g) 包含随文图。在 Indesign CS5.0 中保留 Excel 文档的随文图形。

(h) 包含的小数位数。指定小数位数。仅当选中“单元格对齐方式”时该选项才可用。

(i) 使用弯弓 I 号。确保导入的文本包含中文左右引号 (“”) 和撇号 (′)，而不包含英文直引号 ("") 和撇号 (′)。

(4) 置入文本文件

如果要置入的文档不是 Word 等 Indesign CS5.0 所能接受的格式，则需要将该文档另存为文本文件，然后再置入 Indesign CS5.0 中。

(a) 字符集。指定用于创建文本文件的计算机语言字符集 ANSI、Unicode 或 Shift JIS。

默认选项是与 Indesign CS5.0 的默认语言对应的字符集。

(b) 平台。指定文件是在 Windows (PC) 上创建，还是在 Mac OS (Macintosh) 上创建。

(c) 词典设置。指定导入的文本使用的词典。

(d) 额外回车符。指定 Indesign CS5.0 导入额外段落回车符的方式，选择“在每行结尾删除”或“在段落之间删除”。

(e) 替换。用制表符替换指定数目的空格。

(f) 使用弯引号。确保导入的文本包含中文左右引号（“”）和撇号（'），而不包含英文直引号（""）和撇号（'）。

3. 置入图形

Indesign CS5.0 有着极佳的兼容性，在文档中除了可以置入多种格式的图形外，还可以直接置入 .psd、.ai 和 .pdf 格式的文件。在页面中只要按住 Alt 键，再双击这些格式的图像，即可激活相应的程序来重新编辑，这也是笔者建议用户使用 Photoshop、Illustrator、Indesign CS5.0 和 Acrobat 编排印刷出版物的原因。

(1) 导入 Photoshop 文件

在 Indesign CS5.0 文档中可以直接导入 Photoshop 4.0 以上版本的 PSD 文件。如果没有什么特殊原因，建议将图像均保存为 .psd 格式，因为以该格式导入 Indesign CS5.0 的图像除了按住 Alt 键双击该图像即可启动 Photoshop 程序进行重新编辑之外，还能最大程度地保留原有的属性，例如，保持图像的透明背景、图层等。

①导入 PSD 文件

(a) 在 Indesign CS5.0 文档中执行“文件”→“置入”菜单命令（快捷键 Ctrl + D），激活“置入”窗口，如图 4-25 所示。

图 4-25 PSD 文件置入

(b) 选取目标 PSD 文件，单击“打开”按钮，即可将其导入 Indesign CS5.0 页面中，如图 4-24 所示。

(c) 如果需要用 Photoshop 程序再编辑该图像，执行“编辑”→“编辑原稿”菜单命令或者按住 Alt 键并双击目标图像即可。

②导入 PSD 文件的注意事项

可以选择在 Indesign CS5.0 中调整顶层图层的可视性，以及查看不同的图层复合。在 Indesign CS5.0 中更改图层可视性或图层复合不会改变原始 Photoshop 文件。

如果导入的 PSD 文件包含有路径、蒙版或 Alpha 通道，Indesign CS5.0 就可以使用它们退除背景，或在图形周围绕排文本。包含路径、蒙版或 Alpha 通道的图形在导入后，行为与透明对象相同。

如果置入的 PSD 文件包含嵌入的 ICC 颜色管理配置文件，则当颜色管理处于活动状态时，Indesign CS5.0 将读取此嵌入配置文件。可以使用“导入选项”对话框覆盖图像的嵌入配置文件，或在 Indesign CS5.0 中给图形指定其他颜色配置文件。在 Indesign CS5.0 中覆盖颜色配置文件，不会删除或改变 Photoshop 图像中嵌入的配置文件。

PSD 或 TIFF 文件中的专色通道在 Indesign CS5.0 的“色板”调板中显示为专色。如果图像使用的某种专色 Indesign CS5.0 无法识别，则此专色可能在 Indesign CS5.0 文档中显示为灰色，并会错误地打印为复合色，但在分色方面图像打印将正确无误。要将图形模拟为复合色，首先应使用正确的颜色值创建一种专色，然后将 PSD 颜色作为这个新专色的别名。之后，就可以正确地将此图形打印为复合色，并且可以在打开“叠印预览”（选择“视图”→“叠印预览”）后在屏幕上正确显示此图形。要确保在打印分色之前删除此别名，以便图像能打印在预期的分色版上。

(2) 导入 Illustrator 文件

虽然功能强大的 CorelDraw 拥有众多的用户，但它却不是 InDesgin CS5.0 的好搭档，因为 Indesign CS5.0 不能置入 CorelDraw 的 .cdr 格式文件。Indesign CS5.0 的另一最佳搭档是与其同出一门的 Adobe Illustrator。Indesign CS5.0 不仅可以导入 .ai 格式文件，还可以在保持矢量属性的前提下，将 Illustrator 中的图形直接粘贴到 Indesign CS5.0 中进行路径编辑。

①导入 Illustrator 图形。Indesign CS5.0 可以直接导入 Illustrator 的 .ai 格式文件，不过该 AI 文件中无论有多少个对象，都将作为一个整体被导入。在 Indesign CS5.0 文档中选取该格式图片后，执行“编辑”→“编辑原稿”菜单命令，或者按住 Alt 键双击目标图片，即可启用 Illustrator 程序重新编辑该图形。

②将 Illustrator 图形粘贴到 Indesign CS5.0 中。Illustrator 虽说可以重新编辑导入 Indesign CS5.0 中的 .ai 格式文件，但有时仍显得过于麻烦。用户还可以将选取的 Illustrator 图形直接粘贴到 Indesign CS5.0 中，且仍然保持着矢量属性，在 Indesign CS5.0 中可重新对该图形进行诸如描边、填充颜色、解散群组等操作，就好像该图形是用 Indesign CS5.0 的路径工具绘制的。

③将 Illustrator 文字粘贴到 Indesign CS5.0 中。直接从 Illustrator 中将文本粘贴到 Indesign CS5.0 中，该文本将被视为一个或多个对象，它们可以在 Indesign CS5.0 中变形、描边和着色，但无法进行文字编辑。如果要编辑该文本，则需要在 Illustrator 中用文字工具选取文本后，再将其粘贴到 Indesign CS5.0 的文本框架中。

（3）导入 PDF 文件

Acrobat 便携文档格式 PDF 保留了在许多不同应用程序中创建的版面、排版设置、位图图像、透明度和矢量图形文件。PDF 在充分压缩页面以便进行在线发布和查看的同时，保留了印前制作所需的颜色品质和版面精度。

①导入多页面的 PDF 文件

Indesign CS5.0 可以一次性地导入具有多页面的 PDF 文件，还可以通过“置入 PDF”对话框，有针对性地导入这些页面中的某个页面或者一定范围内的页面。

没有拼版软件的条件下，我们可以利用 Indesign CS5.0 这一特性，将某一出版物（如书籍、报纸）所有 PDF 页面全部导入新建的对开、4 开或 8 开的页面中进行人工拼版，然后再将拼好版的页面以 PDF 格式导出即可。

②导入 PDF 文件的链接

PDF 文件是以链接的形式导入 Indesign CS5.0 中的，如果用户利用 Adobe Acrobat 更改了 PDF 的源文件，则有可能破坏 PDF 文件的链接。所以在修改 PDF 源文件需要注意以下几项。

（a）如果对已置入 Indesign CS5.0 文档中的 PDF 源文件添加了密码，那么在更新 PDF 的链接后，系统则会提示用户输入密码。如果在 Acrobat 中删除了源 PDF 文件中的某一页，那么在 Indesign CS5.0 中更新链接后，这一 PDF 页面的位置将由紧随其后的页面替代，其后的所有页面也会随之递进一位。

（b）如果在 Acrobat 中对源 PDF 文件页面进行了重新排序，在更新链接后，则 Indesign CS5.0 中的 PDF 页面顺序也会随之改变。

③导入 PDF 页面中的颜色

Indesign CS5.0 将完整保留 PDF 页面中嵌入的颜色，即使该颜色来自 Indesign CS5.0 中并未安装的颜色库（例如，PANTONE Hexachrome^{R} 库）。此外，Indesign CS5.0 还将保留置入 PDF 页面中包含的任何颜色陷印。

当颜色管理处于活动状态时，Indesign CS5.0 在显示置入的 PDF 文件时，会使用其嵌入 ICC 或输出方法配置文件（仅限 PDF/X）。当颜色管理处于关闭状态，或所置入 PDF 文件不包含 ICC 或输出方法配置文件时，系统将使用 Indesign CS5.0 文档中的颜色配置文件，校准置入文件中的颜色。

导出或打印文档时，可以保留置入的 PDF 文件中嵌入的 ICC 配置文件，或用文档的配置文件替换它。当导出为 PDF/X 时，输出方法配置文件会用于显示，并会被包含在导出文件中。打印文档时不会使用输出方法配置文件；导出为任何其他格式时，导出文件中不会包含输出方法配置文件。

④导入 PDF 的安全设置

由于置入的 PDF 页面链接着源 PDF 文件，因此，置入的页面中也包含有源文件的安全性设置。如果利用 Acrobat 更改了源 PDF 文件中的安全性设置，则在更新链接时，置入的 PDF 页面中的安全性设置也将得到更新。

如果在置入 PDF 页面时正确输入了密码，则将覆盖该 PDF 页面中的任何限制，从而可使置入的 PDF 页面按所需的格式导出。

（4）导入其他格式的图片

除了上述的几种文件格式，Indesign CS5.0 当然也支持其他的多种图形格式，例如，属于位图格式的 TIFF、GIF、JPEG 和 BMP 文件和属于矢量格式的 EPS 文件。其他支持的格式还有 DCS、PICT、WMF、EMF、PCX、PNG 和 Scitex CT（.sct）。导入这些格式文件的操作步骤与导入 PSD、AI 格式文件的操作步骤相同。

五、Adobe Indesign CS5.0 页面调整

1. 页面调整

“页面”调整是版面设置中最重要的设置。通过“页面”调板可快速选取、移动、删除和复制文档页面。“页面”调板是页面控制最重要的工具，利用“页面”调板与调板菜单可以完成所有的页面设置。

（1）页面调板

执行“窗口”→“页面”菜单命令（快捷键 F2），即可弹出“页面”调板，如图 4－26 所示。

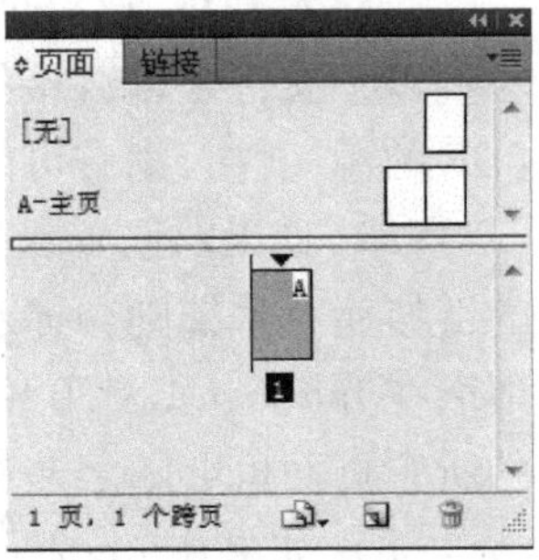

图 4－26　页面调板对话框

“页面”调板是页面设置最重要的工具，通过“页面”调板可完成绝大部分的页面操作，例如，快速选取目标页面、移动页面、添加或删除页面、应用主页和合并跨页等操作。

（2）页面与跨页

在“新建文档”对话框中选取“对页”选项时，文档页面将跨页显示。跨页就是两个以上的页面并排在一起显示。例如，在打开书籍或杂志时看到的两个连续页面。

（3）更改页面调板显示

①执行“页面”调板菜单中的“调板选项”命令，打开“调板选项”对话框，如图 4－27 所示。在该对话框中可以设置页面、主页图标大小以及“页面”调板显示模式和版面大小。

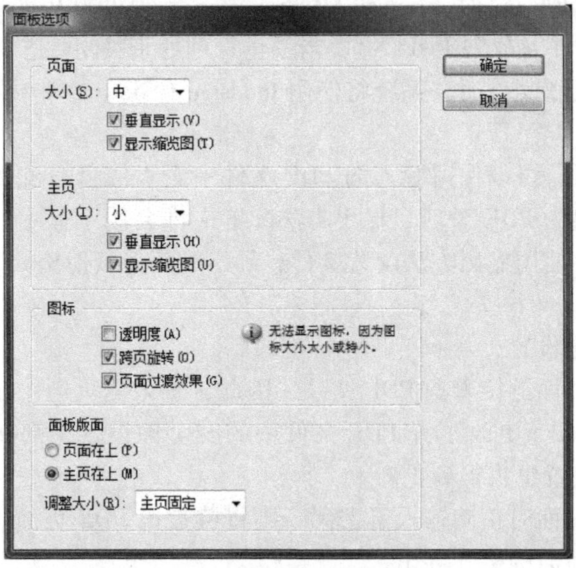

图 4－27　更改页面调板选项

②在“调板版面”选项区中选取“页面在上”项，页面图标将显示在主页图标之上，取消“页面”和“主页”图标“垂直显示”项，页面和主页图标将水平显示，如图 4－28 所示。

③若在“调板版面”选项区中的“调整大小”下拉列表中选择“按比例”项，则可以同时调整调板的“页面”和“主页”部分；选取“页面固定”项，将保持“页面”部分的大小不变而使“主页”部分增大；选取“主页固定”项，则保持“主页”部分的大小不变而使“页面”部分增大。

2. 版面设置

（1）选取页面

通过“页面”调板可以快速选择页面或跨页，或者定位页面或跨页。有些命令会影响当前选定的页面或跨页，而其他命令则影响目标页面或跨页。例如，可以仅将标尺参考线拖动到目标页面或跨页，但是与页面相关的命令（如“复制跨页”或“删除页面”），会影响“页面”调板中选定的页面或跨页。确定目标使得页面或跨页处于活动状态，例如，当文档窗口中有多个跨页可见，而您要将对象粘贴到特定跨页上时，确定目标很有用。

单击“页面”调板中的目标页面图标即可选取该页面，双击该页面图标则选取并将其作为当前窗口的显示页，如图 4－29 所示。

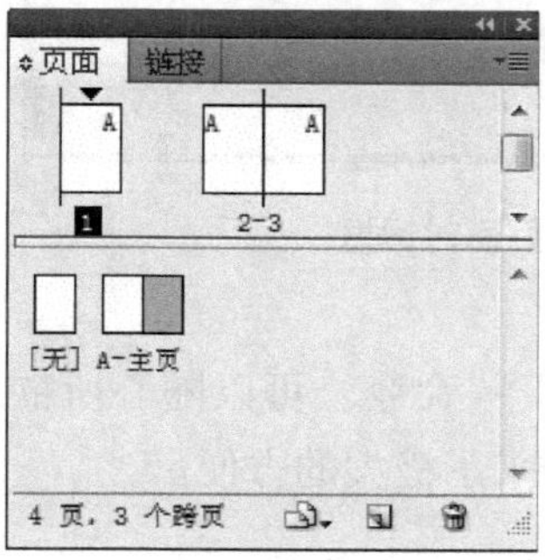

图 4－28　调板版面显示

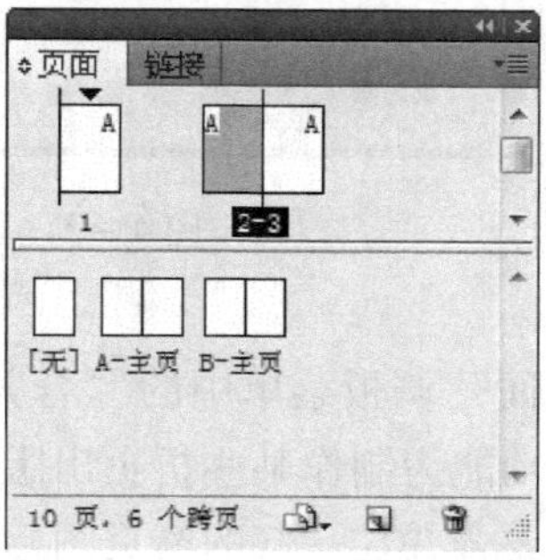

图4－29　当前窗口的显示页

在“页面”调板中单击跨页下的页码，或者在单击跨页中的第一个和最后一个页面图标时按 Shift 键选取跨页。

（2）移动页面

在“页面”调板中，直接用鼠标将目标页面图标拖动到文档中的新位置即可。在拖动时，竖条将指示当您释放该图标时页面将显示的位置。如果黑色的矩形或竖条接触到跨页，所拖动的页面将扩展该跨页；否则，文档页面将重新分布，以匹配“页面设置”对话框（执行“文件”→“页面设置”菜单命令）中的“对页”设置。

（3）添加新页面

通过“页面”调板可以在目标页面的前或后插入新页面。

①在当前显示页后添加新页面。直接单击“页面”调板中的“创建新页面”按钮，或执行“版面”→“页面”→“添加页面”菜单命令（快捷键 Shift＋Ctrl＋P）。新建的页面将与现有的活动页面应用同一主页。

②向文档末尾添加页面。执行“文件”→“页面设置”菜单命令，在弹出的“页面设

置”对话框中输入要添加的页数，单击“确定”按钮，如图 4－30 所示，Indesign CS5. 0 则会在最后一个页面或跨页后添加页面。

③添加页面并同时应用主页。执行“页面”调板菜单中的“插入页面”命令，或执行“版面”→“页面”→“插入页面”菜单命令，在弹出的“插入页面”对话框中设置添加页面的页数、位置和选择要应用的主页，如图 4－31 所示。

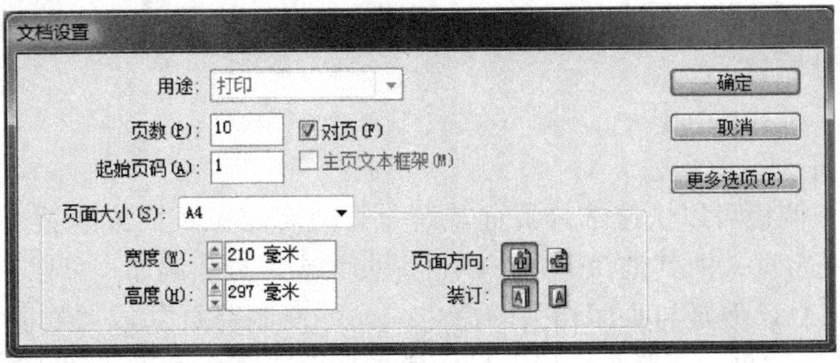

图 4－30　页面设置对话框

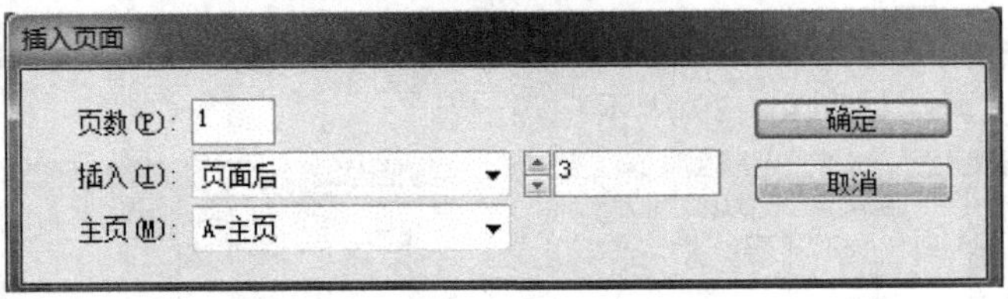

图 4－31　插入页面对话框

（4）合并跨页

通过选取“页面”调板菜单中的“合并跨页”命令，可以随心所欲地将目标页面合并在一起。合并跨页功能为制作某些折页出版物带来了极大的方便。

①首先选取需要合并在一起的跨页图标。

②执行“页面”调板菜单中的“合并跨页”命令。

③在“页面”调板中用鼠标直接将目标页面图标拖曳到一起即可。要对跨页进行合并，则需要拖动跨页页码。一个跨页中最多包括 10 个页面。

④选取合并跨页后的页面图标，再次执行“合并跨页”命令又可取消合并跨页。

（5）复制页面和跨页

Indesign CS5. 0 为用户提供了“鼠标拖曳”、“通过 Alt 键”和“通过菜单命令”3 种复制目标页面或跨页的方法。

①鼠标拖曳。在“页面”调板中直接将选取的页面或跨页图标拖曳到“创建新页面”按钮上，即可完成该页面或跨页的复制。

②通过 Alt 键。在“页面”调板中，按住 Alt 键，直接将选取的目标页面或跨页图标拖曳新位置即可。

③通过菜单命令。选取目标页面或跨页，执行“版面”→“页面”→“直接复制页面/直接复制跨页”菜单命令，或者执行“页面”调板菜单中的“复制页面”或“直接复制跨页”命令都可以复制页面或跨页。复制的页面或跨页将显示在文档的末尾。

(6) 删除页面或跨页

①通过删除按钮。在“页面”调板中选取目标页面图标，单击“删除选取页面”，或者直接将页面图标拖曳到按钮上即可。

②通过调板菜单。在“页面”调板中选取目标页面图标，执行“页面”调板菜单中的“删除页面”或“删除跨页”命令即可。

(7) 在文档间复制页面

除了可以在一个 Indesign CS5.0“页面”调板中复制页面或跨页外，还可以在两个 Indesign CS5.0 文档间复制页面或跨页。被复制过去的文档页面或跨页，其页面或跨页上的所有项目（包括主页对象）都将复制到新文档中。

打开两个文档，在“页面”调板中选取要复制的目标页面或跨页的图标，将图标拖曳到另一个文档的窗口中即可。被复制的文档页面或跨页将自动添加到文档页面的末尾。

3. 主页设置

主页类似于一个可以快速应用到许多页面的背景。主页上的对象将显示在所有应用该主页的页面上。在主页中用户一般只添加诸如：公司徽标、装饰图形、页码、页眉和页脚等需要重复出现在各个普通文档页面中的对象元素。

(1) 通过菜单创建主页

通过调板菜单可以新建主页，也可以创建基于某一主页（父主页）的主页（子主页）。对父主页所做的任何修改将自动反映到所有基于它的子主页中。

①执行“页面”调板菜单中的“新建主页”命令。

②在打开的“新建主页”对话框中设置所需的选项，如图 4-32 所示。

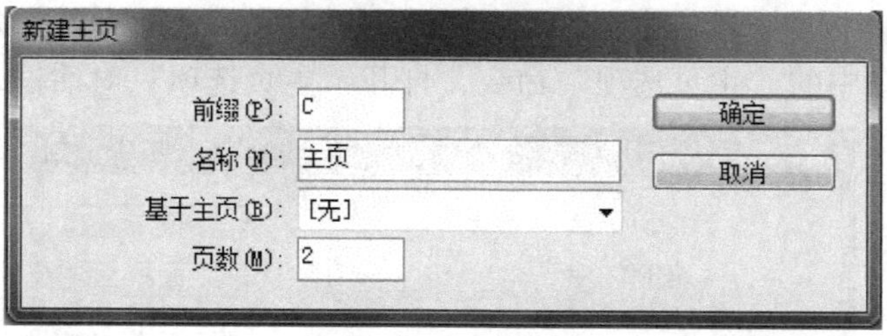

图 4-32 新建主页对话框

以下为“新建主页”对话框中各选项的简要说明。

(a) 前缀。输入将在“页面”调板中页面所应用的主页标识字符，最多可以键入 4 个字符。

(b) 名称。输入主页跨页的名称。

(c) 基于主页。在其下拉列表中选取以现有主页（父主页）为基准的子主页。基于父主页创建子主页的好处在于，可以利用父主页中的对象（例如徽标、页码）快速创建新的子主页，而不必在新主页中重复性地添加这些对象。

(d) 页数。输入作为主页跨页包含的页数（最多为 10 页）。

③单击“确定”按钮，即可在“页面”调板中创建新的主页。

(2) 将普通页面创建为主页

用户也可将普通页面创建为主页。在“页面”调板中，将目标页面或跨页图标直接拖曳到“主页”区域，即可将其创建为主页，该页面上的任何对象都将成为新主页的组成部分。如果页面已经应用了主页，则新主页将是基于该主页（父主页）的子主页。

（3）应用和取消应用主页

用户可以根据需要，将创建好的主页应用于单个页面、单个跨页、多个连续或不连续的页面。

①应用于单个页面。在“页面”调板中将主页图标拖曳到普通页面图标上，当黑色矩形围绕所需页面时，释放鼠标即可。

②应用于单个跨页。在“页面”调板中将主页图标拖曳到跨页的角点上，当黑色矩形围绕所需跨页中的所有页面时，释放鼠标即可。

③应用于多个页面。在“页面”调板中，选取多个目标页面，按 Alt 键并单击目标主页即可。另外，也可以执行“页面”调板菜单中的“将主页应用于页面”命令，在打开的“应用主页”对话框中选取一个主页，在“于页面”数值框中输入所需的页面范例（例如 2－3或 5－10），单击“确定”按钮即可。

④取消应用的主页。如果想取消页面所应用的主页，则在选取目标页面后，按住 Alt 键单击“页面”调板中“主页”区域中的“无”图标即可。如果仅是对目标页面做一些主页上的轻微修改，而又要保留主页中的其他对象，这时可以采用覆盖主页的方法来达到目的，而不必取消该主页的应用。

（4）重新编辑主页

如果用户想更改主页的前缀、名称，另外选取主页所基于的父主页或其页数，则可以通过“主页选项”对话框来完成。

①在“页面”调板中，单击主页区域左侧的主页名称，全选跨页主页。

②执行调板菜单中的“主页选项”命令，打开“主页选项”对话框，如图 4－33 所示。

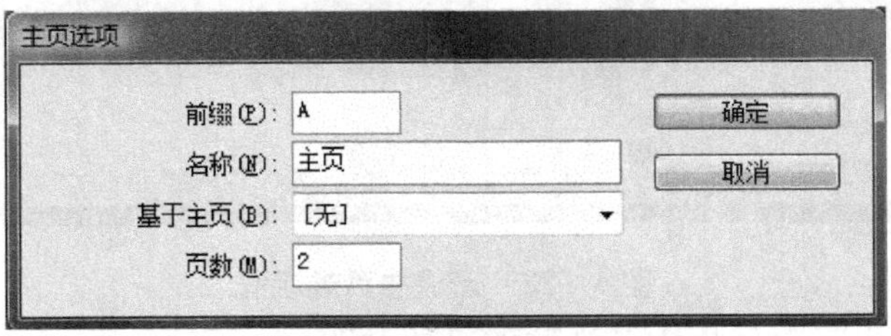

图 4－33　主页选项对话框

③在“主页选项”对话框中设置选项后，单击“确定”按钮。

（5）复制主页

复制主页与复制页面的方法相同，既可以将现有主页复制为另一新主页的基础，也可以在两个文档之间复制主页。当新文档包含具有与所复制的主页同名的主页时，所复制的主页将追加“复制”后缀。

①在一个文档中复制。在“页面”调板中，单击目标主页名称，并将其拖曳到调板中的“创建新页面”按钮上，或者执行调板菜单中的“直接复制主页跨页‘跨页名称’”即可。

②在两个文档间复制。打开两个要复制主页的文档，在“页面”调板中，将主页跨页

图标拖曳到另一个文档窗口中即可。

（6）删除主页

要删除主页，只需选取调板中的目标主页图标再单击“删除选取页面”按钮，或者将主页图标拖曳到该按钮上即可。另外，也可以执行调板菜单中的“删除主页跨页‘跨页名称’”命令。

（7）覆盖主页对象

在编排印刷出版物时，为了使某一页面（例如每章节的第一页）与其他页面有所区别，往往需要对该页面所应用的主页元素（例如装饰图形、页面边框、页眉线、页码页脚）稍做修改。为达到这个目的，用户可以不必为该页面重新创建主页或子主页，仅通过“覆盖主页对象”或“分离主页对象”功能即可。

覆盖主页对象就是在普通文档页面中直接对主页上的目标对象进行重新编辑（例如修改图形的颜色、更改边框线型等），无须断开它与主页间的链接，而该对象的某些没有被修改的属性（例如方向、大小）仍将随主页继续更新。

①覆盖单个主页对象。在文档页面中按 Ctrl + Shift 键，单击属于主页的任何对象，即可激活并重新编辑该对象。

②覆盖全部主页项目。如果想在页面中修改多个或全部主页上的对象，可通过“页面”调板选取目标页面后，执行调板菜单中的“覆盖全部主页项目”命令（快捷键为 Alt + Shift + Ctrl – L），即可在普通文档页面中对主页的所有对象进行修改。

第五章　数字图像的输出

数字打样是计算机直接制版过程中的一个关键环节。所谓数字打样，就是把数字印前系统制作的页面数据（RIP 数据），直接经彩色数字打样设备（喷墨、激光或其他方式）输出样张，以检查印前工序的图像页面质量，为印刷工序提供参照样张，也为用户提供可以签字付印的依据。

第一节　预飞（Preflight）

印刷前的预飞（Preflight）就是预检之意，其原意是在飞机起飞前，飞行员通过预检来测试各重要项目以保证不会因疏忽而导致飞机事故。移用到印前预检方面来，以保证 RIP 处理前所得到的电子文件的正确性和完整性，防止产生无谓的时间、材料及经济上的浪费和损失。

关于预检的一个更贴切的理解是在工作流程早期进行的质量控制检查，以预防印刷生产及完成加工时出现的问题。在印刷生产中，预检是为确保所有细节在生产前都已检查完毕。除字体不会产生变化以外，更有文件的完整性、格式的正确性，在 TIFF 档案中的色彩由 RGB 转换为 CMYK 有无遗漏或差误、专色的处理、出血的处理，是否正确等。预飞检查主要完成以下几点任务：补漏白检测；陷印处理、幼线陷印保护；幼线细字检测；分色确认，四色还是带专色处理；图片解像度检测；OPI 功能检测；页面尺寸检测。

一、预飞检查的步骤

预飞检查通常分三个步骤：

（1）建立目录。为页面建立与预飞捡查样本文件（也称配置文件）对应的目录，详细描述希望获得的结果，目录中标记了作业中所有页面的明显特征。

（2）设定标准。由用户规定一套判断准则，也可以由用户认可预飞检查应用软件设定的判断准则，并以此为根据对识别出的特征进行测试。预飞检查必须在确定的判断准则指引下才能进行下去，这种用于判断的准则被称为预飞检查约束条件。因此，正是约束条件给出预飞检查使用的准则，这些准则与特定的印刷工艺相关联，不能随意指定。

（3）报告结果。预飞检查软件向用户报告测试结果，明确表示当前页面描述文件是否通过测试，并列出对象特征与规定准则间的差异。

执行预飞检查操作得到的指令和结果由工作流程软件记录下来，通常按 Inventory（目录）、Profile（配置文件或样本文件）和 Analysis（分析）三个对象的继承关系实现。其中，

Inventory 继承关系记录第一步检查（作业细节目录检查）收集到的全部信息，包括数字工作流程软件不需要执行的操作；Profile 继承关系记录第二步检查产生的判断准则，这是对页面描述文档进行检查的依据；Analysis 继承关系与最后一步操作有关，将记录下执行对象特征试验的结果。

目前在印前领域已经有很多预飞解决方案，一般来说，通用工作流程软件都提供预飞检查功能，如印能捷、爱普生或汇智等流程软件，预飞检查都可以作为生产流程的节点之一完成。可是在实际的印刷市场中，很少有企业有能力购买这样的流程软件，但是预飞检查也是必须要进行的，所以某些印前软件就开始提供执行预飞检查的功能，比如 CorelDraw 10 和 Acrobat 6.0 以上的版本。另外还有独立的应用软件（如 Printools XT 2.1；SWiNG Normalizer 等），也有与其他软件一起使用的插件（如 Flightcheck；PdfInspektor 2；Preflight Pro；Certify PDF 1.0 等）也可以进行预飞检查，后面会做详细介绍。

二、预飞检测软件

目前在印前领域，已经有许多种预检解决方案，在此介绍其中几种比较流行的方案，其中有独立的应用软件，也有与其他软件一起使用的插件。

1. Printools XT 2.1

Badia 软件公司最近把它的用于 QuarkXPress 的 Printools XTension 升级到了 2.1 版。Printools XT 2.1 不仅向文件制作者提供一种交互式实时页面预览功能，预览到的印刷区域与印刷商标记的区域相一致，此外该软件还提供输出前预检工具，跟踪修改和编辑次数的功能。用户还可以对 Printools XT 2.1 进行设置，使它能够在文件输出前进行自动预检。该软件能够检测到诸如文件文本溢出、RGB 或低分辨率图像的使用等可能导致文件打样故障的问题。

2. PdfInspektor 2

Callas 软件公司最近发布了它的新一代 PDF 文件输出前预检工具软件 PdfInspektor2。该软件插件要与 Adobe Acrobat 4 或 5 一起使用，检查 PDF 文件的字符、图像、颜色和注解问题，并产生用户定制的 PDF 检验报告和预先定义的预检文件描述。

3. SWiNG Normalizer

SWiNG 组合的工作流程自动化和管理解决方案包括 5 个应用程序，其中 SWiNG Normalizer 不仅可以预检进入工作流中的文件，还根据格式需要生成新的文件，并把这些文件转发到别的工作流程中去或保存这些文档。用户可以利用 SWiNG Normalizer 的 InputFiles 功能把输入文档转化成待处理文档，并对进入流程中的文档如何接受检查进行定义。然后，该解决方案里的 PS 和 PDF 工具可以根据用户定义的参数对 PDF1.3 文档和 PS1、PS2、PS3 级别的文档进行输出前预检。该软件的这一功能可以生成预检信息和一个定制的无误文档，以便输出 PS、DCS2.0、PDF1.3 或 TIFF - IT/P1 格式的文档。

4. Preflight Pro

Extensis 产品集团公司的 Preflight Pro 插件支持以下几种主要的应用软件：QuarkXPress、Macromedia FreeHand、Multi - Ad Services 的 Creator2、Adobe Acrobat、Photoshop、Illustrator 等。Preflight Pro 可以根据客户定制并有密码保护的单个预检描述同时对多个文档进行输出

前预检。这种独特的插件可以生成预检报告，收集活件元素，更值得一提的是它的 Pilot 工具能够检测到文档的问题所在，并提供相应的解决方案，以便用户立即处理这些问题。

5. Certify PDF 1.0

Enfocus 软件公司最新的 Certify PDF 流程技术是专为 PDF 工作流程流水化作业设计的，这种技术还能够收集文档的变化和响应性，并保持原版文档和最后文档的一致性。Certify PDF 1.0 插件与 Adobe Acrobat 一起使用时，文档内容制作者可以根据服务提供商的预检描述对 PDF 文档进行输出前预检。Enfocus 公司的这种新工作流程插件适用于 PDF 文档的预检描述、预检结果和详细的文件变化记录等。

为了支持 Certify PDF，Enfocus 软件公司的生产线工作流程都是即时更新的版本，这些生产线包括 PitStop Professional、PitStop Server、PowerUp PDF 和 WebPerfect PDF。PitStop Professional 是一款功能强大的适用于 Adobe Acrobat 的 PDF 文档编辑解决方案软件，它具有文档自动改正和全面改变文档的功能，而 PitStop Server 则能够确保 PDF 文档预检过程自动化并能够修改多种 PDF 文档。该公司的 PowerUp PDF 和 WebPerfect PDF Acrobat 插件还可以协助文档内容创立者编辑和优化以印刷和网络两种方式输出的文档。还需要提到的是 Enfocus 公司的 DoubleCheck 这个文档输出前预检和收集工具，以及 Enfocus CheckUp 这个能够生成高质量 PDF 文档的 Adobe InDesign 插件。另外 Lantana 捆绑销售的两种软件（PDF PowerPack 和 PDF Essentials）则能够与 Enfocus 公司的 PitStop Professional PDF 输出前预检及编辑解决方案形成互补。

6. QC – native QuarkXPress XTension

除了检查 QuarkXPress 文档的完整性，GLUON 公司的 QC – native QuarkXPress XTension 还协助用户改正文档中发生冲突的因素。该公司宣称，QC 的 Proofreader 程序可以通过检测并标明诸如逗号前或一行开头有空格以及文本、图形框未对准等之类的问题。QC 还可以对文档的文本、颜色、图片、选项以及整个文档的错误进行输出前预检。QC 会向用户提供一份检测到的问题描述。当用户选定描述中的一个选项后，QC 会标明并加亮这个有问题的部分。

7. PSAlter PostScript

Microsft Windows 3.1、95、98、2000、2003 和 NT 用户可以运行 Quite 软件公司的 PSAlter PostScript 程序来预览、转换和预检 PS 文档。这个独立的解决方案详细提供所有 PS 文档检测信息，并为用户提供每个有问题部分的修正或忽略的方案。在 PS 文档调试状态下，PSAlter 会提供一份完整的预检结果报告。PSAlter 的 View Mode 还有助于用户在屏幕上预览 PS 文档，因为这个程序能够同时标明错误出现区域。

8. MarkzScout FlightCheck 和 FlightCheck Collect

Markzware 公司的专利输出前预检技术已经孕育出许多独立的桌面解决方案，这包括 MarkzScout FlightCheck 和 FlightCheck Collect。其中 MarkzScout 这种工作流程处理工具不仅可以根据 300 多种预先定义的规则和命令进行文档输出前的预检，还可以在用户定义标准基础上对文件进行分类。FlightCheck 则一向以拖曳式操作著称，它可以自动扫描、修改并收集在 QuarkXPress、PageMaker、Illustrator、Photoshop、Freehand 及 CorelDraw 等程序里生成的源文件文档。

FlightCheck 能够扫描出文档的 150 多种错误，而不要求文档创立用户另外执行预检和改正程序。FlightCheck 是专门为印刷商、服务提供商和出版商设计的，而 FlightCheck Collect 的设计则同时考虑到了文档创立者和设计者。FlightCheck Collect 检查文档，收集并压缩文档元素，其中包括对用户的 Ground Control 进行活件处理设置。

三、印前 PDF 预飞检查及应用

在现在大量新技术面前，印刷者只接受 PDF 文件。当印刷工作流程接受了各式各样的文件格式后首先对文件进行了 PDF 规范化，这其中就包括对规范化后的 PDF 文件进行进一步的预飞检查。由于 PDF 的生成器和接受器在印刷生产流程中与操作平台无关，PDF 文件格式能保留文件的字符、字体、版式、色彩等所有信息，同时它使用了工业标准的压缩算法，使文件容量小，易于快速存储、传输，具有软打样的功能，很容易预检。PDF 文件最常见的问题是字体没有嵌入、分辨率太低、没有出血以及用户使用的色彩空间不对等。为了保证印前、印刷全过程能顺利进行，PDF 作为一种固有的文件格式，进行预检是非常必要的。

1. PDF 预飞或编辑软件

现在，市面上流行的很多软件都能用于优化生成的 PDF，以及管理、检查和修改 PDF 文件。以下简单介绍几种可用于 PDF 预飞或编辑的软件。

（1）Adobe 的 Arobat 6.0 ~ 9.0 Professional。Acrobat Professional 预检能力的核心是放在 Callas 软件公司的 PdfInspektor2 中，连同 ICC 特性文件一起，提供了 PDF/X - 1a 和 PDF/X - 3 的生成和检验。同时，为了预检 PDF 中 400 多个标准，可预定义特性文件的设置（规则和条件）。用户可以定义新的特性文件，或通过增加、删除或编辑规则和条件，修改现有的任何一个特性文件，还可以建立连续的批处理，可以输入或输出特性文件。预检时，如果在一个文档优先级和所选特性文件中陈述的规则或条件发生冲突时，将它们列在预检结果中，并且有选择地报告出来。

PdfInspektor2 也提供一个快速浏览预检中识别出问题的详细情况列表。预检后，可以加一个确认图标，以通知印前服务人员和其他用户有关 PDF 文档的有效性。图标嵌入到预检特性文件和预检报告的结果中，并生成一个时间图标，允许用户查看预检时文件是否被改变。改进后的 Adobe Acrobat7.0 Professional 利用改进后的预检工具（现在支持微滴以实现自动化）检查 Adobe PDF 文件中的问题，并将预检报告作为批注进行共享。

当整合工作流程产品时，PdfInspektor2 也能产生基于 XML 格式的报告。当与 AutoPilot 一起使用时，能够自动使用 PdfInspektor2Auto。

Automation（自动化）也是 Callas 软件中处理/印前程序的名字，该程序为输出中心及印刷者提供一个基于服务器的常用文件夹系统，以自动监测和预检收到的 PDF，并将它们转换成 PDF/X 格式。

（2）Apago 的 PDF/X Check up3.0。PDF/X Check up3.0 是 Adobe Acrobat 的一个插件，用于生成、预检和自动编辑 PDF/X - 1a 和 PDF/X - 3 文件。版本 3.0 增加了几个新的功能，包括 PDF/X Plus 工作流程检查，并与 Acrobat 6.0 以及 MacOSX 兼容。

PDF/X Check up3.0 包括两个附加的插件：ImageAlter 和 BoxEditor。ImageAlter 允许用户修改分辨率、压缩图像和改变 PDF 文件的图像色彩。BoxEditor 是快速编辑 PDF/X 要求的出血和剪切框的插件，具有随时存储出版规格的一个库，当用户单击”Fix All”按钮时，Check up 自动修正大多数错误，以产生一个正确的 PDF/X 文件，它还加上了 PDF/X 标准要求的任何丢失的标签。此外，Check up 可以增加或修改输出意图，既可使用一个注册的名字，也可使用一个 ICC 特性文件，作为 PDF/X 所要求的标准。

Check up 的 Details 视窗列出了预检时所发现的所有错误或警告，并将完整的报告存储成一个文本文件。PDF/X Check up 能检测 TrueType 字体、JPEG 图像、专色、图像分辨率等。

（3）克里奥的 Synapse Prepare Pro2. 0。Synapse Prepare Pro2. 0 是一个生成和预检上游 PDF 的流程工具（目标面向高端用户），允许用户快速生成 PDF 文件，并与特定印刷环境的技术规格精确匹配。印刷机提供的这些产品规格是以“指令”的形式给出的，用户可从原来的应用程序如 QuarkXPress 和 AdobeInDesign，生成精确的 PDF 文件。

PDF 也可以包括预检信息，印刷机通过 Synapse Prepare Pro 运行其客户的 PDF 文件，进行预检并生成报告。这些报告叫做登录文件，列出了一般信息、错误和警告，以及字体、色彩、图像等。有些错误可以自动修正（如 RGB 转换成 CMYK），而有些错误则要求用户返回到原来的文件进行修改。

（4）Enfocus 的 Instant PDF2. 2、Status Check1. 2、PitStop Professional6. 0、PitStop Server3. 0 Enfocus 产品具有上游和下游的强大设置功能，提供了生成、预检、编辑准备打印等 PDF 所有阶段的说明，被称为通过认证的 PDF 工作流程（CertifiedPDF workflow）。认证的 PDF 遇到 PDF/X 或其他国内外标准时，强制执行被认证的预检特性文件。在 Enfocus 认证的工作流程内，PDF 生成过程可用立即执行的 PDF 启动，Adobe Acrobat 插件定义 Adobe AcrobatDistiller（例如遇到 PDF/XPlus 规格）内目标 PDF 的正确设置，使用在打印队列中被定义的 EnfocusPDF，生成立即执行预检的 PDF。如果发现错误，制作者返回到原来的文件，改正错误并重新发送到 PDF 的打印队列。StatusCheck 是 AdobeReader 和正版 Adobe Acrobat 两者的插件。StatusCheck 允许任何人检查一个文件被认证的 PDF 状态，广泛地用于预安装 PDF 标准特性文件，如 PDF/X－1a、PDF/XPlus 和 PDF/X－3，以及固有的 PDF 规格，如来自 GhentPDF Workgroup 成员的 PDF 特性文件。

一个更成熟的 PDF 工作流程包括 PitStop Professional，交互式传递预检和编辑。PitStop Professional 工具允许您检查并自动或手工校正 PDF 文件中最常见的 100 多个错误，使文本、图像、线条图、色彩和其他 PDF 属性发生变化。当预检 PDF 文件时，Enfocus CertifiedPDF 技术嵌入 PDF 特性文件、预检文件中的报告。当用户编辑时，可立即得到可视的反馈，可以跟踪所有的编辑和计时图标（timestamped），允许版本编辑和反转（rollback）。Enfocus 还提供了 PitStop 服务器，用于 PDF 的自动确认、预检和校正过程。Enfocus 还创建了 CertifiedPDF. net，这是一个联机的 PDF 规格资源。分配器可以加载有认证的特性文件和印刷客户的其他规格，供用户下载和安装，以确保根据用户的印刷要求来生成 PDF。

（5）Agfa Apogee PDF 工作流程的预飞检查。Apogee 流程的核心组件 PDF 文件生成工具 Apogee Create 拥有基于 Enfocus PitStop 技术的预检功能，它免除了耗时的预检工作，因为设计者可以根据印前工序的要求，预先设定预检文件，生成 PDF 文件时会按预检文件逐项检查，使 PDF 文件完全符合要求。

（6）印能捷 Connect 工作流程的预飞检查。印能捷 Connect 以 Adobe Extrem、PDF 及工作传票格式（JDF）为基础，通过工作流程处理计划和工作传票处理器就可高速自动完成页面预检查、PDF 规范化处理、色彩管理、陷印、真彩色打样、拼大版、版式打样、胶片或印版输出和档案管理的任务。规范化的目的是将输入文件转化成页面独立的 PDF 文件，然后进行一系列的页面预检，以监控源文件。

（7）方正畅流 ElecRoc 工作流程的预飞检查。北大方正在 E1ecRoc 系统中采用国际标准的 PDF 作为流程内部格式，采用 JDF 规范作为电子工作传票在整个流程中传递作业参数，对作业进行规范化处理、预飞检查等，真正实现了印刷作业的高效顺畅、自动化、可管理的生产流程，并将生产流程和管理信息系统连接起来。

2. Acrobat PDF 预飞检查及应用

PDF 规范化和预飞检查在整个印刷工作流程中起到了保证印前和印刷的一致性、完整性和正确性的作用，PDF 规范化使得现代印刷减少了因输入和输出间字体、图片格式、色彩空间的差别而引起的所见非所得，把整个印刷流程推向了一个更加流畅的高度，预飞检查则有效的减少了因输出的印刷品不能满足客户要求的小差异而重新返工的可能性，使得印刷流程实现了尽可能的所见即所得。

然而，由于以上软件大多不常见并且购买费用也足以让人咂舌，在国内使用情况有一定的限制。下面我们结合比较常用的 Adobe 公司的 Acrobat 软件和 Enfocus 公司的 Pitstop 进行预飞检查的说明。

（1）Acrobat 预飞检查

Acrobat 中的预飞检查，在 7.0、8.0、9.0 版本中，“Advanced（高级）”菜单下的“Preflight（印前检查）”，进入后的界面，如图 5－1 所示。点击 Profiles（配置文件）进入Profiles（配置文件）列表，其下有 5 个操作项，点击 Edit（编辑）可对预飞检查选用的Profiles（配置

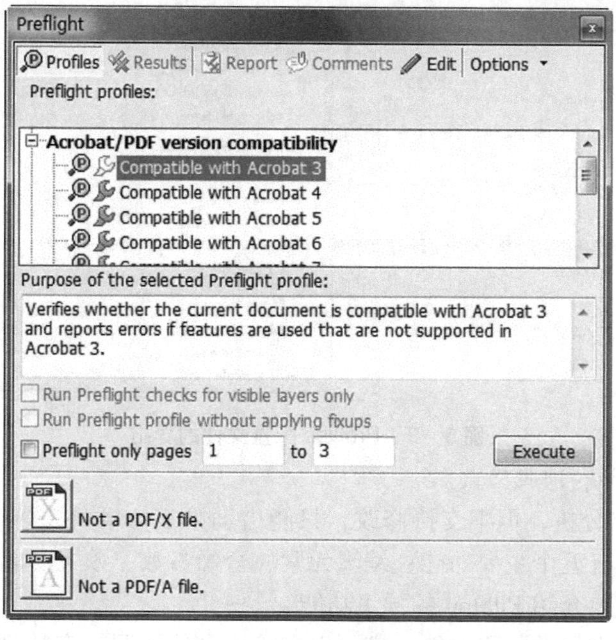

图 5－1　Acrobat Preflight 界面

文件）文件进行修改，如图 5－2 所示，也可以建立适合于自己的配置文件。这里的配置文件其实是由一系列条件组合而成。确定配置文件以后 Execute（执行）就可以检查打开的 PDF 文件，并生成检测报告。关于能够检测的项目，使用者需要考虑本公司的需要，并可以将自己制作的配置文件导出，如图 5－3 所示，在其他需要的地方导入，更为快捷实用。

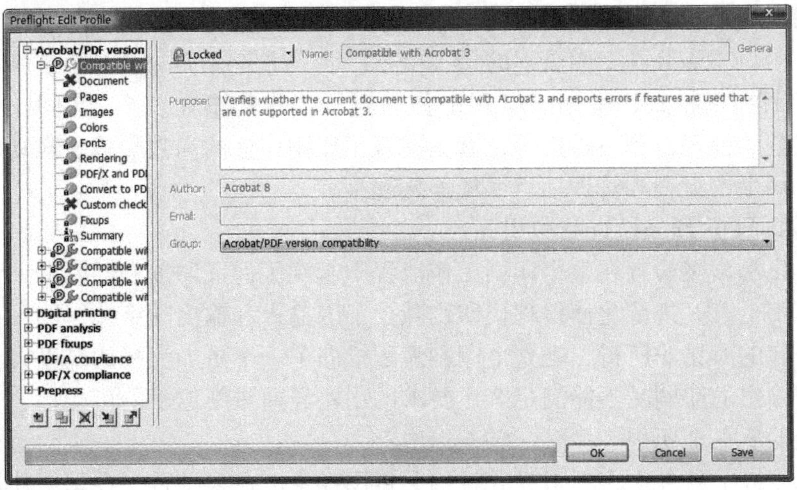

图 5－2　Preflight Edit Profile 界面

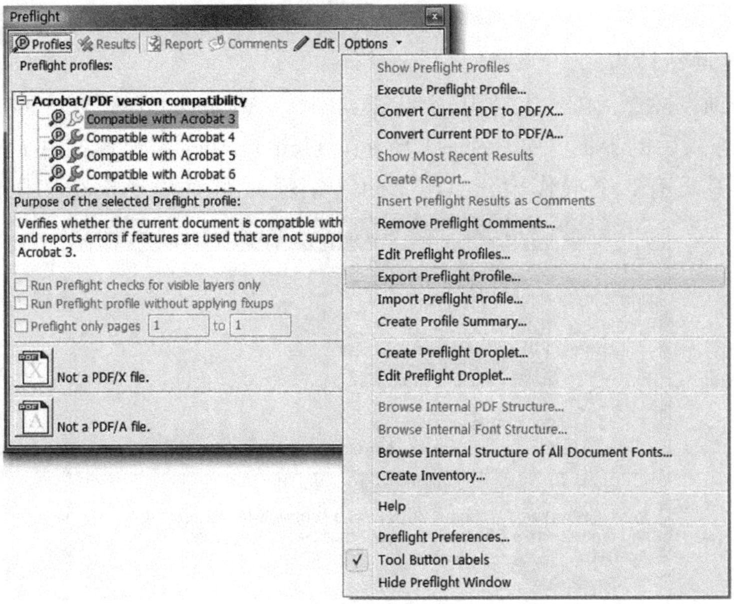

图 5－3　Profiles 配置文件的导出

（2）Enfocus PitStop 预飞检查

Acrobat 可以做出分析，但不支持修改，只能借助第三方插件来实现，比如目前广泛应用的 PitStop。PitStop 有五个主要功能：编辑元素、全局参数、预飞功能、自动操作功能、图像 ICC 控制。以下主要介绍 PitStop 的预飞功能。

PitStop 具有非常方便的预飞功能，它可以在输出之前按照一定的规则来检查 PDF 文件。

此规则（profile）可用户自定义。预飞之后将生成预飞报告，例如：传统印刷的 profile 色彩模式为 CMYK，所有字体都包含在其中，没有缺字现象；网上出版的 profile 色彩模式为 RGB，所有字体都包含在其中，没有缺字现象。

①预飞规则的管理。对页面进行预飞时必须要选择相应的预飞规则。预飞规则中包含有一系列的标准，标准的定义可由用户按实际生产需要来定义。它包括以下两点：定义它是否被检查；检查的结果如何在预飞报告中显示。另外还有些标准除了可以检查 PDF 页面，还可以改正错误。

图 5－4 所示为预飞规则的管理，分别为：创建新的预飞规则、编辑系统提供的预飞规则、删除预飞规则、导入预飞规则、导出预飞规则、预飞规则加密。

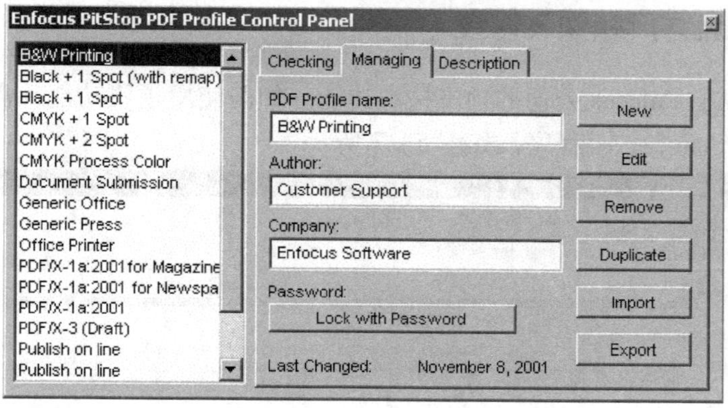

图 5－4　预飞规则控制面板及规则的管理

②预飞定制的内容（profile）。预飞定制的内容可分为：预飞内容、报告形式（信息，报错）、是否修改，如图 5－5 所示。

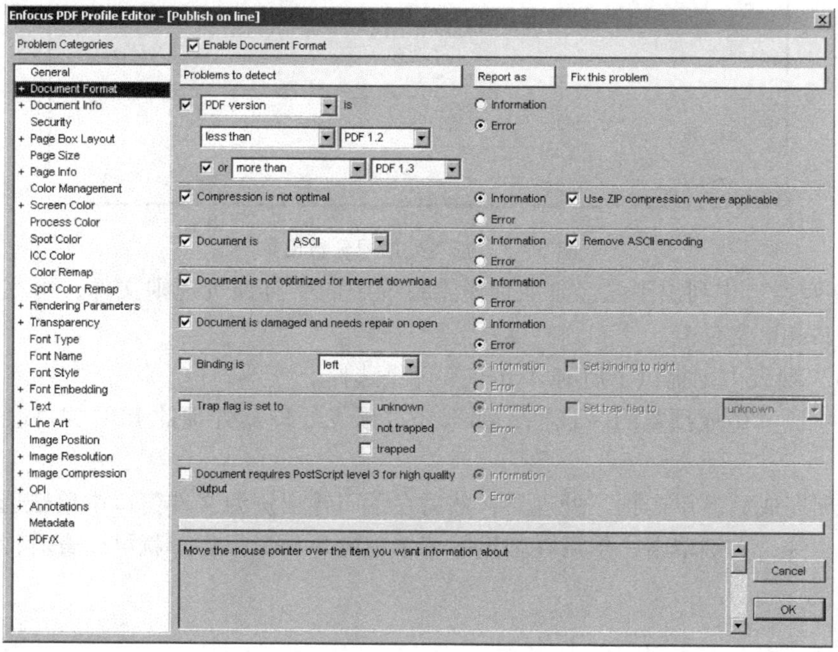

图 5－5　预飞定制内容

③预飞工具。使用预飞工具按照 pitstop pdf profile control panel（图 5 －4）中选中的 profile 作检查。预飞结果如图 5 －6 所示。

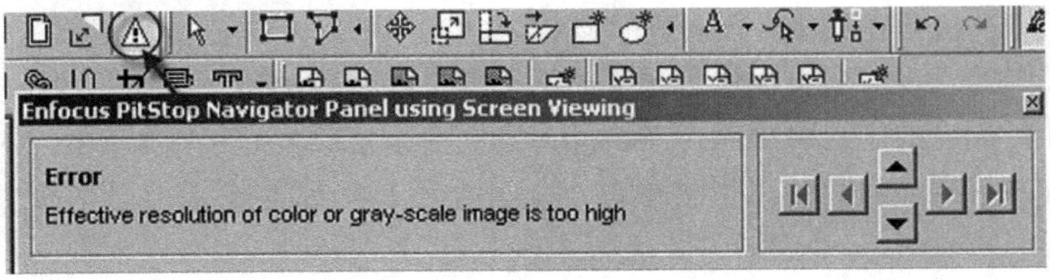

图 5 －6　预飞结果查看

四、方正畅流客户端预飞检查

方正畅流集成了 Enfocus 公司的预飞检查功能。如需使用预飞功能，需要在畅流服务器端安装 Enfocus PitStop Server 程序，如图 5 －7 所示。

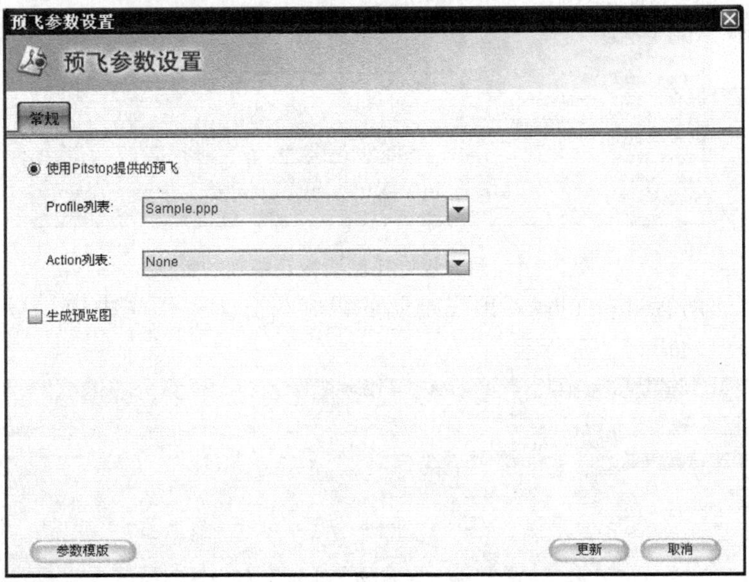

图 5 －7　预飞处理器参数设置

“Profile 列表” 中列出了已经添加到畅流系统中的所有预飞规则文件，可在下拉列表中选择所需的 Profile 文件。

“Action” 列表中则提供了所有 Action 文件供选择。

如果选中了 “生成预览图” 选框，那么经过预飞处理器处理的 PDF 文件会生成一个预览图。

预飞处理完成后，单击预飞处理器，然后在预飞输出资源文件窗口中单击选中一个经过预飞检查的文件，右键单击，然后在弹出的菜单中选择预飞报告，就可以查看针对该文件的预飞报告。

第二节　图像光栅处理器 RIP

RIP 全称是 Raster Image Processor（图像光栅处理器）。它是从数字化印前版面处理到数字打样或印版过程中必不可少的中间枢纽，关系到输出的质量和速度，甚至整个系统的运行环境，可以说是整个系统的核心。

一、RIP 的作用与地位

在 CTP 系统中，RIP 基本是输出印版前的最后一步。RIP 所处理描述印件的页面文件通常是 PS 文件或 PDF 文件。RIP 按照文件中元素的页面位置来描述影响页面的每个元素，包括文本、图像和图形。CTP 版面的输出需要通过以下几个主要处理环节：

图文输入→排版→转换 PostScript 文件→RIP→数字打样→校改→转换 PostScript 文件→RIP→输出印版

RIP 在 CTP 系统中的功能相当于一个电子“翻译”，其接收从计算机传送的数据信息（通常是标准 PostScript 语言描述的页面图文信息），将其“翻译”成输出设备所需要的光栅数据信息以备输出。RIP 具有控制输出设备和控制输出版面信息（如纸张或胶片的输出幅面大小，是否旋转版面，是否输出反字，是否要拆页输出，是否分色输出，输出版面的页数或份数等）的作用。

从发展历程来看，RIP 的最初作用只限于三个方面：

① 解释来自应用程序的页面描述语言（一般是 PostScript）；

② 在页面上生成一个对象的显示列表；

③ 将数据转化（栅格处理）为告诉输出装置如何放置网点的点阵图。

随着 RIP 技术的发展，RIP 的功能已扩展到补漏白、拼大版、预视、预检、加网、光栅化、成像处理等方面。有些 RIP 的功能还涉及印刷油墨数据，印后装订数据。最新的 RIP 已成为处理更多输出任务、执行多项输出功能的智能化输出中心。

RIP 的研制开发是在某一种计算机操作平台上进行的，RIP 的组成中必须包括微型计算机及操作系统软件。为了保护软件不被随意复制盗版，RIP 制造商对 RIP 的使用采取了加密措施，RIP 软件使用的加密手段包括软加密和硬加密。软加密就是在 RIP 软件的使用过程中，必须在通过某种密钥后才能运行 RIP 软件的加密措施；硬件加密就是使用硬件加密的方法，通常使用的是加密锁，计算机只有在安装了加密锁时才能运行 RIP 软件；有些功能强大的 RIP（比如方正世纪 RIP-PSPNT）采用了软、硬同时加密的办法，只有同时拥有密钥和加密锁后才能运行 RIP。RIP 的主要组成部分就是 RIP 软件，用于控制使用何种输出设备和如何输出印刷版面。PostScript 文件处理文字部分要使用字库，字库也必须安装在计算机中。

二、RIP 的技术指标

1. CTP 系统对 RIP 的要求

CTP 系统突破了原有照排工作流程的框框，集中体现了对 RIP 的多种高技术要求，归结如下：

①补漏白。RIP 与相应的补漏白软件配合一起，可解决彩色印刷中套色不准的问题。

②拼大版。绝大多数直接制版机的制版幅面都在对开以上，都须事先使用拼大版软件与 RIP 一起根据出版物排版及装订要求把单个页面组拼成书帖大版，这样在直接制版机制出整张印版后，才能装机印刷。

③最后一分钟修改。在工作中经常会出现在制作印版前需修改某一个出版页面内容的情况，为了避免再次 RIP 处理整张大版，现代的 RIP 允许只对这个页面做修改后的处理，而无须对同一张上已拼好大版的所有页面做重复的 RIP 处理。同样道理，在整张大版还缺少最后一个迟到的页面时，可先对其他各页做处理而不必等待此缺页，此页可待其余各页都处理完后，在最后时刻交换进来再做处理。

④RIP 一次，输出多次。CTP 系统由于不使用胶片，因此必须使用数字式印前打样。进行数字式印前打样与最后成品输出时，往往出现打样样张与最终成品不一致的情况，因此要求二者使用同一个 RIP。此时的 RIP 应具有“RIP 一次，输出多次”的功能，即经 RIP 处理后的同一数据，可同时供给印前打样与最后成品输出使用，并要求 RIP 能根据不同装置输出具有不同分辨率的数据，如把准备给最后成品输出装置的数据从高分辨率降低到打样装置所需的低分辨率。使用同一 RIP 的数据，就可以使打样样张准确地反映最终成品的情况，避免或减少偏色及出错的机会。输出到打样装置上的数据在打样时还可经有关软件做诸如边缘光滑等处理，以便及时地表现出最后成品的情况。

⑤广泛的设备支持能力。支持当地市场的主流输出设备，为用户配置系统提供更多的灵活性和选择余地，最大限度地利用系统所提供的功能。

⑥ RIP 与 CTP 系统整体解决方案无缝连接。支持数字打样系统、支持色彩管理系统、支持自动流程管理系统等。

⑦开发多功能 RIP。从低端黑白校样设备、彩色数字打样设备到高精度直接制版设备都能同时驱动，充分发挥 RIP 性能；同时保证系统内各种输出结果的高度一致性，减少出错概率。

⑧支持更加方便的人机界面和远程监控 RIP 能力。

⑨开发新的网点技术。用低分辨率输出高网线，节约输出时间。

我们选择的 RIP，将影响到从页面文件转换成实际输出的整个过程的每个方面，无论输出的是版材还是样张。然后，要考虑的一个关键因素就是在印前工作流程中，与彩色分色、色彩管理、陷印过程、OPI 交换和拼大版过程的相对关系上，RIP 过程放在哪里对系统的效率有很大的影响。

注意：无论输出的是版材还是样张，我们所选择的 RIP 将影响到从页面文件转换成实际输出的整个过程。而在彩色分色、色彩管理、陷印过程、OPI 交换和拼大版等印前工作流程中，RIP 过程选择在哪一环节对系统的效率有很大的影响。

2. RIP 的主要技术指标

RIP 是直接体现系统开放性的关键，它的主要技术指标有：

（1）支持 PostScript 版本

PostScript 页面描述语言已经成为印刷行业的通用语言，各种桌面系统应用软件都以此为标准，因此兼容性的好坏直接关系到 RIP 是否能解释各种软件制作的版面，输出中是否会出现错误。

当前的最新版本是 PostScript 3。PostScript 3 在 PostScript Level 2 基础上增补了以下内容：陷印（In－RIP Trapping）、渐变（Smooth Shading）、多种格式字体支持（Font）、增强的设备控制能力（Device Setup）等。符合 PostScript 3 的 RIP 将会对陷印、渐变以及高保真色彩提供直接的支持，增强了排版软件描述复杂版面的能力以及 RIP 输出复杂渐变版面的速度。PostScript 3 的出现，使得色彩的转变更加平滑，并有更好的阶调再现，同时可与最新的 PDF 版本结合在一起。

（2）支持可携带文档格式 PDF

支持 PDF 为核心的自动输出流程管理系统的最新 PDF3 版本，扩展了 PDF 文件的可编辑性并支持一些色彩管理以及像调频加网和高保真色彩这样的专业复制技术。另一个重要的改进是页面的独立性，即 PDF 文件中的每一页都可以当做一个独立的元素进行处理，简化了打印、网络传递和组版的过程。而且 PDF 使得栅格图像处理的效率更加高效，大大提高了印前生产系统的灵活性。与不得不将一个带有高分辨率图像的单一大幅面设计文件送到 RIP 中的方式不同，PDF 首先降低了文件的尺寸，然后再将它变成各自的页面元素。与以前相比，目前的工艺显得更具优势。

（3）加网质量

加网是 RIP 的重要功能，加网质量直接影响印刷品的质量，在制作彩色印刷品时非常重要。有些印刷品在某些颜色的层次上网点显得很粗糙，视觉效果不好，而在另一些层次上这种缺陷则不明显，这就是 RIP 加网算法造成的。加网有很多不同的算法，各 RIP 生产厂家都有自己的加网算法，如连诺海尔公司的 HQS 加网、爱克发公司的平衡加网、Adobe 公司的精确加网等。不同的算法会产生不同的效果，加网速度也有较大差别，生成的网点玫瑰斑形状也不一样，这主要是由于加网线数和加网角度以及网点形状的微小差别造成的。若要加网角度准确，加网线数接近预设数值，往往要花费很大的计算代价，解释速度也就相应降低。因此 RIP 的加网算法直接影响到图像的质量和输出的速度。

（4）支持网络打印功能

可以令用户使用非常方便，更重要的是，可以在不同的硬件平台之间使用，也就是现在常说的跨平台系统。

所谓网络打印方式是指将 RIP 设置成一台网络打印机，在各台工作站上可以按照选择网络打印机的方法来连接，由组版软件打印的数据直接通过网络送给 RIP 进行解释，然后送到输出设备输出。这种方式是最简单方便的输出方式，只要连接网络的工作站，都可以直接进行打印。这种输出方式的缺点是占用工作站的时间较长，可以采用后台打印的方式加快脱机速度。

（5）预览功能

可以用来检查解释后的版面情况，避免出现错误和减少浪费，因此现在大部分情况下都要先预览检查，预览功能也就成为了一项必不可少的功能。

（6）拼版功能

可以更有效地利用胶片和印版，提高工作效率。因为胶片及印版的宽度是固定的，而输出的版面却是千变万化的，实际中往往会遇到用很宽的胶片或印版来输出较小版面的情况，尤其是 CTP 系统更容易遇到这种情况，造成胶片或印版的浪费。而使用具有拼版输出功能的 RIP 就可以使这种问题迎刃而解。同时可根据出版物排版及装订要求把单个页面组拼成书帖大版。

（7）补漏白

RIP 与相应的补漏白软件配合一起，可解决彩色印刷中套色不准的问题。

（8）自动分色

（9）最后一分钟修改

有时在制作印版前仅需对某一个页面修改，为避免重新 RIP 处理整张大版，要求 RIP 只对这个页面做修改后的处理。

RIP 一次，输出多次（ROOM），即经 RIP 处理后的同一数据，可同时供给印前数字打样与最后成品输出使用，并要求 RIP 能根据不同情况输出不同分辨率，使印前数字打样与最后成品输出使用同一 RIP，保证打样样张与最终成品的一致。

（10）支持 OPI（Open Prepress Interface）

RIP 与 CTP 系统整体解决方案无缝连接。支持数字打样系统、色彩管理系统、自动流程管理系统等。支持当地市场的主流输出设备，为用户提供更多的配置系统的灵活性和选择余地，最大限度地利用系统所提供的功能，提供跨平台支持能力。不仅能够处理 MAC、PC 平台输出任务，同时可以接受来自 Unix 等其他平台的输出请求。

从低端黑白校样设备、彩色数字打样设备到高精度直接制版设备都能同时驱动，充分发挥 RIP 性能；同时保证系统内各种输出结果的高度一致性，减少出错机会。

（11）支持汉字

支持汉字是一个必要条件，目前的 RIP 已具有此项功能，但某些老系统的 RIP 可能还存在这样的困难。

三、RIP 的工作过程

RIP 的工作过程可分为文件数据输入（PostScript 或 PDF 描述的页面）、处理及输出。输出文件的处理受各种参数控制。RIP 系统的控制参数主要分为两大类，一类是影响 RIP 和所有输出文件运行的系统参数；另一类仅影响相应的输出文件，其包括输入插件和设备驱动程序的选择与设置，以及其他输出文件的相关参数，如加网、灰度转换、校色等，它们组成一个参数集，大部分参数都需在输出文件处理之前定义，称为参数模板。

1. 数据输入

RIP 接受文件数据有许多方法，为讨论方便下面先说明文件数据的产生过程。

RIP 接受的文件数据可以在 PageMaker、QuankXpress 或其他排版软件中生成。在 Mac 机上，在 Chooser 下选择 Laser Writer 驱动，并选择输出设备。其中 Laser Writer 是一个小软件，负责向输出设备传送数据，并生成 PostScript 数据。在 PC 机上，过程基本相同。选择 Printer RIP 接受，告诉操作系统排版软件中使用的是哪个版本的 PostScript 驱动，生成 PostScript 数据。有些软件如 Adobe Illustrator 将 PostScript 作为内部格式。这意味着它在输出文件时，不用转换，只是添加一些字体数据及设备参数，如加网线数等。大多数印前软件使用自己的内部数据格式，并将页面从内部格式转换成 PostScript 格式。这些由系统中的 PostScript 驱动来完成部分转换。办公软件如 MS Word 或 Excel 则完全依赖于 PostScript 驱动来生成 PostScript 数据。也就是说，在操作系统中，PostScript 驱动选择不当，会出现许多问题。

一旦生成 PostScript 数据，则需把它们传送到选定的设备。大多数 RIP 支持许多不同的传输协议。

①Apple Talk。RIP 在一个网络上可将自己当做一台激光打印机。在 Mac 机上，在 Chooser 中选择 RIP，并打印。这是最简便的方法，但最慢。

②TCP/IP。RIP 也支持标准 Unix 协议——LPR，或是 Helios 的数据流协议。也就是说，可以打印到一个 Helios Ether Share 打印机上，这个假脱机打印程序会使用快速的 TCP/IP 协议把文件数据传送到 RIP 中。

③Named Pipe。这是一个在不同软件间交换数据的 Microsoft 协议。它依赖于 TCP/IP 协议来传送数据。如果从一台 PC 上向 RIP 打印，则要用到此协议。

④Hotfolders。大多数软件 RIP 可以查找一些文件夹，并处理在其中发现的任何 PostScript 或 PDF 文件。将页面打印到硬盘上并将 PostScript 文件存到文件夹中。

另外，RIP 还支持一些其他的传输协议。PostScript 3 RIP 就支持一个称做 Web - ready printing 的系统。这可以通过因特网将文件传送到 RIP 上。而且一个激光打印机有网络设置，可有串口或并口两种连接方式。

一般来说，向 RIP 传输数据的方法越多，在工作流程中解释文件的能力越大。多种的输入、输出方法与 RIP 本身的性能同样重要。

2. 数据处理

RIP 接受 PostScript 文件或 PDF 文件后，并不是立即处理它们。

对于 PostScript 数据，RIP 从接受了第一个页面开始就可以处理数据；而对于 PDF 数据，由于文件构造方式不同，RIP 只有接受了 PDF 文件的全部页面后才能开始处理。

Adobe RIP 是将 PostScript 页面的内容先翻译成一种称为显示列表（Display List）的中间格式。显示列表格式是以最基本的机器语言来描述页面。它不同于毫米或点等单位，所有物体都以设备上的像素来显示。

所有这些数据不再是 TIFF、EPS 文件或字体。RIP 在页面内处理所有数据，如有必要，将它们转换为中间格式，并保存在源列表（Source List）中。以字体为例，如果在页面某处使用 20 点 Avant Garde 字体，RIP 将会使用字体的外框数据（Mac 机上称为打印字体）。根据输出的尺寸分辨率来计算每个字符，并把这些位图字符保存在一个字体缓存中。

RIP 会在内存中尽可能长时间保存显示列表和源列表，如果这些文件太大，RIP 将会把这些文件以交换文件的形式保存到硬盘上。包含许多扫描图片的文件，会生成大的源列表，而包含复杂的 Illustrator 绘画文件，则会生成大的显示列表。当然，RIP 访问硬盘比访问内存要慢得多。这也是为什么 RIP 的系统中有 1G 的内存。

一旦生成显示列表，RIP 就会把文件栅格化，并将位图文件送向输出设备。有些 RIP 生产商在这个过程中加了一个步骤，把显示列表先转换为它们自己的中间格式。例如，Scitex 公司使用 CT/LW 作为中间格式，并在照排机中添加了新硬件，来加速最后过程的栅格化。

有些 RIP 除了处理上述任务外，还可处理一些诸如陷印、拼版等其他任务。

3. 数据输出

栅格化处理过程是相当费时的，结果要输出一个巨大的文件。有些 RIP 会将这些数据分成小数据段，逐次输出到设备上；有些 RIP 则将整个位图文件保存在 RAM 或硬盘上，再输出到输出设备，这种中间存储被称为帧缓冲。所有激光打印机都是使用存储在 RAM 中的帧缓冲。所以，复杂页面在一个内存较小的打印机上输出时，会出现 PostScript 错误，这主要是因为没有足够的内存来存储中间格式数据和帧缓冲。

RIP 是采用数据段，还是采用帧缓冲，是由 RIP 所连接的输出设备及用户的工作流程所决定的。数据段是 RIP 与输出设备间传输数据最简单的方法。有些 RIP 不支持"即开即停"，也就是说，它们需要完整的文件数据，才能输出，中间不能被打断，这样的 RIP 系统就要采用帧缓冲。帧缓冲也可以加快输出过程，因为当 CTP 机输出印版时，RIP 可以连续处理其他文件。

RIP 与输出设备间的连接也相当重要。目前，许多生产商使用自己的协议及硬件来连接 RIP 及 CTP，Agfa 公司用类似 SCSI 的 APIS 协议，Scitex 公司则在 RIP 与输出设备间使用光学连接方法。除了报业市场外，还没有统一的标准。如果在 RIP 与输出设备间传输的文件数据不超过 100M 的话，则可以使用标准的网络连接方法，这种方法常用于绘图仪。

对于打印机及打样机来说，则可使用并口或串口连接。

四、常见的 RIP

1. Delta RIP

在海德堡印前系统中采用的是 Delta RIP，整个 Delta RIP 由 Delta 软件、Delta RIP Tower、Delta Workstation 等组成。Delta 技术最显著的特点是在解释和光栅化之间又引入一个被称为 Delta List 的中间格式。这种 Delta List 格式是开放的，可供其他 RIP 提供商制作 Delta List 文档；允许第三方开发者编写应用程序送入 Delta List 中完成，如补漏白、拼大版和彩色打样等工作；允许 Delta RIP 驱动非海德堡的输出装置。Delta 技术的另一个特点是"RIP 一次，输出多次"和实现边输出边 RIP。Delta RIP 可与 Linotype - Hell 专用的拼大版工作台 signastation、数字化打样以及服务器和数据库配合，满足数字化工作流程中多种要求。

2. 方正世纪 RIP（PSPNT）

方正世纪 RIP 是基于 Windows NT 的软件 RIP，它支持 PostScript Level 3 和 PDF1. 5 标准，包括 PDF 内置 ICC，128 位加密，JPEG2000 和索引，具有输出效率高的特点；内置有 10 种高品质网点形状，包括两种调频、一种凹印网形，适合各种印刷的需要，网点层次丰富，渐变平滑，支持有理加网和精确加网技术；开放性好，灵活的参数模板功能，可以针对不同的作业环境设置不同的参数模板，方便用户操作；支持多文种、多符号库和多种文件格式的输出；支持 ICC 国际标准和方正的预定义校色方案，并且可以灵活扩充，确保使用方正世纪 RIP 制作出的彩色印刷品具有的高档品质。RIP 过程中几乎不再需要临时文件，使复杂图形的处理尤其快捷。

第三节 数 字 打 样

印刷产品的色彩应该是精确的、一致的和可重复的。长期以来，印刷业打样作为控制色彩的一种重要手段，目的是确认印刷生产过程中的设置、处理和操作是否正确，为客户提供最终印刷的样品，也就是样张。根据不同的使用目的，样张主要分为用于客户签字同意正式印刷的合同样张和用于版式或内部校正及检查目的的版式样张。合同样张是客户验收最终印刷品的质量依据，要求视觉效果和质量必须与最终的印刷品完全一样，否则客户可以拒绝验收付款。版式样张主要用于拼版和版面的校正，以便对设置、处理和操作进行必要的修改，因此，并不要求在视觉效果和质量上与最终印刷品完全一样。因此打样不仅可以检查在设计、制作、印刷等过程中可能出现的错误，而且能为以后的印刷提供依据和标准。通过打样，可以避免各种错误的发生。

一、数字打样的原理与流程

1. 数字打样基本原理

数字打样是以数字出版印刷系统为基础，在出版印刷生产过程中按照出版印刷生产标准与规范处理好页面图文信息，不经过任何模拟处理方式，以数字方式直接输出彩色样稿的新型打样技术，即使用数字化原稿直接输出印刷样张。它通过数码方式采用大幅面打印机直接输出打样来替代传统的制胶片、晒版、打样等冗长的工序。

2. 数字打样工艺流程（图5－8）

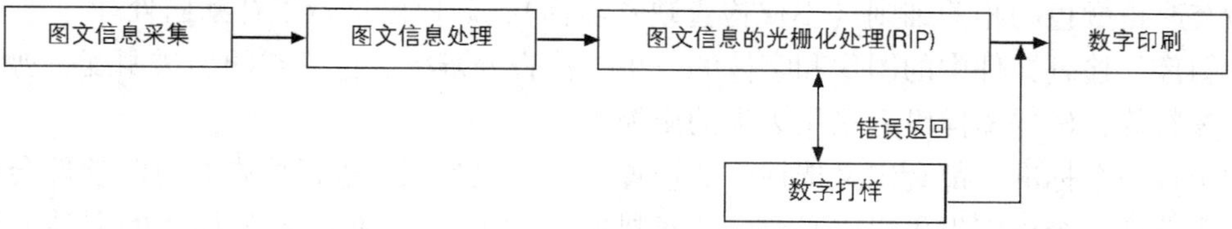

图5－8 数字打样工艺流程

3. 数字打样的特点

数字打样的优点主要体现在：

①打样采用全数字化工艺流程，还原性好，避免了传统打样中人为的不确定因素；

②打样速度快，节省时间，适合于短版印刷；

③中间环节少，减少了传统打样工艺流程中的晒版、出片等环节，迎合了绿色印刷的发展趋势；

④由于整个工艺流程全部采用数字化操作，所以使用方便，操作简易；

⑤可以实现远程数字打样，简捷实用。

数字打样的缺点主要体现在：

①现在数字打样设备缺乏统一的标准，使操作者和客户难以适从；

②由于部分数字打样采用调频网点，这种网点的操作技术比较复杂，对已习惯调幅网点

的业内人士还不大适应；

③数字打样的应用范围无法满足对烫金、烫银等专色打样的要求，而传统打样在这一点上就能够轻易解决；

④目前数字打样要求使用专用纸张，不但增加了印刷成本，而且对样张的可信度产生影响；

⑤数字打样的管理软件与印刷机、照排机等配套设备还存在不匹配的情况。

4. 数字打样与预检的内容

数字打样与预检的内容主要有以下 6 个方面：

①文件。使用相同版本和相同语言版本的软件非常重要，这样可避免返工。要检查所有的专业插件是否是现用的，检查所有标志、扫描图像、EPS 设计因素等是否和文件在一起，是否很清楚地被识别，是否都处于逻辑文件夹或目录里，传送的文件是否都是用一个版本设计的等。

②页面。检查页面尺寸、摆版方向、出血、打印区域、起始点及其他该引起注意的地方。

③印刷。文件的打印参数基于应用软件页面窗口的原始设置，这些参数包括分辨率、加网线数、输出质量、数据格式、套印和印刷标记设置、出血值。此外，要注意文件是要用普通四色印刷还是专色印刷，有没有放大或者缩小，是否已做了分色转换，是否做了补漏白，还要注意检查摆版方向和页面尺寸。

④字体。最大的问题还是在原文件字体的应用以及文件中字体作为图像的嵌入，是 True Type 字还是 PostScript 字，及所应用的设计方法能否确保字体被找到。

⑤颜色。主要检查文件中专色的应用、字体、背景填充、整体结构以及线条、段落规则。检查改正颜色的相关细则（不仅检查缺省名称），确保已进行了补漏白处理。

⑥图像。检查文件中的图像和字体的效果。检查分辨率、色彩空间、透明度、剪切路径和缩放参数等，确保图像没有采用丢失的压缩路径。

对于每一个标准，都会定义选择好的设置，并以此为依据进行检查。有时软件会自动修正错误或发送一个详细报告提供必要的改正措施。对于 PDF 和 PDF/X 格式的文件，将依据设置参数检查设置情况。所分配的工作将被精确备份并保存，以保证安全。如果工作文件遗失，用备份文件替代。当不知道原文件哪些丢失或过程中哪里有错时，精确的备份文件非常有用。

5. CTP 打样配置

在配置 CTP 打样设备时需考虑下列因素：

①幅面：打样样张的最大、最小尺寸；

②速度：打样样张所需的时间；

③色彩质量：色彩复制的保真度与色域；

④网目调：打样时是否需要模拟网目调网点的结构；

⑤承印材料：是纸张、纸板还是其他，以及每份打样样张的总成本；

⑥RIP：打样 RIP 是否与制版采用的 RIP 相同；

⑦客户认可：客户接受的打样方式；

⑧人员：熟悉相关数字打样系统的技术人员。

二、数字打样方法

数字打样按照接受数据类型方式的不同，可分为 RIP 前打样和 RIP 后打样。

1. RIP 前打样

所谓 RIP 前打样是指数字打样管理软件先接受 RIP 前的 PS、PDF、TIFF 等数据，再依靠数字打样系统的 RIP 来解释这些文件，也就是说设计制作完成后就立即打样。它是指数码打样 RIP 直接解释电子文件（一般为 PS 文件）在色彩管理的控制下，在打印机上打印样张的过程，其工作流程见图 5－9 所示。

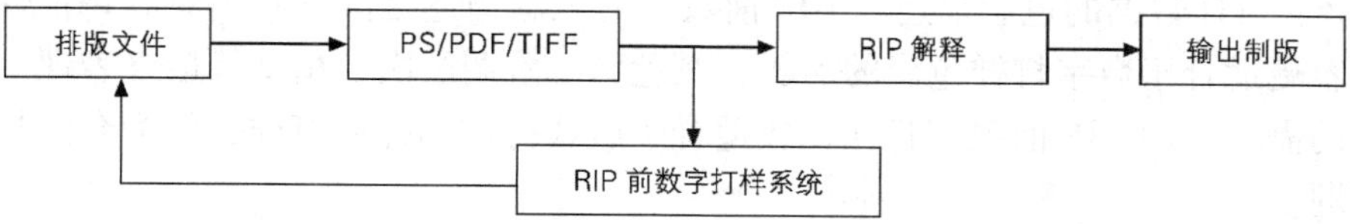

图 5－9　RIP 前数字打样流程

RIP 前打样具有下列特点：软件价格低廉、速度快、易于操作、应用技术相对成熟，对软、硬件要求都很低。

2. RIP 后打样

RIP 后打样是指数字打样管理软件直接接受其他系统 RIP 后的数据，将这些文件直接处理打样，它是指数字打样 RIP 对最终输出 RIP 后生成的 1bit TIFF 文件（即挂网后的 TIFF 文件）在色彩管理的控制下，输出与印品一致的打印样张的过程。其工作流程如图 5－10 所示，需将排版生成的 PS 文件通过 RIP 解释后才能打样。

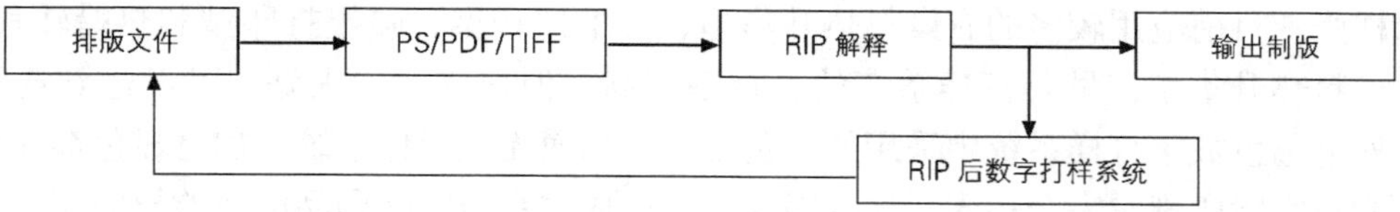

图 5－10　RIP 后数字打样流程

RIP 后数字打样技术是目前数字打样发展的主流，采用 RIP 后的数据进行数字打样的优点在于保证了打样数据同输出制版数据的一致性。RIP 后打样还可以反映排版、转换 PS 文件及 RIP 解释等工艺过程所出现的错误，也可以用来控制扫描分色参数的确定、印刷质量的控制，完全满足现有工艺的需求。同时 RIP 后的数据经过了光栅化处理，可以打印出同印刷调幅网更接近的真网点效果，在色彩、细微层次等方面表现得更加逼真，提高印刷质量和效率。

RIP 后打样的特点是：1 bit TIFF 文件包含输出版面的全部信息，包括文字、版式、图像、图形及印刷网点结构（网点线数、网点形状与角度）的所有信息，所以是最忠实于最终印刷效果的数字打样。但 RIP 后数字打样软件价格昂贵，需专业照排输出人员操作，工序多，需专业 RIP 解释后才能使用。而且 1 bit TIFF 文件数据量巨大，对软、硬件配置要求非常高，处理时间是 RIP 前打样的几倍甚至十几倍，实际生产效率相对较低，所以一般小型输出中心很少使用。

在实际生产中要求数字打样系统同时具有 RIP 前打样和 RIP 后打样功能，对 RIP 类型并没有限制，能真正接受不同 RIP 后的数据，还能发现印前的问题。RIP 前打样与 RIP 后打样的主要区别在于：

①RIP 前打样由于生成 PS 文件的环境、选用的 PDF、PS 生成的刊印设置等的不同，使得打样时的 PS 文件很难保证同输出印刷时的 PS 文件一致，同时，数字印刷时 RIP 解释 PS 文件过程同数字打样解释 PS 文件过程不一致，很容易造成数字打样的结果同印刷的结果不一致；

②RIP 前打样数据还没有光栅化，没有办法打出印刷调幅网效果，给印刷追样造成困难；

③RIP 后打样数据的色彩描述同 RIP 前数据的色彩描述之间存在差别，RIP 后色彩描述形式和内容更适合于数字打样色彩的需要，在色彩、阶调层次、精度等最终表现上更加符合印刷打样的需求。而 RIP 前数字打样比较适合于版式打样和样稿打样，作为合同打样，还存在一些问题。

三、数字打样系统

数字打样样张准确地与印刷呈色效果相匹配是对合同打样最基本的要求。合同数字打样系统可以分为三个档次，即高档的以热升华技术为基础的网目调数字打样系统、中等质量的喷墨数字打样系统以及以喷墨打印机为打印设备的普及型数字打样系统。

数字式彩色打样系统的输出模式分为软打样和硬打样，软打样用显示器，硬打样使用各种打印机。

硬拷贝输出模式直接输出彩色硬拷贝，也称为硬打样。一般采用数字式彩色硬拷贝技术制作出样张。目前应用较多的有染料热升华型、静电照相型、喷墨打印型和热蜡转移型等。特别是染料热升华型，虽其打样系统的分辨率不高，但样张质量很好，可以达到连续调效果。另外，彩色数字打样系统中采用的彩色硬拷贝均属无压成像系统，加之显色剂和承印材料也不能与实际印刷时完全相同，这些因素都是造成样张与实际印品存在差异的原因，不过这些问题都可通过印前图像处理技术加以补偿。软拷贝输出模式又称为软打样，即直接将彩色版面在显示屏上显示出来。这种输出模式具有高速、成本低的优点，但是显示屏显示是采用色光加色法原理，而实际印品则是靠色料减色法原理呈色，加之这两种最终的图像载体也相差较大，因此，软打样的样张很难做到与实际印品相一致，所以，这种输出模式主要作为内校使用。

数字打样系统由数字打样输出设备和数字打样软件两个部分组成，采用数字色彩管理与色彩控制技术达到高保真地将印刷色域同数字打样的色域一致。其中数字打样输出设备是指任何能够以数字方式输出的彩色打印机，数字打样控制软件是数字打样系统的核心与关键，主要包括 RF、色彩管理软件、拼大版软件等，完成页面的数字加网、页面的拼合、油墨色域与打印墨水色域的匹配，不同数字打样系统对纸张、油墨的要求也不同，因此就形成了不同的数字打样解决方案，包括打印服务器、色彩管理系统、打印机、油墨、纸张等。

1. 高档热升华数字打样系统

高档次的有以热升华技术为基础的网目调数字打样系统。这些系统能做到与印刷呈色效果很好地匹配，而且可以模拟常规调幅网点，有的还可以在印刷用的铜版纸上打样；但这些设备价格昂贵，而且耗材价格也较高，适合于印刷工价高且对质量要求高的场合，国内很少使用。

美国3M公司的Digital Matchprint和Kodak公司的Approval系统是两种最早提供网目调网点数字样张的产品。采用“抖动”或“随机连续调网屏”的方法来模拟网目调网点，但由于实际的印刷过程并不是采用这种方法，在行业内并不认可。

（1）Imation Rainbow

Imation Rainbow是第一台染料升华彩色桌面打样设备。Rainbow有2730、2740两种型号，Rainbow 2740最大印刷面积为460mm×310mm，包括出血线，还可以印刷出带有金属效果和白墨效果的样张。该打样机拥有优秀的校色软件系统RIP的4.0版本。

（2）Fuji FirstProof

Fuji FirstProof具有独特的模拟网点能力，它采用六边形的网点结构。富士公司的设备与其他的使用传统喷墨和染料热升华技术的设备有所不同，但在Fuji FirstProof中使用的有色层压金属膜与ColorArt系统中完全相同，且与传统层压样张原理相同。用这种方法得到与印刷品非常接近的样张，还可以根据客户颜色查询表来调整颜色。该设备通过在Mac机并用Harlequin RIP驱动，可在500g/m^2的涂布纸（包括金属）上进行双面打样。

2. Iris专业数字打样系统

柯达的Iris数字打样系统是一类中等质量的喷墨型数字打样设备，它是通过改变承印物上着墨点的密度来表现层次的。Iris连续调喷墨数字打样设备使用多色喷墨成像系统生成连续的、精细的墨滴流。纸张被固定在滚筒上，滚筒沿轴旋转，而喷墨成像系统则沿着滚筒长度方向由步进马达丝杠系统带动，最终生成连续调的图案。该系统生成的是连续调图像，表面分辨率可达到2400dpi。

通过给墨滴加电，利用高压电极来偏转，使得墨滴吸附在纸张上，或者传回导墨管中，从而形成图像点的有无。Iris的设备用控制墨滴的加电，控制不同区域的墨滴数量，达到控制不同区域的油墨密度。该系统生成的是连续调图像，表面分辨率可以达到2400 dpi。

柯达公司为印刷商和服务供应商提供Iris Print系列的连续调喷墨设备，作为完整的打样解决方案。这些设备或者和Brisque工作流程捆绑在一起，或者作为Macintosh的独立驱动设备。此外还包含配套的软件，确保整个打样过程的精度和色彩一致。

使用的色彩管理软件包括Iris Color Zone和Profile Wizard，前者的目的是确保每个Iris样张之间在不同时期的色彩稳定，而后者则利用格林达或爱色丽分光光度仪来生成不同的输入，显示和输出设备的ICC描述文件或设备链接描述文件。

Iris Print打样机还包括色彩校正软件，称为Color Zone。打样机可以自动地生成一个控制条，并用分光光度计测量其读数，然后，利用Color Zone将读数与标准数据进行对比，或通过Color Zone计算需要校正的数量，控制Iris打样机在标准的数据范围之内。这一过程能在几分钟的时间内返回打样机色彩与标准颜色之间的差别，在规范的条件下完成。

Profile Wizard是制作设备ICC描述文件的软件，它使用的是标准的色表（IT8/7，Kmart 450n等）。软件利用分光光度计读取印刷色表的数据，并将这些数据与参考值比较，计算出需要校正的差值。如果印刷条件发生了改变，如更换油墨或纸张，就需要利用Profile Wizard

重新制作或修改特性描述文件。

数字打样所带来的挑战之一就是其是否能复制印刷机所能复制的整个色域范围。对于 Iris Print系列，色域范围总是大于印刷机使用 CMYK 四色油墨所再现的色域范围。因此，这些连续调喷墨设备可以复制出印刷机可印的所有颜色。

对于那些超出四色印刷色域范围的应用来说，Iris 连续调喷墨设备也提供了相应的解决方案。尽管它不可能复制所有的 Pantone 专色（一些专色超出了系统的色域范围），但 Iris Print 设备具有模拟专色的能力，并可对特别专色进行测量生成专色库。设备的色域范围越大，意味着与直接将文件转换为 CMYK 相比，专色的复制更加精确。由此可以看出，连续调喷墨打样设备具有提供稳定的、可重复的和精确的与胶印机输出相匹配的能力。

Iris I Proof 是一种技术领先的描述文件向导套件和热敏半色打样工艺。已有描述文件向导的色彩管理系统仅仅是为生成打样机的输出描述文件而设计的，现在将它扩展成为描述文件向导套件的形式，用来产生 ICC 描述文件，并用于输入设备（扫描仪和数字相机）和彩色显示器。

Iris I Proof 是一套系统配置，由色彩校准软件 Color Zone（Mac 版）和佳能 BJC 8500 输出打印机组成。现在这种描述文件向导套件中增加了爱色丽的 DTP 41 光谱色度计。Iris I Proof 打印一张 A3 的样张只需要 13min，每小时可以在 500 ~ 1200 dpi 的分辨率下打印 8 张 A4 幅面的样张。Iris I Print 和 Iris 4Print 可以用同样的色彩管理软件驱动，以 300 dpi 或 600 dpi 的分辨率进行打印。先进的 Iris 加网技术使 Iris I Proof 的打样效果可与 Iris 连续喷墨打样机的专业效果媲美。Iris I Proof 也可以融入到专业的工作流程中，获得更精确的页面，实现文档散发和远程打样功能。

3. 杜邦彩色打样

杜邦克罗马林彩色数字打样系列包括克罗马林彩色工作站、数字克罗马林 AQ 和克罗马林 iGeneration。

（1）克罗马林彩色工作站

旧式的设计师打样软件经扩展升级后改名为彩色工作站。现在杜邦公司将它作为爱普生 5000 型、7000 型和 9000 型打印机的控制软件，它还可以驱动新的使用颜料油墨的 7500 型和 9500 型打印机。这种由百思特公司开发的软件使用杜邦克罗马林描述文件、杜邦打印控制条和杜邦高品质打印纸，使得打样的色调曲线与印刷效果呈线性匹配。

（2）数字克罗马林 AQ

数字克罗马林 AQ2 和 AQ4 分别是八开和四开的输出系统，设计分辨率为 300 dpi 或 600 dpi。AQ 系统的特性包括与 Pantone 认证的六色匹配、Heidelberg Delta 列表处理、PDF 1. 3 和 DCS 2 等。带有 PCC – RIP 的巴可包装系统和 Artworks Pack – flow 系统是包装领域中一种新的链接，数字克罗马林 AQ – GE 系统是经过色相扩展后的 AQ 系统，它提供了更大的可用色彩空间。

（3）数字克罗马林 iGeneration

克罗马林 iGeneration 是在速度和质量方面均堪称王牌的打样系统。IG – 2 和 IG – 4 分别是八开和四开的输出系统，它们有 8 个打印头，打印速度快了 30%。IG – 4 每小时可打印 16 张 A4 样张，IG – 2 每小时可以打印 14 张 A4 样张。IG 系统具有 CromaNet 功能，适用于包装印刷。通过在 Easy - Spint 覆膜机上对转印膜进行喷墨印刷，可以将图像转移到任何介质上去。Flexible White 薄膜也可以在 iGeneration 系统上成像，并可以把需要的地方做成白色。颜色编辑模块可以生成任何特殊的颜色。

4. Bestcolor 数字打样系统

德国 BEST 公司的 Bestcolor 操作简单，可以在几分钟内完成一次高品质的数字打样，快捷地融入各种各样的印刷制版流程，并且在不同独立的工作流程中起到颜色桥梁的作用。

Bestcolor 数字打样运用现在普遍使用的低成本、高质量的喷墨打印机在工作流程中实现高质量的数字打样。对于数字打样来说最重要的是，工作流程中的任一环节所生成的样张，都必须与最终印刷品完全一致，且任一环节间色彩的相互传递都必须保持紧密联系。除此以外，对于数字打样而言，可以保持始终如一的质量稳定是关键所在。Bestcolor 打印机的线性与线性校准功能，可在按需喷墨的打印机上得以实现。

（1）Bestcolor Proof

①ICC 色彩管理。Bestcolor 全面支持 ICC 色彩管理标准。只需选取 2 个相对应的 ICC 文件，就可用打印机模拟任何输出设备及各种印刷方式。

②多通道设计。可至多建立 15 个通道，这些通道独立设置以适用于不同纸张特性和打印条件。

③复合色或分色文档。无论喜欢复合色或分色的 PS 或 PDF 文档，都可方便、正确地计算输出。

④控制信号条。Bestcolor 可将一些常用的印刷参数通过控制条的方式打印出来，还可用自定义或系统自带信号条。

⑤裁剪。如果只想打印作业的某个局部，裁剪功能将方便地实现局部打印。此外，还可将大图按打印机的宽度分成几页打印。

⑥拼大版、多重拼贴。为了最佳使用纸张宽度，可将不同格式与大小的文件拼在一个版面上同时输出，这一功能可以把某一作业按所需次数在同面上多重拼贴，特别适合标签打印。

⑦备份、恢复。备份功能将把所有满意的设置保存下来。一旦系统出错，便可用此备份文件恢复所有设置，包含打印机参数性文件等。

⑧支持更多数据格式。目前支持 PostScript，EPS，PDF，TIFF，TIFF/IT，JPEG，Delta List 和 Scitex CT/LW，不久将会支持更多。

⑨打印机线性。打印机线性功能将校正打印机，让它始终处于最佳工作状态。无论更换喷头或墨盒，打印机色彩将一直处于标准化最佳状态。

⑩双面打印（Laser）。Bestcolor 支持打印机的双面打印单元，通过此功能双面打印将变得非常方便。

⑪超级优化的加网。这种加网方式将使打印机工作更稳定，色彩过渡及打印细节更出色。这种高精度的加网还可建立打印机线性文件。

⑫一边 RIP，一边打印。在 RIP 的同时进行打印，当 RIP 结束时作业样张也快打印结束。这将大大节省时间。

⑬预览。可在打印前先在电脑屏幕上检查作业正确与否。

（2）Best Designer Edition 和 Best Screen Proof

Best Designer Edition 和高端的 Best Screen Proof 是 Best 公司在 Bestcolor Proof 的基础上推出的两个客户端打样产品。

Best Designer Edition 以“ICC”为基础的彩色管理技术作为系统的核心，能使普通的用户只要通过 ICC 文件就能将印刷的色彩精确地复制出来。

Best Screen Proof 是一款以网点再现为目的而设计的产品，它可以通过直接接收 RIP 后的文件（1bit TIFF 文件），然后在这个已经 RIP 好的文件上进行色彩管理，使得最后打印出来的打样稿与印刷出来的印刷品，不仅色彩一样，就连网点情况都一致，包括印刷过程中将会出现的龟纹，以及网点扩大。Best Screen Proof 是一款同时具有精确色彩和真网点，并可以真正预示印刷结果的数字打样产品。

Bestcolor 远程打样产品，对控制和异地打样成品的色彩负责，并实现异地两个打样系统间的相互交流。通过 Bestcolor 将在两套数字打样设备间建立一个新的、可相互沟通的构架，以确保每个通过 Bestcolor 输出的打样稿都是正确的。

5. Black Magic 数字打样系统

澳大利亚 Serendipity 公司的 Black Magic 数字打样软件侧重于色彩管理。由于打印机墨水的色域空间远大于印刷油墨的色域空间，如何进行两个色域空间的转换，并且使打印机墨水的色域空间接近或匹配印刷油墨色域空间成为关键。Black Magic 软件可以采用密度计和分光光度仪相结合的方式控制色彩，很好地支持 ICC Profile。通过密度计确定打印机 CMYK 四色实地密度，以及单黑和三色灰平衡的密度，并使用替代色初步完成对打印机的调试。一般情况下，基本得到近似印刷的色彩。通过测量、制作和编辑打印机打印的 ICC 文件，来匹配印刷环境的 ICC 文件。这样，就可以保证打样系统的色彩效果。

Black Magic 拥有现今完善和成熟的真网点技术 RDT，即产生带有同于照排机、制版机 RIP 后输出网点的数字打样稿。该软件可以驱动打印机再现印刷常用的 150lpi、175lpi 的网点。采用模拟印刷调幅网点，能够精确地体现图像的细微层次，从视觉上保证与印刷品色彩的一致，能够让印刷机操作人员方便准确地印刷。

Black Magic 作为一个标志性产品，主要用于真正的 R. O. O. M（一次 RIP，多次输出）工作流程，接收 RIP 后（1 位）数据进行数字打样。

Black Magic 还侧重于对单个打印机或群组打印机的控制，这些控制不仅仅是如何驱动打印机打印头喷射出模拟印刷的调幅网点，而且这一套软件可以通过网络驱动多达八台打印机工作，同时对指定打印机进行指定工作任务的打印，也可以通过软件自动分配任务进行平衡打印。

Black Magic 支持专色和分色打印。在专色打印时，四色是通过网点来实现而专色就如同印刷一样打印成实地，真正模拟了印刷使用的专色样稿。

高效的数据传输和处理速度，使得 Black Magic 生产效率大幅度提高。如服务器主机采用双 CPU，PⅢ866，使用 hp5000 打印机，打印一幅大小为 550MB 的对开四色文件，软件处理和打印时间仅需要 6min。

①跨平台操作。RIP 后的数据有来自 Mac 机的，也有来自 PC 机的，Black Magic 通过传输协议可任意读取任何操作系统 RIP 后的数据。相对于不能直接读取 Mac 平台 RIP 数据的

软件来说，Black Magic 无疑具有更高的工作效率。

②网点质量好。与印刷调幅网既神似又形似，神似是指网点角度、网点线数与 RIP 数据完全相同；形似是指视觉效果更接近印刷品。Black Magic 打样网点不发虚，并且忠实再现印刷网点。

③同时驱动多台打印机。以一台 P4 3.0 的机器为例，除了第一张打样外只有计算机等打印机的状态，而且最快时打印队列可缓冲到 10 个以上，也就是说如果业务很多，完全可以加一台打印机处理这些缓冲的作业，效率提高的同时软件投资不变。现在一些打样公司已经开始考虑购买第二套打样系统，而 Black Magic 的服务器可以统一管理多台打样设备，在色彩一致性等方面要比单机分别控制的打印机质量好、效率高。

④多客户端操作。这一功能配合服务器使用效率会更高，RIP 与数字打样在同一台机器上运行，通过客户端实现两者同时操作。这与网屏的流程方式相似，用一台配置高的服务器取代多台单机，即可以实现极高的资源利用率。

⑤专色支持。Black Magic 的用户可在几分钟之内掌握专色的处理方法。由于专色支持数量不限，一次置入可以永久使用，因此没有烦琐的命名规则，无须每次更改设置，操作方便。在处理专色时，Black Magic 灵活、方便、准确，尤其适合包装打样的用户。

⑥陷印检查。Black Magic 具有独特的陷印检查功能。通过屏幕软打样可使陷印部分一目了然，无须打样成品就可以实现包装陷印检查。

⑦远程打样。Black Magic 可用一套软件实现异地打样，远程打样时 Black Magic 同样属于一次 RIP，远程打样的用户无须再准备 RIP。

⑧色彩参数的制定方法。Black Magic 具有 ICC 和替代色两种方法，ICC 更适合于商业印刷的用户，替代色则更倾向于报业印刷的用户。对于报业印刷的用户来讲，如果使用 ICC 的方法，报纸打样一旦印量少、墨色控制不好，就会被 ICC 作为标准确定下来，不标准的 ICC 数据会对以后的印刷产生不良影响。Black Magic 可以通过特有的专有替代色功能，通过采集印刷文件数据，用密度法方便、快捷地达到印刷要求。

6. 金豪 Color Express 数字打样系统

香港金豪公司的 Color Express 数字打样系统内置了 ICC 色彩管理系统，通过对大幅面喷墨打印机的 ICC 色彩特征文件的色域调整，使数字打样样张充分表现印刷油墨的色域空间。该系统具有以下显著特点。

①运行稳定可靠。由于 Color Express 是在出版界著名 Harlequm RIP 的基础上开发的，可以说它经过了十几年的实际工作考验，已相当完善，用户可以在百分百无故障的情况下使用 Color Express 进行打样。

②色彩精确。Color Express 是在灰平衡调整技术的基础上，再结合先进的 ICC 色彩管理技术，用它输出的样张色彩、层次等均和传统样张一致。

③开放的色彩管理技术。Color Express 不仅可以模拟标准的传统打样，还可以利用它模拟自己的印刷效果和其他印刷工艺的输出效果。

④支持专色输出。

⑤无限的功能扩展。Color Express 不仅可以单独使用，而且它还可以和金豪公司其他的产品一同使用，诸如拼版软件、折手软件。它和 Secure Proof 一同使用，可以实现“一次

RIP，多次输出”的功能，确保数字样张和印刷品最大限度地一致。

⑥多种网点可供选择。既可以用调频网输出，也可以用传统的调幅网点输出。

⑦超强的兼容性。Color Express 完全支持 PostScript Level 3，所以它可以输出众多的印前设计排版软件的结果。

⑧网络功能。支持网络打印和直接打印输出。

⑨支持多种字体格式。可以支持中英文的 PS 字体，CID 字体。TrueType 字体也可以下载输出。

⑩多种文件格式输出。Color Express 可以输出多种格式的文件，如 PS、EPS、PDF、TIFF、Delta List、1 bit TIFF。

⑪Color Express 具有对输出的文件进行拼版、连晒和分切（分块输出）的功能。

⑫支持包括 HP 和 EPSON、Canon 等众多厂家的输出设备。

7. ORIS Color Tuner 数字打样系统

德国 CGS 出版技术公司的 ORIS Color Tuner 数字打样及色彩管理系统基于 ICC Profile 色彩管理原理，ORIS Color Tuner 的色补正功能（CMYK 精密调整）可使喷墨的色彩再现最优化。与最新的喷墨打印机的 CMYK 的驱动程序相配合，可以对打印系统进一步优化更新。

系统具有以下特点：

①打印机的线性校正功能。将校正打印机让它始终处于最佳状态，无论更换打印头或者是墨盒，打印机打印的色彩始终处于标准化的最佳状态。

②ACM（自动配色功能）。根据 ICCPROME 和打印机的 Lab 值来进行配色。自动作成 ΔE（色差值）最小的色表。根据记录文件对打印机进行校准。

③色补正功能。可以用色补正功能对任意颜色进行补正。

④专色打样。印刷色与专色有不同的颜色值，将专色的颜色值由 Lab 模式转换为 CMYK 模式，这样就可以在同一样张上一次打印印刷色和专色，印刷色用其印刷色的色域，专色则不受限制，用全色域去打印。

⑤大幅面画面的分割打印功能（选择）。大幅面的画面需要用大型的打印机才能完整打印，应用此功能可以将大幅面画像分割成几块，分别用普通打印机来分割打印。

⑥支持多种数据格式。PDF1.3/1.4、PDF/X、PostScript、EPS、DCS1、DCS2、TIFF、JPEG、TIFF/IT-PI(CT/LW/HC)1 bitTIFF、ScirexHandshake CT/LW、Scitex NLW/NCT。

⑦具有高精度、高打印密度、高色彩还原性的的打印机、ORIS Color Tuner 专业版色彩管理软件及由软件开发商配套开发的墨水及纸张。适用于油墨特性较差、色彩还原要求较高的凹印行业和有高精度要求的胶印行业。

⑧大幅面、高打印质量配置的打印机、ORIS Color Toner 专业版色彩管理软件，使得打印量较大的胶印及广告领域的用户获得最高的性能价格比。

⑨不同幅面的打印机与 ORIS Color Toner 通用版，及 ORIS Color Toner 普通版色彩管理软件则为中小型设计、制作公司提供了经济实惠的数字方案。

8. 爱克发 Grand Sherpa 普及型数字喷墨打样系统

Grand Sherpa 的分辨率可达 1440dpi × 1440dpi、网点大小可变、最多可打八色。爱克发还在本系统里配置了改进的色彩管理软件、质量管理软件、流程整合软件等组件，以此提高整个系统的能力。

Grand Sherpa 采用了多种密度、按需喷墨、压电等技术。爱克发在该系统上配置了 6 个喷墨盒，包括 CMYK 四种颜色，以及淡青色和淡品红色。使用多种密度的油墨可以得到更好的油墨混合，更宽的呈色范围，因此可以比以往都精确地复制一些难以控制的颜色，比如鲜亮的色调。与 Pantone 专色系统和特殊的标志色系统的匹配率可达 85% 以上，此外在 Grand Sherpa 中还配置了两个额外的墨槽，可以用于高速版式的打样。

Grand Sherpa 是第一个能够精确对出现玫瑰斑形网点图案进行复制的喷墨系统。Grand Sherpa 可以进行两种分辨率的打样：1440dpi × 1440dpi、720dpi × 720dpi，在快速的版式打样中可以使用 360dpi × 360dpi 的分辨率。在对 33in × 47in（A_0）幅面以 360dpi 的分辨率进行版式打样时，速度为 2min。精确的承印物传递确保了套准的准确度，对喷墨头进行调解可以适应厚度为 0. 1 ~ 2. 2mm 的承印物。

爱克发的 Color Tune 色彩管理软件采用一种特殊的绘图算法，匹配不同呈色范围的印品，如报刊印刷、商业印刷等。可以定制客户特有设备的特性描述文件，保证难于控制的非彩色的精确复制。色彩管理是在存有 Pantone 色库和用户自定义色库的 RIP 中实现的。

爱克发的质量管理系统是一种与分光光度计串联使用的软件，因此流程内的所有 Sherpa 打样都可以得到相同的色调。该软件可以检测一台 Sherpa 在一段时间内的稳定性，或不同地点的多台 Sherpa 打样机的稳定性。

在打样机的 RIP 上运用 Open Access，可以轻松地将 Sherpa 与非爱克发的其他流程整合在一起。它可以接受任何一种文件格式，包括：海德堡的 Delta List，赛天使的 CT/LW，Harlequin 的 Script Works 位图。色彩管理特性描述文件被用于打样机 RIP 中，确保签样样张的颜色精确度。

四、数字打样质量控制

随着印刷技术的进步，尤其是 CTP 技术的兴起和发展，数字打样在短短十几年内取得飞速发展，就目前国内的状况来讲，多数企业面临的局面仍然是一边在用数字打样机，一边问题连连不断。例如，打样结果无法再现原稿暗调层次，无法正常反应印刷机色域特征；印刷追不上打样效果，严重偏色等。最终的结果多半是浪费印版或纸张，返回到印前环节去修改原稿，然后整个过程再重新来过，造成极大的人力和物力损失。

1. 设定数字打样工作环境

稳定的色彩是保证打样质量稳定的关键因素。然而，随着生产环境（温度、湿度）的变化、数字打样耗材（纸张、墨水）的不同批次的改变、数字打样设备的磨损等都会引起色彩的变化。为了保证数字打样的色彩稳定，要设定数字打样生产环境的温湿度和光源环境。要求数字打样生产环境的温度为（23 ± 2）℃，相对湿度为（50 ± 10）%，并采用标准光源。

2. 优化数字打样系统和固定耗材进货渠道

对于喷墨打印机来说，打印头的性能好坏直接影响数字打样的输出效果。打印头能够达到的打印精度决定数字打样的输出精度。打印机的横向精度是由打印头的结构状况所决定的，纵向精度受步进电机影响，如果走纸不好，会对打印精度造成影响，必要时需要校正打印头。此外，生产过程中如果打印头出现堵塞时，样张上就会出现断线现象，因此应经常清洗打印头。

打印墨水对打样色彩的还原起到决定性作用，如喷墨打印机的墨水有颜料型和染料型两种。颜料型墨水不易退色，其墨水原色同印刷油墨更加接近，但光源环境对样张色彩影响更加明显。染料型墨水成本较低，且对打样的纸张适用范围更广。

数字打样所用纸张一般为仿铜版打印纸。一方面，它同印刷用铜版纸具有相似的色彩表现力，更易达到同印刷色彩一致的效果；另一方面，仿铜版表面有适合打印墨水的涂层，涂层的好坏将决定样张在色彩和精度等方面的表现，同时打样纸张的吸墨性和挺度也会影响打样质量。

总的来说，打印系统和打印质量的稳定性是任何一个数字打样用户追求的目标，为了确保数字打印系统的正常和平稳工作，必须确保以下几点：

①确保数字打样所用的计算机“专机专用”，不要安装与数字打样无关的任何软件。为了确保系统的稳定性，每隔两周要对 Windows 系统进行安全补丁检查以及杀毒软件病毒库的更新。打样机更要做到“专机专用”，不能用于非数字打样的用途，建议为版式打样和色彩打样各自指定专门的打印机。

②为了确保数字打样的颜色标准性和高精度输出，在调试数字打样时都是用“单向”的打印模式。同样，调试完成后都是要用“单向”的打印模式进行生产，不能为了加快生产效率而使用“双向”的打印模式。

③制作印刷 profile 时，要针对特定的印刷机、特定的印刷纸张和油墨进行，命名的时候要写上机型，以便调用时区分。印刷机型、纸张或者油墨参数一旦改变，印刷 profile 必须重新制作。

④打样时尽量采用原装的打印油墨和专用的打印纸，以保证打样机的色域比印刷机的色域大，此为实施色彩管理的保证。我们是先将打印色域去匹配印刷色域，然后实际印刷生产时再反过来用印刷追打样样张。即先完成色彩管理中的正向匹配标定打样系统，再进行逆向匹配追样。

⑤采用具有校准功能的数字打样软件，并规定每周做一次色彩校准，每天做一次色彩检验，校准和校验。

⑥确保颜色测量方法的准确。首先测量仪器要校准，其次测量方法要正确。比如用 EFI Spectrometer ES－1000 进行测量时，我们必须根据系统提示进行校准，样张下面最好垫上干净的厚白纸以阻挡复杂的背景光通过，测量速度要均匀，力度大小要合适，避免刮伤色块。测量后的样张要有数据记录和标注，以免以后调用和比较时混淆。建议命名时标上标版用途以及打印时间。

3. 控制图像质量

（1）输出分辨率的控制

数字打样的分辨率有着双重的控制标准，既要达到一定的输出精度要求，真实地还原图像，又要求满足印刷输出的精度要求。在打印设备和耗材满足基本精度要求的情况下，要实现数字打样与印刷的精度匹配，必须通过数字打样软件采用相关的加网技术来完成。数字打样分辨率的控制比较简单，只要选择合适的打样控制软件、打样设备和介质就能满足打样的要求。

（2）阶调再现性的控制

控制数字打样阶调传递的第一步是要确定数字打样输出的密度范围，即墨水和纸张相互配合所能够表现的密度范围。可通过数字打样软件控制打印机的最大给墨量，确定 CMYK 四个信道的最大密度及双色、三色和四色叠加的最大密度。打样最大密度确定了，整个打样输出的阶调密度再现范围也就确定了。

再在此基础上控制调整打样输出图像对原稿各阶调的再现效果，包括灰层次数的确定、对图像高、中、低调的压缩拉伸等处理，以及灰平衡控制等。阶调的传递主要包含以下几方面的内容。

①满足阶调的连续变化

打样输出图像的明暗变化是依靠密度由低到高的变化来体现的，打印输出设备和打样加网方式决定了打样密度变化的灰阶级数，灰阶级数是满足阶调连续变化的前提条件，灰阶级数达到一定数量时，人眼观察的结果就呈现连续调效果。

在灰阶级数满足条件后，还要求由网目调网点的“等效密度”与连续变化图像密度间的等价。在单位面积里，网点面积的大小决定了网点覆盖率的多少。在印刷过程中，由于油墨传递方式的限制，不管网点面积大小，油墨的密度都是相同的（理论上应该等于实地密度）。除实地之外，还有网目调区域的两种特殊密度区：一种是油墨的高密度区；另一种是空白的低密度区，这两种密度差距很大。空白与着墨点的平均密度就是等效密度。网目调图像中，网点的覆盖率理论上在 0 ~ 100% 之间变化，一旦把网点密度变为等效密度后，对应原稿的连续变化密度，复制的网目调的等效密度也会产生连续变化的感觉。数字打样网点覆盖率随阶调的变换而变化是复制品阶调变化的基本条件。

在讨论网点的积分密度时，还应该考虑纸张的表面情况和加网方式对积分密度的影响。

②忠实还原原稿的阶调层次

理想的阶调复制是原稿图像传递到样张时，阶调层次完全再现。由于原稿的密度范围不是统一的，原稿的阶调分布也是千变万化的，因此在阶调复制时需要对亮调、中间调和暗调的分布作压缩、拉升等处理，保证数字打样样张很好地再现原稿的阶调层次。

③打样系统的色彩平衡

不同颜色的打印墨水的化学成分是不同的，因此各个通道的输出特性不一致。除满足 CMYK 四个独立通道的阶调传递要求外，还必须考虑几个通道合成彩色时的色彩平衡关系和整体阶调层次的体现。每个通道对不同特点的图像层次再现有不同程度的影响，如蓝通道的阶调变化对人物肤色的影响最为明显。在做打样系统的线性化时，必须进行整体的色彩平衡和阶调校正，使灰平衡关系达到数字打样的要求。

（3）颜色再现的控制

色彩的传递建立在阶调传递的基础上，但由于数字打样的工艺原理和使用的墨水、纸张同印刷是不同的，因此还需要对数字打样的色彩传递做进一步控制。数字打样的目的是为印刷提供标准，必须对用户实际生产工艺特点进行数据化分析，然后以这些数据为基础，使数字打样系统达到打样同印刷相匹配的要求。数字打样系统在完成自身的基本校正后，打印色域与印刷色域还不能达到一致，需要通过色彩转换引擎（PCS）的转换将打印的色域映射到印刷的色域内，实现数字打样色彩同印刷色彩匹配。首先，要采集印刷工艺数据生成印刷特性文件，同时，分析打样系统自身的特点，生成打样系统的特性文件，然后通过 PCS 完成色彩匹配。

数字打样软件的转换引擎在进行 PCS 色度空间转换时，必须依照国际 ICC 标准委员会规定的 D_{50}标准白点。但众所周知，数字打样各种墨水的光谱特性不同，而印刷的油墨也有不同的光谱特性，同时测量仪器的标准光源和光谱采集的分析计算等存在一系列差别，因此要求在采集印刷和数字打样的特性数据时要满足一定的条件并做出不同的设置。

五、数字打样色彩管理软件

数字打样技术的发展产生了许多控制数字打样质量的打样与色彩管理软件。

（1）EFI Colorproof XF 数字打样系统

EFI Colorproof XF 数字打样系统采用 Best 技术将 EFI 最新的色彩技术和基于工业标准的现有硬件集于一身，在扩展网络功能的同时又包括了多个可以不同方式连接在一起的组件，从而满足客户基本或扩展配置的要求。这种模块化使终端用户更加灵活，帮助用户定制适合于个人校样需求的解决方案，并根据扩展需要添加更多的功能。它适用于报业出版商、广告公司、印刷制版及摄影工作者。

（2）GMG 公司的彩色打样和色彩管理系列软件

①GMG ColorProof 彩色打样软件。GMG ColorProof 彩色打样软件具备独立的 RIP 技术，强大的打印机校准功能、精确的色彩再现、无限量的专色处理、自动的循环校色，并且支持多台打印机同时输出，其在单黑、专色和真网点打样方面更有非常出色的性能。

②GMG FileOut 色彩管理软件。GMG FileOut 色彩管理软件可以进行 CMYK 色彩管理，实现不同印刷色域空间的转换，如由胶印到凹印、平印到轮转，使四维色彩管理保证得到一致的色彩，是对印刷机适印性的改善。

③GMG DotProof 网点打样软件。GMG DotProof 网点打样软件涵盖了 ColorProof 的所有功能，精确的色彩再现和网点增益的自动计算，真实还原高达 200lpi 的网点打样，直接加载 CTF、CTP 的补偿曲线，自动检查网点、网线信息，实现无限量的专色处理。全开放的平台可实现与众多流程的集成。

④GMG FlexoProof 柔性版印刷打样软件。GMG FlexoProof 柔性版印刷打样软件支持 1 bit Tiff文件，支持所有标准的专色系统（HKS 或 Pantone），可以实现专色叠印、高保真 Hexachrome 模拟，模拟纸纹、套印的效果，可以满足特殊的柔性版印刷和包装印刷的生产需求。

（3）爱色丽公司的色彩管理系列软件

①ProfileMaker 5 色彩管理软件。ProfileMaker5 色彩管理软件能帮助色彩领域的从业人员建立高质量、高可靠性的 ICC 文件。ICC 文件将建立起整个色彩管理流程并保证其准确性。ProfileMaker5 传承了以前版本的优点，并增加了一些新的功能，可以更快、更方便地为扫描仪、数码相机、显示器及多种输入输出设备制作、编辑 ICC 文件，建立更完整的色彩管理系统。ProfileMaker5 根据对工作流程中不同颜色设备所产生的颜色信息的处理能力而分成几个独立的模块，如 Editor（编辑模块）、Monitor（显示器模块）、Scanner（扫描仪模块）、

Digital Camera（数码相机模块）、Output（输出设备模块）、MultiColor Output（多色输出设备模块）、ColorPicker（专色转四色模块）、MeasureTool（测量模块）、DeviceLink（设备连接模块）。用户可以根据自己的需要选择对应的模块，以后还可根据工作的需要自由地增加模块，以便改变色彩管理的组合模式来满足需求。ProfileMaker 5 专门为不同的行业开发不同的组件：如适用于数字影像行业的 ProfileMaker5 Photostudio Pro；适用于印刷行业的ProfileMaker5 Publish Pro；适用于包装、纺织等专色比较多的行业的 ProfileMaker5 Packaging Pro。

②爱色丽色彩品质管理软件 QAI。爱色丽色彩品质管理软件 QAI 可广泛应用于行业的色彩控制工序，并具有数据全面、界面清晰、操作简便、适用性广，与色彩品质管理工作实际操作模式紧密结合等特点。QAI 可以网络模式操作，它允许多用户同时使用同一组数据库和标准，使企业的内部管理标准化，大大提高各生产部门的效率；具有广泛兼容性，以微软 Windows 视窗操作系统为平台；拥有多种数据显示光源，A、C、D_{50}、D_{65}、CWF、TL_{84}、U_{30}、F 等和 2 度、10 度两种标准观察者数据，提供符合国际 CIE 标准的颜色数据，L、a、b、c、h、DE、DEcmc、DH 等。

③MonacoPROFILER 色彩管理软件。MonacoPROFILER 色彩管理软件是专业 ICC 生成软件，带中文界面；为专业用户提供强大编辑功能；支持多达八色 ICC 特性档案生成（包含 PANTONE、HEXACHROME）。MonacoPROFILER 软件是最完整的解决方案，包括任何工作流程的精确色彩管理，同时具有完整的 ICC 特性文件创建和编辑能力。采用输出设备数字打样，模拟最终印刷色彩效果；黑色生成、纸张色彩中性化灰高级油墨限制，能创建高品质色彩特性文件。

④Eye - One 色彩管理系统。Eye - One 是一套专业、易用、价格适中的完全色彩管理系统。Eye - One Pro 分光光度仪除了能进行显示器校正，配合相应的软件进行打印机、印刷机、数字投影仪、扫描仪或数码相机的色彩管理外，还可测量闪光灯和连续光源的环境光，帮助用户得到包含环境光的更准确的 ICC 特性文件，适用于广告设计、摄影、印前制作等行业。

（4）高术科技 BlackMagic 数字打样色彩管理软件

BlackMagic 接收各种 RIP 后的数据与网络文件，并支持任何一款数字打样设备，能够得到与印刷品一样挂网的真网点打样稿，BlackMagic 同时具备先进的色彩管理技术，并支持专色打样，支持各种加网模式和打印机群组工作，它通过与 DIP 或 CTP 的组合，保证了设计、打样、制版、印刷全过程的色彩一致。

第六章　CTP 系统

CTP 系统是一种综合性的、多学科的产品。它不是一台机器，而是一个系统，由设备、版材、软件和技术支持等众多部分组成，包括直接制版机、冲版机、版材、发排软件、RIP、系统管理软件、售后服务、零配件供应等诸多方面。每一个环节的性能的优劣以及相互配合程度的熟练与否是 CTP 系统运行成功与否的关键。

CTP 直接制版的流程为（图 6－1）：

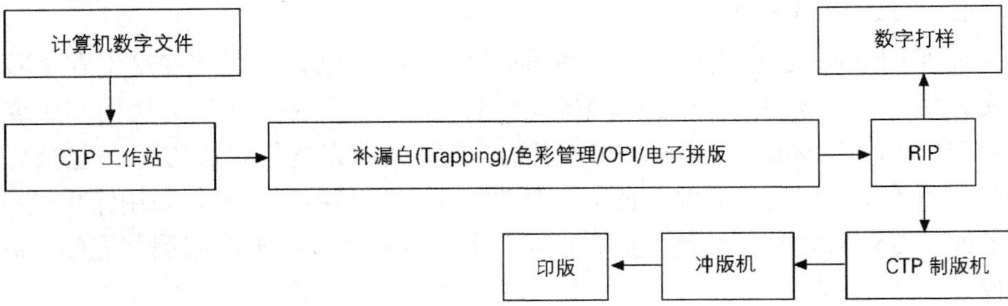

图 6－1　CTP 制版流程图

传统激光照排制版的流程：

计算机排版→照排机输出制版胶片→胶片经过冲片机→显影→定影→烘干→人工将胶片拼在 PS 版上→真空吸实晒 PS 版→显影处理→修版→成版→印刷

计算机直接制版的工艺流程与传统印刷流程的主要区别是：

①CTP 技术版材，没有胶片。

②使用 CIP3 印刷生产格式。

③数字打样。

④数字拼大版。

第一节　CTP 制版系统结构及工作原理

CTP 直接制版机主要由精确而复杂的光学系统（激光系统、印版曝光系统）、电路系统以及机械系统三大部分构成。工作时，由激光器产生的单束原始激光，经多路光学纤维或复杂的高速旋转光学裂束系统分裂成多束（通常是 200～500 束）极细的激光束，光束分别经声光调制器按计算机中图像信息的亮暗等特征，对激光束的亮暗变化加以调制，变成受控光束后，再经聚焦，几百束微激光直射到印版表面进行刻版工作，通过扫描刻版后，在印版上形成图像的潜影。经显影后，计算机屏幕上的图像信息就还原在印版上供胶印机直接印刷，如图6－2所示。

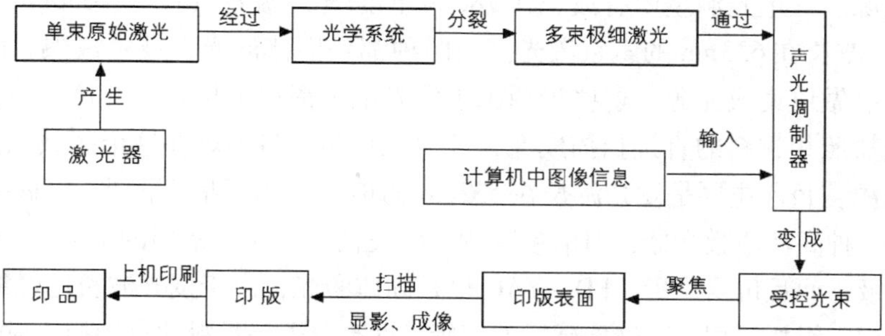

图6－2 CTP的工作原理

每束微激光束直径及光束的光强分布形状，决定了在印版上形成图像潜影的清晰度及分辨率。微光束的光斑愈小，光束的光强分布愈接近矩形（理想情况），则潜像的清晰度愈高。扫描精度则取决于系统的机械及电子控制部分，而激光微束的数目则决定了扫描时间的长短。微光束数目越多，则刻蚀一个印版的时间就越短。目前，光束的直径已发展到4.6μm，可刻蚀出600 lpi的印刷精度。光束数目可达500根，刻蚀一个对开印版的时间可在3min内完成。另外，微光束的输出功率及能量密度（单位面积上产生的激光能量，单位为J/cm^2）愈高，则刻蚀速度也愈快。但是功率过高也会产生缩短激光的工作寿命，降低光束的分布质量等负面影响。

对于175lpi彩色印刷的CTP系统，其制版机的输出扫描分辨率应大于2000dpi，图像的阶调范围应在2%～98%之间。

一、CTP制版机工作原理

1. CTP制版的激光光源

CTP制版的激光器产生的单束原始激光，经多路光学纤维或复杂的高速旋转光学裂束系统分裂成多束（通常是200～500束）极细的激光束，每束分别经声光调制器按计算机中图像亮暗等特征对激光束的亮暗变化加以调制，变成受控光束。再经聚焦后，几百束微激光直接射到印版表面进行刻版工作、通过扫描刻版后，在印版上形成图像的潜影。经显影后，计算机屏幕上的图像信息就还原在印版上供胶印机直接印刷。激光束的光斑愈小，光束的光强分布愈接近理想的矩形，则潜影的清晰度愈高。扫描精度则取决于系统的机械及电子控微部分。而微激光束的数目则决定了扫描时间的长短，微激光束数目越多，刻蚀一个印版的时间就越短。

CTP制版光源包括：气体激光（氩离子激光），固体激光（倍频钇铝石榴石激光），半导体激光（紫光二极管激光、红光二极管激光）等。按波长排列，目前主要使用的光源有红外激光、红色激光、绿色激光、蓝色激光、紫外激光和常规激光六种类型。

①红外光源。红外光源主要有两种激光，即波长为830nm的红外激光二极管（IR－LD）和波长为1064nm的Nd：YAG激光。这两种光源都是固体激光，技术成熟，功率高（单个激光头的功率都可达到W/cm^2甚至更高的级别），寿命长，而且价格相对便宜，是热敏成像的最主要光源。Creo公司开发的方形光斑曝光技术可以实现光斑间的无缝连接，更增加了红外激光扫描技术的竞争力。这类激光主要用于大幅面（对开或对开以上）的热敏

制版机。

②红色光源。红色光源主要有波长在780nm的激光二极管（LD）、650nm左右的发光二极管（LED）、波长在633nm的氦氖激光。前两种都是固体激光，技术成熟，既可以做成单个光源，也可以做成集成光源。这些光源由于发光范围都在可见光的红色区域，一般适合于静电照相和银盐照相材料的直接扫描成像，其他光化学材料很难在这个区域感光。

③绿色光源。目前主要是发光波长在532nm的倍频钇铝石榴石激光（FD－YAG）。钇铝石榴石本来是一种高功率激光器，但倍频后功率损失较大，导致常用的FD－YAG的功率一般在数百毫瓦量级，而且价格昂贵。FD－YAG也是固体激光，由于发光波长已经缩短到532nm，适合于静电照相、银盐照相和特殊增感后的感旋光性高分子等材料的直接扫描成像。

④蓝色光源。目前主要是波长在488nm的氩离子激光。这种激光非常适合于感旋光性高分子和银盐照相材料的直接扫描成像，但属于非固体激光，随着紫外激光的出现和在技术上的不断完善，其重要程度也在下降。

⑤紫外光源。紫外光源目前主要有两种，一种是波长在390～410nm、功率在1～10mW/cm^2之间的的紫外激光二极管（UV－LD）。UV－LD光源具有高光学分辨率和发光波长处在传统光化学感光材料的感光波长范围之内等特点，为此UV－LD非常适合于感光性高分子材料的直接扫描成像。在另一种波长在300～450nm范围的常规高压汞灯（远紫外区域取决于所使用的光学系统），常规高压汞灯光源是一种连续放电光源，需要配置数字化扫描光学系统。

2. CTP光学成像技术

网点成像精度的高低与激光成像系统的种类及其精度密不可分。因此若要实现高精度输出，应选择Hybird与FM加网方式和CTP系统。

CTP激光成像按采用成像组件（光源）的不同可分成多边形旋转棱镜激光束扫描成像、发光二极管阵列扫描成像、数字微镜成像和光阀成像四大类，它们有不同的成像特点。

（1）旋转棱镜激光扫描成像

旋转棱镜激光扫描成像是产生最早的设计方案，这种成像方法不仅用于以静电照相为基础的数字印刷系统和台式激光打印机，也用于绞盘式激光照排机、聚酯与纸基CTP印版成像系统等。图6－3是多边形旋转棱镜激光扫描成像系统的工作原理示意图。

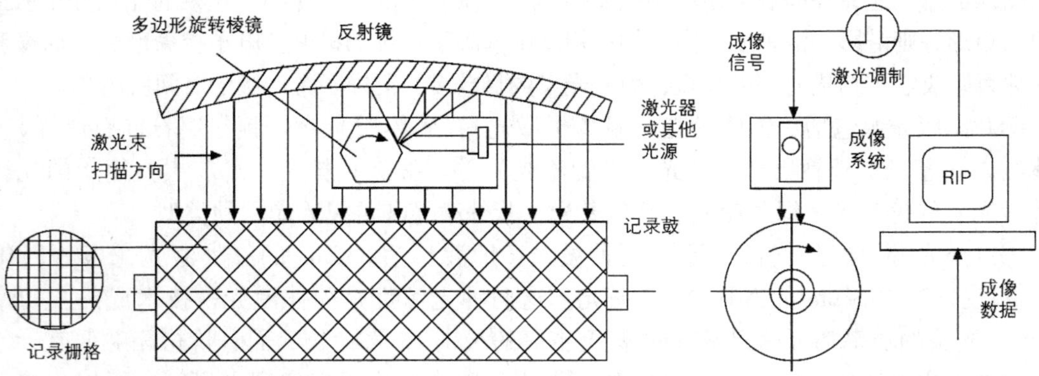

图6－3　多边形旋转棱镜激光扫描成像工作原理示意图

激光器发出的激光束由棱镜表面反射到凹面镜，形成平行的激光束后投射到感光鼓、胶片或印版表面上，以逐行扫描方式成像。激光束能以很高的速度（1000m/s）射到记录材料表面，这样光路长度可忽略不计；由于成像精度取决于激光束到达记录材料表面的直径，因而记录鼓的旋转速度需与激光束直径匹配。制约旋转棱镜成像系统工作速度的主要因素不是记录鼓的转速，而是多边形棱镜的旋转速度，考虑到控制记录点间距均匀分布的需要，只能用步进电机驱动多边形棱镜，因而提高棱镜的旋转速度有一定困难。

旋转棱镜激光扫描成像系统在照排机和激光打印机上均有应用，计算机描述的页面内容经 RIP 解释并高频调制后，由数据控制系统转换成点阵描述；载有图文信息的激光束经光学系统聚焦并反射，通过光学透镜校正扫描失真，沿记录鼓轴线等间距地扫描到鼓面上，形成与页面内容对应的记录点群，完成曝光和记录过程。

图 6－4 给出了一个典型的旋转棱镜成像系统的结构、工作原理和光路示意图。

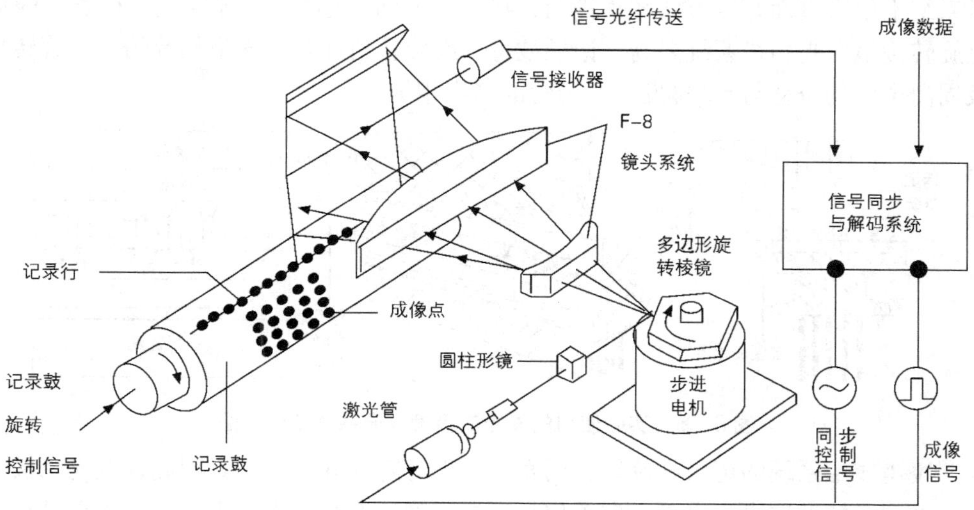

图 6－4　典型旋转棱镜成像系统

（2）发光二极管成像

普通的二极管具有整流作用，但发光二极管是一种特殊的二极管，在其整流方向施加电压时有电流注入，电子与空穴复合，其中的一部分能量变换为光能并发射。发光二极管的主要优点是工作状态稳定，可靠性高，连续通电时间可达 10 万小时以上，且驱动电压只需几伏，电流仅几十毫安。发光二极管发射的光近似于单色光，与激光相似。选择合适的半导体材料后，发光二极管可以发射出红外、红、橙、黄、绿、蓝等色光，范围相当宽。

发光二极管的应用领域十分普遍，其中红外发光二极管已成为信息传输和信息处理的主体，许多数字显示组件离不开它，例如，发光二极管显示器广泛应用于家电产品和工业产品中。同时由于发光二极管的显示灰度已有明显提高，使得其应用领域扩展到了户外广告牌、交通状况显示板和运动场馆的比分显示等。

图 6－5 是发光二极管成像工作原理示意图。由于发光二极管阵列的排列宽度（曝光宽度）与页面宽度相等，因而只需通过记录鼓旋转形成沿页面的垂直方向扫描成像，而无须沿页面水平方向扫描，有时称为页面宽度成像系统。

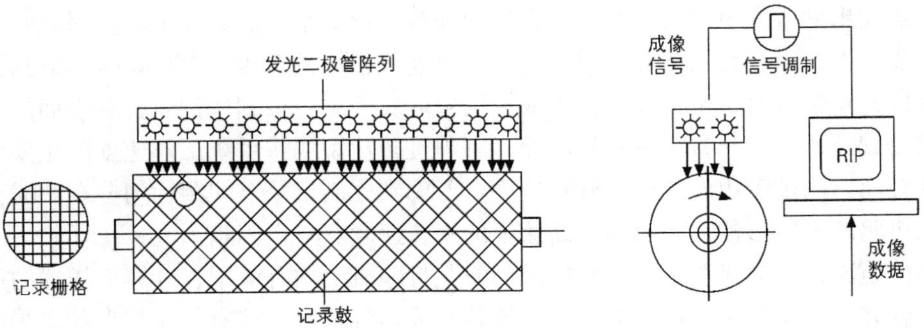

图6－5　发光二极管成像工作原理示意图

图6－6是一个实用发光二极管成像系统的结构简图，发光二极管以矩阵形式排列，最大宽度520mm，超过A2幅面；记录分辨率600dpi，在旋转记录鼓面上成像。典型发光二极管成像系统不仅沿页面宽度方向密集排列，在垂直方向上还有64排发光二极管，因而成像效率比旋转棱镜激光扫描系统要高，记录鼓每一次旋转角度差应该是相等的，且旋转角度在记录鼓周向产生的位移与64排发光二极管的高度相等。

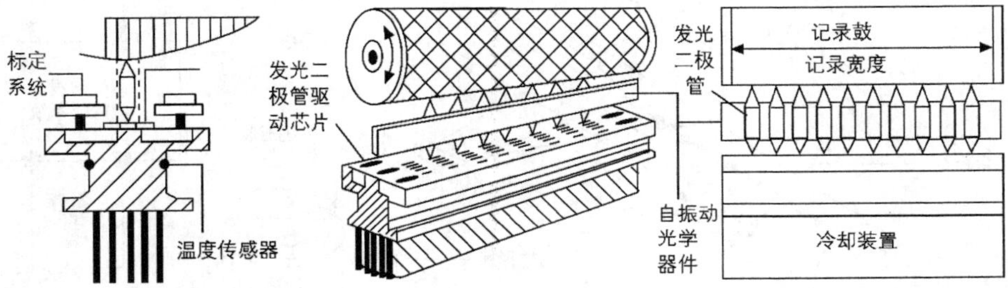

图6－6　实际使用的发光二极管成像系统结构简图

旋转棱镜成像系统的记录鼓旋转，而发光二极管阵列静止不动。因此，发光二极管成像系统的水平记录精度取决于水平方向单位长度内排列的发光二极管个数，垂直记录精度则由记录鼓的旋转精度保证。发光二极管阵列用作成像光源时，尽管成像系统的记录精度与记录鼓的旋转精度和发光二极管的排列密度有关，但考虑到控制记录鼓的旋转精度相对而言更容易，因而主要矛盾是单位长度内可放置发光二极管的个数。

（3）数字微镜成像系统

图6－7所示成像系统采用了微镜阵列，是一种新型光线开关控制技术，这种成像组件称为数字微镜器件，成像原理类似于发光二极管阵列，即数字微镜器件静止不动，只有记录鼓旋转。

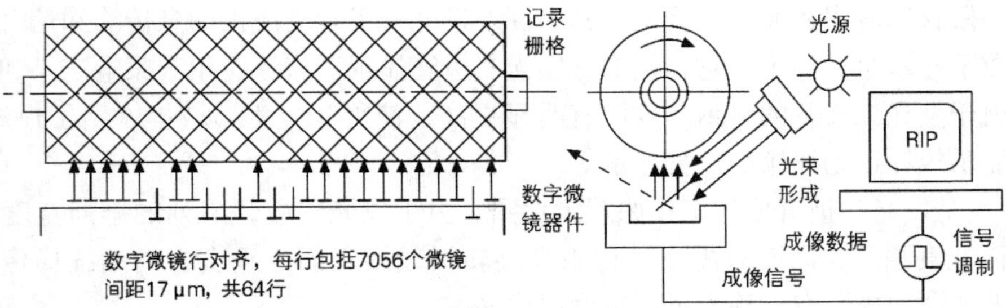

图6－7　多束光数字微镜成像技术

德国贝斯印（BasysPrint）公司研制的 CTcP 计算机直接制版系统 UV－Set 710 中使用数字微镜成像技术，用于对常规 PS 版成像。通常一个数字微镜器件中包含数量众多的微镜，例如，每行包含 7056 个微镜，排列成 64 行，微镜与微镜的间距约 17μm，因而有效记录宽度约 5in，分辨率为 150dpi。注意：微镜本身并不是光源，而是控制光线开关的组件。从光源（通常为发光二极管）发出的光线由特殊的光学系统聚焦后形成光束，射到数字微镜器件上，由于每个微镜均能控制光束的通过或关闭，因而作用相当于滤色镜，受成像信号控制。图 6－8 是利用数字微镜器件建立的实用成像系统的例子。

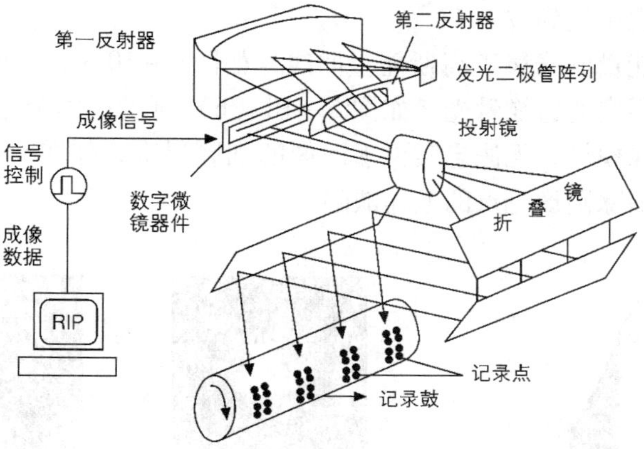

图 6－8　数字微镜器件成像系统

数字微镜器件成像系统的结构和光路安排等类似于旋转棱镜激光扫描成像系统，区别仅在于光束控制。成像系统中环形反射器的作用类似于旋转棱镜，发光二极管发出的光束抵达凹面面向光束的环形反射器（称为第一反射器）后，被反射到另一个凸面面向光束的环形反射器（称为第二反射器）；光束经第二反射器反射后为数字微镜器件所接收，通过投射镜的调制，再射到折叠镜上；来自折叠镜的光束被反射镜反射，最终到达记录鼓表面，记录下与页面内容对应的图文信息。

（4）光阀成像系统

以光阀为基础的成像系统采用了一种特殊类型的光束控制技术，光阀材料大多为光电陶瓷，如图 6－9。采用光阀的成像系统不仅记录分辨率高，且成像速度也相当快。

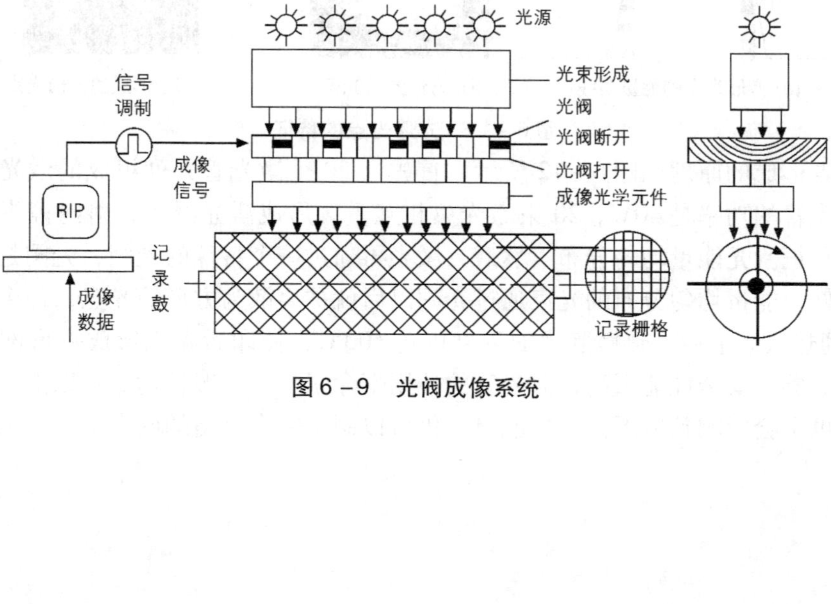

图 6－9　光阀成像系统

光阀成像系统的曝光光源大多为激光或发光二极管。从图 6－9 可以看到，光阀所起的作用类似于数字微镜器件，用于控制光束是否射到记录鼓表面。但与数字微镜器件相比，在概念上光阀更容易理解，它与人们日常生活中常见的阀门概念基本上是一致的。光阀对光束的控制信息来自成像信号，只有与页面图文内容对应的部位才会有入射光束。

（5）方形光点技术

方形光点技术弥补了圆形光点之间的重叠、造成印版上网点的扩大、网点边缘不锐利、再现细腻层次难等不足。方形光点能够和网格边缘完全匹配，没有制版阶段产生的网点扩大，对细腻层次的表现精确到位。

传统的圆形光点能量曲线属于高斯能量曲线，如图 6－10（a）所示；具有高斯能量曲线特征的圆形光点有很宽的边缘晕光，如图 6－10（b）所示；由于边缘晕光的存在，印版上形成的圆形网点边缘模糊，无法忠实再现图像的细腻层次，如图 6－10（c）所示。采用方形光点技术则可以消除圆形光点的上述缺陷。

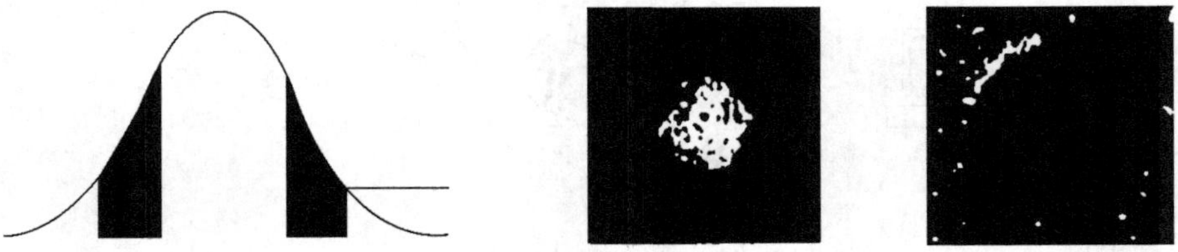

(a) 圆形光点的高斯能量　(b) 圆形光点的光晕光圈　(c) 印版形成的圆形光点

图 6－10　圆形光点的特征

生成方形光点的特征和圆形光点的特征完全不同，它的能量曲线不再是高斯曲线，而是近似梯形，如图 6－11（a）所示；这样，方形光点四周的晕光很少，能量分布非常均匀，如图 6－11（b）所示；印版上生成的方形网点边缘非常整齐，形成的网点非常“崭”，能够非常精美地复制层次细腻的图像，如图 6－11（c）所示。

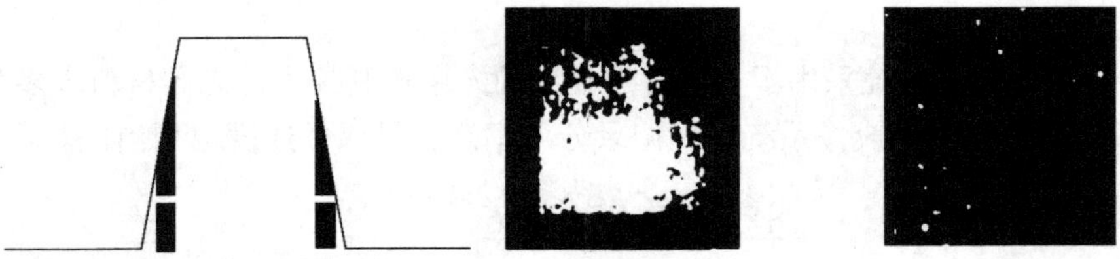

(a) 方形光点的能量曲线　(b) 方形光点光晕　(c) 印版形成的方形光点

图 6－11　方形光点的特征

方形光点形成的原理如图 6－12 所示。首先由 20 个激光管并列组成的激光条发出激光束，每个激光管的功率是 40W，20 束激光束相互重叠形成激光瀑布，射向镜头系统；镜头系统的作用是把激光能量均匀分布，然后，激光再通过一个特殊的光阀，光阀是形成方形光点的关键器件，能量均匀分布的光束通过光阀以后就被离散为方形的光点，每个光点的功率是 8W，射到热敏版上后，热敏版表面温度可达 400℃，使印版曝光形成方形网点。这样的方形光点生成器，安全性能很高，激光管的使用寿命很长，一般长达 5 年以上，即便坏了一个激光管，也不会影响到方形光点的能量，仍可以制出完全合格的网点来。

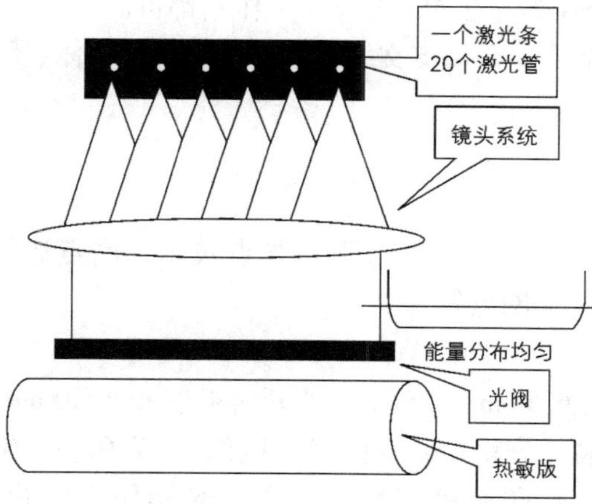

图6－12　方形光点生成原理

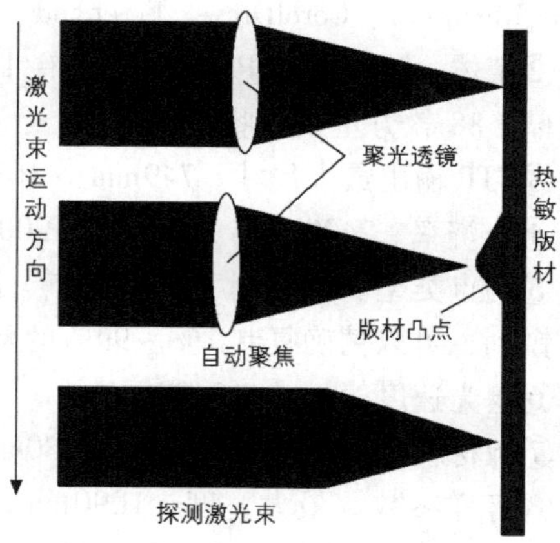

图6－13　方形光点的特征

（6）自动聚焦技术

自动聚焦技术的原理如图6－13所示，安装在曝光激光管前的探测激光管发出探测光束，根据探测光束的返回时间，由探测接受器决定印版表面的凸凹程度，然后发出动作指令，指挥聚光透镜前进或后退。使用自动聚焦技术时，外鼓式制版装置的转速应设定为180r/min。聚光透镜采用磁导轨驱动，最小行程为1μm。使用自动聚焦技术，印版曝光均匀，保证了印版上生成的网点大小一致，有利于印刷工序的质量控制和提高印品的整体质量。

3. 印版曝光系统

印版曝光成像有两种方式：单束（几束）激光高速扫描和多束激光组相对低速扫描。

（1）高速扫描曝光系统

通常，高速扫描是通过微调镜面快速折射激光束来完成的。为了保证光路长度的恒定性，这类制版机基本采用内鼓式曝光系统。所谓内鼓式曝光系统是指将调节镜安装在滚筒的中轴上，通过螺旋驱动沿着中轴移动而对印版曝光。

也可采用平台式曝光系统，这类系统通过一个透镜（或全息透镜）来微调校正光路长度的变化，这种组件的最大直径可达0.5m。

通常内鼓式曝光系统采用高质量的单光束（为提高激光能量也有的采用多光束结构）。内鼓式曝光和平台式曝光系统通常采用紫激光。由于830nm激光二极管不能生成足够窄的激光束，故热敏内鼓式制版机使用1064nm的YGA激光光源。

（2）低速扫描曝光系统

由于激光束和印版间的相对运动较慢，曝光时需通过大量激光束（16束以上）对版面曝光。印版夹在滚筒外侧，激光头以螺旋式运动沿滚筒轴向曝光，这种系统称外鼓式曝光系统。

由于外鼓式比内鼓式和平台式的曝光时间长，因此，外鼓式特别适合热敏版的曝光。外鼓式结构的光路比较短，对激光的质量要求较内鼓式相比要低，因此外鼓式制版机都采用830nm的热敏激光。

4 各项性能参数

CTP各项性能参数如下：

①系统所支持的制作软件。Adobe Photoshop、Adobe Indesign CS5.0、Adobe PageMaker、

Adobe Illustrator、CorelDraw、Freehand、QuarkXpress 等，在 Mac 或 PC 工作站都可。

②字体。绝大多数 PS 字体、所有 True Type 字体、全套英文字体、100 款汉仪字体、87 款文鼎、88 款方正及一些特殊字体。

③CTP 输出最大尺寸。749mm ×1030mm。

④分辨率。2400dpi、1600dpi、1200dpi。

⑤网点类型。调频网、圆方网点、圆形网点、方形网点（方形激光点技术：网点边缘非常锐利，可以精确复制 1% ~99% 的网点）、椭圆形网点等。

⑥曝光速度。4min（2400dpi）。

⑦版材尺寸。对开为 770mm×1030mm，四开为 605mm×745mm，八开为 400mm×510mm。

⑧打样参数。最大宽度：1090mm，长度不限；分辨率：360dpi（蓝纸），720dpi；纸张：EPSON 专用亚光相纸、高光相纸；热敏印版：印版极其稳定，全日光操作无雾化，印版质量稳定保存时间长；网点更精确，光点类似于二值图；耐印力高，不烤版 20 万印，烘烤后可达到 100 万印；精确的套准，印版的重复精度 ±5μm（同一台机器曝光的八块印版），绝对精度 <20μm（不同机器曝光的印版），套准精度为 ±15μm（图像和印版边缘）。

二、制版机的分类与特点

目前，市场上出现的 CTP 版材有很多种，与之配套的计算机直接制版机的种类也很多，概括起来主要有内鼓式、外鼓式、平台式、曲线式四大类。在这四种类型中，使用最多的是内鼓式和外鼓式，平台式也比较常用，主要用于报纸等大幅面版材上；而曲线式是这四种制版机中使用得最少的一种。因为前三种制版机用得比较多，市场上比较常见，下面就其各自的结构及特点进行简要介绍。

1. 内鼓式直接制版机

内鼓式成像是把滚筒作为承托印版的鼓，印版被固定在滚筒内轮廓的某个固定位置上。曝光时，声光调制器根据计算机图像信息的明暗特征，对激光光源所产生的连续激光束进行明暗变化的调制。调制后的激光束并不是直接照射在印版上，而是先照射到一组旋转镜上。随着镜子的旋转，激光束就被垂直折射到滚筒上，因此转动镜子也就转动了激光束。旋转镜一般是垂直于滚筒轴做圆周运动，那么激光束相对于滚筒做螺旋形运动。扫描印版时，一部分激光被印版吸收，而其余的光则被折射到记录器内部。调整激光束的直径可以得到不同程度的分辨率，调整镜子的转速，则可以调节曝光时间，如图 6－14。

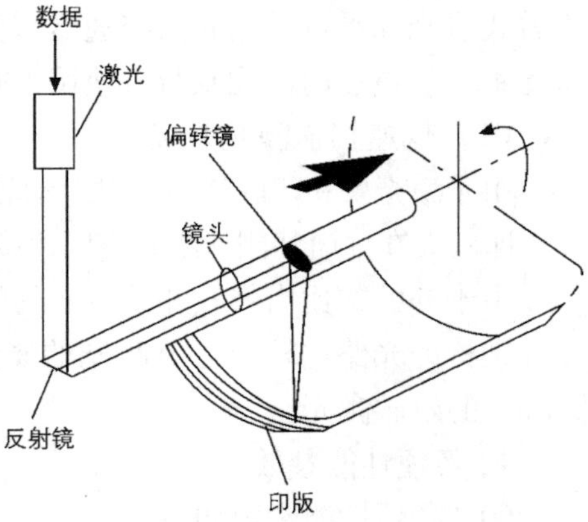

图 6－14　内鼓式直接制版机

内鼓式的优点是源于激光照排机的成熟技术，扫描速度快（40000r/min）、精度高、稳定性好，采用单光束激光头，印版底部固定，装版和卸版较简单，价格相对便宜，上下版方便，可同时支持多种打孔规格。目前较先进的紫激光技术多采用这种激光方式。其缺点是光路长，要求激光束质量高，要用较大力量弯曲印版边缘，印版处理相对困难，不适合大幅面的制版。不利于打孔与套准系统的整合，也不利于对印版边缘的对准，滚筒底座易随时间变形，影响激光曝光精度。

目前市场上内鼓式直接制版机主要有 Agfa 公司的 Galileo Vs、VXT 系统，Krause 公司的 LS 系统，ECRM 公司的 Wildcat 系统、Tigercat 系统等。

2. 外鼓式直接制版机

外鼓式直接制版机将版材包紧在滚筒表面上，当滚筒以每分钟几百转的速度沿圆周方向旋转时，版材会随着滚筒以相同的速度旋转。与此同时激光照射在印版上，从而完成对印版的扫描。一般为了提高生产效率常采用多束激光进行扫描，如图 6－15 所示。

外鼓式的优点是激光与印版靠近，降低了对激光质量和对光学系统对准的要求，适合大幅面印版的作业，多适用于热敏版材，采用多光束激光头。由于热敏式印版所需要的热量大，光源必须要有较大的功率，采用外鼓式直接制版机可以把光源的定位靠近印版。缺点是适用的版材规格少，滚筒不能高速旋转，上下版慢，机械结构复杂。目前市场此类型制版机主要有 Lithotech 公司的 Andromeda 系统，Agfa 公司的 Xcalibur 系统，Creo 公司的 LotemXL 系统和 TrendsetterVLF 系统等。

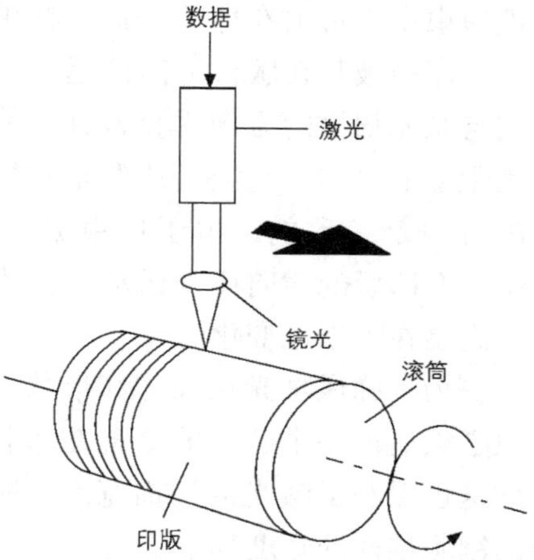

图 6－15　外鼓式直接制版机原理

对于内鼓式结构，由于使用的是一束激光，偏差很小，可以忽略不计，即使是使用 3 束激光的 Fujifilm 公司新型的 Luxel 系列制版机，偏移量也不大。而外鼓式结构使用的是多束激光，激光束使用得越多，偏移量就越大。低解像力的偏移量在成像时要高于高解像力的偏移量。有些外鼓式制版机采用了螺旋式成像方式，使用了 500 束以上的激光束，其偏移量是采用单束激光的内鼓式制版机偏移量的 500 倍。这样大的偏移量当然会对网点的形成产生影响，要避免偏移量对图像质量的影响，就要使用电子方式对图像的偏移量进行调整。目前市场上的许多 CTP 直接制版系统对偏移量都有自动补偿功能。外鼓式结构非常适合热敏成像。热敏版一般敏感度较低，这就要求激光束在每个像素点上有较长的驻留时间，以确保有足够的能量在印版上成像，而这种驻留时间是使用单束激光和内鼓式结构的设备所不能具备的。与内鼓式结构相比，外鼓式结构的激光光路很短，曝光的效率比较高。

①外鼓式结构可以使用多束激光，这一特点被超大幅面的直接制版设备所采用。目前市场上超大幅面的直接制版机多数采用了外鼓式技术，使用多束激光来提高成像速度。

②外鼓式技术需要注意激光束密度的均匀性。多束激光的使用，要求设备的光学系统使每一束激光的密度都相同，密度不一致就会在印版上产生带状条纹，这在使用单束激光的内鼓式结构中是不会出现的。但这一点对使用热敏版来说就无所谓，因为热敏版不会出现曝光过度的问题。

③旋转速度问题。外鼓式结构的滚筒，其旋转速度对设备的正常运转非常重要。使用激光束比较少的系统，如使用 8 束激光的设备，滚筒的运转速度要超过 1000r/min；使用激光

束较多的系统，如使用 FD：YAG 激光光源的设备有 480 束激光，它的转速较慢，为 70～140r/min。即便如此，由于滚筒在旋转时印版会产生巨大的惯性，因此对固定印版以确保其安全的技术要求甚高。在这种情况下，要求使用多个固版夹将印版牢牢地固定在滚筒上。

3. 平台式直接制版机

平台式直接制版设备比滚筒式结构的设备简单得多，无论自动还是手动，其装版和卸版都非常容易，而且大多数打孔系统都可以在平台式的设备上轻而易举地使用，如图 6－16 所示。平台式技术又分为单束激光系统和多束激光系统。

（1）单束激光系统

大多数平台式系统都使用一个转镜系统，使单束激光折射在印版表面。在单束激光系统中，印版被装在版台上向前运动，其运动的方向与激光扫描的方向垂直，其向前运动一个像素距离的时间，与激光从左至右扫描印版所需的时间是一致的。由于单束激光在扫描过程中，在印版的横向往复运动，其镜头到印版的距离是在不断地变化的。

为了确保曝光点尺寸和形状的一致，激光束必须通过一个特殊的透镜在印版上聚焦。因此这也限制了激光的扫描宽度，所以此类设备的制版幅面的宽度都不是很大。

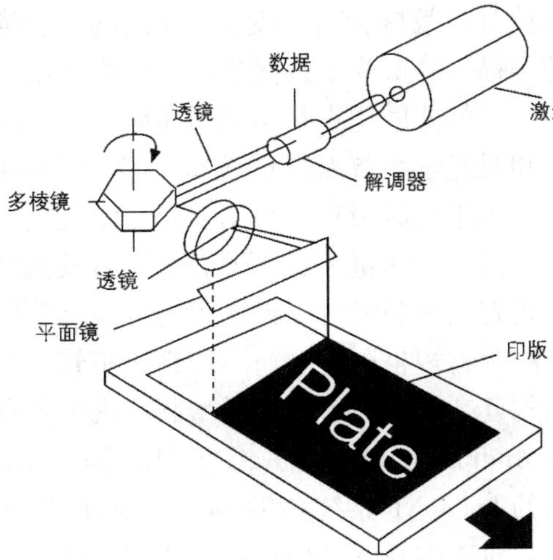

图 6－16　平台式直接制版机的设计原理

平台式单束激光系统成像速度快，而且拥有最快的自动上版和卸版技术。但是，由于扫描宽度的限制，目前主要被应用于报纸印刷及小幅面和中等幅面的商业印刷生产。如果要使用单束激光系统生产更宽幅面的设备，选择之一就是使用多个激光头，将多组数据结合在一起使用，这就是多束激光系统。

（2）多束激光系统

一些公司的产品也是采用平台式结构，在保持快速自动上版和卸版技术的同时，加大了所能处理的印版尺寸。Barco 公司的产品使用了 4～6 个激光头，每一条激光扫描线是由3～5 束激光构成的。使用时将这些激光束用光学和数字式的方式结合在一起，生成一条激光线，大大提高了成像速度和成像面积。

平台式直接制版机的优点是机械结构简单，设备维护要求较低，上下版容易，稳定性好，扫描速度高，价格相对便宜，可同时支持多种打孔规格。缺点是占地面积较大，不适合大幅面印版作业，多用于报纸制版。

目前市场上此类直接制版机主要有 Agfa 的 Polaris 系统，Barco 公司的 Mondrian 系统等。

三、CTP 制版机常见故障

CTP 制版机常见故障一般分为警告提示、设备故障、人为操作三种类型。警告提示指的是在该设备里预先设置的一些临界值，比如工作环境温度范围、激光头的临界警告值等；设备故障指的是设备本身机械性损坏，属于机械零件老化或加工问题；人为操作很明显指的是在操作设备过程中，不熟悉、不小心或不正确的操作，违反了操作顺序与流程而造成的设备故障。这些并非严格性的定义，只是提供我们在遇到问题时怎样解决问题的一个思路。也就是说，我们先根据提示的错误信息内容来判断问题所在，这样我们就可以避免盲目分析与错误操作。

1. 警告提示

①“Temperature of environment rises.”此警告提示说明环境温度太高了，需要降低温度。天冷的时候，会有环境温度太低的警告，那么就要升高环境温度。

②“Mechanical error：Error has occurred on the lower，please turn off the blower and turn on after waiting 10 seconds.”这项警告说明了在开机之前没有先将风机打开，只需关机后再开风机 10 秒钟以后开机即可。

③“Since the light intensity of laser diodes is detected as having deviated more than the permitted range from the specified value，the equipment executes the calibration.”这项警告说明，激光的光强不能达到预设值，这时就需要进行激光校正。在校正时，设备本身可以自己做校正，那就需要在曝光过 16 张版或者更多之后。另外也可以进行人为校正，进入到“服务”界面的“激光头测试”里找到激光校正即可。

④“Door is open.”这项警告的出现表明了前面的盖没有关闭，不能进行下一步操作。有时可能因为门的锁有问题，不会轻易锁上或者是不能返回打开状态。还有一个原因值得注意，就是载物台上的一个感应头的工作状态不正常，那么此感应头感应不到将要载入的版材，就无法进行下一步的动作，就会一直认为门没有关闭。如果放一张印版在载物台上进行两次关门动作还不能消除此警告，此感应头出现问题的可能性就比较大了。

⑤“Front cover of rear is open（some interlock switches are OFF）.”这项警告一般会出现在将前后挡板打开以后再开机过程中，也就是说前面或后面的保险锁没有正确地关闭，就会影响到开机时的初始化。

⑥“The exposure head has dew.”这项警告大多出现在阴雨天气或者是进行完激光头的清洁之后。由于曝光头的温度暂时没有升高，或者是由于环境的湿度过高，致使曝光不能进行。操作过程中可以稍等一会，等到温度回升或湿度下降即可。在开机的状态下，让其自动加热或者用除湿器降低环境湿度，大约 10min 即可。

2. 设备故障

①“After a plate is transferred to the gripper Clamp，the Plate detection sensor（PH25H/A）does not switch to ON.”此警告选项一般出现在版材被输入到滚筒的时候，经过两次的输入，还不能完成，就会出现此项警告。这种状态说明检测版材的两个定位标有问题。此时可以在面板里找到输入版材尺寸，然后输入一张版材检测确认。同时还应调整两个检测定位标的位置，检查其本身是否有损坏，这样就可以排除故障。

②“When the Clamp arm is lowered，the sensor（to detect whether the Clamp arm pins are hooked on the clamp properly）has been turned on（Away side/Home side）.”这种情况就是检测进版的感应头失去了感应能力。这时候可以通过电路图的指示找到相应的电路板，观察此感应头的感应能力（分别观察 HOME 边和 AWAY 边的指示灯）。如果确定是此处的问题，那么通过仪器逐步检测感应头以及相应的线路是否有问题，更换感应头，或者是重新布线，

也可以通过短路感应头接触外控制开关来暂时控制。

③ “Plate size is incorrect, Plate size （in the Y direction） is incorrect.” 此警告提示所放的版材尺寸不符合输出计划里所要求的版材规格，或者是检测版材的两个定位标有问题。前者就需要重新更换版材，后者的处理方法同①。还有一种情况也会有这个警告，其原因是经过一段时间，在检测版材时系统内部出现了暂时的混乱，这时候只要将版材的尺寸重新输入进行校正就可以了。

④ “Some LD is nearing the end of its usable life.” 此警告显示有两种情况，其一说明有某一激光组件需要更换；其二说明光路或者是激光组件有灰尘。此时我们应该先对激光组件及光路进行清洁，然后进行激光能量校正。如果测试后，没有发生警告，说明是有灰尘在作怪；否则，就会出现“Some LD Cannot be calibrated to target power.”的提示，这时就可以确定是激光头的寿命已经到了。我们可以通过“IOPD - IOP”的数值显示来确定需要更换的激光头。

⑤ “Plate Conveyance to conveyor error.” 这种警告多发生在曝光完成之后。如果观察后没有发现版材在输出台上，就说明尾部版夹没有打开，此时只需重新启动机器就可以将版取出。如果版材只输出了一部分，是由于前端的版夹不能松开，只有通过打开后盖，手动松开版夹，取出版材，然后通过操作使版夹回到初始位置。如果不能，就锁定滚筒，手动松开尾部版夹，然后使尾部版夹按相应的位置对应到前端版夹，而后再重新启动机器就可以了。

四、计算机常规直接制版（CTcP）技术

1. CTcP 概要

CTcP（Computer To conventional Plate）即计算机常规直接制版，它是 CTP 直接制版技术之一。但是通常所说的 CTP 都不包括 CTcP，这是因为一般使用 CTP 技术的直接制版设备采用了复杂的激光曝光技术，必须开发新的印刷版材与之配合使用，也就是 CTP 版材。CTcP 系统紫外线显影装置（UV - Setter），可利用紫外线曝光将数字数据直接显影到常规型 PS 版上。

通常情况下，常规型 PS 版是通过与图像定影装置输出的胶片相重合，采用印像框等显影工具，经由紫外线曝光后制作而成。目前在市场上销售的常规型 PS 版，均可在明亮的室内环境条件下进行操作处理。这种常规型 PS 版具备极为稳定的印刷适应性和低成本的特点。

由德国贝斯印（Basys Print）公司首先开发出的紫外线显定影装置（UV - Setter），能在常规型 PS 版上完成传统的晒版工艺，将以往制版系统的长处与数字化技术的优点融为一体。采用 CTcP 技术的 CTP 系统，紫外线直接制版机使用数字加网成像（DSI）技术和波长范围为 360 ~ 450nm 的紫外线，就可以利用传统印刷中所用的 PS 版材制版。

紫外线直接制版系统可以很容易地集成在现有的印前系统中，而且与其他 CTP 系统相比，可在很短时间内收回投资，因为它使用的是价格便宜的 PS 版材，而且不用再投资购买其他 CTP 版材所用的化学显影、定影剂。选用不同类型的紫外线直接制版机，可以直接晒制出不同幅面的印刷版材。

2. CTcP 技术优点

（1）使用传统的胶印版材

CTcP 技术采用 360～450nm 的 UV 光源曝光，这意味着可以选择市场上任何一种传统胶印版材。传统胶印版材成本远远低于特殊的 CTP 版材（为 60%～80% 或更低），而使用阴图的传统印版工艺采用 CTcP 技术，它的成像速度将会非常快，这是因为只需要对印版上的印刷图文部分进行曝光。

（2）处理过程稳定性好

由于成像系统的高度集成，使成像过程更加简单化，稳定性极好。

（3）精确的印机套准

由于不需要印版定位，因此不会因印版定位不准而重新制版，避免上机印刷时花费大量时间校版。随着整个印刷行业的短版活越来越多，换版和上机调试成为经常性工作，减少印刷调试时间，可明显节约时间和成本。CTcP 制版比传统的模拟制版更为精确，因此上机调试时减少了水、纸张、油墨等耗材的浪费。

（4）可以兼容现有的 RIP 工作流程和显影机

CTcP 可利用 1bit TIFF 格式的数据和 RIP 数据，可使用常规显影机和处理用的化学药品与现有的网络环境联网，无须采用特殊的网络界面。

（5）低分辨率获得高质量的成像效果

无胶片后，印刷品的质量有明显改善。因为胶片上的灰尘、擦痕等影响因素已经不存在，而且定位更精确，并且图像和网点不受传统印前工艺中的那些质量衰减的影响。总之，CTcP 制版技术得到的网点，是直接传递到印版的第一代网点，其边缘干净锐利，忠实原稿。

（6）印版曝光及打样、合二为一

UV 光源可以对各种合同打样材料进行曝光。如杜邦公司的 Cromalin、富士的 Color Art、Imaticn 的 Matchpoint、Agfa 公司的 Pressmatch Dry 和东洋油墨公司的 Inksheets 等。印版和合同打样可使用同一文件。

（7）可在明室操作

所有的 UV 材料（印版或打样材料）都可在明室进行操作，能够方便地晒出各种规格尺寸的印版。而蓝紫激光则需要在暗室、光线较弱或黄色光源的环境下操作。

（8）操作和维护成本都很低

在车间，由于 CTcP 使用常规 PS 版材，因此不需增添新的设备和购买新的化学药品，一切都是按照传统 PS 版的制版工艺进行工作。此外，CTcP 的设备维护费用低，因为 CTcP 系统采用 UV 光进行曝光成像，可以直接使用传统晒版机上的光源。使用的光源是一个 UV 灯，可由操作员更换。

3. 数字加网成像技术（DSI）

数字加网成像（Digital Screen Imaging）由数字数据用传统 PS 版或其他紫外线光敏材料直接制版。BasysPrint 公司开发了 DSI 技术。在制版过程中，紫外线照到 DMD（数字微棱镜装置）上，如图 6－17 所示。DMD 中包含有 8×10^5 个小棱镜。每个小棱镜可以被数字化控制——小棱镜反射来自一个光学系统的光线，也就是说，每个小棱镜就像一个

图 6－17　微棱镜

像素，于是在印版上就生成了加网的图像。

由于微棱镜或像素数量的限制，每次对印版进行曝光时，只能曝光图片上的一部分。经过快速的多次曝光后，图片上的各个部分组合在一起，形成一张完整的图片。

根据所选分辨率的不同，一次曝光的图片的曝光区是0.8(±10μm)~6.3cm(±28μm)。曝光头的高精确度定位系统保证图片各部分连接在一起时,误差为±2μm。

4. CTcP 版材选择

一般而言，UV 光敏印版的价格便宜，多年的使用已证明这是一种可靠性良好的版材，印刷质量突出，且耐印力很高。与采用激光曝光的 CTP 版材相比，CTcP 意味着印前工艺和上机印刷不需作任何改动，唯一要求是系统中配置 UV－Setter，一切都保持了传统工艺高品质、成本低和工艺流程不改动原貌的特点。

市面上的大部分胶印版材，均能利用 UV－Setter 曝光成像。过去，用户喜欢用阴图型常规 PS（N 型 PS 版材）版进行 UV 曝光数码成像，这种版材的成像速度很快，当然速度还与图像面积大小有关。然而，如果印版上图像区域面积很大，那么建议使用阳图型 PS 版（P 型 PS 版材）进行 UV 曝光数码成像。

采用 CTcP 技术制版工艺，用户可以针对不同的印刷活件选择合适的版材：

①胶印商业印刷选用阳图 PS 版材；

②阴图 PS 版适用于单张胶印机；

③阳图 PS 版耐化学腐蚀性强，耐 UV 油墨的腐蚀，因此适用于 UV 油墨印刷，而且耐印力非常高。

5. 典型的 CTcP 制版机

（1）Basys Print UV－Setter

领航 CTcP 市场的德国贝斯印公司推出的 UV－Setter 系列是现在市场上的主流 CTcP。其系列产品包括 UV－Setter 736、UV－Setter 710、UV－Setter N546、UV－Setter 731e、UV－Setter 57、UV Setter 1116 等诸多型号。

如专为报业制版推出的 UV－SetterN546 平台式制版机，由于采用最新的 DSI2 技术，其曝光速度提高了 40%~60%，制版速度达到每小时 100~150 张，最大成像幅面为 690mm×940mm，可以为各种幅面的报纸提供制版服务，成像精度为 900dpi 和 1270dpi。印版盒一次可存储 500 张印版，完全满足全自动制版的需要。而且和其他的 UV－Setter 制版机一样，UV－Setter N546 可以灵活地集成印前工作流程。

①UV－Setter 的结构及功能

（a）驱动部分。线性电动机和电子控制单元保证了定位精确度和定位速度。UV－Setter 中所用的驱动技术是精确机械装置与现代电子技术相结合的典范，还配以功能强大的软件。

（b）曝光头。曝光头是 UV－Setter 的核心部分。它包括两个部分：一部分是高精度的光学组件；另一部分为控制和检测曝光成像的现代电子传感装置。在棱镜与印版之间，一直有一个激光来检测，曝光头的高度偏离设定值时，会自动被纠正。这保证了对于同一厚度印版，曝光头高度一致，也可以根据印版表面的不平整性来自动调节曝光头的高度。

（c）操作终端。UV－Setter 通过显示器、鼠标和键盘来控制操作。

（d）测量及控制系统。UV－Setter 的所有组件连接在一起，起到控制的作用，并用一个总线来交换测量数据。一台 PC 机来处理这些数据，PC 机也记录工作中的各个组件的参数，当发生故障时，维修人员可根据这个记录来排除。

如果 UV－Setter 上装一个遥控维护单元，将记录传送到维修中心，维修人员则可以很快地解除故障。

②印版质量

UV－Setter 及其曝光技术的另一个特点是成像时的方形网点或像素。这种小网点在 10～28μm，据分辨率不同而变化，有锐利的边缘，如图 6－18 所示。而且这些网点完美地连接在一起，不像激光曝光生成的圆形、不清晰的小点子，重叠在一起。这意味着，用现代的加网方法，即使在低分辨率下，也可以取得高质量的印品。对于用户而言，低分辨率会缩短 RIP 解释时间，数据量变小，节省内存，加快制版速度。

例如，对于加网线数为 200lpi，阶调范围为 1500dpi 的 256 级灰度的高质量商业印刷来说，UV－Setter 在印版上所形成的方形像素仅有 17μm 大小。

③主要特点

（a）应用领域。UV－Setter 可通用于各种类型印刷中，无论是报纸印刷、书刊印刷，还是高质量的商业彩色印刷。根据所需的制版速度，UV－Setter 可选装一个或两个曝光头。两个曝光头的制版速度比一个曝光头的速度快一倍。由于 UV－Setter 可以根据不同印刷要求进行组配多种规格的版面，如图 6－19 所示，所以它是所有印刷公司理想、经济的直接制版设备。

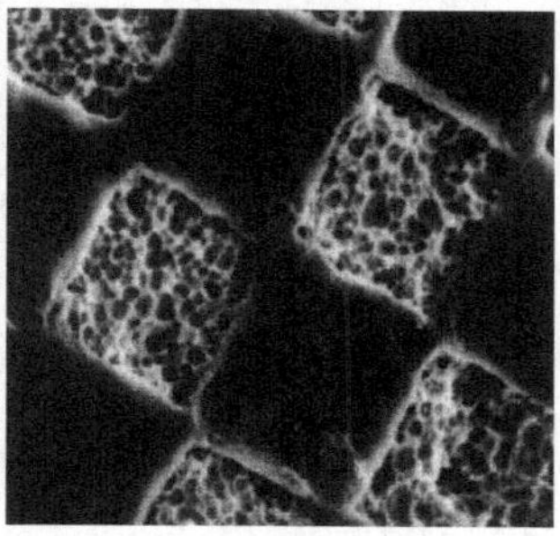

图 6－18　锐利的边缘

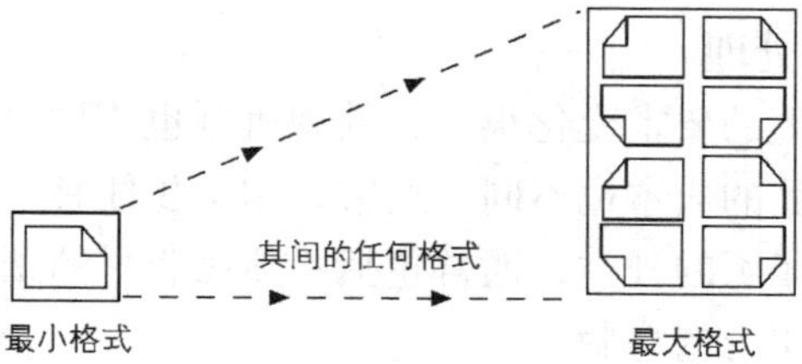

图 6－19　多规格版面

（b）易用性。UV－Setter 非常易用，因为它有平台系统、友好界面、先进的软件控制，用户可以在很短时间内学会如何操作它。可以用鼠标选择文件和相应的印版类型，然后开始制版。

（c）成本低。UV－Setter 是一款节省成本的直接制版机，耗电量小，部件磨损小。用过一段时间后，需换一次激光器，这种大功率激光器也不太贵。UV－Setter 中的紫外光源价格比较便宜，容易替换。

（d）维护。最好定期做好 UV－Setter 的维护，可以保证日常工作，也可以延长机器寿命，制版速度见表 6－1。

表 6－1　UV－Setter 直接制版机速度　张/时

型　号	571	710－S2	710－HS2	11163
高速平印 PS 版	17～21	9～10	16～19	9～10
其他 PS 版	13～15	6～8	12～14	6～7

注：在所有测试的印版上，都有 1500dpi，50% 的图文面积，加网线数为 200lpi。制版所用时间，与 PS 版的光敏度有关。

（2）艾司科公司（比利时）的 Espresso

Espresso 采用 UV 光源对传统 PS 版曝光、直接制版。机械结构以该公司 EskoScan 网点拷贝扫描仪为基础，操作简单，具备 X－Y 扫描技术的高精度，分辨率为 2400dpi，视传统版材的感度不同，每小时能输出 13～20 张 4 开版。它面向小型商业印刷企业。

（3）Purup－Eskofot 公司的 Dicon 印版输出机

Dicon 是一种平面型的印版记录设备，其最大幅面为 1125mm×825mm，记录分辨率为 1270dpi 和 2540dpi。该机器采用紫外线对印版曝光记录。据称其记录速度在 2540dpi 的记录分辨率下达到每小时 30～50 张全开印版。

Dicon 采用高功率水银弧灯产生紫外线，紫外线通过光导纤束传导到一个光线开关阵列上（Light Switching Array）。光线开关阵列由大量的光开关组成，每个光线开关可以形成 20μm 的记录光斑，其通、断受到记录数字信号的控制。光线开关阵列 LSA 排成一行，其宽度与印版最大宽度吻合，这样每次可以对一整行的像素进行曝光记录。记录印版时，LSA 构成的记录头部静止，而印版做精确稳定的移动，移动的速度可以达到 10mm/s，记录曝光 825mm 宽的印版仅需约 80s。

第二节　CTP 工艺与质量控制

一、CTP 工艺

1. 印版处理

印版处理的要求变化很大，处理机制也不同。维护和保养的频率及劳动力消耗也不同，化学冲洗药品的成本也不同。通常，印版越便宜，化学冲洗药品价格越贵。印版处理的流程通常取决于印版的种类，通常包括：热敏版材的预热、光敏版材的定影、显影、水洗、后处理和增加耐印力的烤版。

（1）印版选择注意因素

选择印版要考虑的最主要因素为：能否在明室条件下进行印版作业、接受黄光条件下作业的程度、印版成本、印版处理化学药品的成本、环境要求（化学试剂的处理）、制版速度、制版机特性、手动和自动的印版处理、耐印力、适用的（无水印刷 UV 油墨等）印刷条件。

（2）小幅面印版（对开以下）

许多制版机供应商提供印版自动处理功能，甚至直接整合制版机的组件。大多数推荐制版机能通过“桥”连接到后续印版处理设备，实现印版曝光后自动卸载印版。

通过可见光激光曝光的印版对日光非常敏感，必须在安全条件下作业。然而，在红色安全光下作业很不方便，因此，安装自动处理系统十分必要，这些自动设备都能把印版在安全照明条件下自动装进闭光的版盒中。尽管自动制版机是闭光的，但建议把自动系统安装在可控的暗房中，以便设备维护。

紫激光印版能在黄光条件下处理，由于在黄光下作业比较方便，所以，不必添加自动装置。但是可以根据印版实际输出量、输出版材的尺寸变化以及劳动力成本和其他附加成本决定是否添加自动装置。

热敏版对可见光不敏感（有些版要避免 UV 光直射），是否添加自动装置也可根据印版实际输出量、输出版材的尺寸变化以及劳动力成本和其他附加成本决定。

如果制版机同时为几个印刷厂服务，将面临处理不同尺寸印版的问题。如果劳动力成本很高，则应购买一套多盒自动上版装置；反之，手动上版更合适。特别注意，购买单盒自动上版装置是没有价值的，经常更换版反而浪费人力。

全自动应该包括去除印版之间的隔离纸片。在包装印版时，为了保护印版图像表面，印版之间会加有保护纸片。当把印版装入版盒时，手动去除这些纸片很琐碎且易出错，容易导致印版损伤，特别是在暗室中作业时。但是，如果设备包含此功能，设备的成本和复杂度则会大幅度增加。

客观评价自动装置对生产作业的意义十分关键。如果使用紫激光或热敏版材，就不必再比较成本和复杂度；如果购买自动装版盒，则配备推车非常必要，因为版材盒满载时没有推车会很麻烦。

（3）报纸印版

报纸制版机都是专门设计为适应快速、大批量标准尺寸印版生产。报纸制版机基本是全自动的，甚至可以同时对前后双宽幅印版进行曝光，并适合宽幅和全张印版尺寸的在线处理。

（4）大幅面印版（对开以上）

大幅面制版机并不都选择自动装版机，这些设备占据的空间面积较大，版盒又很笨重。大幅面制版机基本是热敏制版机，因此，手动（明室作业）更合理。

2. 制版机工作环境

（1）面积空间

一台对开制版机需占空间约 1.6m × 1.8m。如果制版机放置在印刷车间或接近印刷车间，就需要一个独立工作间，特别是在有黄光或安全光要求的情况下。

除制版机本身所占空间外，还需要考虑自动上版装置、连接设备的“桥”以及便于设备维护保养与方便作业的足够外围空间。

（2）工作环境

如果制版机放置在印刷车间里或接近印刷车间，必须充分考虑印刷车间的震动和纸张灰尘对设备造成的影响。

由于紫激光版材，特别是卤化银类，对白光非常敏感，只要见到一点点白光就会雾化。所以，如果采用紫激光版材，必须配置黄光照明。

3. 打孔工艺

套准是影响彩色印刷图像质量的关键因素，对于调幅加网来说，套印不准加剧龟纹和玫瑰斑的作用，严重时产生废品。要做到套准准确，图像必须按照套准的特点，以最大精度重复对准，这一目的是利用印版外侧的按照印版滚筒套准设置的一组定位孔来实现的。

许多制版机设置打孔定位系统，在印版特定位置打套准孔，确定图文成像位置。许多制版机通过印版两边来对准印版（如三定位孔），通过一些标尺测量印版位置，再把图像曝光在印版的合适位置。

（1）三点定位法

在三点定位法中，有两点是对印版长边定位的，这两点属于机械定位。另一点对印版侧边，即短边定位，属于光学定位。印版先由两个机械定位销定位，然后再进行侧边光学定位，根据侧边光学定位计算出印版定位的基准线，再根据基准线进行成像。因为光学定位边是可以灵活移动的，所以，即使印版放置位置差别很大，成像的位置也是非常精确的。这种方法属于先成像再打孔，成像后的印版需要打孔后才能上机印刷。

（2）虚孔定位法

虚孔定位法分为两步执行，首先在印版的长边打三个孔，最右边的三角孔为定位虚孔。接着印版被安装到成像鼓上，长边由机械定位销定位，侧边由激光定位，以虚孔为基准线，再根据基准线进行印版曝光。这种方法属于先打孔再成像，印版成像后可以直接上机印刷，不需要另打孔。

（3）三点定位和打孔组合法

把前两种方法结合起来，形成了第三种方法，即三点定位和打孔相结合的方法。这种方法只打两个装版孔，不再打虚孔。打完孔后的印版按第一种方法进行定位成像。印刷过程中，由于印版和橡皮滚筒、着墨辊的相互摩擦，再加上印刷车间温控装置不理想，印版表面的温度会不时地改变，导致印版伸长或缩短，给印刷套准造成很大的麻烦。内置温度补偿装置可以根据环境的变化，自动对印版的热胀冷缩进行补偿，任何时间曝光的印版都能套印准确。利用温度补偿装置，同一台 CTP 系统制作的印版重复精度可以控制在 ±5μm，不同 CTP 系统制作的印版重复误差小于 20μm，大大提高了印版的套准精度。

对于没有打孔系统的制版机，则需要配备与使用和制版机印版定位相同的打孔设备。

4. CTP 设备的线性化校准与网点扩大的调整

（1）线性化校色原理

在印刷中，网点扩大始终是影响印品质量的一个重要因素。对于传统印刷，网点扩大是指印品上网点和胶片上网点面积的差值；而在使用 CTP 制版时，没有胶片，因此网点扩大是指印品上的网点面积和印版上的网点面积的差值。在印刷条件不变的情况下，CTP 印品比传统制版印品偏暗。以数据文件中 40% 的网点在整个过程中的传递为例来分析，如图 6－20 所示。

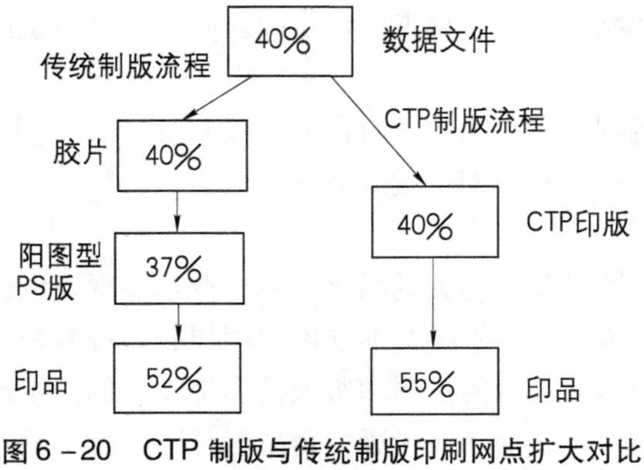

图 6－20　CTP 制版与传统制版印刷网点扩大对比

在传统制版流程中，数据文件首先经过照排机输出胶片，然后晒版，最后进行印刷。网点从胶片到阳图型 PS 版，由于晒版时光线的斜射和网点边缘的不实等，印版上的网点面积较胶片上的网点面积要小；而 CTP 制版流程中没有胶片，印版上的网点面积和数据文件的网点面积一样大，即传统印版上的网点面积小于 CTP 印版上的网点面积。在同样的印刷条件下，CTP 版印品上的网点就大于 PS 版印品上的网点面积，即采用 CTP 制版流程的网点扩大比传统 PS 制版的网点扩大要大。因此，CTP 版印品比 PS 版印品偏暗。

要达到二者印品相同，就要使 CTP 制版机输出印版上的网点小于实际网点，也就需要对 CTP 制版机进行线性化曲线补偿；或者要想使 CTP 印刷品达到一定的标准，就要按这个标准对 CTP 制版机进行线性化曲线补偿。

如 6－21 图所示，假设 $I(x)$ 是当前设备的复制曲线，$S(x)$ 是我们期望的复制曲线。当输入值为 x 时，当前设备的复制值为 A 点的 y 值，即 $I(x)$，而期望得到的值为 B 点的 y 值，即 $S(x)$，且有 $S(x)=I(x')$。也就是说当期望输出值为 B 点 y 值时，须将 x 值转化为 x'，代入到当前设备的复制曲线 $I(x)$ 中，才可得到期望的输出结果。这样就需求出 x 和 x' 的关系，该关系就是要求的补偿曲线。当前设备的复制曲线 $I(x)$ 可通过实验得到，并拟合出其曲线方程。期望的复制曲线 $S(x)$ 可根据需要得到，并拟合出其曲线方程，从而可求得补偿曲线方程 $c(x)$。

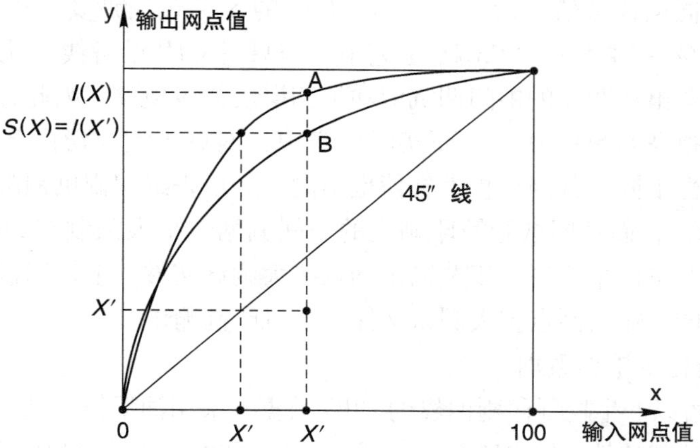

图 6－21　CTP 制版行线性化曲线补偿示意图

（2）线性化校色步骤

由于可以在 RIP 加网过程中对图像数据进行修改。使 CTP 印版得到所需的阶调值，所以 CTP 在成像方面具有常规制版不能达到的灵活性。

不同的 RIP 软件有不同的线性化和校正方法，为了得到用于控制稳定性的基本参考数据，应该独立完成图像转移到印版上的线性化操作，然后借助特性曲线得到所需印版上的阶调值。

在具体线性化过程中，通过对控制条上每个阶调的外观网点面积进行测量可以确定实际的阶调转移特性（使用线性化成像印版）。这样可以建立达到参考条件阶调转移印刷所必要的校正曲线。

线性化曲线补偿的步骤可分为以下几步。

①采用当前 CTP 制版机输出灰梯尺，并印刷得到印品，测量梯尺上每个色块的网点百分比，记为当前设备印品百分比。

②根据需要给出每一色块的期望印品网点百分比，可按 ISO 标准得到，或按照 CTP 版

的标准得到。

③根据二者得到线性化补偿曲线，这一步是关键。线性化补偿曲线由专门的软件生成。

④输出 CTP 版时，调用线性化补偿曲线。这时输出印版上的网点百分比小于数据文件中的网点百分比。最后印刷就可得到期望的网点百分比。

印版成像时，在 RIP 中使用此曲线上相应的数据，由此可以制作得到印版在印刷时将能够达到所需的特性曲线。

在校准过程中要注意，使用不同的 CTP 版材时，因为光灵敏度不一致，CTP 需要对激光功率进行调整；使用不同的输出分辨率时，激光功率也需要进行调整。CTP 工艺中，显影条件是比较稳定的，但是对于药水补充量要合理控制。显影液浓度的检查，可以通过经常检查 CTP 印版的着墨区（未上墨）和非着墨区的反射密度或检查数字式测控条来判断显影液自动或手动补充的稳定性。

5. 印刷环境网点扩大的色彩调整

印刷机印刷版材上的图文信息，会产生网点扩大。在晒版工艺中，必须对中间调的网点扩大补偿，而且不同网线数值补偿不同。如 175lpi 的 50% 的阶调要减少 4.5% ~6%，实际印版的阶调值为 44% ~44.5%。在 CTP 工艺中，若只对 CTP 设备线性化校正，没有网点扩大补偿，印刷品中会出现明显的中间调沉闷和暗调层次并级现象。因此，CTP 直接制版特性曲线的中间调需要提亮 4.5% ~6%。而实际生产中，网点扩大补偿由于承印物不同，印刷机不同，油墨的特性不同，其网点扩大补偿也不同。如单张纸印刷机铜版纸的中间调网点扩大限制在 10% ~12%，而新闻纸卷筒印刷机的中间调网点扩大限制在 20% ~25%。CTP 工艺的网点补偿曲线既可以采用现有工艺输出网点扩大测试文件，上机印刷测试，也可以采用直接通过校准的 CTP，输出网点扩大测试文件，上机印刷测试。

6. 为印刷设备提供墨控数据

CTP 工艺流程可以产生控制印刷油墨的 CIP3 数据。采用油墨控制技术，印刷机必须具备 CIP3/4 接口，CTP 流程软件在输出印版时，可直接生成墨控数据——PPF 文件。这个文件递交给有 CIP3/4 接口的印刷机，直接控制印刷的墨量。通过油墨控制技术，印刷控制从经验型向数字化控制转变，改善并稳定印品质量，同时缩短印刷准备时间，提高印刷机的利用率，降低生产运营成本。若印刷机没有 CIP3/4 接口，还可以采用专业的油墨控制软件为用户解决印刷设备的油墨控制。只要前端能够生成 1bit TIFF 文件，专业油墨控制软件就能将数据转变成油墨控制数据，直接打印出油墨信息，机长根据打印的标准信息调整墨键。这种方式要比人工经验调整或者使用印版扫描器获取信息的速度更快，大大缩短了印刷准备时间。

7. 制版机彩色分色印版输出设置步骤

如果用户的出版物包括补漏白（陷印）的 PageMaker 成分，选取“公用程序补漏白”选项；点按“使出版物补漏白有效”，设置补漏白选项，而后点按“好”；选取“文件→打印”；为用户的打印机类型选择一个直接制版机的 PPD；点按“颜色”，然后点按“分色打印”。如下是对每种颜色决定加网角度和加网线数，其一般规则简单介绍如下：

①对于专色，通常 PPD 中为“自定义颜色”指定的网屏角度打印，一般为 45°。

②对于原色，选择原色的名称，而后对 PPD 的“优化”屏幕检验其数值，建议使用优化屏幕设置。

③选择想要打印每种颜色的名称，并选择“打印此色”；或者，用户可以连击想要打印的每种颜色的名称；若要选择所有的颜色，选择“打印所有颜色”。

④根据需要选择“镜像”和“印版”选项。

⑤点按“纸张”以检查用户的出版物调整到了选定纸张大小，并选取打印机标记和页面信息。

⑥点按“打印”。

8. CTP制版曝光参数的调试及设定方法

首先根据输出要求，进行CTP机的相关参数：MediaType（印版类型）和Plate（印版参数）设置，如MediaType（阳图，厚度为0. 30mm），Plate印版参数（尺寸为745mm × 605mm）。然后确定输出分辨率。在上述参数确定的前提下，调试并确定与之对应的最佳适配参数如light（激光发光功率）、rpm（滚筒转速）、focus（焦距）、zoom（光圈大小）等。

9. CTP印版显影技术

传统印版曝光时间的长短主要取决于印版的感光度、UV光源的输出功率以及光源与印版之间的距离等，通常的曝光时间都在10s以上。而CTP曝光系统是采用可见光、红外光线或紫外光线在ms或μs的时间内完成印版上网点的晒制任务，这就要求CTP印版具有足够高的感光度，相应地，CTP印版对于显影过程的要求也比传统印版要求严。

在显影液浓度不变的前提下，CTP印版对显影时间的要求要比传统印版对显影时间的要求严格得多，在CTP印版显影中，时间的允许变化范围是±10% ~ ±15%，而在传统印版显影中，时间的允许变化范围是±50%。在传统印版显影过程中，显影槽的温度变化范围允许在2~3℃之间，而在CTP版显影过程中显影槽的温度只允许在±5℃范围内波动，否则将会影响到印版成像的质量。由此可见，如果在显影过程中显影参数设置不合理，那么将会影响到整个CTP流程的正常进行。

聚酯印版成像所采用的光源通常是可见光，例如：488nm的氩离子激光、532nm的单频YAG激光等。而对于热敏型的印版通常采用在电磁波谱中处于红外区域的光源，例如：830nm的LCD激光、1064nm的双频YAG激光。

与传统印版显影一样，CTP印版显影机也是由显影、清洗、上胶和干燥等几个部分组成。对于CTP显影设备，人们优先考虑的并不是显影通道的长短、显影槽的大小、显影毛刷的结构等，而是显影过程的稳定性和显影液的补充。特别是保证显影剂在显影过程中尽可能少地被氧化，尽可能地保证显影液补充流量的稳定和减少显影液冲淋方式对印版传送造成的影响。如果显影液补充流量和显影液冲淋方式控制不当，就会造成印版上光滑网点边缘产生虚晕并对显影液回收利用造成更大困难。

显影液的补充供给量应该以检测为依据，以前我们通常只检测印版的长度，其实，这是不准确的，因为我们所使用的印版有可能宽度不一致，所以更确切的做法是检测印版的实际面积。另外，我们也可以通过检测显影液的导电性来判断是否应该补充显影液。如果被测显影液的导电性发生变化，也就意味着应该补充新的显影液。

现在显影机的显影槽底部都设计成圆柱状，因为通常显影液中的污物和其他沉积物都是沉积在槽底部，这样设计有利于保护印版，避免它受到污物和其他沉积物的污染，其次这种结构便于将这些污物和其他沉积物带入输出管道。当然，为了减少显影液中的污物和其他沉积物，我们对进入显影槽的显影液应事先做过滤处理同时测量 pH 值。

以前的 CTP 印版显影机通常与印版、显影液配套使用，随着技术的进步，现在已经出现既可以显影光敏 CTP 印版，又可以显影热敏 CTP 印版，甚至于传统显影的 PS 版显影设备。对于特定的印版还可在显影机的前部添加冲洗单元，以便去除印版表面的保护层。

（1）预热显影或不预热显影

早期的 CTP 版在显影之前通常有预加热处理过程，因为这种 CTP 版材的感光度相对较低，激光的能量只能使印版曝光部分发生交联反应，所以曝光结束后、显影之前还必须有一个预加热过程，目的是使曝光部分的印版充分发生交联反应，以提高印版的耐印力。通常报纸印刷所用的 CTP 印版的预加热温度控制在 100℃左右，零件印刷 CTP 版的预加热温度最低要达到 140℃，如图 6－22、图 6－23 所示。

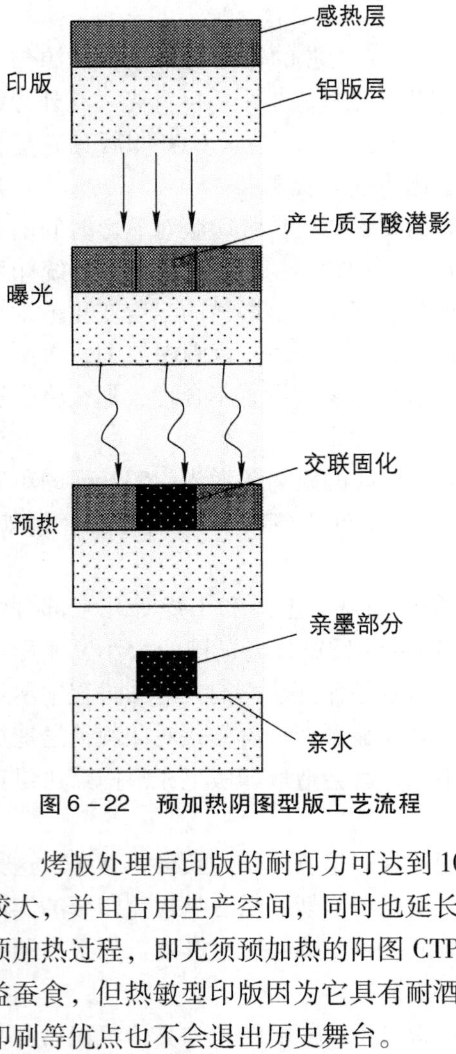

图 6－22　预加热阴图型版工艺流程

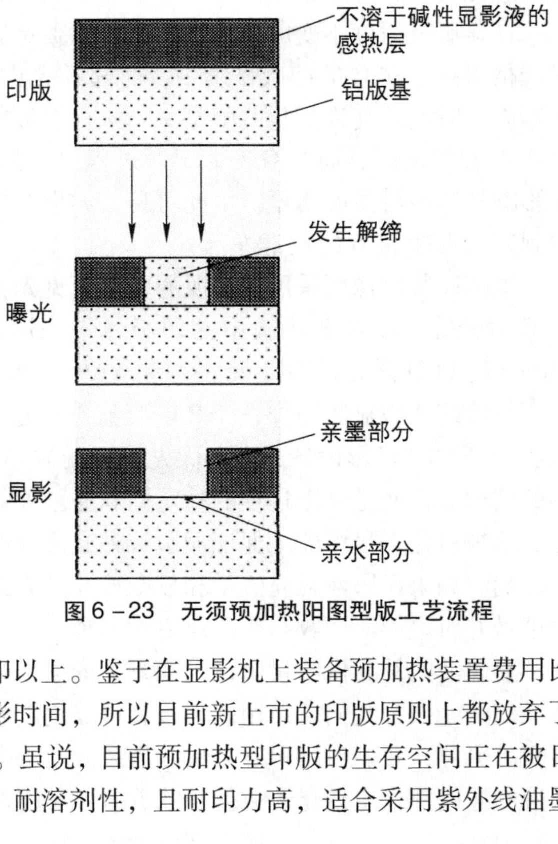

图 6－23　无须预加热阳图型版工艺流程

烤版处理后印版的耐印力可达到 100 万印以上。鉴于在显影机上装备预加热装置费用比较大，并且占用生产空间，同时也延长了显影时间，所以目前新上市的印版原则上都放弃了预加热过程，即无须预加热的阳图 CTP 印版。虽说，目前预加热型印版的生存空间正在被日益蚕食，但热敏型印版因为它具有耐酒精性、耐溶剂性，且耐印力高，适合采用紫外线油墨印刷等优点也不会退出历史舞台。

（2）银盐印版显影

具体工艺如下：采用涂布器向水平运行的印版涂布显影液，12s 左右后挤压辊去除印版上显影液，并直接将废液排放到废液筒中不再重新利用（避免了每次补充药液造成的显影液浓度不稳定），接下来将是印版的定影过程，即传统工艺中常采用的水洗过程，在银盐显影技术中采用涂定影剂的方法来完成定影工艺，曝光部分和未曝光部分的 AgX 乳剂层以及曝光部分的图层都在定影剂作用下被去除，未曝光部分的阳图层在定影剂作用后被保留下来。这种显影工艺不需要水洗过程，显影液的消耗量也很低，$1m^2$ 的印版大约只需 80ml 显影液，为了防止涂布头出现结晶现象，在显影机不工作时，也应该将喷液泵开关几次，如果将这时的显影液损耗量记在内，每平方米印版平均消耗显影液的量在 100ml 左右。

二、CTP 工艺质量控制

1. CTP 制版的工艺控制

CTP 系统的重要特点之一是有能力在版材及其环境条件发生变化时仍能精确稳定地成像，即直接制版的成像精确度不因版材环境等其他因素变化而受到影响。然而一般版材的成像性能会因许多条件发生一定程度的改变。诸如版材不同批次间本身敏感度的差异、周围环境温度、储存时间、显影冲洗条件以及激光光源的衰减等，CTP 很大程度上是依靠缩短印刷准备时间而使用户受益的。CTP 系统保持精确成像的稳定性越好，后续印刷所需要的调整就越少。方形激光点技术的热敏 CTP 系统是在此意义上应用得最好的解决方案。因为它从根本上避免了因版材环境条件的变化对最终成像网点数据的影响。版材的成像性能因上述环境条件的变化而产生的变化通常可达 ±10%，绝大多数的版材不同批次及储存时间的不同都可产生这种程度的变化，环境温度等条件的变化也同样如此。在版材成像性能已经发生 ±10% 变化的情况下仍要达到不超过 1% 的最终成像网点密度的控制，以最小程度地降低印刷调节、缩短印刷准备时间。

10% 的曝光变化相当于 10% 的版材敏感度变化（不同批次之间或新版与长期存储的版材之间对照）。对于版材来说这些数字具有典型意义。

（1）绝对重复精度

大多数 CTP 设备具有良好的重复性，但为使不同 CTP 设备上输出的版材可以混用并能套准，则 CTP 设备必须具有绝对重复精度。在没有绝对重复精度的情况下，对一源文件进行重复出版时，所用的 CTP 设备必须与初始的一套版使用同一台机器。确定一个严格的绝对重复精度，则印刷厂商可以根据其设备拥有状况在任意一台 CTP 上进行源文件的重复出版。绝对重复精度还允许那些为重复印刷而保留印版的厂商在日后应用此套印版时只更换其中的一张。绝对重复精度要求 CTP 具有温度补偿系统，但只有温度补偿系统不能保证绝对的重复精度。

（2）温度补偿

铝版在温度改变 1℃时，每米会产生 2～3μm 的变化。在印刷状态下，一张拥有 200lpi（80l/cm）网屏的 8 开版在温度改变 5F 或 3℃时网点会有 1/2 的变化。即使经过最好的套准（以印版中间的标记做套准），印版底端的网点也会有 1/4 的偏差。这种状况在应用重复输出的印版时最为严重。重复输出的印版在制作时比照原版制作时的温度会有几度的差异。例如，上午制作一套版材而在下午温度升高时再制作一张重复版材，这会产生整个网点都不能套准而且浪费了印刷准备时间的后果。这个解决方案是在版材被曝光或曝光之前测量版材温度及测量某一温度对应的曝光尺寸。这要比严格控制 CTP 车间温度产生的成本要少得多。

随着印刷业的上升和印刷机的增多，这个功能的重要性变得更加重要。

请注意，一旦印版被曝光并套准，则它们在温度升高的印刷车间仍能保持套准。因为所有印版以同样的比例膨胀。要评价一台 CTP 是否保证高质量彩色印刷温度补偿是最重要的指标之一。

2. 输出印版的质量检查

（1）一般检查方法

这种方法普遍使用于输出中心和设计公司，它的主要设备就是看版台和密度计。密度计是测试印版的关键设备，它的基本功能是可以读出网目调的阶调百分比，从而判断制版机生成的网目调网点的大小是否正确。例如原图中 40% 阶调处，对应在印版上的实测密度是否是 40% 。以下是一般性检查的主要检查方面及其含义。

①对附在印版上的网点梯尺进行测试，从而判断印版的各个阶调是否正确。从中主要来检查冲版过程及其参数，如显影速度、温度和时间以及显影液浓度是否正确，也可能包括制版机本身的问题，如线性化的好坏。

②观察印版的质量包括曝光是否均匀，检查印版是否有划伤。

③检查 PostScript 解释器对文件的解释是否漏掉内容，观察每一张印版上的内容是否存在没有输出的情况。对于分色片，除了单张观察之外四张分色片一起观察图像的阶调是否正常，套准是否正确。

（2）打样系统检查

现在 CTP 输出中心一般在出印版之前采用彩色数字打样，如果发现问题，则修改电子文件。成功打样后的彩色样品将成为彩色印刷的标准样张，这与传统出胶片，再生成印版用打样机进行打样是不同的。

3. CTP 制版质量控制

控制 CTP 制版质量是印刷质量控制的关键一步。CTP 工艺流程中，直接把图文信息复制在印版上，不需要输出胶片，与传统制版工艺相比，减少了在胶片输出中的网点变化，提高了套印精度和制版质量。控制 CTP 制版质量的关键是对网点正确复制，印版质量问题多表现在网点上，主要有：网点丢失，特别在图像高光区，即阶调值在 1% ~3% 时，及网点扩大、网点变形、网点发虚、不饱满等。

在 CTP 制版中，影响制版质量的主要因素。

①版材质量。不同类型版材的成像质量是不同的，对于一个企业来说最好选用固定厂商和固定型号的 CTP 版材，这样可提高制版质量的稳定性。

②设备性能。不同设备其曝光性能不同，单位面积光源照度和均匀度会对网点的均匀性产生影响。

③显影条件。包括显影液的化学成分、温度、浓度等，这些都是影响制版质量的关键因素。另外，一定数量的版材显影后，在显影液中的部分树脂层会形成许多絮状物，附着在成品版材上，若不加以处理会造成印刷时带脏。

④工艺控制。包括各种工艺参数的设置，如曝光时间、显影时间。另外，同一套版最好一次性处理完，这样能保证套印精度。

⑤环境条件。主要是版房的温度、湿度、光照条件等。

⑥后工艺处理。如烤版。

质量控制应该设定在版材所要求的范围，目前对制版质量好坏的判断大致可分为主观目测和客观测量。

（1）主观目测

主观目测分为粗看和细看，粗看是对印版做整体的质量扫描，检查印版是否晒正，位置是否适合；规矩线、角线、裁切线是否齐全；图文部分是否完整、连续；文字、图文、线条是否舒畅；空白部分是否干净、整洁；检查版面是否有脏点、划痕等。细看是对印版上网点的阶调值仔细查看，可以借助5～10倍的放大镜，观察印版中高光、中间、暗调区域的网点大小、形状、边缘轮廓等。CTP制版能实现的网点阶调范围大，可在1%～99%的网点间，中间调50%～70%的网点基本不扩散，网点结实、饱满，光洁度好。

（2）视觉评判

CTP制版质量是一种定性的判断。观测者的知识、技能、经验不同，在一定程度上会产生判断偏差。但积累一定的经验后，也能迅速、准确地检查出制版中的质量问题。为了便于网点的视觉分析，一般在印版上设置测控条，通过观察测控条来判断制版质量。

（3）客观测量

借助仪器设备进行定量分析，主要针对印版网点百分比，通过测量数据来判断网点阶调值的变化。通过仪器设备和工具测出网点阶调值，做出定量的分析，再结合原稿或打样样张的网点特性，做出定量判断。

我国实施的CY/T 30《胶印印版制作》标准中，对印版网点阶调值的定义是：

$$A = 100 \times (1 - 10^{-(D_t - D_0)}) / (1 - 10^{-(D_t - D_s)}) \quad (6-1)$$

式中　A——印版网点阶调值（网点面积百分比）；

D_0——印版上非印刷部位的反射密度；

D_s——实地部位反射密度；

D_t——被测网点部位的反射密度。

只要用反射密度计测得D_0、D_s、D_t三个密度值，即可通过公式算出被测网点部位的阶调值。

可采用专业仪器测量印版的网点阶调值，如色彩控制与管理产品领域的世界顶级供应商瑞士的Gretag Macbeth的印版检测仪i CplateⅡ。测量印版时，注意不要使用偏振滤光镜，否则会影响测量精度，另外测量方向也会影响测量结果。

仅仅获得印版的网点阶调值还不能评价制版的好坏，还必须建立一个参考标准，否则不知道印版上的网点是扩大了，还是缩小了，其阶调发生了什么样的变化，以及什么样的网点阶调值才符合质量要求，也就是说，怎样确定印版的阶调值。

关于印版阶调值的参考标准有两种：一是打样稿的阶调值；二是传统制版工艺中印版的阶调值。以打样的阶调值作为评判标准时，还需要考虑印刷过程中网点的阶调转移特性。即使打样稿的网点阶调值与印版网点阶调值一致，获得的印品与打样稿的阶调值也不一定一致。因此，用打样稿做评判标准时，很难做出定量的判断。

在传统制版工艺中，晒版、印刷工艺阶调值的改变通过胶片修正进行预补偿。印刷过程中，传统印版与CTP印版所产生的网点变化大致是相同的，也就是说，具有相同阶调值的传统印版与 CTP 印版能获得相同的印刷结果，因此可以用传统印版的阶调值作为评判标准。如果在 CTP 印版上准确地再现传统制版获得的阶调值，则至少能得到采用传统制版印刷的效果，这一点的意义非常重大。第一，我们对传统制版工艺比较熟悉，经验丰富，能准确地控制制版质量，建立一个标准的、高质量的传统印版工艺标准，通过对比制版，就能确定最佳的 CTP 制版的参数设置；第二，可以通过传统印版与 CTP 印版的对比印刷，检测 CTP 印版的阶调值；第三，可以把传统制版中的测控条应用到 CTP 制版中，判断 CTP 制版质量。

在 CTP 制版工艺中，通过测控条来控制制版质量。测控条的种类很多，有美国的 GATF 测控条（图6－24），瑞士的 UGRA 测控条，德国的 FOGRA 测控条等，我国也有一些仿制和研制的测控条。图 6－25 是海德堡自带热敏版制版测控条，此测控条 18 个单元的作用见表 6－2，图6－26 是海德堡数字印版控制条示意图；图 6－27 是柯达数字印版控制条。

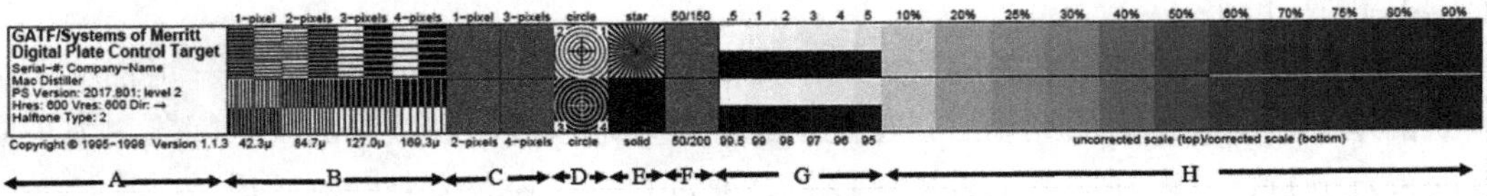

图 6－24　GATF 数字制版测控条

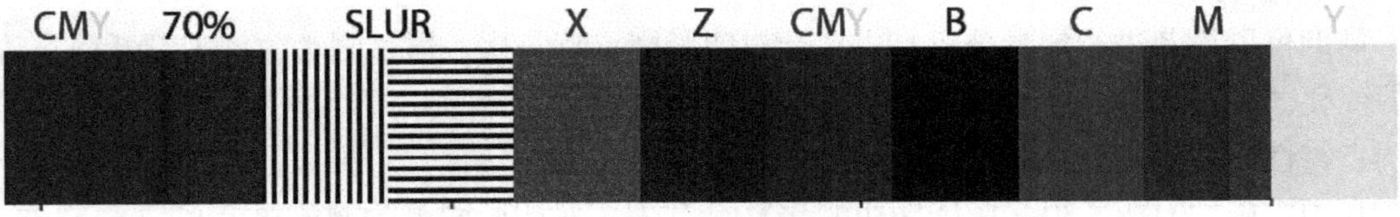

图 6－25　海德堡制版机自带测控条

表 6－2　海德堡自带热敏版制版测控条各单元的作用

块	构成	作用	块	构成	作用
1	1×1 像素的横线	检测成像系统的横、纵向分辨率	10	50%	检测网点还原状态
2	1×2 像素的横线		11	85%	
3	1×1 像素的竖线		12	90%	
4	1×2 像素的竖线		13	95%	
5	0	检测网点还原状态	14	97%	
6	3%		15	100%	
7	5%		16	重复性网格	检测方向性的变化
8	10%		17	图案单元	视觉评价
9	15%		18	图案单元	视觉评价曝光状况

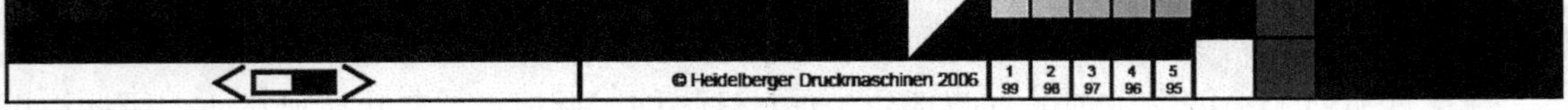

图 6－26　海德堡数字印版控制条

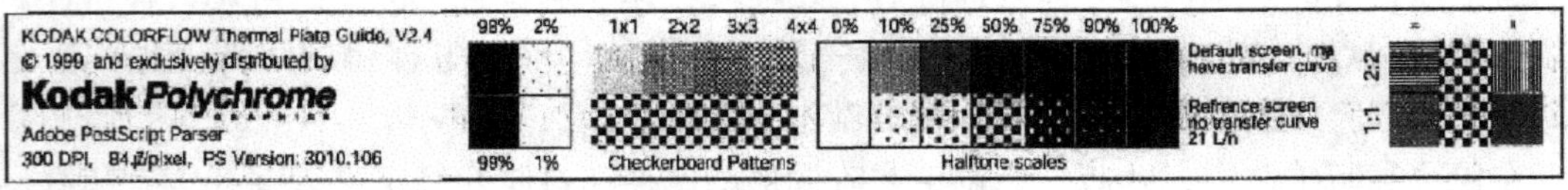

图 6－27　柯达数字印版控制条

在 CTP 制版质量控制中，多采用 UGRA 或 FOGRA 测控条，它们由分辨率、文字测控、彩色控制、棋盘、信息等模块组成，其加网输出方法基本上没有限制，可用于控制调频加网工艺。

在 UGRA 测控条中，控制制版质量的关键是连续调梯尺控制区和网点段，通过 UGRA 控制条可以对曝光和显影进行比较精确的控制。合格的 CTP 制版不出现并级现象，1% 网点出现，2% 网点清晰，95% 网点不糊版，精细网线区无网点变形和重影。

对于 CTP 制版，用细微线方法来检测印版的阶调值的方法不是很好，因为在制版中，用激光对印版进行曝光，细微线很难按所要求的精度在 CTP 印版上输出。另外，网点增大程度的评估与网线数和加网方式有很大关系，加网线数高，网点增大率大，采用调频加网输出时，网点增大率相对大一些。

4. 降低 CTP 制版废版率的方法

（1）保持 PS 版的清洁和平整

外鼓式直接制版机，对版材的清洁度和平整度要求特别高，尤其是采用调频加网时更是如此。在调频加网时，如果在排除文件自身的原因后，仍在平网处出现层次跳跃现象（用肉眼看到的是一小片层次较深的区域，在放大镜下可观察到网点明显较周围区域密集），则可能是由于版材有浮尘、版面不平整而造成曝光时吸热不均，热交联反应不充分所致。

解决办法：规定操作人员在装 CTP 印版时必须戴上清洁的工作手套，从版箱内垂直抽出版材后直接放于制版机的进版口处，而且在运送过程中必须防止折版。

（2）印版上内容的添加和删除

虽然在使用 CTP 系统输出印版前，客户对数码打样的样张已经签字认可，而且质检人员也进行了严格的校对，但出完印版后仍不可避免地存在个别印品内容上的问题，例如：有时版上缺少一两处如线条、标点符号等。

解决方法：先擦去印版上的保护胶，用刻针在印版上刻划（用力应适度），再上油墨，然后擦上保护胶即可（但此版的印量不能超过 3000 张）。若不存在颜色套合，此印版就不必重出。若印版上有个别多余的内容，在不涉及颜色套合的情况下可用星光牌 PS 版修版液修掉，并用清水擦拭干净，然后擦上桃胶①即可。

（3）印版上浮脏的处理

热敏 CTP 版材，曝光时当温度超过临界值时，图文部分发生交联反应形成潜像，显影时，此部分不溶于显影液，而未曝光空白部分的树脂层因没有发生交联反应而溶于显影液。经过一段时间、一定数量的版材显影后，在显影液中的部分树脂层会形成许多絮状物，附着在成品版材上，若不加以处理会造成印刷时带脏。

解决办法：一是经常清洗、更换显影机的过滤网芯；二是出印版前，彻底清洗显影机，尤其是显影机内的各组辊子；三是对于印版上的浮脏，可用清水先擦去保护胶，使用小毛笔蘸少许显影液原液在浮脏处轻描，并快速用清水擦拭，反复多次，便可清除，然后擦上保护胶即可。注意原液在印版上停留时间一定要短，否则会伤及周围的小网点。

① 桃胶：胶质半透明物质，可作为进口阿拉伯胶的替代品，印刷上主要用于胶印版面的保护去脏。

(4) 印版显影不充分的处理

当显影液疲劳时，对于柯达 Graphics 770mm × 1030mm 版材而言，空白部分的版面会发蓝，上机带脏。对于这类版材可进行二次显影，使其达到印刷质量要求。但应注意显影条件，通常我们将显影时间、毛刷速度调整为原有的两倍，同时必须检测印版上网点的变化。我们应根据显影液的疲劳程度最大限度地使用显影液。

解决方法：一是：调整印版校正曲线值；二是：增加显影时间或显影温度；三是：提高毛刷速度。

第三节　CTP 数字化工作流程

要实现印前到印刷的标准化，必须要具备相应的条件：数字化工作流程、印前管理、数码打样和对印刷机的标准化校正等。数字化工作流程（Digital Workflow）是使用 CTP 系统的关键，只有具有相配套的数字化工作流程和版材才能发挥出 CTP 的优势及潜力。

数字化工作流程是从扫描输入、文件处理、制版、打样到印刷等各个环节之间数据处理及交换过程。“数字化工作流程”以数字化的生产控制信息将上述三个分过程整合成一个不可分割的系统，使数字化的图文信息完整、准确地传递，并最终加工制作成印刷成品。

一般的数字化工作流程，包括印前、印刷和印后，其次是指印前到印刷，还有一种是短距离、局限于印前的数字化印前工作流程。它包括以下的一些主要处理过程：预检、OPI 功能、优化图像、陷印、电子工作单的文件编辑和描述及处理、色彩管理、专色处理、软打样、数码打样、拼折手版、版式打样、描述（将文字和矢量转换成像素）、加网、成像（输出到照排机或 CTP 机上）、归档、恢复等。

一、CTP 数字化印前工作流程的选用

虽然 CTP 有很多优点，但普及度不高，其主要原因为：

①很多印刷公司对数字化流程还不是太了解，不能区分各种流程的优劣；

②CTP 版材的价格比传统印版高，虽然有国产 CTP 的应用，但质量不是很稳定；

③数字打样的普及和客户的认同及色彩管理的统一，在价格和数量上无法与传统打样相比。

一套先进的工作流程系统应该具备完善的印艺功能模块，如作业的规范化处理、预检、陷印、色彩管理、屏幕预览、数字打样、数字折手拼版、加网、胶片或印版输出、CIP4 油墨控制、作业管理追踪、数据统计存档等。用户在选择工作流程时需要重点考虑到：该流程是否采用了业界遵循的开放规范和标准，如是否基于 PDF，支持 JDF 等。具体来说，在选用数字化印前工作流程时应注意 3 个方面，即文件输入兼容性，处理过程的灵活性，输出部分的多设备支持性。

1. 文件输入兼容性

其实以前的流程是把这一部分归入文件处理中，但现在流行的 PDF 流程中，文件处理被提前了，特别在网络化生产过程中，为了缩短与客户的距离，这一部分的重要性体现出

来。Agfa 流程中 Create 和 Prinergy 的 Synapse 具有强大的文件输入、处理能力，在这一部分还需要包含预检和文字处理功能。

要求流程必须能接受和处理：

①EPS、TIFF/IT - PI、CT/LW、DCS，这是老版本 RIP 都应该有的功能；

②标准的 PostScript Level 1、PostScript Level 2、PostScript Level 3 文件（其功能的表现在处理中出现）；

③标准 PDF 文件，需能正确处理 PDF 1.2、PDF 1.3、PDF 1.4，并能处理透明效果；

④对一些程序生成的非标准 PS 文件有解决方案；

⑤支持 Copydot 文件格式，虽然 Copydot 扫描仪很贵，但它是实现 CTP 数字化流程必不可少的支持；

⑥CEPS 转换，这是一个兼容性功能，它把其他流程中的文件格式转换到现在用的流程中去，保证数字化流程的完整性。

2. 处理过程

这一部分是整个流程的核心，其功能强弱关系到整套数字化流程被应用程度的高低。

①PostScript 兼容性。PostScript 是印刷行业的通用语言，已发展到第三个版本，现在的数字化流程必须处理 PostScript Level 1、PostScript Level 2、PostScript Level 3 三个版本的文件，大部分桌面系统应用软件都以此为标准，因此兼容性的好坏直接关系到 RIP 是否能解释各种软件制作的版面，输出中是否会出现错误等。

②PDF 的兼容性。Adobe PDF 是一种通用文件格式，能够保存任何源文档的所有字体、格式、颜色和图形，而不管创建该文档所使用的应用程序和平台。目前，PDF 文件格式逐渐成为印刷行业继 PostScript 文件格式之后的行业标准。所以要求工作流程必须兼容 PDF 1.2、PDF 1.3、PDF 1.4 三个版本的格式，特别是要支持一些新的文件效果，比如有透明效果的文件。

③解释速度。解释速度直接关系到生产的效率。它可衡量流程的生产能力，这个指数往往会受工作站的影响，比如操作系统稳定读取 CPU 的速度、CPU 的个数、网络速度等因素的影响等。

④文字的支持。对于英文来说，需要在流程中有管理文字的功能，因为在英文中，有同名的字体，但效果和版本不一样，这就要求流程具备这个功能来管理这些字体，避免出现文字差错。对于我国来说支持汉字是一个起码的必要条件，但有些流程对 CID 的汉字支持不是很好，特别是在现在的 PDF 流程中，还没有出现中文字体的完整解决方案。

⑤操作界面和功能。现在数字化流程的功能很强大，所以其功能结构和操作灵活性对实际生产效率起着决定性的作用。

⑥预览功能。可以用来检查解释后的版面情况，避免出现错误和减少浪费，因此现在大部分情况下都要先预览检查，预览功能也就成为了一项必不可少的功能。

⑦补漏白。在流程中与相应的补漏白软件配合，可解决彩色印刷中套色不准的问题。在有些流程中具有补漏白功能，但在有的流程中，是以另外的软件处理后再进入流程，从而完成补漏白的功能。

⑧拼大版。在数字化流程中，一般是配合一些拼大版软件，根据印刷品的要求把单个页面组拼成大版，再出版印刷。流程中比较常见的拼大版软件有 PrePS 和 ArtPro。PrePS 主要用于书刊拼版，而 ArtPro 主要用于包装拼大版。

⑨在线修改。或者叫最后一分钟修改，有时在出印版前需对某一个页面修改，为避免再次 RIP 处理整张大版，要求只对这个页面做修改处理。在这个方面，有的流程是只对 RIP 以后的文件修改，而不用对这个页面做 RIP，但有些流程需要在原程序中改变单个页面，然后 RIP 这个页面去替代原来的那个页面。

⑩RIP 一次，输出多次和广泛的设备支持能力。即经 RIP 处理后的同一数据，可同时供给印前打样与最后成品输出使用，并要求 RIP 能根据不同输出设备输出不同分辨率，即数字式印前打样、激光校样、拼版打样与最后成品输出使用同一 RIP，保证打样样张与最终成品的一致。主流输出设备，提供更多配置系统的灵活性和选择余地，最大限度地利用系统提供的功能。

3. 输出部分

这部分包含数字打样、拼版打样输出、远程校样、印版输出、胶片输出、CIP3 或 CIP4 数据文件的输出、生产系统数据的生成（ERP、PIS）等。

①数字打样。数字打样方案在整个流程中起比较重要的作用，数字打样的优劣最主要是看其速度是否快、重复性是否好、是否节省原材料，同时还要看其是否可进行比较好的色彩控制，特别是在远程打样和 CTP 输出的色彩管理的匹配和输出的一致性等方面。

②拼版打样输出。这个功能是为了检查拼的大版是否是最后需要的结果。

③远程校样。全球化商业行为的出现，使得客户分布在世界各地，所以此功能的出现恰好满足了客户的要求。这个功能的体现有两种表现形式：一种是远程屏幕校样，客户通过 Internet 上印刷公司的服务器观看打样，并可以在上面观察网点密度，还可以在上面标注意见和一些信息，印刷公司就知道客户的要求了；另外一种是可以使用经过色彩管理的打印机，打出与印刷公司一样色彩的样稿作校样。

④印版与胶片输出。数字流程可支持胶片输出和印版输出，对刚采用数字流程的厂家来说，先用输出大版胶片是比较好的选择，因为在输出大版胶片时，可以先熟悉一些流程，在有些问题没有办法解决的情况下，用修补胶片的办法来解决，避免一些没有必要的损失，等熟练后，采用 CTP 直接输出印版，胶片输出机可以作为 CTP 的备份机器方案。

⑤CIP3 或 CIP 4 数据文件的输出。CIP3 和 CIP4 作为数字化流程，对后工序提高效率提供了较好的基础。

⑥生产系统数据的生成（ERP、PIS）。一些流程中，把生成的生产系统数据作为生产管理系统的共享数据资源。

二、典型的数字化工作流程

1. 印能捷工作流程

柯达（Kodak）和海德堡（Heidelberg）公司联手将工作流程管理工业标准 PDF（便携式文件格式）和 PJTF（便携式工作传票）与 Adobe Extreme 技术结合在一起，开发了 Prinergy Connect 印能捷工作流程为商业印刷、出版印刷和分色制版公司提供杰出的生产管理。印能捷可以自动管理和完成诸如文件优化、陷印、打样、拼大版、胶片与印版输出和存档的任务。从而增强工艺控制并提高生产效率。通过智能化的中央队列管理，印能捷可有效分配和平衡工作量，优化生产效率，内置的 Oracle 数据库可连续不断地监测和记录工作流程中每一个作业的每一步处理，以便于快速诊断和纠正错误。图6－28为印能捷工作流程。

下面对印能捷标准版本工作流程中的部分细节进行介绍。

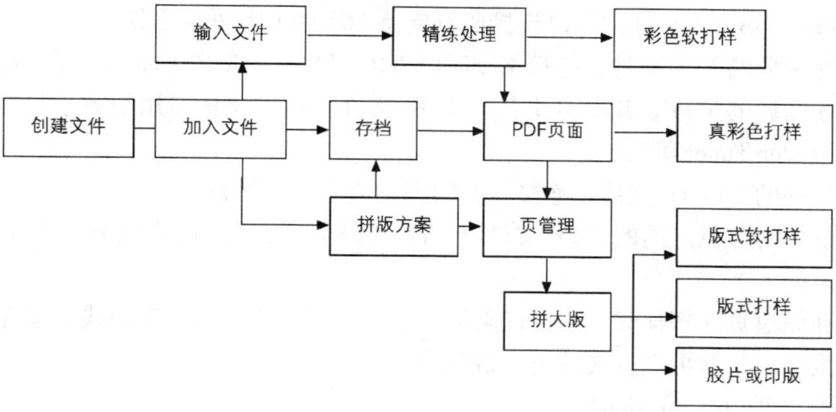

图6－28　印能捷工作流程

首先是建立一个新的作业，然后导入需要处理的文件，再进行精练化处理。

（1）精练化（Refine）处理

①CTConvertion（CT/LW文件转换）。

②输入文件的PDF化（Normalize）。这一步是整个工作流程中很重要的一步。在这一步时可以做OPI高低分辨率图像的转化、图像和字体的检查，同时还可以将过细的“极细线”粗化。

③网点扫描（Copy dot）。用户通过网点扫描设备输入的文件（通常是DCS文件格式，Creo的设备可直接输出网点扫描文件为PDF格式），常常是错误的分辨率。印能捷将这样文件的分辨率转化成与最终输出设备相匹配，同时还生成一个72dpi快速预览图像存放在PDF文件中。

④色彩管理（Color Management）。色彩管理是PDF to PDF的处理，包括两部分功能：一部分是基础功能，包含专色的四色转换和黑色的叠印等设置；一部分是增强功能，包含所有的ICC功能。

⑤陷印（Trap）。印能捷中的陷印，使用赛天使的专利高速陷印引擎，在几秒钟内就可完成上千物体的陷印。而且不只是矢量物体，位图也可以参与陷印。

⑥优化处理（Optimize）。客户常常在文件中使用过大分辨率的图像或缩得很小的300dpi的图，这就使得生成的PostScript文件变得很大，印能捷在做优化处理时，可根据用户自己的设定将图像分辨率降到指定的分辨率（系统默认300dpi）。

⑦文件的预览（Preview）。印能捷使用和最终输出一样的解释引擎将PDF页面解释成100dpi的JEPG图像文件显示在客户端软件中，使得用户可以很形象地知道自己到底在对哪一个页面做操作处理。

⑧拼大版功能（Imposition）。印能捷中的页面只有置入拼版方案后才能选择分色版输出，所以可直接设置每一个输入文件成为一个拼版页面，也可设置印能捷系统进行全自动的拼版。

完成了以上的处理步骤后，我们就得到了单页的、嵌入了所有图像和字体的完整PDF文件。这时印刷商可以选择让哪一家远程客户通过互联网络进行网络远程打样和输出确认，同时作业的状态也会自动变成“等待客户确认”。

(2) 单页面打样(Loose Proof)

印能捷的打样就是将 PDF 页面解释成为数字设备可以接受的文件格式。

①PostScript Level 3 文件。可以连接所有支持 PS3 的 RIP 做输出使用。

②彩色连续调的 EPS 文件。连接 EPSON 5000,7000,9000 或 10 000 系列的各种机型。

③彩色连续调的 TIFF、JPG、CT 甚至 BMP 文件。可以连接专用的数字打样软件(Best Color、Otis、Color Tuner 等)。

④分色加网的 HPRTL 文件。连接惠普的多款数字打样设备。

⑤高分辨率的分色加网的 TIFF 文件(1 bit TIFF)。可以连接第三方的照排机和直接制版机。

印能捷在做单页面打样时,还可以附加上色彩管理功能,打印裁切线和文件信息。确认所有的单一页面后,就可以将文件进行拼版输出了。

(3) 拼版处理(Imposition)

①拼版方案的制作。印能捷可以使用 PrePS 或 Signa Station 拼版软件制作空白的拼版方案,这就意味着在制作拼版方案时不需要有 PS 或 PDF 文件真正的页面信息,再多页面的拼版也可用配置极低的电脑来完成。

②页面顺序的设定。在印能捷中,将页面顺序和拼版方案分开处理,一个页面顺序可以对应多个拼版方案。

(4) 分色处理(Separation)

由于在印能捷中用户得到的是混色的 PDF 文件,所以会出现专色制作错误,而在分色窗口可以看到拼版文件中所包含的色版。

(5) 最终输出(Final Output)

拼版分色后的文件最终输出到照排机或直接制版机上,采用一边加网输出,一边进行曝光的方式。

(6) 文件存档(Archive)

文件输出后工作还没有结束,文件还需要被存档保管。印能捷主服务器上会配备一个 DLT 磁带机,它同时提供备份(Backup)和存档(Archive)两种功能。

(7) 历史记录(History)

印能捷中的所有操作都会在历史记录中留下详细的记载,可以让客户进行详尽的搜索查询。

(8) 印能捷的网络出版功能

印能捷的网络出版功能共分成四大块:用户权限管理、远程打样功能、循环修改直至输出、数据库记录所有操作。

通常一家标准的制版印刷企业工作流程分成两种:一种是"工艺工作流程",包含从原稿扫描、组版制作、版材输出、印刷到最终将成品抵运至客户;另一种是"管理工作流程",包含从原材料购买、库存管理、人员安排、员工工资核算等内容。实际上两条工作流程中有许多数据是可以共用或借鉴的,印能捷工作流程管理系统就是将这两条工作流程整合在一起,帮助客户做到最大限度地发掘企业潜力——提高工作效率,减少管理成本,发掘客户知道但无法发掘或根本不知道的企业剩余价值。

2. Meta Dimension 工作流程

海德堡的数字化工作流程包括满天星 PDF 工作流程、Signastation 拼大版软件以及印前接口 CIP3 等。

满天星（Meta Dimension）是海德堡公司为它的所有输出设备配备的一个模块化的、具有高灵活性的、实用的 PDF 数字化工作流程。它可以随客户自身的需要增减所需的功能，既可以解释 PDF 文件也可以解释 PS 文件。满天星是使用作业传票驱动的工作流程，具有直观的图形用户界面、RIP 内色彩管理、RIP 内的 OPI、RIP 内的陷印处理、PDF 文件预检及陷印、数字打样、灵活的页面拼版、支持海德堡所有的加网方式、TIFF－B 文件的输入及输出、可生成 CIP3 文件、连接海德堡德尔塔技术等丰富功能。在设计上，充分考虑到即将到来的 CIP4 组织的作业定义格式。

满天星配备了海德堡全新的校正管理系统（Calibration Manager），主要目的在于对输出印版进行线性化管理并根据印刷机的特性曲线调整 CTP 参数，以获得适于印刷的最佳网点增大率，令不同的印刷机拥有相同的印刷质量，确保在印刷复制的过程中最真实地反映原稿的层次及色彩，满足设计者的意图。

作为 RIP 作业系统的重要部分，满天星能够利用软件提供多种加网方式。海德堡提供了无理加网系统（IS）、高质量加网系统（HQS）和调频加网系统（Diamond）。另外还有线条加网技术（Megdot Plus），不会产生传统的印刷玫瑰斑，可以增加印品细节的层次。满天星中 In－RIP 色彩管理采用了海德堡 CMM 技术，它是基于 ICC 资料完成色彩转换。在 RIP 最后输出之前，可以进行 RGB 到 CMYK，Lab 到 CMYK，CMYK 到 CMYK 的转换，这些转换是以最后印刷材料的特性曲线为依据的。对于数字打样色彩管理，CMM 可以根据数字打印机和印刷机的特性文件，驱动数字打印机，获得准确的印刷模拟样张，甚至可以准确模拟白纸。IN－RIP 陷印帮助用户在最后输出之前，进行陷印并且预览最终结果。陷印的参数可以通过工作传票进行存储和修正。

满天星具有 RIP 内分色功能，包括陷印和色彩管理，这样可以输出复合色的文件。OPI 也都可以被 RIP 处理，并可以支持 1.3 OPI 和 2.0 OPI 规则。满天星支持多种打样方式：ICC 特性文件管理的软打样、彩色版式打样和彩色合同打样等。满天星支持惠普 5000 和 1050 型喷墨打印机，第三方打印机可以通过 TIFF 输出的方式实现。一旦打样完成，系统会自动把作业输出到对应的照排机或者是直接制版机上。

线性化管理器模块，包含胶片和印刷线性化管理。用户可以根据印刷材料，印刷机特性，设置线性化数据和印刷网点增大数据，满足用户对印刷标准化的需求。

海德堡的印前接口 CIP3 可以针对需要使用海德堡印刷设备，对满天星或者 Signastation 拼大版软件生成的 CIP3 文件数据进行分析运算，准确得到相应印刷机不同墨区的油墨分布。计算后的数据可根据活件的名字存储在作业卡中，然后将作业卡插入带有海德堡 CPCI－04、CP2000 或印刷控制中心的印刷机控制台，控制台会自动调节印刷机不同墨区的墨量分布，并根据 CIP3 文件里的套准标记自动调节套准，提高印刷机的效率并降低印刷机的损耗，同时保证印刷质量的稳定性。

此外，通过 Singastation 拼大版软件生成的 CIP3 印刷生产格式（PPF）文件，还可以精确控制折页机的设定及裁切机的编程。

3. Apogee 工作流程

爱克发（Agfa）公司已推出三代 Apogee 系列工作流程，它的核心组件包括：Apogee Create、Apogee Pilot、Apogee PDF RIP 和 Apogee Print Drive。它采用开放式的设计，与现有的设计、印前、印刷乃至印后的软硬件均可完美搭配，运转流畅。

Apogee Create 是采用 Adobe Extreme 技术专为设计者提供的功能强大的桌面出版软件，在前端的 Mac 和 PC 机上，可以简捷地将 PageMaker、QuarkXPress 等文件转换为 PDF 文件，并通过预检技术，使生成的 PDF 文件完全满足高档印刷品的要求。Apogee Create 还包括工作单编辑器，设计者可生成标准的电子工作单文件（PJTF）保存工作单信息，便于后工序处理。工作单嵌入 PDF 文件中，成为不同工序之间、印前工作者与客户沟通的桥梁。对于印前工作者来说，Apogee Create 免除了耗时的预检工作，这是因为设计者可以根据印前工序的要求，预先设定预检文件，生成 PDF 文件时会按预检文件进行逐项检查，如出血、专色、渐变等，使 PDF 文件完全符合设计者的要求。

Apogee Pilot 在整个流程中主要承担三项任务：首先将 PS 文件转换为 PDF 文件；再建立并编辑工作单文件；根据工作单的指示输出 PDF 文件。Apogee Pilot 的特别设计强化了 Normalizer 的功能，使处理专色、Pantone 色、图案、Colorized TIFF 及多色调图像更为准确方便。Apogee Pilot 还具有本地和异地 OPI 图像替换、重新生成 PDF 文件和工作单文件、以拖放方式组织页面、可选输出折手和色版等功能；集成预检、自动编辑、拼大版模块；使用 PitStop 4.0 生成的预检文件监视 PDF 文件的生成，并做自动修改；可实现 RIP 后对页面进行修改或替换。Apogee Pilot 与 Apogee Create 完全兼容，可直接处理 Apogee Create 生成的 PDF 文件。

Apogee PDF RIP 采用 Adobe PostScript 3 技术和实时方式处理输出文件，使得数据处理和交换的速度大为提高。在 Apogee 工作流程中，可以采用多 RIP 方案，多个 RIP 通过网络连接，使整个流程的效率得到大幅提高。Apogee PDF RIP 支持 RIP 内陷印，可自动进行陷印处理。它还具有网点预览功能，通过 PreviewPilot 可在本机或异地进行网点预视，观察“数字胶片”，检查陷印、折手、套印等是否正确。另外，Apogee PDF RIP 还支持多种加网方式及色彩管理预置文件。

Apogee Print Drive 可接受 PDF RIP 及第三方厂家 RIP 处理的版面数据，分配给各种 Agfa 或其他公司提供的输出设备，包括直接制版机、照排机等。网点复制文件、DCS 文件和 TIFF 文件都可直接输入到 Print Drive 中，不用经过 RIP 处理，大大提高了流程的工作效率。Apogee 流程新增加了 RIP 后拼大版的功能，可在 Print Drive 中收集 RIP 后的单个页面，拼合成完整大版面输出。Print Drive 还提供“最后一分钟修改”的功能，可在输出前修改 RIP 处理后的页面。Print Drive 可存储所有的页面，再根据需要选择适当的设备输出。Print Drive 的 Ink Drive 选件可生成 CIP 3 文件，输送墨量资料至印刷机，大大提高印刷的速度。

爱克发公司还专为 Sherpa 数字打样系统开发 PDF Proofer RIP，采用和 PDF RIP 相同的技术，可处理 PDF 文件和 PS 文件。内置的 ColorTune 色彩管理模块和 ICC 色彩管理预置文件，可保证数字打样的颜色准确再现。

4. 爱克发报印通（Arkitex）数字化工作流程

报印通是完整的报业生产流程，可实现生产的自动化、管理的可视化和集中化，产能自动均衡，灵活的生产调度，高度的系统安全，适合报纸的多版本、多区域的发展趋势，中文操作界面易于操作。

5. Trueflow工作流程

网屏公司的Trueflow汇智是智能化印前工作流程系统，把先进的印前技术与Adobe PDF解释器的核心技术集成起来，是一个用于网络化生产与远程印刷的强大系统。

为了精简处理流程，汇智工作流程采用了电子工作单和热文件夹技术，其中拼大版的工作单可以处理活件的自动预检、补漏白和拼大版等功能。然后，将这些工作单合起来建立单个任务或建立热文件夹进行自动分配任务的处理。有了热文件夹，操作人员不需要太多的培训技能操作。操作时只需将要处理的任务放在适当的图标处，就能进行自动补漏白、叠印处理、OPI图像处理、拼大版处理及图像光栅化处理，生产效率很高。这种处理方式节省时间和工作量，避免错误，增加流程的连贯性。

工作流程使用互联网浏览软件，管理人员可在任何一台联网（互联网或局域网）的Mac或PC机上，借助标准的网络浏览器，随时检查和监视当前的工作任务状态。通过直观的任务进展图表监视系统中的所有工作，以及查看记录表中已完成的数据。整个工作流程覆盖了整个印刷系统，减少了生产中的失误，提高了编排和流程控制的效率。操作人员用这个系统协调CTP制版的各个工序，为印刷工序稳定及时地提供印版。

汇智接受和输出主要印刷标准文件格式，如PDF 1.3、PS 3、TIFF（1bit、Grayscale、RGB、CMYK）及EPS。接受光栅化的PS、PDF和EPS文件，以及PJTF和Copydot文件。

在工作流程中，文件只被RIP一次，此后输出设定可被改变，文件可在其他设备上设定输出而不必再次RIP处理。文件按页面RIP后，同样的光栅数据就可以反复使用，在输出时，可改变输出尺寸、分辨率和输出设备。由于是按页面RIP处理，因此改动其中一页不会影响其他已经RIP的页面，而且单个PS、PDF、光栅化的PS和光栅化的PDF页面可以互换，不会影响其他已经光栅化的页面。

汇智工作流程也具备以ICC色彩描述文件为基础的色彩管理系统，支持直接彩色打样。网屏的LabFit色彩管理软件能够简单、快捷地生成精确的ICC呈色文件，在与Lab Proof色彩打样系统合用后，能提供完整的打样和CTP输出的色彩管理，保证色彩的输出与目标印刷品的色彩相匹配。LabProof能够自动地打印处置RIP提供的TIFF文件，不需要它自己的RIP，这样可消除因RIP的差异产生的问题。

汇智可输出CIP 3、CIP 4标准的PDF文件，连接印前、印刷和印后加工，增加整个流程的效率、连续性，减少印刷机待机时间。使用与CIP3兼容的印刷控制器，根据印前的数据通过PPF文件进行油墨控制，可减少印刷调色的时间，进而大大提高操作效率。

汇智的平台独立和以浏览器为界面及可扩展的特点，他非常适合当今网络操作生产和远程印刷的趋势。汇智可在任何地方监视和管理多站点的操作，用户可通过PDF 1.3和PostScript 3发送文件，通过互联网浏览器进行多用户数据使用，使客户更多地利用互联网参与印刷品的制作过程。

6. Dalim工作流程软件

Dalim软件是印前和出版业设计及开发创新的自动化工作流程与通信软件的领导者，由Dalim Software公司开发。

Dalim Twist是一个为一些要求最佳性能及深层生产管理的印刷厂、出版社和印前部门而设计的自动化生产工作流程。Dalim Litho 提供了页面修改功能，包括 PDF/PS 的修改工具，提供全面和高级的文件编辑。Dalim Dialogue 是市场上唯一基于 Mac OS X 系统的在线软打样软件。

7. 方正畅流工作流程管理系统（商业版）

方正畅流工作流程管理系统是北大方正电子有限公司自主研发的，主要应用于商业印刷、书刊印刷、制版输出中心、出版社、杂志社等各种实际生产环境，采用业界标准的开放格式，运用了最先进的数据库和互联网技术。目前，已经过 1.0、1.2、1.5、2.0、2.5、3.0、4.0 等多个版本的演化发展，功能不断增强。方正畅流具有超强的中文处理能力；充分按照用户的出版印刷流程规范，适应各种用户实际印刷需求，兼容最广泛的 CTF、CTP、数码打样、打印设备，充分提高用户现有硬件的生产效率和使用率，提高实际工作效率，规范团队操作流程，并可节约工作成本，有效降低出错率；同时利用 PDF 的优势，进行数据资料的加工处理等新业务拓展应用。

8. 方正畅流工作流程管理系统（报业版）

方正于 2005 年推出的畅流报业版针对报纸出版生产中广告文件规范、编辑部组版校样、传版、印刷等各个环节，提供不同的应用解决方案。可对报社外来广告文件进行规范化加工；与报社采编系统无缝连接，实现报纸 PDF 屏幕校样、打印校样控制、PDF 加密传版；在报纸印刷生产中自动拼版、输出控制等。另外，畅流也为报社报纸数字资产的生成和再利用创造了条件。

9. 印捷数码印刷工作流程

该流程由方正旗下专业的印刷流程“方正畅流”衍生而来，特别增加对于数码印刷的个性元素，以适应国内数码印刷的发展需要，填补国内数码印刷流程市场空白。他具有先进的流程体系、完善的操作功能、全面的解决方案，加上强大的数码印刷设备连接能力，构建了国内全中文的、自主知识产权的流程产品。印捷流程包括 MIS 系统、前端制作系统、可变数据系统和设备控制系统。

10. 海德堡“印通”（Prinect）数字化工作流程

Prinect 集成了已有的及最新开发的控制模块化系统，涵盖了印前、印刷、印后各环节。以 CP2000 印刷控制系统为核心，利用灵活可控的软、硬件模块，将各流程环节连接起来。Prinect 包括为印刷控制（Prinect 生产）、输墨及套准预置（Prinect 控制）量身定做的解决方案，利用印版阅读器及印前接口的一系列可升级配置，能随意使用油墨预置及认可系统（Prinect 链接）。数据控制生产及信息系统的接口，用来监测整个作业流程（Prinect 管理）。

11. 克劳斯 Jetnet 报业工作流程

作为专业的报业工作流程，Jetnet 可根据各个报社不同的流程进行个性化的设置，进行如拼中缝，软打样，与印刷机 PECOM、ABB 等接口进行墨色设定等报业所需的印前工作流程管理。

12. 柯达必胜（Brisque V5）工作流程管理系统

必胜工作流程管理系统既有 PDF 工作流程的灵活性和可靠性，又兼有 CT/LW 生产文件格式的安全性，且稳定性好，可以进行全自动框架补漏白、页面和版式打样。它可驱动多种输出设备，既可曝光胶片，也可输出印版；连接多种打样设备，ICC 色彩管理和 Pantone 专色处理保证打样色彩的一致性，最大限度地缩短了印刷准备时间，提高了印刷效率。InkPro

选项使印刷车间可以自动进行油墨预设。

13. 柯达 PS/M 工作流程

PS/M 是一套基于 Mac 的、功能十分强大的工作流程方案，它具有印前处理工具和一个可视化的用户界面。PS/M 还有即用即装的方便性，个性化的工作站可完成各种特定任务。通过与 DTP（桌面出版系统）工作站连接，可直接进行 RIP、补漏白以及曝光。

14. 柯达 Synapse Director

Synapse Director 与柯达必胜（Brisque V5）工作流程管理系统紧密整合，Oracle 数据库帮助工作流程管理、作业跟踪、存档和搜索。整合的拼版工具提供简便的文件组合、页面修改和签样。Synapse Director 与其他 Synapse 印易通产品无缝融合，客户、服务器结构扩展性强，便于作业分配和管理。

①柯达 Synapse Upfront 生产计划软件。Synapse Upfront 生产计划软件方便、快速地生成精确的版式文件，自动创建 Preps 模版文件，将印前、印刷和装订信息融入生产方案，加入印刷机和装订设备数据库，保证所生成的版式符合设备要求。

②柯达 Preps 拼版软件。Preps 拼版软件可输入、输出 PDF，同一个作业中可融合 PostScript、PDF、EPS、DCS、TIFF 和 RDO 文件。通过可重复使用的版式模版自动生成作业，通过内置分色器进行控制。高度集成的 PostScript 预览器可校样作业。Preps 拼版软件可输出到照排机、CTP、胶印机或数字印刷机。

③柯达 Pandora 智能连晒解决方案。Pandora 智能连晒解决方案自动优化印张，自动生成出血路径，将图形自动同模切位置对齐，为双面拼版创建模切镜像，输出 JDF 和 CIP3 裁切数据。

15. 柯达印易通系统集成（Synapse Link）软件

印易通系统集成软件将生产流程成本透明化，精确统计打样材料和版材的用量，自动收集更改信息。

①柯达印易通前端准备（Synapse Prepare）软件。轻轻点击印易通前端准备软件，就可以生成准印刷的 PDF 文件，它的指令锁定可确保严格按照印刷厂的要求生成输入文件。该软件与柯达 Prinergy 印能捷和 Brisque 必胜支持 PDF/X－1a 文件格式。

②柯达印易通网络接口（Synapse In Site）软件。使用该软件，任何时间、地点，都可在互联网上递交文件。实现在线打样，节约交通和快递费用。客户、印前人员和客户服务人员互相协作，任何人都能在网上预览并提供修改意见。印易通网络接口软件使项目管理更为轻松，准确跟踪作业的递交、修改以及作业状态，自动进行文件处理。

16. 网屏“汇通”（Pixel/Stream）印前工作流程

“汇通”（Pixel/Stream）是一个强大而可靠的印前一体化系统，将数字化印前流程的所有工序整合成为一体，所有的补漏白、成像、加网、拼大版、胶片输出和印版输出工作都在一个系统中进行。

网屏“视必达”加网方案是一种混合型加网技术，代表了数字时代加网技术的发展趋势。在“视必达”的帮助下，不必对传统的生产条件做任何改变，也不会降低任何生产效率，而印刷质量却能显著提高。使用 2400dpi 的分辨率在热敏型 CTP 上直接用这种加网方式输出印版，就可以达到极高加网线数的质量。

三、系统的选择

1. 商业制版

商业印刷单位经常承担高档画册、精美样本、时尚杂志等对印刷品质量要求较高的任务，基于此特点，选择热敏 CTP 技术较为合适。原因在于：热敏 CTP 用波长 830nm 或 1064nm 的激光记录印版。其版材具有极其优良的“二值”性，即在红外激光照射而温度达到其阈值的位置形成记录点，即使温度超过阈值，记录点也不会扩大，而在温度未达到的位置上完全不生成影像，反差系数无限大。

2. 报业制版

由于紫激光的波长比红外激光和绿激光短，因此可以达到更小的光斑直径，即：能够实现更高的记录分辨率。在高敏感度版材的配合下，可以达到的记录速度也比绿激光和红外激光要高。据报道，红外激光、绿激光和紫激光能够达到的记录速度分别为 20000 线/分、37500 线/分和 55000 线/分。紫激光器的功率有 5mW、30mW，分别适用于银盐版材和光聚合版材。目前，紫激光 CTP 版材的最低临界曝光量为 $10\mu J/cm^2$，可以实现高速度的记录。一般而言，紫激光 CTP 版材价格比热敏版材低。

采用紫激光 CTP 系统进行报纸制版是较为适宜的。通常，适宜报纸生产的 CTP 系统的记录分辨率大多在 1200 dpi 左右，记录 100lpi 的网点所达到的层次数是可以满足要求的。但对于报纸的高质量彩色插页，此记录分辨率显得不足。采用 2400 dpi 左右的分辨率记录 150～175lpi 的网点是顺理成章的，也可考虑采用 1200 dpi 记录 21 μm 调频网点。

对报纸而言，追求记录速度是理所当然的。报用 CTP 多为平台式，用单束激光配合多面转镜进行高速记录。尽管其成像精度不如滚筒型，但仍能满足报纸印刷的特点和要求。

四、CTP 系统的规范化管理

引进 CTP 新技术只是企业自我提高的外因条件，如何对 CTP 系统进行科学管理，是企业提高自我的内因。外因通过内因起作用，因此，只有对 CTP 系统进行严格的量化管理，实施标准化、规范化、数据化管理，使系统运作顺畅，才能充分发挥 CTP 技术的先进性。

1. 印刷工艺规范

印刷工艺规范的内容是规范印刷条件及工艺参数，确保印品质量提高与稳定和为数码打样色彩管理与 CTP 曲线调整提供可靠的依据。其主要工作程序有：

①调整印刷机，使之处于最佳印刷状态，做到设备保养维护制度，保证正常设备状态；

②规范润版液的管理；

③规范油墨纸张、橡皮布、衬垫物等原辅材料的标准；

④规范合理的印刷适性参数；

⑤严格采用密度计、布鲁纳尔控制条进行质量管理，规范实地密度值、网点增大值、K 值等参数，达到对开版面左、中、右密度基本一致（±0.05），以及签样密度与最终密度基本一致。表 6－3 为三菱钻石 3000L 印刷机的印刷条件及工艺参数。

表6-3　　三菱钻石3000L印刷机的印刷条件及工艺参数

<table>
<tr><td>印刷机型号</td><td colspan="2">三菱钻石 3000L</td></tr>
<tr><td>印刷机速度</td><td colspan="2">7600 张/时</td></tr>
<tr><td rowspan="4">印刷压力</td><td>橡皮布型号：法国罗林</td><td>厚度：1.95mm</td></tr>
<tr><td>包衬：0.57mm</td><td>纸张厚度：0.13mm</td></tr>
<tr><td>压力：0.20mm</td><td>印版厚度：0.27mm</td></tr>
<tr><td colspan="2">版衬：0.13mm</td></tr>
<tr><td rowspan="2">印刷环境</td><td colspan="2">车间温度：26℃</td></tr>
<tr><td colspan="2">湿度：75%</td></tr>
<tr><td rowspan="2">印刷材料</td><td colspan="2">油墨：DIC New Champion</td></tr>
<tr><td colspan="2">纸张：157g/m^2</td></tr>
<tr><td>润版液</td><td colspan="2">品牌：太行；配制：1∶5；pH 值：5.43；温度：8℃；酒精含量：6%；电导率：1400μQ/cm</td></tr>
<tr><td rowspan="3">工艺参数</td><td colspan="2">色序：K、C、M、Y</td></tr>
<tr><td colspan="2">实地密度 K：1.90、C：1.65、M：1.52、Y：1.22</td></tr>
<tr><td colspan="2">K 值 K：0.46、C：0.46、M：0.46、Y：0.40</td></tr>
</table>

2. CTP 制版操作流程规范

CTP 制版操作流程规范的目的是规范 CTP 系统操作流程，保证系统流程准确、高效地运转，其主要工作程序有：

（1）文件的读取

①光盘文件的复制。光盘驱动器为 H 盘，打开光盘内容后，将所需制版的文件复制到 CTP 服务器 G 盘 JOBS 文件夹内的指定子文件夹。为防止混淆，该子文件夹应为相应印件的专用文件夹。文件名必须为拼音或英文名称，如有中文名称，在屏幕上将显示为乱码，且不能正常工作。

②通过网卡接口进行文件的复制工作。使用对等线将 CTP 服务器与存有印活文件的电脑连接，打开“网上邻居”，找到所需复制的文件，将文件复制到 CTP 服务器 G 盘 JOBS 文件夹内的指定子文件夹，操作与①相同。

③接受文件格式。注意 CTP 服务器仅接受以下几种文件格式：PDF、PostScript Level1/2/3、EPS、DCS、DCS2、TIFF/IT-P1、Brisque CT/LW。

（2）文件规范化处理

①在 CTP 服务器上单击 Start，运行 Programs/Start Up/Prinergy Administrator；

②Prinergy Administrator 运行后，启动 Prinergy Workshop 和 Print Console；

③在 Job Finder 建立新的作业或打开所需的作业，导入所需文件；

④选择或按要求更改 Refine 流程的细节设定，进行 Refine；

⑤Refine 完成后，进行预览，确认文件是否正确。

3. CTP 制版操作规范

CTP 制版操作规范的目的是使 CTP 制版操作标准，保证工作质量和产品质量，其主要工作程序如下：

①所要输出的文件必须复制到指定文件夹，不得随意放置或删除，文件输入后，应进行

记录。

②输出印单文件应设置专用激光和版材参数，不能与实验用数据混用，以免出错；正常情况下，禁止修改专用激光和版材参数。

③输出印版前，应先检查显影机的工作状态，包括有无足够的显影液和补充液，显影液温度及显影速度是否正确等。

④版材曝光前应先检查版面有无可能导致印版不能使用的缺陷。

⑤操作人员应戴白手套进行操作，避免弄脏版面，对版材应轻拿轻放。

⑥对显影后版面的质量要求：

(a) 版面不能有划伤现象；

(b) 版面不能有脏点出现；

(c) 检查版面是否显影干净；

(d) 版面套印线及角线是否齐全，如有缺失，应及时采取补救措施。

⑦已检查完毕的版材应分别放置整齐，避免混淆和产生划伤，每套版应标记名称、编号等。

⑧作业人员对每次的输入文件、输出版材及数量等应有书面交接登记。

4. 全胜 800 昆腾制版机操作规范

(1) 制版曲线

①调幅加网（AM）规范。加网线数为 200lpiCTP，分辨率为 2400dpi 时阶调值特性测量及调控数据和曲线，如图 6－29（a）所示。

(a) 1%～10%高光小网点不变，保证高光小点子忠实再现，充分发挥 CTP 还原小点的优点，逼真再现图像高光区的颜色层次。

(b) 50%中调区网点降浅 5%后为 45%，以补偿印刷中调的网点增大。

(c) 10%～50%、50%～99%的网点覆盖率时，随 50%区曲线降浅而自然平滑，使各级阶调连续性过渡。

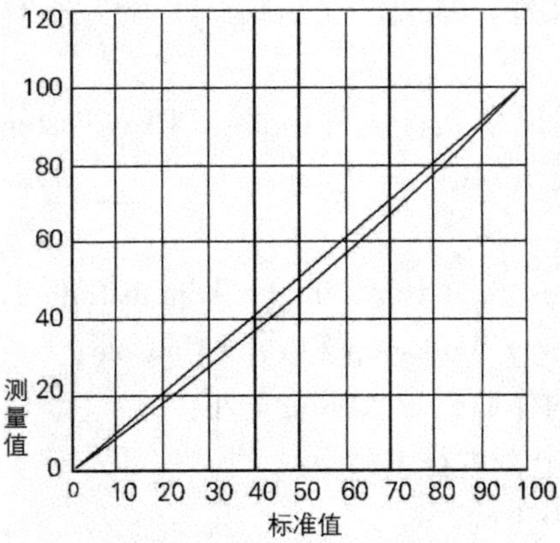

(a) 调幅加网标准曲线 200lpi，2400dpi

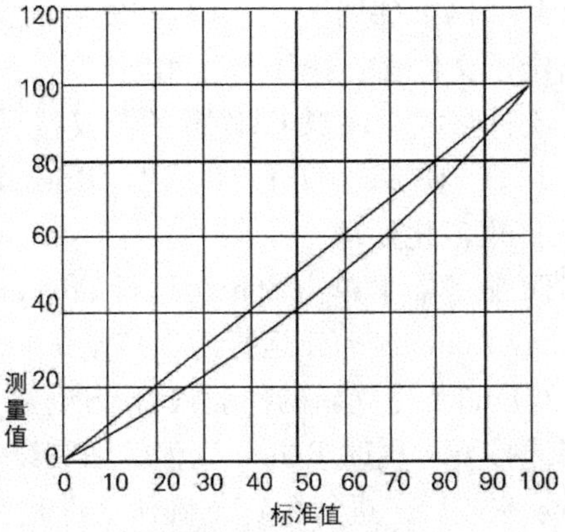

(b) 调频加网标准曲线 20 μm，2400dpi

图 6－29　阶调值特性测量及调控数据曲线

②调频加网（FM）规范。网点尺寸有 20μm 和 25μm 两种；CTP 分辨率为 2400dpi，网点尺寸为 20μm 阶调值特性测量及调控数据和曲线，如图 6－29（b）所示。

(a) 1% ~5% 高光小点不变。

(b) 50% 中调区网点降浅 11%，为 39%，以补偿调频网印刷网点增大的不足。

(c) 50% ~60%、50% ~99% 随 50% 区曲线降浅而自然平滑。

(2) 制版机启动程序

①启动计算机，进入 Windows2000Server。

②检查 UPS 电源，检查制版机气压，气压必须在 0.56MPa 以上方可接通制版机电源。

③制版机自检及预热时间约为 3min。

(3) 版材的曝光

①在 Print Console 的 Configuration 内的 Device Media 和 Media Size 中选择正确的版材及尺寸，进行其他所需设定。

②在文件 Refine 完成之后，在 Workshop 的 Job Manager 选择 Output 流程，并进行相应设定（具体操作见 Prinergy Workshop 操作手册）。

(a) 在 Layout 一栏的 Media 中的 Name 中选择版材尺寸。

(b) 在 Layout 一栏的 Placement 中的 Along Height 中选择叼口尺寸。

(c) 在 Layout 一栏的 Orientation 中根据需要选择旋转角度。

(d) 在 Calibration&Screening 一栏的 Calibration Curve（校正曲线）、Screen System（网点角度和类型）、Dot Shape（网点形状）、Device Resolutions（输出分辨率）、Screen Ruling（网线数）中分别根据要求进行设定。

③设定完成后，点击 OK，然后根据屏幕提示在制版机内装入版材，进行曝光。

④曝光完成后，印版会自动退出制版机。

5. 旺昌（Grafmac）显影机操作规范

①显影前确认显影机内有足够的显影液和补充液，显影液温度为 24℃，显影速度应为 1.1m/min。

②将曝光完成的版材从大致居中的位置送入显影机入口处，进行显影。

③显影完成的版材确认干燥后，放入包装箱中，两张版之间仍然使用衬纸隔开，防止擦伤。

④第一、二张版和最后一张版都应进行密度测量，空白部分应在 0.26 ~0.29，实地密度应在 1.8 以上。如果实地密度低于 1.8，则应检查曝光前版材的实地密度和显影液温度等。

⑤所有版材显影完成并检查无误后，封好装版的包装箱并按要求关闭 CTP、电脑和显影机等。

⑥注意显影液温度控制很重要，温度相差 1℃，印版质量变化就会较大，应采用面板显示温度与数字温度计测量相结合的方法，进行严格控制，并做到 4 个角的温度一致，误差在 ±0.3℃为佳。

第七章 CTP 版材

CTP 版材是 CTP 技术的核心之一，了解、认识 CTP 版材的制版特性十分重要。就目前 CTP 系统所具有的性能，CTP 版材应具有以下几个方面的性质：

①版材必须经济、实用，以完成激光在短时间内的曝光过程。感光波长必须由常规 PS 版的 UV 区移向可见光或红外光区，并且曝光速度要比常规 PS 版提高近百倍，曝光能量应在 $100\mu J/cm^2$ 以下；

②用于高质量彩色印刷的版材，必须有感光度高、分辨率好、网点再现能力强、耐印力高、易于处理、高反差等特点。

CTP 版材应具有以下质量要求。

（1）对铝基的要求

在传统制版中，网点是否可以精确定位在版材上，很大程度取决于使用抽真空装置或连续复制装置时拼版和定位套准装置的位置是否精确。无论怎样，这需要版材在平放时相当的平整，但由于成像过程采用直接接触曝光方式，整个过程可以接受各种类型版材表面不同平整度的变化，而这些表面的平整度变化是由生产传统版材时对铝基表面处理而造成的。然而，因为数码印刷版材是以镭射光源发出的能量聚焦来曝光，所以对数字版材平整度的要求，包括对铝基表面处理都更加严格。

（2）涂布

感光乳剂涂布在数码版材上时，必须平滑、均匀，且没有缺陷。因为在镭射直接制版机上生成的网点尺寸非常小，在卷筒生产过程中任何空气中的灰尘，不管有多微小，落在版材上，都会导致这人为的影像点。实际上，也会因静电斑点而产生不规则的影像，而且非常细小甚至用检查传统印刷版材的放大镜都看不到。

（3）观光度

当传统印刷版材在紫外线灯光下被曝光时，其接受的能量大约 10000 倍于直接制版设备中镭射系统传递给数码印刷版材涂层的能量。这也就是说，为了精确满足上面所提及的物理特性，数码印刷版材的乳剂涂层要非常严格地达到特定范围光谱感光特性，并对能量反应活跃。

在成像过程中，光子的吸收（能量转换）和 CTP 版材材料内部转换是两个基本步骤，它们的有效程度决定了记录材料感光度的高低。在通常条件下，光子吸收（能量转换）过程很难引入增幅机制，量子效率都低于 1，即不能实现 100% 的能量转换。因此，能否在材料内部转换过程中引入增幅机制成为获取高感光度记录体系的关键。

如图 7－1 所示，银盐照相成像材料和静电照相成像材料具有非常高的增幅效率（分别超过 109 和 107），最低成像曝光量在 $100\mu J/cm^2$ 以下量级，因此，即使使用 mW/cm^2 数量级的低功率激光器也可以获得极高的扫描成像速度，而且具有非常宽的感色范围，适合基本上所有可见光范围激光器和紫外激光。感光性高分子，特别是光自由基聚合和光酸分解型成像材料也可以引入比较高的增幅机制，具有较高的感光度，最低成像曝光量一般可以低到 $10\mu J/cm^2$ 数量级，一般采用这一数量级的激光器就可以获得较高的扫描成像速度，感色范围一般在比绿色波长短的光谱区域内，适合于绿激光、蓝激光、紫激光和紫外光源扫描成像。但其他的光化学成像体系，如光交联和光改性等（传统的 PS 版属于这个领域），很难引入增幅机制，最低成像曝光量一般在 $10mJ/cm^2$ 数量级，感色范围与光自由基聚合相同，但需要使用更高功率的激光器。热敏成像材料一般难以引入高的增幅机制，最低成像曝光量一般在 $10^2mJ/cm^2$ 数量级，需要使用功率在 W/cm^2 级别以上的高功率激光器，而且感色范围限制在红外光谱区，目前只有 Nd：YAG 和 IR－LD 两种激光器。

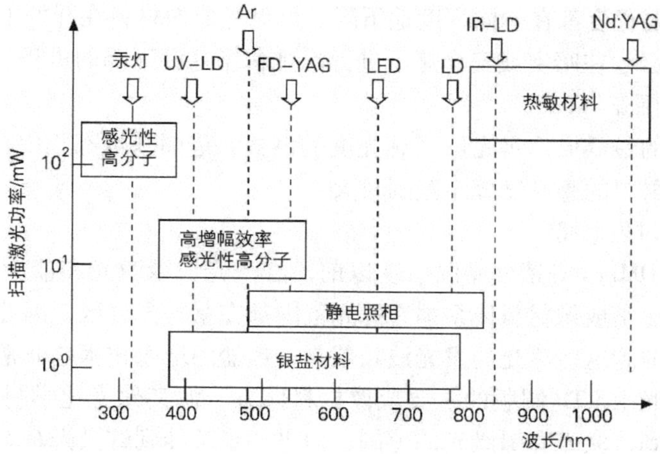

图 7－1　成像材料体系与扫描光源功率及感色范围的关系

第一节　CTP 版材的分类

CTP 版材按制版成像原理分类主要有四种类型：感光体系 CTP 版材、感热体系 CTP 版材、紫激光体系 CTP 版材和喷墨体系 CTP 版材。

一、光敏型 CTP 版材

光敏成像特点如下：

（1）曝光能量累积记忆效应

光敏成像主要依靠材料吸收光子后发生聚合、分解和交联等化学反应，从而导致材料的物性发生有意义的变化，从易溶到难溶或不溶及其相反的变化是最主要的物性变化模式。这些化学反应发生的前提条件是分子必须从基态提升到激发态，否则光子数量再多也不会发生反应。换言之，光敏成像取决于单一光子携带的能量，即光子的量子效应，而不是光子的数量密度。这一点正好与热敏成像相反，因此光敏成像具有能量的累积效应，即对能量在一定数值以上（波长比某一数值短）的光子的作用按光子数量（相当于强度）和作用的时间进行记忆累加，但对能量在一定数值以下（波长比某一数值长）的光子不产生作用（这也是安全灯颜色的选择标准）。物性变化的程度原则上也是按曝光量累加，曝光量多的区域物性变化大一些，否则就少一些。因此，光敏成像曝光宽容度和影像量值都没有热敏成像大，影像边缘也没有热敏成像的清晰，形成的网点“硬度”不够。

（2）光源光谱覆盖范围广、功率不高

光敏成像光源覆盖了整个可见光和近紫外光谱范围，除 DMmC 成像技术外，一般功率都不高，如 FD－YAG 功率在 10^{-1} W/cm^2 量级、UV－LD 功率在 10^{-2} W/cm^2 量级。因此，光敏成像要求材料感光度比较高，否则难以达到实用的成像速度。随着 UV－LD 和 DMmC 等常规紫外光源技术的不断发展和功率的不断提高，包括红激光、绿激光和蓝激光在内的可见光成像光源的重要程度都在不同程度地下降。可见光成像材料在开发上的难度和不太良好的成像操作性能（必须在暗室或安全灯下进行）加快了这种下降的进程。

（3）感光度范围宽

热敏成像材料的最低成像曝光量（感光度的倒数）范围基本都集中在数百 mJ/cm^2 量级以上，但光敏成像材料的感光度分布范围较大。

（4）材料开发难度较低

在 UV－LD 和 DMmC 等紫外光源出现以前，红激光、绿激光和蓝激光是光敏成像的主要光源，但多数光化学成像材料体系固有感光范围都在紫外光谱区，因此需要进行特殊增感才能将感光范围延伸到这些激光的发光波长范围。银盐的增感技术是非常成熟的技术，因此银盐材料成为可见光敏 CTP 制版的主要成像材料体系，但其他光化学材料体系就非常困难了，勉强可以延伸到蓝激光和绿激光的范围，但进一步延伸到红激光基本不太可能。由于这些原因，光敏成像的发展一直处于低迷状态。但是，UV－LD 和 DMmC 等紫外光成像技术出现以后，这种状况正在发生巨大变化，因为多数光化学成像材料的感光范围非常容易延伸到这两种光源的发光光谱范围，而且常规 PS 版的感光波长范围与 DMmC 紫外光源的发光波长范围基本重合，不需要增感处理，可以直接使用，极大缓解了材料开发的难度。UV－LD 和 DMmC 紫外光源成像有可能成为光敏成像发展的主要方向，配套成像材料可能集中在具有增幅机制的光化学材料体系。

1. 光敏版

光敏版是指版材带有光敏涂层，用低功率紫外光及可见激光进行曝光，版材表面光敏层通过吸收光量子而产生感光作用成像。根据所用光敏材料的不同，又可分为银盐扩散型、感光树脂型、复合型和静电型等。

（1）银盐扩散转移型版材

①制版工艺过程

版材→曝光→显影→水洗→感脂化处理→印版

②版材构成及成像原理

银盐扩散型直接制版版材是由感光乳剂层、感脂处理物理显影核层、底层以及防卷曲层（附加层）等构成，如图 7－2 所示，属于平凸版。根据结构和支持体不同，银盐 CTP 版材可分为以铝板为支持体的向下扩散转移型和以聚酯基（或纸基）为支持体的向上扩散转移型。

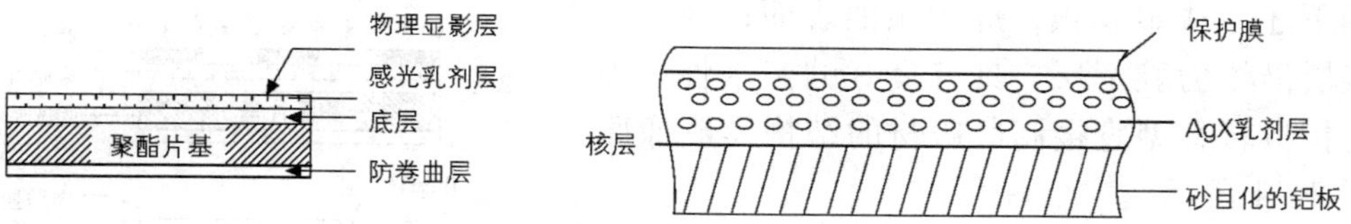

图 7－2 银盐扩散型直接制版版材结构

向下转移型由于亲水部分为砂目，适应于长印程。聚酯基版又称为 CTPP（Computer to Polyester Plate），适用于 2 万印以下短印程。

我们着重讨论长印程的以铝版基为支持体的银盐 CTP 版。它是在经粗化与阳极氧化处理的铝基版上依次涂布物理显影核层和感光卤化银乳剂层，这种银盐扩散转移型版材的基本结构一般由粗化处理的铝板、银盐乳剂层、物理显影层组成。在制版过程中同样需要对铝版基进行阳极氧化电解，使其表面形成微孔砂目，增大表面积，增加蓄水性，在印刷过程中起到水墨平衡的作用。

在砂目化铝版基表面均匀涂布物理显影核层，它的涂布量为每平方米几个毫克，厚度仅为 0.1μm，它要求涂布均匀，涂量适当，否则影响转移成像。银盐扩散 CTP 用的卤化银乳剂，应该趾部短反差高，高照度互易律失效小，在显影加工时扩散转移效率高。其光谱增感范围可对氩离子激光、YAG 激光或半导体激光敏感。保护膜有两个功能：首先，它阻挡银络合物向显影液中扩散，在一定浓度梯度时向影像接受层扩散；其次，保护膜中的毛面剂可防止版材磨损。

制版时，首先进行 CTP 制版机扫描曝光，图文部分的光点照射在卤化银乳剂层上，卤化银层上被激光照射的部分，在扩散转移显影液中显影时，还原成银影像，在版材感光乳剂层内生成负像。而卤化银层上未被光照射的卤化银与显影液中的硫代硫酸钠生成络合物，然后转移扩散到对应的物理显影核层中。最后在物理显影核（重金属硫化物如：NiS）的催化作用下，将络合物中的 Ag^+ 还原成 Ag 原子，于是在未光照部分对应的物理显影核层上形成了致密的银影像，剥去卤化银层，用水洗去除非影像部分，再经固版液亲油化处理，便制得可供印刷用的印版，如图 7－3 所示。这种还原出来的金属银正像有很好的亲油墨能力，在印刷时吸附传递油墨，构成版面图文部分。未曝光部分经显影液显影后除掉乳剂层和物理显影层，露出具有亲水性能的氧化铝层或聚酯基。为提高银影像层（图文部分）的亲墨性能，还需用固版液进行感脂化处理。

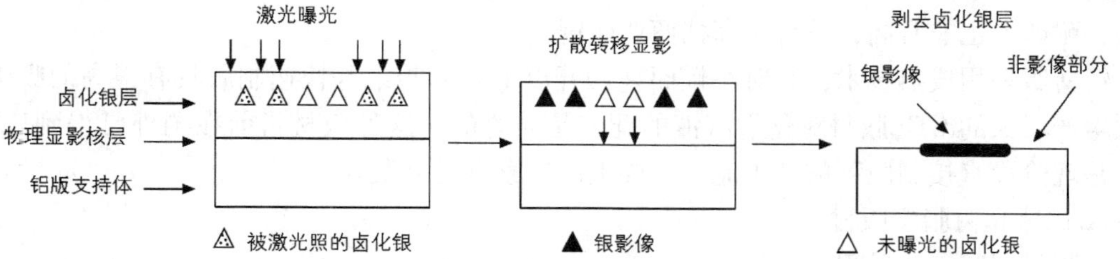

图 7－3 银盐扩散转移型版材的结构及成像过程

③向上扩散型直接版材

向上扩散型直接版材由版基（聚酯片基或铝板）、银盐乳剂层和物理显影核层三部分构成。激光扫描成像后，进行扩散显影。没有曝光区域的银离子向上扩散，在表层物理显影核的作用下还原成金属银，成为亲油表面；曝光区域的表层仍然为乳剂层，具有良好的亲水性。银盐向上扩散转移型直接制版版材的结构及成像原理如图 7－4 所示。

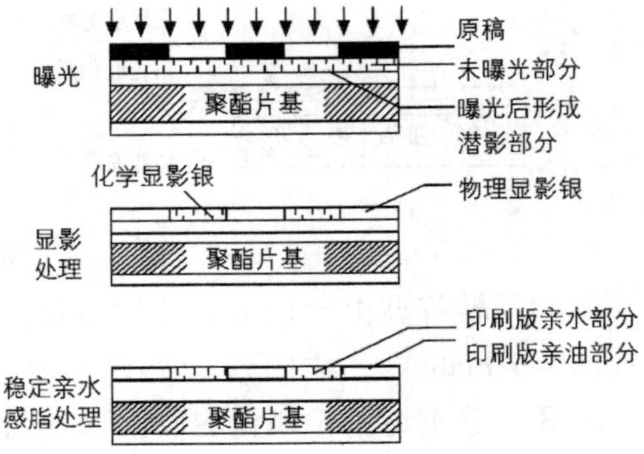

图 7－4　银盐向上扩散型直接制版版材的结构及成像原理示意图

其特点及应用如下：

(a) 银盐扩散转移版因采用扩散转移成像技术，感光度适应于多种激光，如氩离子蓝激光、钇铝石激光、红宝石激光等；

(b) 银盐扩散型版材和卤化银胶片相似，感光度好（$1 \sim 3\mu J/cm^2$）、曝光速度快、反差适中，只需很低的激光能量就能正确曝光，分辨率高，光谱响应宽，加网线数可达 300lpi，网点再现性好，网点覆盖率为 1% ~99%；

(c) 印版质量优良，印版的冲洗方法与传统方法相同；

(d) 版材价位低，耐印力至少 25 万印，缺点是不能在明室操作，存放易曝光，造成影像不均。

④向下扩散型银盐版

向下扩散型银盐版材由具有良好亲水表面的铝版基、物理显影核层和银盐乳剂层三部分构成。激光扫描成像后，进行扩散显影。未曝光区域的银离子向下扩散，在底层物理显影核的作用下还原成金属银，成为最后的亲油表面；然后将乳剂层去掉，曝光区域的亲水版基表面裸露出来成为亲水表面，如图 7－5 所示。

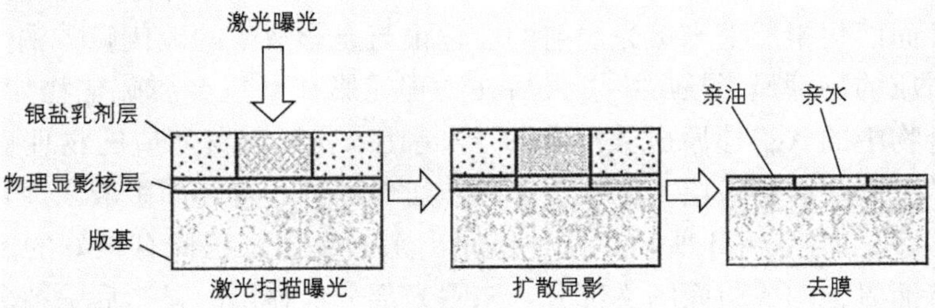

图 7－5　向下扩散型银盐版的结构及成像处理过程示意图

向下扩散型银盐版与向上扩散型银盐版相似，具有非常高的感光度和感色范围，曝光速度快，耐印力也非常高，适合于高档商业印刷。

银盐版采用成熟技术，其对小幅面（四开以下）和报纸等快速制版具有很高的吸引力。不同生产厂家的 CTP 版材对化学溶液的配方是兼容的。这种版材目前在国外已得到广泛应用，是现阶段直接制版版材的主流。主要生产厂家有爱克发等。

(2) 感光树脂型版材

①版材制版工艺过程：

版材→曝光→加热与显影→感脂化处理→印版

②版材的构成及成像原理

感光树脂型 CTP 版多为阴图型印版，基本结构是在粗化后的铝板上涂加有染料的高感光度的树脂层，并用 PVA 作为保护层以防止氧化，保护曝光区，光敏树脂型版材的结构及成像过程如图 7-6 所示。

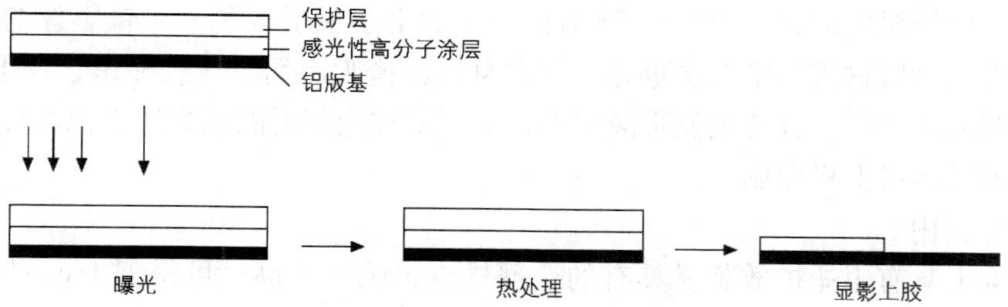

图 7-6 光敏树脂型版材的结构及成像过程

制版时，版材的光敏感光树脂层上被激光照射后，其中感光树脂的亲水性分子发生链结或聚合，形成不溶于水的聚合物。在加热工序中，这一部分被进一步强化，加速分子间聚合反应，形成固化的聚合物。进入显影阶段时，被光照射和未被光照射的光敏树脂层对显影液的溶解性产生很大差异，于是未被光照的光敏树脂层部分被显影液溶解，从版材上除去，而在支持体上只留下被光照的影像部分，这一部分就是印刷时所需的图文部分，未曝光部分露出亲水的铝版基。

③特点与应用

这种版材的构成与 PS 版基本相似。由于有 PVA 保护层的存在，在曝光时会发生激光散射现象。所以，其分辨率不如银盐扩散型版材，适用于印刷中档以下的印品，应用范围比较广泛。感光树脂版的曝光需要比银盐版更高的激光能量，制版速度较低。感光树脂版的化学处理药品与传统 PS 版相似，因此，必须考虑化学处理对环境造成的污染。

主要的生产厂家有 Hoechst 、三菱化学等。代表产品是 Hoechst 的 N90，三菱化学的 LA1/LY1。

（3）银盐/PS 版复合型版材

①制版工艺过程

版材→1 次曝光→1 次显影→UV 曝光→2 次显影→固版→印版

②版材的构成及成像原理

由 PS 版与银盐乳剂层复合而成，即在一般 PS 版上涂布银盐乳剂而成，所以兼具感光高分子和银盐版材的特点，是阳图型光敏 CTP 版材，它由粗化的铝板、PS 感光层、黏附层、银盐乳剂层组成。因为需要进行两次曝光，所以光源有两种，即激光（Ar^+ 或 YAG）和 UV 光。银盐树脂复合型版材的结构及成像过程如图 7-7 所示，先在版材底基上涂布一层耐印力高、对紫外线感光的感光树脂层，再在这层感光树脂上涂布一层卤化银乳剂层。

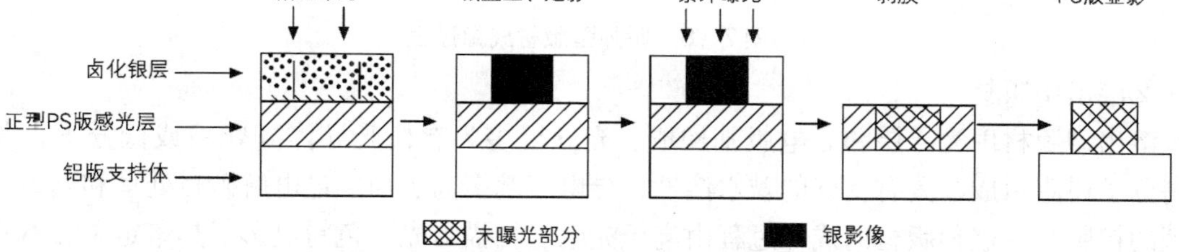

图 7-7 银盐树脂复合型版材的结构及成像过程

制版时，先用低功率的氩离子激光或双频激光（Nd－YAG）扫描，被激光照射的部分，经银盐显影、定影液处理后，就在卤化银层上形成银影像。未被光照的部分，卤化银被定影液洗去形成空白透明的部分，于是在 PS 版感光层的上层就形成了一个银影像的掩膜层，然后，再用紫外光对版材进行第二次曝光，剥去卤化银掩膜层后，再经显影，在 PS 版感光层上受紫外光照射的部分，分解被显影液洗去，留下未被光照射的感光层影像部分。再用水冲洗，上胶干燥后即可上机印刷。

③特点与应用

在灵敏度上具有银盐扩散版材具有的全部优点，感光度高，可得到 1%～99% 的网点。并且影像牢度好，耐印力非常高（烘版后印数可超过 100 万印），网点还原好。缺点是加工过程比较复杂，复合型版材的显影机很大，并且由于 UV 曝光成像之后会生成许多明胶类物质，因此必须经常清洗显影机。除此之外，上述银盐 CTP 版材还面临一些问题，如银盐 CTP 版材的用量增长将大大消耗金属银，导致“银荒”；而且显影液的倾倒、废弃版材的处理都会污染环境，造成公害。鉴于以上问题，人们认为这类版材不能作为长远发展的方向。

主要生产厂家有富士、柯达，代表产品有 FNH 和柯达的 CTX 版。

（4）静电照相制版型版材

静电照相是一种高感度的记录体系，在感光度上仅次于银盐照相，而且同时兼备感色范围宽的特点，可以在整个可见光和近红外光谱区感光，适合于包括半导体激光在内的所有激光的直接扫描输出。由于静电照相必须使用色粉显影，在分辨率方面有一定局限性，目前静电照相直接版材主要应用于分辨率要求不太高的报纸印刷。从版材的成像过程来分，静电照相主要有附加型和溶出型两类。

①附加型版材

附加型直接版材由光导层、导电基板构成。光导层一般由经过光谱增感的氧化锌或氧化钛颗粒（粒径约在 0.1μm）的高分子分散体系构成。导电基板一般以经过防水导电处理后的纸基或表面镀铝涤纶片基居多，这种版材的成像过程一般由高压充电、曝光、色粉显影、热熔定影和表面亲水处理 5 步构成，如图 7－8 所示。亲水处理利用一种铁氧化物和磷酸为主剂的水溶液浸润版面，在没有色粉图像的光导表面形成亲水性极高的盐，从而达到非图文区域亲水的目的。

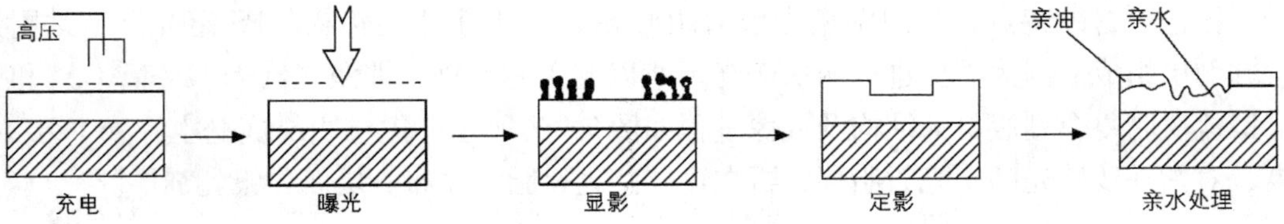

图 7－8　附加型版材成像过程

②溶出型版材

溶出型版材由光导层和导电版基构成。光导层多为有机光导体（颗粒或低分子）与水性高分子树脂组成，具有良好的碱水溶性；导电版基多为表面经过电解砂目处理和阳极氧化处理的铝版基。这种版材的成像过程由高压充电、扫描曝光、色粉显影、热熔定影和碱水溶解 5 步，如图 7－9 所示。前 4 步操作与附加型版材相同，第 5 步的碱水溶液处理可以将没有色粉图像保护的光导层溶解去掉，使下面的铝版基裸露出来成为亲水部分。这种版材在使用上与传统 PS 版基本一致，不需要使用专用的润版液。如果采用液体色粉显影技术，分辨率也可以很高，一般能超过 2800dpi，适合于高档胶印。

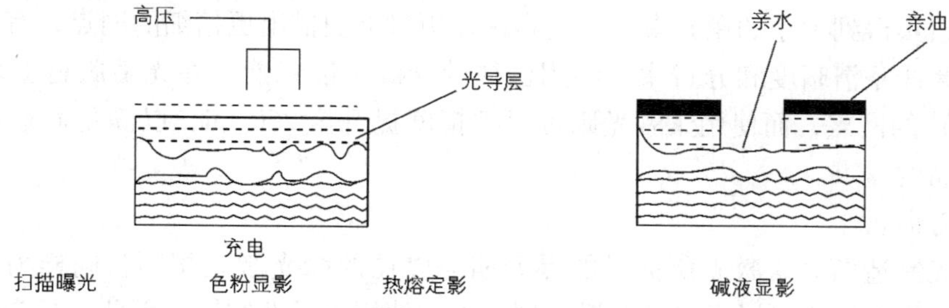

图 7－9　溶出型版材成像处理过程

2. 紫激光 CTP 版材

众所周知，通常所说的光，一般指可见光，即波长在 380～780nm 的电磁辐射，它可令人眼引起视觉，呈现出的颜色是蓝（400～500nm），绿（500～600nm）和红（600～700nm），如果细分的话就是红橙黄绿青蓝紫七色。这些可见光仅仅是电磁辐射中波长很窄的一部分，其余部分只是不在人们视觉范围以内。激光的发现使光源具有单波长性和能量集中等特点，在某些光物理和光化学反应中，起着连续波长光无法起到的作用。从激光器的进展过程看，由气体向固体，由长波长向短波长，由大体积向小型化发展，应用的领域越来越广。

CTP 技术是激光技术和数字化技术的结晶，它采用的激光器由长波长向短波长过渡，具体而言，是从 1064nmYAG 红外激光器→830nm 近红外激光二极管→650nm 红激光二极管→532nm 倍频 YAG 绿激光器及 488nm 氩离子激光器→405nm 紫激光二极管。400～410nm 区域是可见光范围波长最短的紫光区，一般将发射波长 400nm、405nm 和 410nm 等附近的激光器皆称为紫激光器。波长越短的激光器研制的难度越大，直到 1996 年，日本 Nichia 公司宣布研制成 410nm 的晶体紫激光二极管。此后，该公司于 1999 年研制的紫激光二极管寿命超过 3000 小时，实际使用寿命可达 10000 小时，并将其大量用于 DVD 和 DVR 设备上。近年来，由于紫激光二极管性能的进一步提高和价格的降低，为新一代 CTP 技术开辟了一条新路，成为引人注目的紫激光 CTP 技术。

紫激光 CTP 的曝光光源是紫激光（波长 390～455nm）。用于紫激光 CTP 的版材有光聚合和银盐两大类。光聚合型 CTP 版的成像机理与阴图 PS 版一样，可通过碱液显影，图文部分由亲油性树脂构成，印刷适性也与 PS 版一样。

紫激光 CTP 技术的主要特点如下。

①制版速度快

所谓紫光源就是一种采用 400nm 光谱的激光，而物理上的特性光谱越短的光其能量越大，因此紫光源相对其他常用的 CTP 光源，如绿光（532nm）、红光（830nm 或 1064nm）等能够有更高的成像速度，其原理是激光可在版材上停留的时间较短也能提供足够的能量激发版材上药膜的反应。利用这种特性，设备生产商可以把扫描的速度提高，例如目前红外激光的扫描速度是 20000 线/分、绿激光的扫描速度是 37500 线/分，而紫激光的扫描速度却能高达 55000 线/分，这相当于 1 分 46 秒内能以 2400 dpi 完成一张 1024mm × 800mm 对开版的扫描（其他运作时间没包括在内）。这样就有利于缩短曝光时间，提高制版速度。

②印刷质量高

同样是因为物理上的特性，光谱越短的另一个特点是激光光点会更细小，由于紫激光波长短，可以聚焦得到更小的激光束，因此容许在版材上扫描出更精细的网点，有利于提高扫描精度。提高线条清晰度和分辨率，利用已往的光源一般只能够在光敏版材上表现 200 lpi（1% ~99%）的网点，而使用紫激光则可以把精度提升至 250 lpi，以满足商业印刷用户对高质量印刷品的需求。

③使用寿命长

虽然激光制造商对紫激光所提供的保养期与以往的绿光激光相同，同样为 3000 小时，但是由于紫激光二极管可以直接开关激光器，无须使用电子调制器，因此它只是在印版上实际扫描成像时，才处于开启状态，其余时间均不会损耗激光的寿命。而像 YAG 激光器和气体激光器在开机后，无论是否扫描，都处于工作状态，对激光造成不必要的损耗。因此，对于具有同样标称使用寿命的激光器而言，紫激光直接制版机的实际使用年限要比其制版机长得多。

④价格低廉

由于紫激光的同类激光也被广泛地应用在其他工业中（如常用的 DVD 光驱），因用户量大而可以大量生产以降低成本，使此光源的价格比其他 CTP 激光光源更低。目前，紫激光二极管的价格已经由 1500 美元降到 800 美元，预计将来可以降到 200 美元以下，这就会使紫激光制版机的价格相对便宜，同时可以降低用户更换光源的费用。

⑤稳定性好

使用紫激光二极管，开机后 3min 左右就可达到稳定状态进行曝光制版，而采用 YAG 等激光器的制版机开机后需要预热 20min 以上，激光光源的输出能量才能达到稳定状态，因此紫激光制版机明显缩短了制版准备时间。

⑥操作方便

由于配合紫激光使用的数码版材对红光和绿光都不起作用，因此紫激光印版可以在明亮的黄色安全灯下使用，以便为操作人员提供更明亮的暗室环境，使操作更为方便。

⑦结构简单、维修容易、更换迅速

由于紫激光二极管体积小、结构简单、模块化程度高，因此维修简便、生产效率高。并且由于紫激光耗费的能量很少（只有 5mW），所以成像时只产生很少的热量，完全可由空气冷却，不必再安装额外的冷却装置。

正由于紫激光具有以上优点，促使紫激光 CTP 技术飞速发展，备受业内的重视。目前采用紫激光应用于 CTP 制版机的厂商有 Agfa，美国巴可（Barco Graphics），Krause Biagosch 以及 Purup – Eskofot 等厂商。所搭配的印版为银盐版，目前提供银盐版的厂商有 Agfa 及三菱纸业等，由于银盐版为成熟稳定的科技，也是目前全世界使用最多的数码版。其高分辨率的特性正好可以发挥紫激光短波长的优点，因此输出分辨率可以达到 250lpi，再加上银盐版高感度的特性只需耗费 2. 5μJ 的能量便可以感光，而 2. 5μJ 的能量只相当于 TuiOptics 所生产的 5mW 激光头的 5% 的输出功率，可见目前紫激光搭配银盐版是一时之选，但谓之绝配也不为过。

（1）Brillia LP－NVA 紫激光型光聚合 CTP 版材

LP－NVA 高感度、高精度，满足报业及商业印刷，可在黄色安全等下操作，工作简易方便，耐药性优良，网点清晰锐利，耐印力高。

①感光波长：405nm。

②照明条件：应在黄色灯光下操作，该黄色安全灯是由 Encapsulite 公司生产的“YG10”滤光膜三层重叠所得到的黄色光，为推荐使用安全灯光源。

③适用的制版机：FUJIFILMV/Vx 系列 CTP 制版机分辨率为 300lpi/2400dpi AM（Co－Res）20μm FM（TAFFETA20），分辨率与所使用制版机、RIP 的性能直接相关。

④处理剂：显影液为 LP－D3WS，补充液为 LP－D3RS，保护胶－高效 CTP 保护胶为 FN－6（1∶1～1∶2）。

⑤存储环境：干燥、避光、温度 30℃以下，药剂使用量应根据显影机不同而定。

⑥耐印力：普通油墨商印 200 万；烤版 100 万；报业 15 万；UV 油墨商印 10 万。

（2）华光阴图 UV－CTP 版材

华光阴图 UV－CTP 属高感光度阴图 PS 版材，感光度为 30～50mJ/m^2。它由感光层、底涂层、砂目层和铝版基四部分组成，如图 7－10 所示。最上面的感光层是华光阴图 UV－CTP 版材的核心技术。感光层的高感旋光性能是乐凯二胶厂最新科研技术的体现，通过丙烯酸类功能性树脂的开发和多官能度预聚体等方面的筛选、组合，以及版材配方性能的稳定性研究，使得华光阴图 UV－CTP 版材具有感光度高、网点还原性好、显影适应性好等特点。

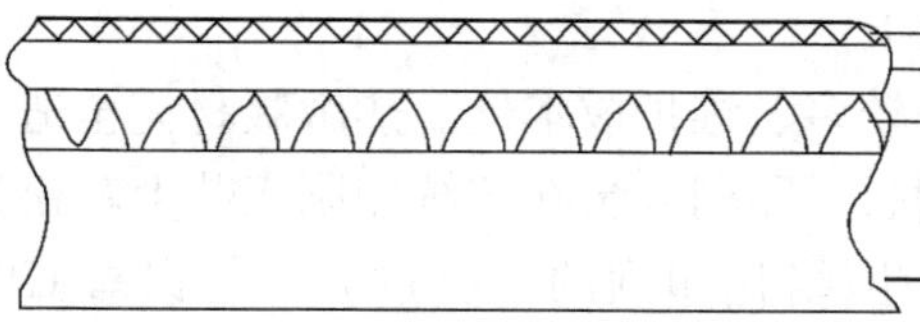

图 7－10　华光阴图 UV－CTP 版材结构图

持殊的底涂层技术使得版材在曝光之后形成较大的显影反差，曝光部分的涂层与版基结合更为紧密；空白部分的涂层更容易显影。通过底涂层技术，版材显影性能更优良，提高了版材的感光度和耐印力。印刷是通过水墨平衡原理实现图文转移的。铝板本身既有亲油性，又有亲水性，且其本身抗磨性和抗腐蚀性差。要在铝版基上形成两种不同性质的表面：一是亲油的图文区域，二是亲水的空白区域，必须对铝板进行砂目化处理，在 PS 版材铝板支持体表面形成砂目层。砂目层的主要作用是在铝板表面形成凹凸不平的孔穴（砂目），增大版面微观的总面积，提高版面的比表面能，提高其亲水、保水性能和对感光层的黏结力。由于采用了独特的感光层技术和底涂层技术，华光阴图 UV－CTP 版材具有较高的感光度和较大的显影宽容度，能够满足印刷行业的数字化制版需求。

①显影温度宽容性能。使用华光 ND Ⅱ型显影液，华光阴图 UV－CTP 版材在 20℃～25℃较大温度范围内，版材的显影速度和制版效果基本保持一致。

②显影时间宽容性能。使用华光 ND Ⅱ型显影液，华光阴图 UV－CTP 版材在 20～50s 较大显影时间范围内，版材的制版效果基本保持一致。

③连续冲版。华光阴图 UV－CTP 版材不仅具有显影温度、宽容度大的优点，而且在连续加工冲版试验中也表现出冲版量大的特性。使用华光 ND－Ⅱ型显影液，华光阴图 UV－CTP 版材在每升显影液显影 $10m^2$ 版材范围内，显影液的 pH 值和电导值变化较大，但版材的显影速度和制版效果基本保持一致。

华光阴图 UV－CTP 版材具有感光度高、网点还原好、制版速度快等特点，可应用于报业和商业印刷。

二、热敏型 CTP 版材

热敏型 CTP 版是指不具有光敏层，利用热敏包括交联、热熔、烧蚀、热致相变等方式而非光成像的版材。这种类型的版材具有以下优点。

①明室操作。热敏 CTP 不需要安全灯、暗室，可减少设施费用，改善工作环境。操作人员可在明室条件下控制每一个工艺流程，这是区别于光敏成像材料的重要特征。

②环保性能好。热敏成像的原理避免了光敏成像过程中银盐材料的使用，对环境无任何污染。无化学药液冲洗或免冲洗，热敏版材的研制与使用将进一步排除制版工艺中对环境的污染。

③印刷适性好。影像稳定、网点增大不明显，热敏只在临界温度和临界能量时才会成像，激光束照射时达到曝光所需的热量，就只在该区域曝光，成像精确、网点边缘清晰。可以提供质量稳定、色彩鲜亮、清晰的网点。热敏版材上机后印刷稳定、耐印力高，商业印刷对产品质量和印版耐印力要求较高。一般而言，热敏版材在未烤版情况下可达到 15 万～25 万印，烤版后能达到 100 万印以上。

④操作简单易用，设备种类较多、维护成本低。热敏版材完全适用于现有的润版液和印刷机上的印版调节装置，这使制版、印刷人员在传统印刷工艺上轻松接受数字印版，印刷企业实现了从传统印刷到数字化、网络化印刷的完美过渡。与银盐 CTP 版的冲版装置相比，热敏版冲版装置所需的维护少，热敏二极管的使用寿命比可见光激光器要长，因更换激光器而中断生产所带来的损失也小。同时热敏版的储存也比一些可见光 CTP 版更为可靠，从而可节约活件再版印刷的费用。

由于大多数热敏版材按 830nm 多束激光曝光系统设计，而且大多数制版机采用 830nm 激光光源，因此，在选择版材时，基本可以不考虑制版机的影响。

热敏版材发展到今天，其种类已极为丰富。按照不同的分类标准，热敏版材有不同的种类。

①从成像机理上看，热敏版可分为热交联型、热熔型、热烧蚀型、相变化型等多种类型。

②从版材类型来看，热敏版可分为阴图型、阳图型和无处理热敏版三种。

③从后续加工来看，热敏版可分为显影前必须预热烤版型、显影前无须烤版型和无须显影型三种。

④从印刷适性来看，热敏版可分为采用传统胶印润版液的湿式热敏版和无须润版液的干式版材（无水胶印版材）两种。

⑤从热敏版材的发展历程来看，热敏版可分为预热版材、免预热版材和免处理版材。

第一代热敏版采用显影前预热技术，版材结构为铝版基和热敏涂层。在 830nm 激光曝光时，涂层中的酸催化剂促使涂层中的树脂发生交联反映，形成潜影。显影前，版材在 140℃左右的高温下，形成潜影部分发生充分交联反应，为印版中的图文部分；未曝光部分在高温下不发生反应。显影时，未曝光的部分溶解在碱性显影液中，露出的版基为印版的空白部分。冲洗后，可在印版上涂保护胶或烤版处理。第二代热敏版材原理为：版基上的热敏涂层亲墨，并且不溶于碱性药水；曝光后，涂层吸收能量，溶解度提高，可以溶解在碱性药水中；显影时曝光部分被溶解，形成印版的空白部分，非曝光部分保留，为印版的图文部分；显影后一般要经过清洗和上胶，然后上机印刷。目前热敏 CTP 的用户所使用的版材大多数采用第二代热敏版材。第三代热敏版材技术的发展目标是免处理。免处理版材技术可以分为三类：热烧蚀技术、极性转换技术和热熔技术。

下面我们分别从成像机理来看一下热敏 CTP 版材。

1. 热交联型版材

（1）制版工艺过程

版材→曝光→预热处理→显影与固版→烤版→印版

（2）版材的构成

热交联型版材是在粗化、阳极处理的铝板上，涂布一层对 830nm 激光感光的热敏树脂聚合物，然后在其上再涂一层保护层，所以热交联感应型印版一般由粗化的铝版和单层 PS 感光层组成。热敏涂层一般由碱水溶性成膜树脂（如酚醛树脂）、热敏交联剂和红外染料构成；红外染料的作用是有效地吸收红外激光的光能，并将吸收的光能转换成热能，使热敏涂层的温度能够达到热敏交联剂的反应温度；而热敏交联剂的作用是在温度的作用下与成膜树脂反应形成空间网状结构，从而使热敏涂层失去水溶性。由于空间交联的作用，曝光区域的热敏涂层在显影处理后仍然留在版面成为亲油的印刷表面，而没有曝光的区域被去掉，使下面的亲水版基裸露出来成为亲水的非印刷表面。亲水版基是与传统 PS 版完全一样的铝版基。有些版材为了进一步提高热交联的效果，往往在曝光后还要对版材进行预热处理，从而进一步加深热交联效果（也是一种提高感光度的增幅机制）。这类版材称为需要预热的热交联版材。

（3）版材的成像原理

当红外激光扫描时，激光热能使印版聚合物中的酸性引发剂聚合形成图文潜像，潜影部分只有 10% 聚合。

①预热处理。曝光后印版送到高温处理室进行预热处理，温度达到临界温度 120℃时，印版的潜影部分进行充分聚合反应，形成的交联体固化在铝版基上。加热时间一般控制在 1min 左右，以加速曝光部位树脂层的交联反应，使图像在显影时不溶于碱水；同时也增强了图像部分膜层的耐溶剂性，使其不容易被酒精润版液或其他溶剂溶解。

②显影与固版。用碱水显影（与传统 PS 版显影过程一样），清洗掉热敏版上的保护层和未曝光部分的聚合物层，只留下曝光部分的图文，然后用固版液进行固版。

由于印版的扫描曝光部分形成了亲油的图文部分，所以这种版材为阴图型热敏 CTP 版材。值得一提的是，预热时空白部分也发生了部分反应，因此显影时要去除空白部分的影像。温度过高，在印版上会形成热雾状；温度过低，淡化或削弱了图文部分，如图 7－11 为热交联感应型 CTP 版的成像机理示意图。

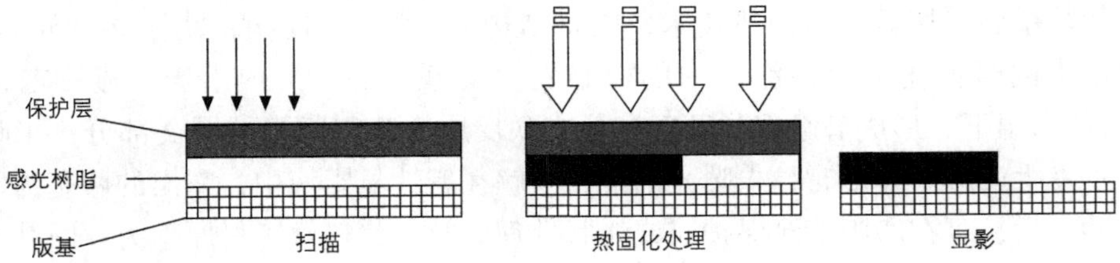

图 7－11 热交联感应型 CTP 版成像示意图

③烤版。为提高印版的耐印力，可在 250℃下烤版 3min，耐印力可达 100 万印。

④特点与应用。与感光 CTP 版材相比，热交联 CTP 版材具有以下优点。

(a) 对可见光不敏感，可以在明室操作，与可见光印版相比，热成像印版可以使印版输出机的结构更加简单、紧凑。曝光时间与曝光能量之间几乎没有任何关系。换言之，低于能量阈值，外部条件不会影响印版质量；超过能量阈值，网点的大小和清晰度均不受影响。因此，不存在曝光不足和曝光过度之说。图文部分的性质很稳定，即使曝光后 6 个月，印版仍旧可用。

(b) 热交联 CTP 版材是依靠红外激光曝光成像，其工作原理与一般的激光成像印版不同，对感光体系版材进行曝光时，总的曝光时间十分重要，但热交联 CTP 版材却完全不同，它只与曝光过程中所达到的最高温度有关。只有当温度处于临界值时，印版才会发生物理变化或者化学变化，如果温度低于临界值，版材不会发生任何反应，温度超过临界值时，也不会造成网点曝光过度。因此，制版工艺便于控制。

(c) 成像质量高，网点清晰。由于感热体系版材只在临界温度时才会成像，漫射热对印版不会有任何影响，印版上要么有图像要么无图像，只有这两种情况。所以，成像精确，网点边缘清晰。

(d) 版材成像速度较快，印版耐印力高，印版质量的稳定性好，分辨率高，可印刷直径为 4μm 的网点。

生产厂家有富士、柯达、爱克发等，代表产品有柯达的 CTX。

(4) 华光 TN 型热敏 CTP 版材

华光 TN 热敏版材依据热促酸致交联成像的原理：热敏 CTP 版热敏层中的红外吸光染料吸收红外激光而产生热量，热量达到一定温度后，被诱发的释酸剂进行热分解产生酸。当版材在 130～140℃下加热约 30s 后，曝光区的酚醛树脂与催化剂的酸反应发生桥式固化，不溶于显影液而形成影像区，未曝光区溶于显影液露出铝基砂目层而成为非影像区。热交联型版材对自然光的感光度很低，故可在明室下工作。热敏版因用的树脂不同，成像机理也有所不同，大多是交联固化成像，酸由光热致释酸剂产生，热由红外线吸收剂产生，并采用特殊的电解氧化涂布工艺生产。该版材适用于各种 830nm 热敏直接制版机，特别适用于高档印刷的成像制版，具有稳定性好、易操作和易掌握等特点。

①涂层结构

该版材采用优质铝板，经特殊的电解氧化而形成多层砂目，作为涂层的支撑体，经过连接层，最上面涂布一层感热涂层而组成。涂层还采用特殊的光热转换物质，使吸收光能的效率高、明室操作性能好，如图 7－12 显示了热敏涂层的光谱曲线。

②印刷适应性

（a）TN 型热敏版有一定的阈值要求，而且热敏版材接受的曝光量达到阈值时才发生交联反应，因此网点十分锐利，影像图文的层次分明、细腻，无网点油墨适应性好，印品色彩丰富。

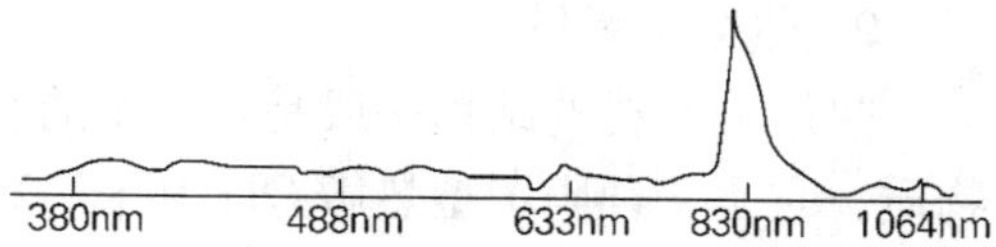

图 7－12 热敏涂层的光谱曲线

（b）TN 型热敏版采用了特殊的功能性树脂，特殊的亲墨助剂，使该版材比常规 PS 版具有优良的走墨性能和快捷的水墨平衡时间。显影后版面干净，保水性能好，印刷时不上脏。

（c）TN 型热敏版材具有良好的储存性能，在恒温恒湿条件下储存期可长达 18 个月，影像性能不受影响。该版还有出色的耐印力，在合适的印刷条件下，其耐印力可达 20 万印，经烤版达到 100 万印。

（d）现在市场上的热敏直接制版机，制版过程的大部分步骤完全自动化，下版、自动去衬纸、自动联机打孔、联机显影，保证了热敏版材的精确裁切尺寸及图像的精确套准。

③成像加工条件

TN 型热敏 CTP 版材在曝光成像后的显影加工非常关键，该版材需使用显影加工套药，预烘温度、预烘时间、显影温度、显影时间均应严格按照版材生产厂家提供的参数严格操作。

（a）成像曝光前的激光校正。用户在拿到 TN 热敏 CTP 产品后，应对制版机上的参数进行全面的校正。首先，应先根据版材的厚度、成像类型，对新版材进行定义。然后根据机器自带的测试条，对激光的聚焦、激光强度、解像力、转鼓速度、激光均匀性等参数进行逐一的校正。经过预烘、显影加工后进行全面评价，最后确认该种版材在制版机上使用的所用参数，输入到该热敏制版机中去。

（b）预烘工作区间的确定。首先，保持显影温度为（24±1）℃，显影时间为 30s，预烘烤时间为 1min，改变不同的预烘温度，将曝光后的版材进行加工评价。评价原则为：在成像的版材有影像区域的大密度不损失、小网点不丢失；无影像区域要干净、不留底。在这一原则下，预烘温度尽可能的高，这样有利于提高版材的印刷性能，如耐印力等。

（c）显影工作区间的确定。在预烘温度确定的前提下，保持预烘烤时间为 1min，保持显影温度为（24±1）℃，将曝光后的版材进行预烘显影加工，进行评价。小网点不丢失，无影像区域要干净、不留底。在这一原则下，显影时间采用偏短的时间为好，这样有利于提高版材的印刷性能，如耐印力、着墨性能等。

④显影加工及印刷中应注意的事项

（a）TN 热敏 CTP 版材在使用中一定要使用相配套的有关化学药品或推荐的化学品，这样用户才能得到优质的印品。这些化学品包括：热敏版相配套的显影工作液 TND、华光热敏版润版液、华光牌热敏保护胶和洁版膏。

（b）为了得到高质量、高印程的印版，应遵循“高温预热，低温快速显影”的原则。

（c）显影加工后，在上机前需涂一层薄薄的保护胶，保护胶不要涂得太厚，要涂得薄且均匀。若制好的版不立即上机，需在黄色灯下存储，不要在太阳光下直射，以免影响版材的印刷适性。

（d）特长印程及使用 UV 油墨时，应在 200～220℃温度下烤版 5～10min 后使用。

2. 热熔型版材

热熔型版材的结构一般是在亲水的版基上涂覆不溶于碱性熔解液且具有亲油性能的感热物质，它是一种阳图型热敏 CTP 版材，所以它一般由光滑且不需粗化的铝板、亲墨层、PVA 层（常规胶印中）、硅胶（无水胶印中）组成。红外激光扫描曝光时，激光的热能使印版上感热物质因受热而发生物理或化学变化，变成可溶于碱液的物质，再用碱性显影液处理版面，除去印版上曝光部分的感热物质，形成亲水的非图文部分，而未曝光部分的感热物质保留在印版上，形成亲油的图文部分。

热熔型 CTP 版还分为热蚀型、热熔转移型、热相变型等。热蚀型 CTP 版由底基、中间红外吸收钛层和顶层硅橡胶层组成。成像时，激光束照射在印版上并穿过硅胶涂层，射到中间钛层。钛金属具有导电性，消耗激光的能量并使激光无足够能量继续穿透底层的聚酯版基。同时钛层将激光能转化成热能，把钛层熔化，使硅胶层脱落。曝光后，无硅胶的空白片基部分亲墨，而留下的硅胶层部分则疏墨。图 7 - 13 为热蚀型 CTP 版的成像机理图。

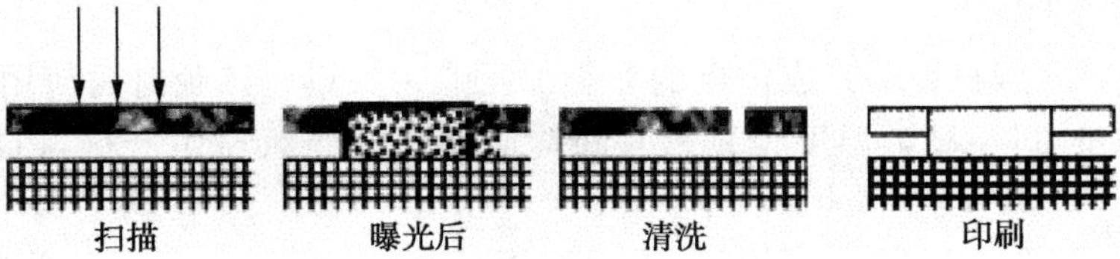

图 7 - 13　热蚀型 CTP 版成像示意图

（1）富士 Brillia LH - PA 版材

这是一种热敏阳图型 CTP 版，它以富士胶片在世界上最早开发出来的热敏阳图 CTP 版材 LH - PI 为基础，经过多次改良，具有超群的耐划伤性、印刷适应性、网点还原性、耐药性以及出色的耐印力和质量稳定的高性能热敏 CTP 版材。LH - PA 采用三层涂布结构，如图 7 - 14 所示，及多层砂目技术。印版耐印力长，适应 UV 油墨，耐化学药品性好（减少掉版），UV 印刷不必烤版，缩短制版时间，显影宽容度大，显影液寿命长，小网点不易丢失，高调频网适性，高精细印刷适性。对 800 ~ 850nm 波长范围的 IR（红外）激光敏感度高，其所需激光功率的减小，使激光头更换周期延长；曝光滚筒转速的提高，可实现更高的生产效率，根据制版机种类、品质的不同会有所变化；印刷适性、水墨平衡好；不易上脏，耐印力稳定。Brillia LH - PA 版材技术规格见表 7 - 1。

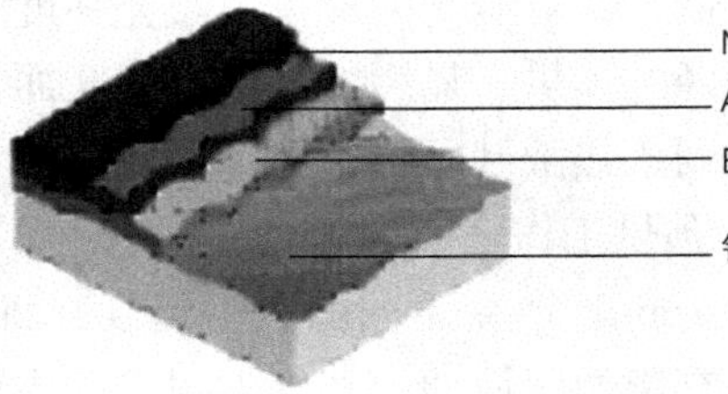

图 7 - 14　LH - PA 版材结构

（2）爱克发 Thermostar 热敏版

Thermostar 版材是爱克发公司一种新型热敏阳图版，属热熔型 CTP 版材。它有 Thermostar P970（对波长 830nm 的光线敏感）和 Thermostar P971（对波长 1064 ~ 1080nm 的光线敏感）两个系列。它的上层部分含有的感热色素，通过高能激光曝光后，该保护层中的炭或红外染料吸收红外光后，转化为热，热使活性层中的温度急剧升高，达到 4000℃ 或更高，从而完成曝光。曝光的部分具有在碱性显影液中溶解的性能，未曝光部分则不溶解于显影液，具有保护下层树脂的“掩膜”功能。

表 7－1 Brillia LH－PA 版材技术规格

类　　型	热敏阳图型
感光波长	830nm
曝光能量	120～140mJ/cm^2
分辨率	200lpi（1%～99%）
处理剂	显影液：LH－D2WS，补充液：LH－D2WS 或 LH－D2RS（1∶9），保护胶－高效 CTP 保护胶：FN－6（1∶1～1∶2）
耐印力	200000（普通油墨），50000～100000（UV 油墨，不烤版），70000～150000（UV 油墨，烤版）（视印刷条件和成像内容而定）
照明条件	可在白色灯光下操作
适用的制版机	市场上所有搭载 830nm 激光的主流热敏 CTP 制版机
存储环境	干燥、避光、温度 30℃以下

由于该版保护层上的红外光吸收容量高，因此对相对低的曝光能级产生高温，使保护层发生物理变形。这种物理变形不仅可以有效的使碱性显影溶液润湿版面的曝光部分，而且还能快速地渗透保护层，进入底层，有效地溶解底层，并且比非曝光区溶解得更快。其保护层对碱性保护膜来说起一种“掩膜”的作用，显然它的表面和界面张力是冲洗加工的重要参数。

①Thermostar 热敏版的结构

Thermostar 的版基由经过电子化学研磨和阳极氧化处理的铝颗粒所组成，耐印力好，并具有出色的印刷性能，如图 7－15 所示。印刷层涂布阻水性聚合物，对任何可见光源波长不敏感，它使 Thermostar 具备优良的印刷特性，烤版后可以提高印量，可用传统阳图版所用的碱性显影液冲洗。Thermostar 的热敏版有两个涂层。第一层厚 1.1nm，由酚醛树脂型的疏水聚合物组成，其功能有：经烤版或不经烤版均能获得长印程；优良的显影性和可涂性，它确保水墨平衡，阻止网点增大，该层对任何波长的光都不敏感。第二层仅有亚微米厚，对红外线激光高度敏感，因此曝光时间可以很短，成像速度极快。具有很好的油墨接受性能和疏水性能，不溶于碱性显影液等特点。

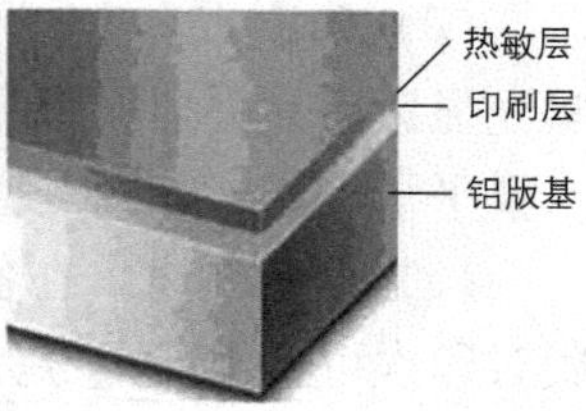

图 7－15　Thermostar 热敏版的结构

该版结构简单，制版和涂布工艺易控制，批量生产版材的感光度差异很小，仅低于 ±0.05lg$H$。

②Thermostar 970 版的感光性能

该版的光谱增感峰为 830～870nm（二极管激光）、1050～1150nm（固体红外激光）、Nd：YAG 为 1064 nm 或 Nd：YLE 为 1053nm，另外还有 Polaroid 最新开发的纤维激光 1100nm 等。这些版材可完全在明室操作，既不感可见光，也不感紫外线，对提高生产效率大有益处。Thermostat 版的绝对感光度由成像速度或像素停留时间决定。它的感光性呈非互易关系，感光度由扫描速度决定。

外鼓曝光机用 Creo Trendsetter 3244 或 Scitex Lotem 830 印版图文输出机，为了提高制版能力，采用多束激光技术。内鼓曝光机用爱克发的 Galileo T 或 Gerber CrescentC42/T 印版图文输出机，单激光束曝光，扫描速度快，像素停留时间短，二者之比为367ms：32ns，在此条件下，所用的激光能足以完成潜影形成。

Thermostar 版内鼓成像的解像力曝光量大约需要 30mJ/cm^2，在此范围内，感光性不依赖于扫描速度。在低速范围内，其感光性与扫描速度有关。用 Creo Trendsetter 3244 按 15r/min 的速度曝光，大约需用 300mJ/cm^2 的曝光量，所需要的能量比其他版所需要的低。而用外鼓印版图文输出机曝光的热敏版，可以与其他的大多数商业用版相媲美。

③Thermostar 版的特性

（a）感热的物理掩膜。这一特性在其他品种的热敏版上可以说是没有的，Thermostar 版开其先河，是一种较先进的技术。

（b）解像力和质量特征。正如其他热敏版那样，Thermostat 版的解像力高，在 200 lpi 网线下可再现 1% ~99% 的网点，但其实际的图像质量由印版图文输出机决定。Thermostar 版在整个阶调范围内显示出完美的线条再现性，即使使用 2400dpi 的 2 ×2 规格的像素组成的微网点的调频加网技术也不过如此。

（c）曝光宽度和冲洗加工宽度。Thermostar 版材的曝光和冲洗加工宽度很大，这种宽度能保证制版后性能稳定，与制版的再现质量一致。曝光和冲洗加工宽度主要由所用图文输出机的光学性能决定。这是因为目前的湿加工热敏技术不能完全适应二进制成像，而无须处理的热敏版则可能达到预期效果。

（d）印刷宽容度、网点增大及印程。该版具有较好的印刷宽容度，因为使用铝支持体，曝光显影后易去掉非影像区，同时在支持体表面的涂层具有很高的疏水性，在上机印刷时，水墨平衡性好，其网点增大值与传统阳图版所期望的值完全吻合。

（e）印程测试。在各种情况下，用不同型号的油墨、润版液、橡皮布和相纸等，不烤版时印次可达 15 万，烤版可达 100 万次以上。

（3）爱克发的其他热熔型版材

①Energy 恒星版

Energy 恒星版是爱克发为热敏 CTP 市场推出的通用热敏版，被看做是 Thermostar P970 热星版的替代品，它的高感光性能使爱克发以及其他所有采用 830nm 的激光头制版机发挥最大的生产输出量。Energy 恒星版系列包括 Energy 及 Energy Elite。Energy 系列产品可满足并具有良好的印刷宽容度和理想的水墨平衡。

为了优化 Energy 使用效果，爱克发同期推出了 Energy Developer 显影液，其低补充率带来高效的冲洗过程，因为它有长达 6 周冲洗寿命和简易的冲洗操作过程，其 Energy Developer显影液也适用于热星版 Thermostar P970，这样可帮助爱克发现有客户顺利改用 Energy 恒星版。

Energy Elite 在没有烤版的情况下，可以实现超过 35 万的印量，可以使用 UV 墨、酒精和其他烈性化学药品。在实现水墨平衡时，拥有更广的印刷宽容度，耐印力高，印刷适性好。在 Energy Elite 的热敏感光表层下添加了一层专利技术的基础层，这使 Energy Elite 具有极强的抗化学腐蚀性和高质量的印刷效果。此版材采用特有的 Elite Developer 显影液，可以保证特别清晰、一致的冲版效果，并且 Energy Elite 适用于大多数冲版机。

②Amigo 美星版

Amigo 美星版同样采用爱克发专利的 ThermoFuse™热熔技术，适合大印量及大幅面印刷市场。Amigo 美星版的非图像部分是用清洗溶液去除的（而不是绿星版使用的涂胶）。因此印量更大，耐印力也更高，未烤版的耐印力为 20 万，另外，烤版后可使耐印力进一步提高至 50 万。

Amigo 美星版的清洗适用于目前市场中几乎所有的冲版机，无须额外投资。而且化学药品的消耗量是非常低的，补充率在 30 ~ 50ml/m^2。Amigo 美星版印刷宽容度很大，这得益于爱克发创新的版基技术。均一研磨和阳极氧化处理过的铝版基提供了更好的亲水性。

Amigo 美星版解析度很高，在使用平衡网 200lpi 或晶华网 240lpi 时可再现 1% ~99% 的网点，而使用 FM 加网技术时可再现 25μm 网点。

Amigo 美星版规格尺寸众多，包括大幅面的尺寸。可与爱克发各种热敏制版机和市场上主要的直接制版机配合使用。

三、免处理型版材

上述 CTP 版需要传统的湿式显影，即在曝光后要用冲版机及碱水溶液或有机溶剂进行冲洗，除去可溶性部分，然后才能上机印刷。如能废除显影工序，不仅可以降低设备成本，减少操作步骤，改善作业环境，还可以实现印版质量的稳定，并有利于环保。因此，经扫描曝光后直接就可上机印刷的 CTP 版（免处理型 CTP 版）一直是研制和开发的重点。

从广义上讲，免处理 CTP 版材是指版材在直接制版设备上曝光成像后，无须任何诸如化学显影、冲洗处理等后续处理即可上机印刷的版材，不产生相应的液体或固体废料。从狭义上讲，免处理是指版材在曝光成像后无需化学显影处理，但会有个别非化学处理工序，如烧蚀废屑的清除、清水冲洗、涂布保护胶等。目前四种免处理 CTP 版材如下。

（1）免处理型 CTP 版材（Process – free，pfCTP）。主要包括热熔型、可转移、热熔融等。热熔即通过激光照射使涂层材料汽化，并剥蚀，为此 CTP 系统需要一个抽吸装置。此类版材成像后无须任何额外处理，如 Presstek 的 Applause 热熔免处理 CTP 版材；不用抽吸装置的烧蚀控制印版，如 Fuji – Brillia LD – NS、Agfa – Thermolite 等；可转移的聚合物印版 Asahi – Thermal、KPG – Thermal SP。

（2）水处理型 CTP 版材（Chemistry – free，cf CTP）。此类版材在制版时，不使用化学药品，不产生常见废液，用清水清洗后即可上机印刷。例如 Presstek Anthem Pro 版材。

（3）附加处理型 CTP 版材（Simple – process，spCTP）。这种版材需要一些简单的后处理步骤，如上胶等。它比传统的化学处理版材前进了一步，但处理液中仍含一定的化学药品，所以还是要产生一些废液。

（4）在机显影 CTP 版材（On – Press Developing，pd CTP）。成像后的印版安装到印刷机上印刷时，需先去除印版表面的涂布层。柯达保丽光公司的 Thermal Direct 印版、Agfa – Thermolite、海德堡 Saphira、KPG – Thermal 和富士胶片的 Brillia LDNS 热敏版即属于这一类。

1. 烧蚀与相变型 CTP 版材

（1）热烧蚀型版材

激光热烧蚀型版材经曝光后不经显影就可以极大地改变版材的表面特性，原理是版材上的药膜受到激光照射后，药膜中含有光热转换物质受热升温，导致燃烧或熔融造成曝光部分遭到破坏并被除去，烧蚀型版材成像过程如图 7－16 所示。

热烧蚀型热敏 CTP 版在曝光过程中，版面部分涂层受烧蚀而发生爆裂等剧烈变化，此过程会产生大量的粉尘残渣，所以用这种版材制版时，制版机内须安装真空过滤装置，以收集版材在经曝光后产生的粉尘，以免造成对制版设备，尤其是光学器件的损害。此外，热烧蚀型版材对激光能量要求较高，一般的热敏制版机不能满足热烧蚀技术这一要求。

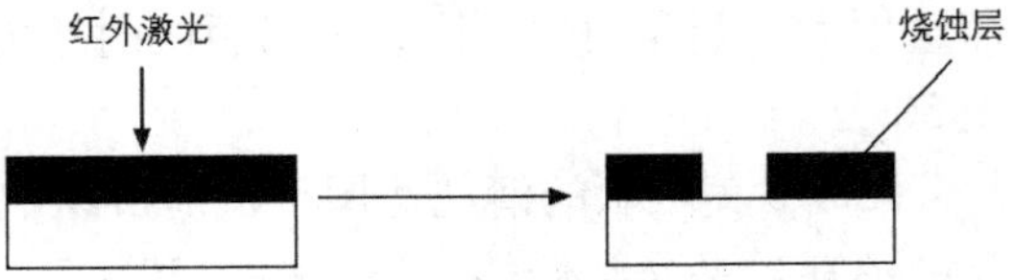

图 7－16　烧蚀型免处理版的成像示意图

热烧蚀技术的曝光过程虽然是一个剧烈的化学变化过程，但这种化学变化只对热敏感而对光不敏感，故可明室操作。热烧蚀版经曝光后得到的影像极其稳定，在大部分的印刷机上水墨平衡也良好，润版液消耗量少。但在某些型号的印刷机上，则需专门的润版液。

①美国 Alcoa 公司的烧蚀型阳图 CTP 版。Alcoa 公司的烧蚀型阳图 CTP 版材的成像层主要成分是丙烯酸和乙烯基磷酸的交联型共聚物，其中分散着的小颗粒为遇热燃烧的红外吸收物质，如连氮化物或偶氮化物，也可以用镁、铝、铋等金属或炭黑。丙烯酸聚合物应具亲水性。版材用红外激光曝光时曝光部分的小颗粒以及周围的聚合物一起燃烧并从版基上脱落出亲水的铝版基，如图 7－17 所示。

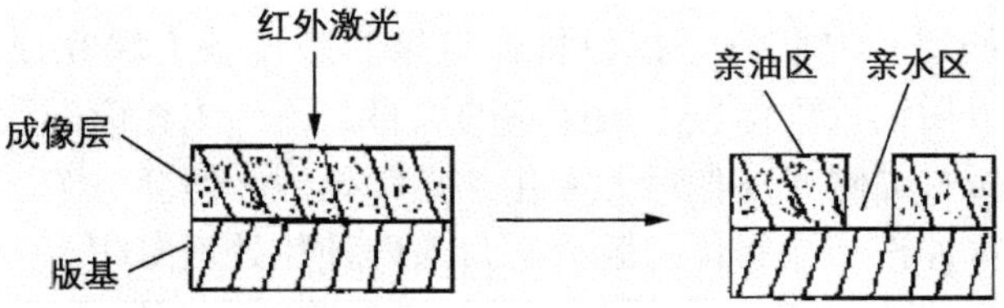

图 7－17　烧蚀型阳图版制版的成像示意图

美国 Alcoa 公司还开发出了一种热烧蚀型无水胶印版，它采用三层结构，如图 7－18 所示。硅橡胶层一般采用透明的、对红外光无吸收的聚二甲基硅烷等橡胶，热烧蚀层含有红外吸收物质，可以是炭黑、金属、金属氧化物、酞菁染料等。还含有可热降解的有机高分子树脂，制版时用波长为 1064nm 的大功率红外激光曝光，曝光导致烧蚀层燃烧并导致烧蚀层与硅橡胶层间的黏合力大大降低。因此，曝光部分的硅橡胶层以及烧蚀层均可用机械方法除去，并露出铝版基，铝版基可以接受特殊油墨，而未曝光部分的硅橡胶则是排斥油墨的，这种版材使用特殊油墨，不用润版液，无水墨平衡，因此称为无水印版，并且耐印力高，一般可超过 10 万印。

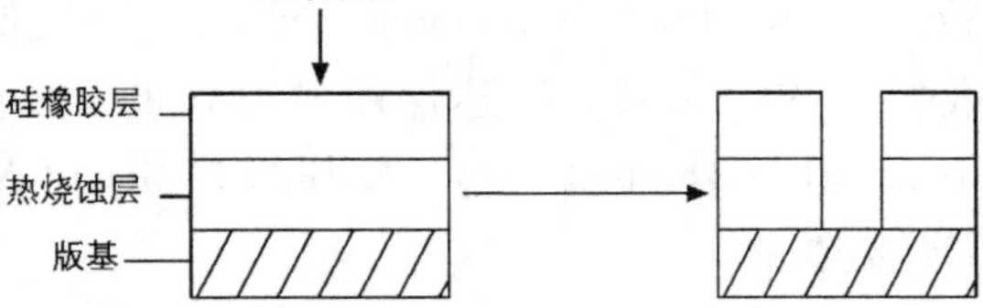

图 7－18　烧蚀型无水胶印版的成像示意图

②爱克发银沉积烧蚀型阳图。此版材由具有亲水性表面的版基（铝、PET）、可被烧蚀的金属熔融层和交联疏水层构成。曝光区金属层在高强度激光辐射下熔融形成小滴，与铝版基的接触角变大，无须显影即可除去，露出铝（PET）层亲水表面形成新水区。可用于熔融层的金属有银、铜、铋、黄铜，优先使用银作为金属层，层厚度控制在20～200nm，以40～100nm为佳。交联疏水层受热固化，也可以通过热敏树脂交联形成固化层，未曝光交联层不溶于液体，成为亲墨层。为了确保版材成像区的亲墨性和背景区的高亲水性，常在曝光前或曝光后用一种蛋白酶处理版面，如胰蛋白酶、胃蛋白酶、无花果蛋白酶、木瓜蛋白酶等，耐印力可达8万印。

（a）铝基熔融版材。安装在Gerber Cersent 42T（10W功率YAG红外激光，输出功率$8mW/cm^2$，1064nm）制版机上，曝光除银，曝光后的版材用商品化感脂液处理，然后即可上机印刷。

（b）PET基熔熔版材。用YAG红外激光光源制版机曝光成像（扫描速度为100m/s，光点为15μm，输出分辨率为3600dpi，能量为2.0～6.0W）后，擦去残渣，之后用水漂洗，除去曝光区的新水层和金属层残渣，用传统印刷机和传统润版液，印刷质量很理想。

③富士公司烧蚀CTP版材。富士公司烧蚀CTP版材采用能量增幅技术，即光热转换物质吸收光能产生热能，产生的热成为自放热氧化反应的起始能量。当达到一定温度时，自放热反应物就发生连续的自放热。此反应释放的热维持自身反应，同时引起版材中的酸反应性聚合物发生释放或交联的化学及物理变化，从而造成版面的亲水、亲油性发生变化，形成图像。

版材由版基铝或PET（聚酯）和热敏感光层组成。热敏反应层包括光热转换物质、自放热反应物、亲水氧化钛颗粒、能增加印刷稳定性的表面活性剂和提高涂膜强度的环氧树脂等。

（a）阳图版材。选用YAG光源的制版机曝光成像，无须显影处理直接上印刷机印刷。

（b）阴图版材。选用Presstek公司的成像波长为908nm、输出功率为1.2W的Pearl Setter制版机曝光成像，扫描速度为2m/s。激光曝光成像部分与水接触角为80°，亲墨；非图文部分与水接触角为10°以下，亲水。无须处理，直接上印刷机印刷。

④Presstek公司Applause CTP版材。Presstek公司Applause CTP版材采用波长为1064nm的激光曝光成像。版材采用铝版基或聚酯基和夹层烧蚀层结构，利用等离子金属沉积热蚀层技术制备版材。采用Pearl制版机（激光能量$200mJ/cm^2$）成像制版，湿版印刷，耐印力达10万以上。

激光热烧蚀型版材的缺点在于需使用大功率的激光器，制版机成本较高。最大缺点在于在制版过程中曝光部分会产生烟雾，如用于在机直接制版，则会对激光头及印刷机造成严重污染，即使用于脱机直接制版也会污染激光头。目前采取的解决办法是在激光头附近加装一个抽气机，在制版过程中不断地把生成的烟雾抽去以保护激光头，但制版机中激光头离版面很近，这种办法效果有限，且会对制版车间造成污染。另一种解决的办法是在激光烧蚀层上加覆一层可燃性树脂层，尽量使得烧蚀后的生成物为小碎片，不会扩散到空气中污染激光头。因为烧蚀型版材有较高的耐印力，这种办法如使用得当仍有较好的发展前景。

表面粗度变化型版材成像原理是用激光扫描版材表面，使曝光部分表面粗糙度发生变化，从而造成亲油或亲水性变化。如有关报导阐述，具有砂目的铝版基表面用CO_2激光照射后粗糙表面变为平滑表面形成亲油性，经处理后，在胶印机上印数达 1000 印左右。另一例子是用玻璃化转变温度为 50～100℃的热可塑性树脂和硅橡胶组成层固定在版材上，再用聚酯制成保护层，经激光照射后受光部分表面变成凹凸状形成亲油部分。目前的表面粗度变化型版材耐印力均很低，而且制版时需使用大功率激光器。

目前热烧蚀型版材很多，如表 7－2 所示。

表 7－2 激光烧蚀型 CTP 版一览表

类　型	有水印刷无处理印版			有水印刷印版		无水印刷印版	
制造商	Presstek	KPG	Agfa	Presstek	Anocoil	Presstek	Fujifilm
版材名称	PEARLgold	Navajo	SilverlithZP	PEARLwet	T－plate	PEARL dry	LS－DM
亲水层（斥油层）	陶瓷	涂料	Al	PVA	Al	硅橡胶	硅橡胶
亲油层	PET	—	Ag^+亲油化剂	PET	有机高分子	PET	PET
激光感热层	TiO	有机物层（CB＋成膜剂）	Ag	TiO	有机物	TiO	有机物层（CB＋成膜剂）
光热转换层	TiO	炭黑	Ag	TiO	色素	TiO	炭黑
感应范围	830～1064nm	830～1064nm	830～1064nm	830～1064nm	1064nm	830～1064nm	830～1064nm
曝光时激光烧蚀层的吸收处理	不要	要	要	不要	—	不要	不要

（2）热熔融型版材

①爱克发 Azura 热熔融型阴图 CTP 版材。Azura CTP 版由版基和药膜层组成，版基经过磨砂、氧化、封孔等处理。药膜层为塑胶微粒，由水溶性材料吸附在版基表面。曝光后热胶微粒发生热熔合效应，形成致密的结构，凝结在版基表面形成图文；未熔合部分仍然保持原来的疏松状态，通过水洗、上 Agfa WGl00 保护胶来去除未曝光部位的热塑性颗粒，达到保持材料的亲水性显影。

Azura CTP 版材阴图适合成像波长为 830nmCTP 制版机制版，感光度为 50mJ/cm^2。在分辨率为 200lpi 时，2%～98% 网点出齐。耐印力 10 万，适合商业印刷。可明室操作，但易受潮。AzuraCTP 版材的涂层偏“软”，印刷时图像细部容易丢失。

②爱克发 Amigo 版材的网点还原在 1%～99%，可以采用 Sublima 加网技术进行 200lpi 和 240lpi 的加网，也可采用 25μm 网点调频加网。

（3）相变型版材

相变化中“相”指的是非图文部分的亲水相或图文部分的亲油相，相变化手段有成像层组成变化，化学变化及液晶排列变化等几种。

①组成变化型版材的特点是成像层内亲水性材料和亲油性材料保持分离状态。在激光照射下曝光部分分离状态被打破，使曝光部分变为亲水性或亲油性，这种极性的变化可以是基

于物理变化也可以是化学变化。

物理变化方式是在亲水的黏结树脂中分散了一些亲油的热塑性高分子颗粒或热易熔的金属颗粒，该热塑性颗粒或热易熔的金属颗粒有一临界凝聚温度或融化温度，在曝光区的热作用下软化或熔融使颗粒凝聚，在亲水层中形成了疏水凝聚体从而变成亲油性。

这种版材的特性在于成像层被含至少一种带阳离子基团的有机物层覆盖。这种有机物质通常是带有一个或多个氨基或铵基的物质。经常采用的是一个或多个铵基改性的右旋糖酐和支链淀粉，用于提高版材性能（如网点还原性高，印刷物空白处很少残脏）。用于成像层的亲水黏结树脂是水溶性高分子，如聚乙烯醇、聚甲基丙烯酸、聚甲基丙烯酰胺、聚羟乙基丙烯酰胺、聚乙烯基甲醚或明胶、多糖等天然高分子。黏结树脂的交联剂为甲醛、乙二醛、聚异氰酸酯和四羟烷基原硅酸酯。热塑性颗粒可以是聚氯乙烯、聚偏二氯乙烯、聚酯、聚亚氨酯、聚丙烯腈、聚乙烯咔唑等或者它们的共聚物或混合物。使用较多的是聚苯乙烯、聚甲基丙烯酸甲酯或二者共聚物。这些热塑性颗粒平均粒径在40～200nm，重量分数在10%～20%最好。制版过程如图7－19所示。

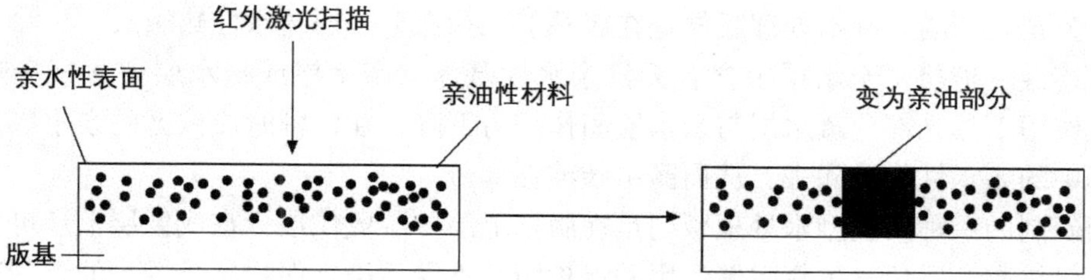

图7－19　一种组成变化型版材的成像示意图

化学变化方式是在亲水性树脂中分散一些微胶囊，囊中含有物质可进行聚合反应或与亲水性树脂起反应，曝光部分微胶囊破裂释放出反应物聚合形成亲油性物质或与树脂反应形成亲油性物质。

富士公司生产的一种免处理组成变化型阴图版是在亲水性黏结树脂中分散一些微胶囊。亲水性黏结树脂是一些含有羟基或羧基的树脂，如阿拉伯树胶、干酪素、凝胶、淀粉衍生物等。微胶囊中含有聚合单体或预聚物、自由基引发剂和红外染料。聚合单位或预聚物为含有一个或两个不饱和烯键的可进行自由基聚合的单体化合物，如丙烯酸类单体或甲基丙烯酸类单体。所用的自由基引发剂为能在热作用下产生自由基并引发单体或预聚物发生聚合反应的物质。

制版时采用830nm红外激光曝光，曝光受热部分微胶囊破裂并且热自由基引发剂受热产生自由基并引发聚合反应，使得曝光部分形成亲油性部分，但耐印力只有2万印。

组成变化型版材还可以将亲水性物质和亲油性物质分层涂布而形成多层结构。同样，曝光部分受热熔融使得亲水性或亲油性发生改变，成像过程如图7－20所示。

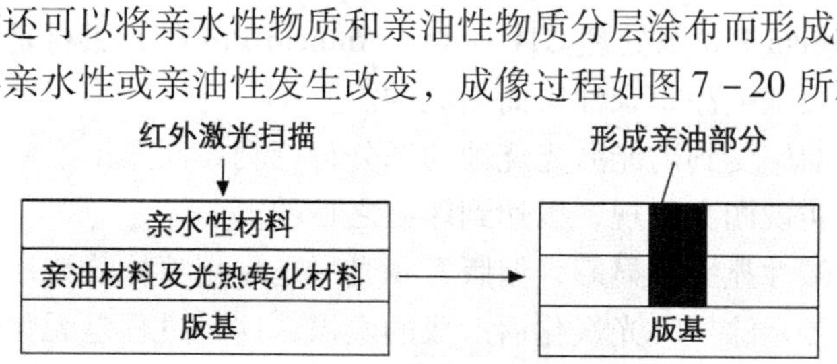

图7－20　一种组成变化型版材的成像示意图

组成变化型免处理版缺点是所加的受热熔融物质熔点不能很高，限制了材料的使用范围，而且版材解像力不高，耐印力也不高，并且版材的制作过程复杂，在涂版时要保证小颗粒或微胶囊在成像层中均匀分布。但组成变化型版材在曝光后无须任何处理即可上机印刷，不像水处理版及烧蚀版那样会造成污染，并且亲油亲水区反差大。

②化学变化型。化学变化型则是成像层中曝光部分发生了化学变化，导致曝光部分亲水亲油性发生转变。如果曝光部分转变成亲水性，则为阳图型，反之则为阴图型。

化学变化型免处理 CTP 版材的亲水亲油区反差较大，而且曝光后无须任何处理即可上机印刷，不存在对印刷机、制版机的污染等问题。但目前此类版材主要问题仍是耐印力和解像力不高。如能提高耐印力，仍有很好的发展前景。

2. 水处理型版材

严格来讲，水处理型版材仅为无须化学处理的版材，这种版材无须用专门的显影设备及显影液显影，而是将曝光后的印版通过水洗，水处理版材一般在曝光后会形成水溶性及非水溶性两部分。

富士公司生产的一种水处理版材是在版基上先涂布上一层疏水性热敏层，再涂上一层亲水层及水溶性保护层，亲水层中含有无机亲水性基体，亲水层或疏水层中含有光热转化物质，在热作用下曝光部分疏水层与亲水层间作用力下降，在印刷时成像区的亲水层及覆盖层会被油墨中的亲水性物质除去，从而露出亲油性部分。

美国研制的一种阴图型水处理版则是在版基上涂一层成像层，在成像层上还可以再涂一层水溶性保护层，以免发生氧阻聚作用并保护版基不受污染，保护层是透光的，制版时用红外激光曝光，曝光部分形成亲油性部分，未曝光部分及水溶性保护层均可在上机印刷时被润版液除去。

有些水处理版是在水处理型 PS 版的基础上改进而来的，这种版材的成像层为光敏层，含有成膜高分子、聚合单体、对紫外敏感的自由基引发剂、红外染料等。制版原理是先经红外激光曝光，曝光部分受热使得自由基引发剂分解而失活，然后用紫外光二次曝光，未受红外激光曝光部分由于发生聚合的反应而形成亲油性部分，在上机印刷时红外曝光部分可被润版液除去。制版过程如图 7 - 21 所示。

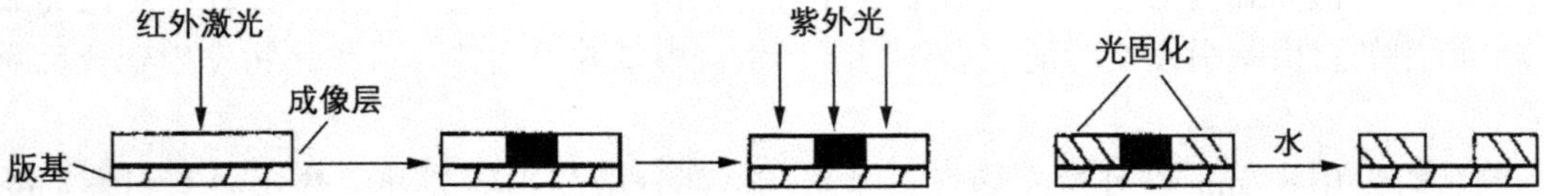

图 7 - 21　水处理型 PS 版改进的免处理版的成像示意图

Presstek 公司 Anthem Pro 水处理 CTP 版材。Anthem Pro CTP 版材是在经电解氧化处理后形成微孔亲水层的铝版基上涂布亲油层而制成的。

曝光后上层的亲油层受到高能激光烧蚀的部分自行剥离而露出下面多孔的亲水层与未曝光的亲油影像层共同实现图文再现，以达到印刷之目的。

这种版材无须用碱性显影液显影，但版经曝光后还需用喷枪喷清水冲洗，以除去版面上附着的烧蚀残渣，主要是涂层曝光炭化后形成的炭黑，这一过程是无化学处理程序。

Anthem Pro 版曝光冲洗后，影像部分呈黑色，版面反差明显，可直接通过目测或仪器测量。

Anthem Pro 阳图 CTP 版材适合成像波长为 830nmCTP 制版机制版，感光度 400mJ/cm^2，在分辨率 200lpi 时，2% ~98% 网点再现，潜影有效期 12 年，印版有效期 2 年，耐印力 10 万，明室操作。

3. 附加处理型版材

附加处理型版材有转印与喷墨两种，从印版的角度来看，转印方式是将形成图文所需的亲油性物质包含在记录层内，然后用激光曝光，图文部分受激光照射后，通过热升华或热熔融转印到亲水性底基上，这个过程不存在除去不必要物质的操作，因此可以认为是不用显影的版材。转印方式由于制成的版材分辨率不高，且操作复杂，没有被广泛采用。喷胶型版材的制备方法是向亲水性版基以“喷墨”的方式喷上流动性的物质形成亲油性的图文部分，经过喷胶的版材无须进行显影即可上机进行印刷。喷墨型版材缺点在于分辨率、解像力低，也不是真正的免处理版材。

喷墨型 CTP 利用在普通 PS 版上涂布一层特殊的膜层，接受并固定墨水液滴（油墨可以是水性墨水溶液，热固油墨、紫外光 UV 固化油墨）形成的图像和文字，然后经曝光、显影制成印版。经水冲洗即可直接在印刷机上进行印刷，从而实现计算机直接制版。

（1）喷墨 CTP 版材特点

喷墨 CTP 版与其他类型的 CTP 版相比较，具有很多优点。

①与传统版材的兼容性。喷墨打印 CTP 技术的版材来源广泛，可以是普通 PS 版，PS 版的感光涂层可以是光分解型的，或是光聚合型的。在普通 PS 版上进行喷墨，经晒版、显影后可以上机印刷。还可以直接在裸版上（仅做粗糙化及氧化处理，而未涂布感光涂层为版基）打印，打印后仅需固化就可以直接上机印刷。

②材料方面。省去了胶片、曝光、冲洗、修版等工序的材料及设备成本。

③效益方面。由于省去了上述工序及所用材料，大幅度降低了制版的成本，节省了时间和空间。采用喷墨型 CTP 技术，将使印前制版费用下降 30% ~50%。

④时间方面。减少了冲片时间，缩短了制版周期，对报业的意义特别重大。

⑤质量方面。由于省去了胶片，使图文信息从计算机一步到印版，版面的精度和图像转移质量更为提高。

⑥员工人数。一个中等规模的印刷厂，可节省拼版（含折手计算）、校对、保存检索胶片（再版）的多名工人。

⑦价格方面。系统投入成本仅是传统激光照排机的 1/10，而版材的价格和现行 PS 版价格相差无几。

⑧设备方面。省去了暗室和激光照排机等设备投入，且节省了保存胶片（再版用）的空间、设施等投入。

⑨绿色环保。喷墨 CTP 技术从根本上杜绝了照排过程中含银废水排放产生的严重污染，为绿色环保型产品。所用油墨可以是水性墨水溶液，热固油墨、紫外光 UV 固化油墨等。对环境无任何污染，被称为绿色产品。

（2）喷墨制版设备

EPSON 公司的 Epson stylus Pro 9000 和 Pro 9500 打印机，分辨率达到 1440dpi × 720dpi；

Pro 5500 打印机，分辨率高达 2880dpi × 720dpi。

惠普公司的 HP design Jet 800 PS 喷墨打印机，分辨率可达到 1200dpi。

Creo Scitex 公司的 Iris 2 print 和 Iris 4 print，分辨率为 240 ~ 600dpi。

Jet Plate 公司的 Jet Plate 系统由计算机、RIP 系统、制版机、打样机、显影机、相关附件构成。主要用于金属版直接制版，印版定位精度为 ±0.05mm。Jet Plate 系统能产生 20μm 调频网点和 3μm 的墨点，2880dpi（175lpi）的成像分辨率，采用传统的阴图 PS 版，传统的感光乳剂和传统的显影药，不需要光源。

Jet Plate CTP 系统采用一种被称为“液态光”的 Plate Marker 专用成像油墨，通过制版机成像头喷涂在印版上形成图像。这种用于成像的专用油墨能够与传统铝版上的乳剂层发生化学反应而固着在铝版上。采用手工方式将铝版放在显影机的入口平台和传送带上，由传送带送入印版处理装置中进行处理。在印版处理系统中首先利用热风加速药液与乳剂层的反应，使油墨快速固着在印版上；然后由显影液和旋转刷对印版进行显影，除去非图文部分的乳胶；在水洗槽中对印版进行冲洗，去除印版上残留的显影液；最后对印版进行烘烤。

Glunz & Jensen 公司的 PlateWriter ™4200 直接制版机由喷墨打印装置、印版处理装置、Liquid Dot（液态网点）成像溶液以及软件和打样支持部分（Xitron RIP 技术）构成。其中喷墨打印装置采用定制的、重型喷墨成像平台（罗兰 SP3000），确保了重复精度和印版的精确定位功能，540 个喷墨头组成的喷墨系统可实现超高清晰度打印。LiquidDot（液态网点）成像溶液是 Glunz & Jensen 公司的专利技术。Xitron RIP 加网技术是喷墨 CTP 专用 RIP，它的随机加网网点可以防龟纹，并产生 175lpi 传统加网输出。

PlateWriter ™4200 采用表面粗化和阳极氧化处理的非涂布铝板，通过喷涂“液态网点”成像溶液在印版上成像。成像后的印版以手工方式送入印版处理装置中进行干燥，使“液体网点”成像溶液能够固着在印版表面，并由印版处理装置中的内置胶台给印版涂布保护印版。

（3）裸版喷墨 CTP 版材

裸版喷墨 CTP 版基有两种类型。一类是可以在其上面喷墨成像的砂目铝版基；另一类是需要在砂目铝版基上先涂布油墨接受层的铝版基。前者对墨水要求高，技术难度大；后者要求接受层有较强的吸墨性，对铝版基有一定的亲和力和黏固度。

①油性喷墨 CTP 版材

富士公司油性喷墨 CTP 版制备方法大致分为三种：第一种是在涂塑纸支持体上涂布亲水性受墨层，再经喷墨打印机在其上喷绘成像；第二种是在经磨版处理过的铝板或 PET 上，涂布亲水性受墨层，如 ZnO 黏合型，再经喷墨打印机在其上喷绘成像；第三种是在经磨版处理过的铝板或 PET 上，涂布碱性树脂型受墨层，再经喷墨打印机在其上成像。

（a）版材特点。该版材油墨传输性好，耐印力高，油性墨分散性好，保存稳定性优良。

（b）制版的方法及机理。耐水性支持体上涂布的影像层中需含有 ZnO 和黏合树脂。油性墨经过喷墨打印机的喷嘴呈液态状射出，在印版支持体上形成图像后，再对非影像区作脱脂处理，即得平印版。因采用静电喷墨成像，故树脂粒子应带正电或负电荷。

（c）版材评价方法：

分辨率。使用喷墨绘图仪在版材支持体上喷绘墨水，热固化 20s，升温至 75℃；使影像部分充分固定。使用光学显微镜观察这种版的复制图像，结果会发现文字线条清晰、无渗析、流融现象，非影像区不上脏。

耐印力。制版后直接上机印刷，耐印力达3000印以上。

储存稳定性。喷墨实验表明，800h后稳定性良好；而且室温下保存5个月，油墨不出现凝结现象，耐印力仍能达到3000次，且无上脏现象。

②水性喷墨CTP版材

太阳化学公司采用水性喷墨墨水在砂目铝版基上喷墨成像，印版无须处理，有利于环保。该类版材分辨率高、油墨传输性好，不需要曝光和化学处理，而且耐印力高、成本低，有利于环保。其将水性墨通过喷墨打印机喷涂在已经砂目处理（硅酸盐处理）过的版基上，干燥后即得到印版。印版具有十分优良的耐印力和良好的储存稳定性。

（a）美国兄弟公司喷墨CTP版。该系统的版材UV曝光后，即可上机印刷，分辨率达1200dpi，耐印力不足2万印次。

（b）KGP公司喷墨CTP版。这种版材耐印力高，使用水溶性聚合物作为成膜物，进而形成亲油性影像，热固化后即可上机印刷。因而制版方便快捷，有利于环保，成本低，印刷质量好，适用于多种印刷机。这种版材的支持体为经过磨版和阳极氧化处理过的铝版基。

（4）喷墨墨水

喷墨打印机用墨水技术含量高，国际上没有统一的喷墨标准颜色。从适应喷墨打印的角度来看，墨水既要适应调整喷墨，适应高分辨率，色彩还原性好；同时又要有良好的储存稳定性，不堵塞，不腐蚀喷嘴，无泡快速干燥等性能。

喷墨油墨按种类可分为水基型墨水、油基型墨水、热熔型相变墨水和UV光固化型墨水等。从国内外发展看，水基型墨水技术较成熟，应用范围最广。

①水基型墨水。其包括染料水性墨和颜料水性墨。著名的开发公司有赛天使公司的快速喷印墨水和爱普生公司的高锐度成像的喷印墨水，具有高光密度、无脏点墨水、快干、防腐蚀喷嘴等优点。富士施乐公司的防堵塞、防腐蚀、高质量、高分辨率、高密度、防卷曲墨水。

②油基型墨水。三菱铅笔公司的快干、成像锐度高的油基墨，日本日立公司的防扩散油基墨；佳能公司的耐水快速喷印油基墨，具有高密度、彩色、高速喷印等特点。

③热熔相变型墨水。美国施乐公司的相变型墨水，日本兄弟公司的高黏度、透明、防堵塞喷嘴相变型墨水。

④UV光固化型墨水。该类墨水的生产商为英国的Coots Brother PLC公司、美国Nazder油墨公司、美国的Pr－cote公司和阿克苏诺贝尔油墨公司。

（5）喷墨CTP版的制版工艺流程

喷墨直接制版利用计算机控制喷头的往复机械运动实现扫描，将油墨直接喷射到PS版感光层表面的受像层或亲水基材上形成油墨影像。喷墨版材有两种基本类型，一种是在传统的PS版感光层上涂布一层能够接受油墨的受像层；另一种就是具有优良亲水和保水性能的基材，如传统PS版的铝版基。所以喷墨CTP版的制版工艺也相应分为间接式喷墨CTP版制版工艺和裸版喷墨CTP版制版工艺，如图7－22、7－23所示。从制版工艺上看，裸版喷墨CTP制版工艺简单，无须传统CTP版曝光，直接在砂目铝版基上喷绘出印刷图案，是较理想的喷墨CTP版。

图 7－22　普通 PS 版的喷墨制版工艺

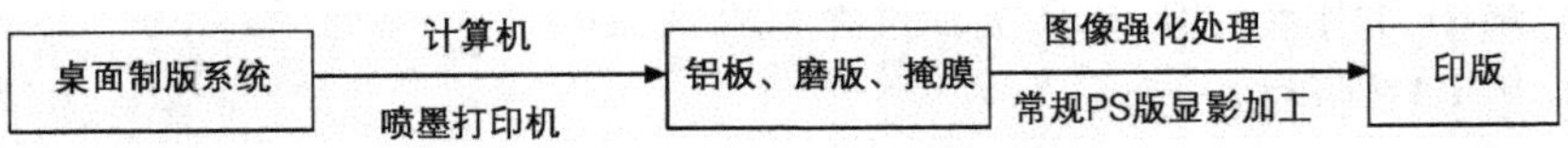

图 7－23　“裸版”的喷墨制版工艺

对第一种印版，还要对喷墨后的印版进行全面紫外曝光，使没有喷到油墨影像的 PS 版感光层曝光，然后经过 PS 版显影处理即可去掉这部分 PS 版的感光层，使下面的亲水版基裸露出来成为非印刷表面，即受像层表面的喷墨影像仅仅作为紫外曝光时的“蒙版”影像，保护下面的 PS 版感光层不受紫外光的照射，如图 7－24 所示。这种版材可以采用常规的水基喷墨技术，受像层一般应该具备适当的亲水性并能够在碱水中溶解，以满足接受油墨和 PS 版显影时能够被去掉的要求。

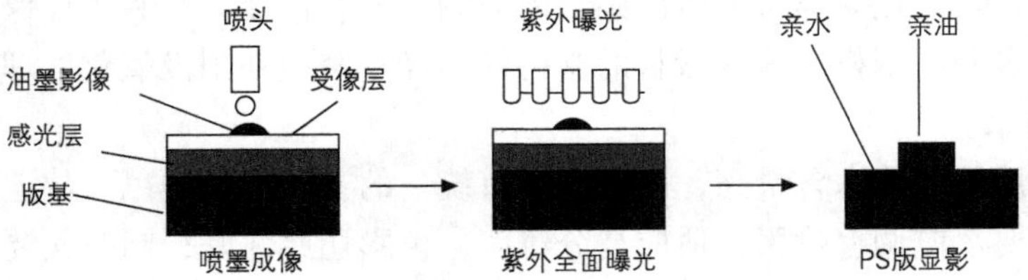

图 7－24　普通 PS 版的喷墨技术

对第二种版材，喷墨形成的油墨影像就是最终的亲油印刷区域，因此要求采用特殊油墨的喷墨成像技术。固体喷墨（Solid Inkjet），也叫相变化喷墨（Phase Change Inkjet），是比较好的选择。这种喷墨技术采用不含任何溶剂的高分子固体油墨，依靠温度差异实现喷射成像，因此，喷射到亲水基材上的油墨具有足够的机械强度，成为印刷的图文表面，如图 7－25 所示。

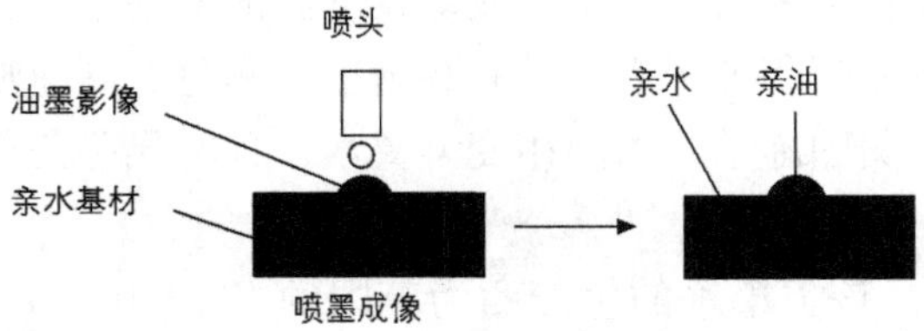

图 7－25　“裸版”的喷墨技术

喷墨直接制版的优点是可以使用现在成熟的喷墨技术和传统的 PS 版材。缺点：分辨率不高，主要受喷墨技术的限制，一般在 1500dpi 以下；速度比较低，主要受喷头往复运动的限制。适合于分辨率要求不高的印刷领域。

4. 在机显影型 CTP 版材

（1）热敏在机显影型 CTP 版材

这种版材制版时，红外激光作用于版面涂层，使涂层发生交联，溶解性下降，再通过印刷机的供水系统使未曝光的涂层溶解于润版液，而曝光部分就留下来形成印刷影像。溶解下来的涂层由润版液或油墨带到橡皮布上，再转移到过版纸上。过版纸消耗的数量几十到上百张不等。在机显影 CTP 版材是一种将其显影过程整合到润版液显影的版材。

在机显影版可用于目前的主流热敏 CTP 机。在机显影版材经曝光后形成的印版，影像反差小，在上机印刷前只有淡淡的潜影，只有等印刷机开动之后才能显出高反差的影像。

这种版都需避光保存。如 Kadak 的 Thermal Dirct 阴图 CTP 版材可在白光下放置 1 小时，黄光下放置 4 小时；Fuji Brillia HD PKO – T 阴图 CTP 版材可在自然光下放置 2 小时。

在机显影版在上机印刷时，需先用水或润版液接触版面，待非图文部分的涂层去除完毕后再向版面供墨。这期间的过程必须彻底清除未曝光的涂层，否则也会导致印刷上脏。

非图文部分的涂层经在机显影后大部分由橡皮布传递到过版纸上，但也有部分会沉积在橡皮布上，影响胶辊的传墨性，须定期进行清理。

①柯达 Thermal Dirct 阴图 CTP 版材

柯达 Thermal Dirct 阴图 CTP 版材适合成像波长为 830nmCTP 制版机制版，感光度为 $120mJ/cm^2$。在分辨率 200lpi 时，2% ~98% 网点再现；在分辨率 175lpi 时，1% ~99% 网点再现。可用于 25μm 的调频网制版，潜影有效期 1 周，印版有效期 1.5 年，耐印力 10 万。

②富士 Brillia HD PKO – T 阴图 CTP 版材

富士 Brillia HD PKO – T 阴图 CTP 版材适合成像波长为 830nmCTP 制版机制版，感光度为 $300mJ/cm^2$。在分辨率 200lpi 时，1% ~98% 网点再现，可用于 Taffeta 20 调频加网方式和混合加网方式制版。潜影有效期 1 年，印版有效期 1 年，耐印力 10 万，适合商业印刷。

（2）紫激光热敏在机显影型 CTP 版材

富士 Brillia HD PKO – VCTP 版材适合成像波长为 405nmCTP 制版机制版，感光度为 $200mJ/cm^2$。在调幅加网 200lpi 时，1% ~99% 网点再现。黄灯下安全操作，用油墨或润版液显影，可用 UV 油墨和溶剂型油墨印刷。

第二节　CTP 版材的印刷适性

CTP 版材不仅能够在铝质基材上成像，而且还具备与印刷机理、油墨、润版液和纸张有关的许多物理及化学特性，这也是 CTP 版材优于其他版材的地方。

1　网点再现

印版上网点质量的好坏会直接影响到印刷品上网点的质量，进而影响整个印刷工艺的复制，因此控制好网点的第一步，就是选择网点再现性好的版材。衡量版材的网点再现性主要有以下几个方面。

（1）调幅网点的再现

传统的 CTF 工艺是计算机直接输出胶片，然后依据胶片通过晒版机晒制 PS 版。在这个工艺中，由于印版曝光时有底部扩散现象，因此晒制网点时会有一定程度的丢失。同时传统的 PS 版材显影的宽容度小，显影时间稍长，2% 以下的网点就会丢失，显影时间短就会显影不透，造成起脏。因此在晒制印版的过程中网点有一定比例的缩小。

采用 CTP 工艺后这种现象不复存在，因为 CTP 从工艺上来讲具备了复制 1% ~99% 网点的能力。剩下的问题就是 CTP 版材是否有能力支持再现 1% ~99% 网点的能力。这是 CTP 版材生产质量的重要指标。

和传统的 PS 版一样，CTP 版材的网点也是由砂目组成的，要做到能够支持 3% 以下的网点需要版基的砂目足够细小。因为砂目越细，支持高光部分网点的砂目数越多，这样网点就越牢固，印刷时发生掉版的可能性越小。但是网点的砂目又不能过细，如果过细会影响到版材的润湿性能，砂目过细的版材在印刷中的水墨平衡宽容度较小，不利于印刷质量的控制。

网点的再现同样和版材的涂层厚度和加网线数有关，光渗现象是一个普遍现象，无论在印版上还是在印刷品上都是存在的。光渗现象是印刷中网点扩大的重要因素，涂层的厚度越厚，印版上的网点的光渗现象越明显，因此网点扩大就越严重，影响制版质量，适当厚度的涂层对网点再现很有帮助。同样，加网线数越多，网点周边的边长越大，网点扩大也就越严重，所以印版上网点的再现和加网线数也有关。

目前，质量好的 CTP 版材能在 200lpi 的加网线数下再现 1% ~99% 的网点，最好时能够再现 250lpi，而且能够达到的大多是热敏版材。因此从生产能力上而言，200 ~ 250lpi 是上限。

考虑到版材生产商的能力和印刷的需要，CTP 版材的网点再现不能低于 PS 版的标准为 150lpi，并再现 2% ~98% 的网点。

如果有特殊的印刷需要，如高线数加网，应根据实际的加网线数来确定自己对版材的需要。一般而言，能达到高线数加网的大多是热敏版材。

虽然各个版材说明书上都标注有网点再现的能力，但是根据实际情况进行相关的测试还是十分必要的。印刷厂要完成相关的测试需要借助梯尺和测量版的专用密度计。在印版上根据所需要的加网线数曝光晒制梯尺，然后使用专用的密度计测量印版相应的梯尺密度，看是否能够达到上文所述的要求，是一个行之有效的方法。需要注意的是，晒制时制版机必须经过线性化，达到 1 : 1 输出，这对测试版材较为有利。

（2）调频网点的再现

CTP 技术使调频网的使用得到保证，提高了图像的输入和输出速度，网点更清晰，图像更接近连续调，更逼真，颜色和层次得到了更充分的体现，可以实现高保真印刷。和调幅网点不同的是，调频网点是通过控制记录单元内网点的疏密来控制网点面积率的。下面以 1200dpi（印版上的点子大小为 20 μm）的直接制版机曝光为例，分析 CTP 版调频网点印刷适性的要求。

印刷网点的基础是印版表面的砂目，砂目愈细，支撑网点的砂目数则愈多，吸附力也愈强，而且网点边缘也愈光洁，所以对于一个仅为 20μm 大小的调频网点，为了保持其应有的质量，应尽量使用砂目颗粒细、分辨率较高的印版。按国际标准，理想的砂目平均尺寸为 2.5μm，深度为 3μm，假设每个砂目都视为圆锥体，则每个 20μm 的调频点共有 64 个砂目支撑，总接触面积约为 817μm^2。但是对于 1200dpi 以上的网点，国际标准中并没有涉及，因此要通过实际的印刷试验来检测。需要调节计算机直接制版设备的分辨率，看在不同分辨率下所得的调频网点是否都能再现 1% ~100% 的网点，找出能够再现网点的最小分辨率。同时，对调频网点而言，网点的形状和边缘的清晰度也是十分重要的因素，可以采用放大镜观察的方法来衡量，也可以采用将调频网点和调幅网点相比较，以及各种不同分辨率的调频网点梯尺相比较的方法来衡量。如果调频和调幅以及不同分辨率的调频之间得到的效果一致，说明版材对调频网的支持很好。

2. 线条再现

线条再现和网点再现一样，是印版分辨率测试在印刷中的具体体现。由于线条加网的算法和网点的加网算法有所区别，网点突出的是特定区域的光学特性，而线条突出的是边缘的光滑。因此虽然同样测试分辨率，但是对线条再现的测试同样是十分有必要的。线条的再现能力通常包含两个方面。

（1）极细线条的再现。极细线条的再现同印版的分辨率有关，分辨率是由生产中对印版的砂目、涂层等工艺的控制来决定的。其原理和在网点再现中已有比较详细的描述，对线条的再现而言，不仅关注砂目的大小，更加突出的是砂目的均匀程度，因为均匀分布的砂目支撑线条边缘才有可能光滑，当然，涂布的均匀度也是十分重要的方面。

检测印版极细线条的再现，可以在 CTP 印版上晒制不同宽度的直线和曲线，通过肉眼观察能够再现的直线和曲线线条尺寸，并借助放大镜观察线条边缘的光滑程度。

（2）阴阳线的尺寸。由于光渗现象的存在，在印版上阴线和阳线的视觉宽度会有一定程度的改变，同样涂层的厚度是影响这一现象的关键因素。阴线和阳线粗细的比较可以反映出光学现象，光学变粗的情况，对线条复制而言，也是一个十分重要的方面。制版中可以在印版上晒制相邻的阴线和阳线来比较线条变化的情况。

3. 亲墨性

亲墨性是指印版图文部分通过传墨辊有选择着墨的特性。当传墨辊表面已附着有一定厚度的墨膜时，油墨向印版转移量的大小取决于印版亲墨性的高低。如果印版图文部分的亲墨性低，剩余的油墨就会聚积在传墨辊上，使传墨辊墨膜加厚，两端积墨过多，从而产生溅墨现象，同时降低了油墨的遮盖力。

要提高版材的亲墨性，印版图文部分的版材材料就应该具有同油墨中的颜料、树脂以及溶剂比较接近的化学特性，也就是说，印版的选择不是任意的，而是要遵循一定的规则。

CTP 版材特别是热敏版具有良好的亲墨性能。

4. 亲水性

版材的亲水性是指有选择地使水保留在印版非图文部位上的特性。目前的印刷几乎都离不开水，依靠水墨平衡原理来实现图文的正常转移，印版的亲水性也就非常重要了。铝是 CTP 版材的主要基材，本身具有亲水性，而且表面经过磨版处理，变得粗糙一些，然后再经过阳极氧化涂布处理，形成多孔表面，增加表面积，最终提高了亲水特性。但是非图文部位上接触的润版液应尽可能少一些，只要能达到水墨平衡，使非图文部位不沾墨就可以了。实践证明，CTP 印版比较容易实现水墨平衡。

5. 耐印力

耐印力是指一块印版上机印刷可印的印刷品数量。影响耐印力的主要有版基的强度、图文与版材结合牢度的大小以及印刷工艺（印刷压力、各辊筒的速度差）等因素。同时在印刷时印版和橡皮布每次转动都要各自离压合压一次，在离压合压的一瞬间产生的摩擦力对印版的耐印力的影响是巨大的，这也是造成印版耐印力下降的主要原因。另外，来自纸张的一些物质（例如添加剂和碎屑）有时会混入油墨和润版液中，随后被带到传墨辊和橡皮布上，造成摩擦，也会使印版耐印力有所下降。这也是在印刷中经常清洗橡皮布的原因。CTP 版材一般可达 15 万印，经过烤版甚至可超过 100 万印。PS 版经过烤版处理后，耐印力可以提高到 15 万印以上。采用多层砂目的结构，可以使版基对感光胶的吸附能力大为加强，印版在印刷中图文部分不易脱落，有效地提高印版的耐印力。目前采用此种技术的 PS 版材制造企业，PS 版的耐印力可达 40 万 ~50 万印。

6. 分辨率

分辨率就是形成精细图像的能力。对于 PS 版来说，分辨率的大小取决于阳图片及其与版材接触状况，光敏涂层厚度以及冲洗过程等。在阴图晒阳图制版法中，印版图文部位的周围往往因铝基材表面的光反射和光敏涂层内的光散射而半固化为一个斜坡，导致分辨率的下降。在阳图晒阳图制版法中，反射光照射在印版图文部位上，非图文部分被冲洗掉，可获得较高的分辨率。大多数 PS 版均采用阳图晒版法，可制 3% 网点，网线数为 175 lpi。CTP 技术通过光能或热能直接将图像呈现在印版上，印版上的网点就是直接的一次成像网点，免除了胶片划伤与灰尘带来的制版缺陷，可复制 1% 的网点，网线数为 175 lpi。热敏型 CTP 版材的分辨率被认为是所有 CTP 版材中所具有的最高分辨率。这是因为激光具有很高的传热性能，加热时在横向位置上反差很大，使图文部位和非图文部位在热固化方面易于产生差异。

7. 灵敏度与感色性

灵敏度（Sensitivity）指对某一能量的反应强度，而感色性（Color Sensitivity）则指引起反应的能量范围，感色性要求成像材料在扫描激光的发光波长下能够有效地吸收光子，并将吸收的光子转换成材料发生状态变化的动力。同普通 PS 版相比（10 ~ 100mW/cm^2），灵敏度最高的 CTP 版材当推银盐扩散转移型 CTP 版材（1 ~ 100mW/cm^2），其次是光聚合物版材（100 ~ 200mW/cm^2），最后是热敏型版材（150 ~ 200mW/cm^2）。

在 CTP 激光光源方面。氩离子激光源（488nm）和 FD - YAG 激光源（532nm）用于光聚合物版材；FD - YAG 激光源（532nm）和 Red LD 激光源（630nm）用于银盐扩散转移型版材；IR - LD 激光源（830nm）和 YAG 激光源（1046nm）用于热敏型版材。上述每种版材的感色性在所用激光的主要波长上最强，但是从实际操作的角度来看，灵敏度应该出现在可见光范围（400 ~ 700nm）之外的紫外光或红外光区域。

8. 光敏特性

光敏特性既指靠某一能量实现固化的阴图晒阳图型（Negative/Posititive）版材的特性，也指靠某一能量分解的阳图晒阳图型版材的特性。

CTP 输出记录仪可进行图文曝光和非图文曝光，但是当使用阴图晒阳图型版材对图文部位进行曝光时，因为曝光头的激光强度发生变化，易于在实地或着色部位造成涂层不均或黏结现象。在使用阳图晒阳图型版材对需冲洗掉非图文部位进行曝光时，图文部位均匀如初，不会发生黏结现象。

9. 冲洗

冲洗就是印版上的曝光部位和非曝光部位分离开来的过程，也就是我们所熟知的从曝光之后到显影的过程。为了减轻对环境的影响，应该尽量减少冲洗剂废物。使用 CTP 免处理印版不会产生冲洗剂废物。

10. 抗摩擦性

当运输途中发生颠簸，或者从一堆版材中取出一块版材时，都有可能在版材上留下划痕。为了增强版材的抗摩擦性，应采用抗摩擦性比较好的材料作为版材的表面层，并设法减少对版材表面的摩擦。如果难以避免摩擦，则应该在各块版材之间插入衬纸，使金属和感光层不直接接触。同时无水印版最上面的硅树脂层很容易被划破。如果留下划痕，油墨就会进入划痕中心，引起粘脏。因此在版材上需要覆加一层保护膜，在曝光冲洗之后再将保护膜取下来。

11. 其他方面

UV油墨中所含的单体容易使图文部位发生膨胀，降低印版耐印力。因此，应该通过选择印版防止由单体导致的此类现象发生。注意使用阳图片在普通PS版上曝光时，胶片同版材的接触情况会影响到图像的分辨率问题。通过延长真空处理时间增加接触程度和通过对版材表面进行砂化处理，改进胶片下的气流状况，可以有效地改善这种情况。

此外制版过程中的二次曝光和冲洗过程中的一些问题也会对印版的印刷适性造成一定的影响。

一、光敏CTP印版版面上脏处理

CTP印版在印刷中出现版面上脏问题可以从三个方面考虑。

1. 版材质量

CTP版材的运输、储存条件要求比较严格，而且有一定的保质期。比如要求在曝光之前应放在密封的包装盒中，所处的环境应是干燥阴凉的，而且只有选择在黄色灯光的照射下，才能打开包装盒装机曝光显影，保质期一般为一年左右。由于CTP版材感光层稳定性比较低，低于PS版1000倍。因此，稍有不慎将使CTP版材表面涂布层的化学物质性质受到影响，这样曝光显影之后版面空白部分的亲水性能会受到影响，引起上机印刷后版面上脏。

2. 制版操作过程

CTP版曝光时间不足，以及显影液浓度或显影时间不够也会使CTP印版空白部分化学物质亲水性能不能达到要求，使得CTP印版上机印刷后容易上脏。

如果我们知道有一批版材质量有问题，或CTP制版机上显影液浓度已经下降到一定程度，而这种情况将导致CTP印版上机印刷后版面上脏，可以在上机印刷前先在印版表面擦上一层薄薄的100%润版液原液，则能达到较为满意的效果。这是因为胶印版对油性物质或水性物质有先入为主的性能，即印版如果先接触哪种性能的物质，印版将对哪种物质有一定的优先亲和性能，而润版液本身就是水性物质，它能促使印版空白部分产生亲水斥油性能。这就在一定程度上阻止版面空白部分对油墨产生亲和性，以达到版面去脏的目的。当然这只是一种补救措施，问题的根本解决办法是CTP版曝光时间、显影液浓度、显影时间都要合适，在运输储存过程中影响CTP版材质量问题的因素要排除。

3. 印刷工艺

印刷方面也和CTP版上脏问题有直接关系。印刷机的水墨辊压力调节不当将立即产生糊版，也易引起脏版。如果CTP印版质量合格，润版液浓度合适，只要调节好水辊、墨辊及相关压力之后，将会得到满意的效果。

由于PS版洁版膏对CTP印版图文部分有严重的腐蚀性，因此切不可用这种洁版膏直接擦拭CTP印版以求版面去脏。用润版液原液擦拭印版，能达到一定的效果。此外靠版墨辊的硬度如果偏高或者其包胶厚度太薄，也会出现 CTP 版整版上脏现象。这是因为这种靠版墨辊胶层弹性不够，其对印版的表面摩擦力非常大，从而引起脏版。

二、热敏 CTP 版材使用中常见故障的排除

热敏 CTP 版在使用过程中由于多种因素往往会带来一些问题，如不及时排除则会影响整个印刷效果，主要有如下一些故障。

1. 不规则方向和形状的划痕

主要原因：未显影时产生划痕或衬纸太粗糙造成划痕、显影过度、制版后处理不当或保护胶太稀。

解决方法：所用衬纸和手套要符合要求；处理时轻拿轻放轻轻除去衬纸；检查显影液是否符合要求；注意操作规程、环境温度和显影时间等；检查并正确稀释保护胶。

2. 直线单方向规律间隔的划痕

主要原因：制版机内部造成的划痕；显影时辊上带有脏点或版与浮盖的接触带来的划痕；施用保护胶过多造成的条纹。

解决方法：检查制版机内的清洁传送系统是否有脏物，应保持清洁，清洁辊上的脏点提高浮盖的位置避免与版材接触；施用保护胶过多造成的条纹很像划伤的痕迹，可用水擦洗来辨别是胶造成的还是真正的划痕，制版后处理时要注意正确施用保护胶。

3. 残留药膜

主要原因：曝光不足；由于辊表面的脏点而造成的模糊；显影液疲劳补充液过稀，补给不足，补充泵出现问题；电导率传感器表面脏或出现故障；显影温度太低，冲洗不充分，传送速度过快；版材储存环境温度过高和湿度过大。

解决方法：检查曝光系统的校准激光输出情况和曝光参数设定是否正确；检查辊表面是否有脏点并将其清除；正确的配制显影液，如显影液疲劳，应更换新的显影液，设置正确的补充条件并检查补充液质量与添加准确与否；检查补充泵输送管道等是否有故障，并将其排除，检查并清洁传感器，如有问题应进行修理，检查显影温度设置（一般为 3℃）；检查喷淋孔是否堵塞并将其疏通，确保水量供应正常准确，检查传送速度是否满足要求，如有问题，应及时排除并准确设置；检查版材储存环境确保温度和湿度符合要求。

4. 高光点处网线或网点丢失

主要原因：曝光和显影工序。在曝光方面主要有：曝光过度，在室内光源下曝光带来灰雾，线性调整不正确，调焦失准，真空泵出现问题导致抽真空不完全，从而导致版没有紧贴于滚筒表面，留有空隙；在显影方面主要有：显影液浓度太大，补充过多，显影温度过高，电导率传感器发生故障或表面脏污，传送速度太慢。

解决方法：如是曝光方面的问题，应重新设置正确的曝光时间、曝光光强等曝光参数，使用紫外线过滤光源；对于制版机调焦不准，应重新调整，必要时请厂家调整焦距，检查真空泵并及时排除故障；如是显影方面的问题，检查显影液配方是否适合该版材，如果有问题应按正确的配方配制显影液，检查补充液并重新设置正确的补充条件，准确设置显影温度，检查电导率传感器是否出现问题及脏污，及时排除故障，经常清洁传感器表面，检查并调整正确的传感速度。

5. 暗调糊版

主要原因：曝光不足，线性调整不正确；显影液太稀或疲劳，补充不足，显影温度太低造成显影力太弱，电导率传感器出现问题或表面有脏点，冲洗不充分，传送速度太快。

解决办法：检查并设置正确的曝光参数，重新进行线性调整；检查显影液配方是否适合版材，若配方有问题选择合适配方重新配置显影液，如果配方正确，则更换新的显影液，检查显影温度是否合适（一般为3℃），重新设置正确的补充条件；检查补充泵、管道等，发现故障及时排除，检查电导率传感器是否出现问题，清洁修理传感器，检查喷淋孔是否堵塞，确保水量合适，检查传送速度并保证设置正确。

6. 非均匀平网

主要原因：由于曝光不足引起失焦，在室内光源下放置过久造成曝光灰雾，焦距调整不准确；显影机刷子压力不足，辊子脏。

解决方法：重新调整设置合适的曝光参数，清洁滚筒表面，使用紫外线过滤光源，调整准确的焦距，必要时请厂商解决；调整准确的刷子压力，清洁辊子。

7. 斑点状起脏

主要原因：由于保护胶 FN－6 疲劳而产生沉淀，或保护胶过浓；由于清洗槽腐蚀，清洗时水中含有藻类等物质，此外，制版后版材储存于高温、高湿的环境引起版面质变；印刷机停机时产生版面氧化，润版液疲劳或太稀，油墨乳化过度，墨辊硬化。

解决方法：清理显影机喷头，更换 FN－6，清洗冲洗槽并更换新水，制版后的版材应注意存放在阴凉通风的地方；在印刷机停机时要注意擦拭保护胶，检查润版液是否合适，油墨是否过度乳化以便及时更换新的润版液和油墨，调整水辊，检查橡胶是否发硬、老化并更换新的橡胶。

8. 修版上脏

主要原因：修版液量太少，版面上的水未擦拭干净，修版时间太短，修版液变质，修版液太浓；修版时间太长破坏了砂目亲水层；由于曝光不足造成少量药膜残留和版面上有水。

解决方法：修版时修延笔要蘸取足够的修版液，在修版前应擦干版面，并保证修版时间充足，检查修版液是否变质，在不使用时应盖上盖子，避免修版液氧化变质，检查修版液浓度，若太浓可用 RP－2、RP－3 等调整；调试修版时间，一般以 30～40s 为宜；检查曝光参数设置是否正确，要保证合适的制版条件和工作环境，修版前应刮干版面。

9. 耐印力不高，图文部分掉版

三要原因：曝光过度，线性调整不正确，焦距不正确；显影液过稀，补充过多、电导率传感器表面脏污或出现故障，显影温度过高，显影机传送速度太慢；印刷时压力过大，橡皮布上有凸起和凹下，纸粉过多，有药剂附着（强碱、强酸、有机溶剂、修版液、油墨颜料等）；使用了不适合于印刷的化学药品（特别是碱性洁版膏）。

解决办法：正确设置曝光参数，重做线性调整，请制版机厂商调整焦距；重新设置显影液和补充液配比，清理或检修感应器，将温度设置为30℃；将印刷压力调节到正确值，更换橡皮布，降低润版液设置，更换纸张，停止使用不适合的化学药品，要求使用改良的颜料。

第八章　其他印刷方式的计算机直接制版技术

随着计算机直接制版技术在平版印刷领域内取得的成功以及相应的光、电、机配套技术和配套设备的研究与应用，计算机直接制版技术在网印、柔印和凹印领域也获得了较大的发展。本章主要讲述计算机直接制版技术在这三个领域内的应用与发展。

第一节　网印计算机直接制版（CTS）技术

在20世纪80年代末，美国率先推出了CTS（Computer To Screen）系统。早期的CTS系统各自定位于不同的网印市场，有的定位于服装网印市场，有的定位于装饰材料的网印市场。一部分CTS系统采用激光曝光原理，如图8－1所示，把丝网版成像和曝光两步合二为一。CTS系统将排版文件的文字图像经RIP换成点阵图像，然后把点阵图像数据发送到系统调制解调器，控制激光曝光在丝网上形成图像。到20世纪90年代出现了喷墨原理的CTS系统，它通过喷射不透明油墨在普通网印感光层上，用油墨点子代替阳图上的网点，然后整版曝光，显影后制成丝印版，如图8－2所示。

图8－1　采用喷墨技术的计算机直接制网版系统

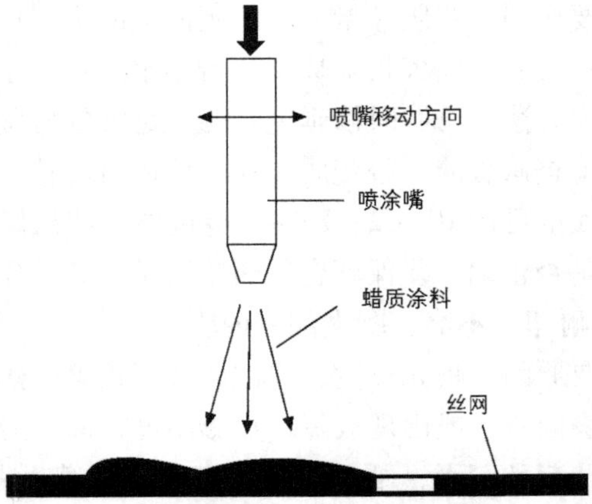

图8－2　CTS喷涂制版

一、CTS系统基本组成及工作流程

CTS系统中最重要的设备就是网版成像输出设备，所以一般系统名称都是根据输出设备名称来定的。CTS系统的组成基本上和DTP系统组成差不多，但输出设备却有很大的不同。

1. 常见 CTS 系统的组成

①图文输入部分。这部分将原稿数字化以及输入各种数字化文件。

②图文处理及排版部分。CTS 使用传统的图像处理软件、图形处理软件及排版软件，如 Photoshop、Freehand、CorelDraw、Illustrator、Indesign CS5.0 以及 PageMaker 等软件处理图像、分色、排版。

③RIP。同胶印一样，CTS 的 RIP 就是将各种图文文件及 PostScript 文件进行解释，让网版输出设备能够识别，并控制网版输出设备工作，其多为软件 RIP。CTS 同样可以接受各种设计软件文件及 EPS 和 PS 文件，并能把这些文件信息转换成分色版的网点。

④打样设备。同胶印一样，CTS 工艺也需要在正式输出之前打样进行版面检查。打样设备可以采用喷墨打印机，也可以使用专用的打样设备。

⑤输出设备。网版输出设备是 CTS 的重点也是难点，国内 CTS 少的一个主要原因就是网版输出设备的价格太高而国内又没有相应的生产技术。输出设备的工作原理基本上有两大类。

(a) 是激光曝光设备，通过激光光点在涂好的网版上曝光硬化，然后显影，让未见光部分网孔穿透。这种输出设备的输出分辨率较高，可达 2540dpi。

(b) 是喷墨类输出设备，通过输出设备喷出的高阻光能力的油墨在涂好感光胶的网版上，然后整版全曝光，阻光的点子覆盖的感光胶因未见光而被冲洗掉，露出网孔。其输出分辨率相对较低，一般在 300～600 dpi。

2. CTS 系统的工作流程

①使用扫描仪或数码相机生成数字图像；

②在图像处理软件中进行图像处理及校色、分色工作，生成 CMYK 四色图像或专色图像；

③在图形软件或组版软件中进行图形制作、图文混排并生成最后的输入大版文件；

④RIP 接受排版文件对各要素进行解释，生成页面点阵图像并控制输出设备输出网版图像；

⑤曝光、显影，形成网版。

二、CTS 系统类型

按具体工作方式网版输出设备可分为三种类型：喷墨系统、激光曝光系统、激光烧蚀系统。

1. 喷墨系统

喷墨成像系统的工作原理是：先在丝网上涂布好丝网感光胶并干燥，通过喷墨系统把阻光的油墨喷印在感光层上，待油墨干燥后接着用紫外光进行网版全面曝光，这时未喷油墨的部分见光硬化，而喷有油墨的部分能被冲洗掉；显影一般用水作显影液，即用水把喷有油墨的部分冲洗掉，形成网版的图文部分。图 8－3 就是喷墨成像系统原理图。喷墨成像系统因为可以直接使用传统的网印制版感光胶和各种网印制版感光膜，所以价格不高，而得到了广泛的应用。

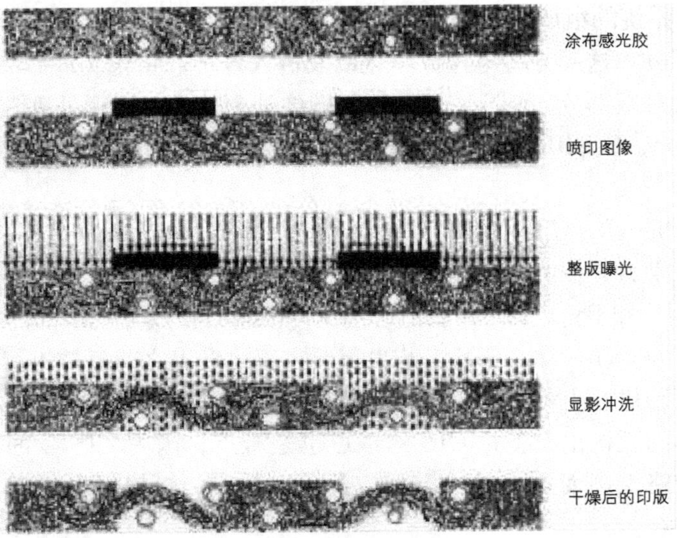

图 8－3　喷墨成像系统原理图

喷墨成像系统按照喷点形成原理可分两类：一类是热喷墨系统；一类是喷墨状态转变系统。

（1）热喷墨系统

其工作原理同喷墨打印机工作原理一样。先在丝网上涂布好丝网感光胶后干燥，网版输出设备用阻光的油墨把图像喷印在感光层上，待油墨干燥后用紫外光对网版全面曝光，这时未喷油墨的部分见光硬化，而喷有油墨的部分能被冲洗掉，显影。显影时一般用水作显影液，即用水把喷有油墨的部分冲洗掉，形成网版的图文部分。墨水是由喷头内的加热部件加热产生气泡挤出来的，故称热喷墨系统。加热部件由计算机控制打开或关闭，当需要一个"点子"时，加热部件加热产生一个气泡，气泡以其体积将油墨挤出，喷射到网版上。喷头上要使用一排或一个矩阵的喷嘴，要靠喷头的移动来完成网版的输出。

（2）喷墨状态转变系统

这种系统使用压电喷头连续喷墨，油墨开始为固态蜡状球滴，然后被加热到半固体状态，喷射到丝网上，油墨接触网版后立即干燥，然后进行曝光显影等工艺。连续喷出的油墨并不全部到达网版，它们要通过一个叫充电电板设备，即压电板。压电板在计算机的控制下能引起输送中的墨珠带上静电，充电的和未充电的墨珠都要通过一个连续的静电场，未充电的能够无阻碍地通过静电场到达承印的网版上，充电的墨珠则在静电场中引起偏转，被重新收集起来。

上述两种喷墨系统的好处是不需要真空抽气装置，传统网印制版方法中真空装置是必需的，用来保证胶片和网版感光层的密接以减少图像损失，更重要的是，制版时可以对网版全面曝光而不必担心损失细节。两种系统的关键问题是油墨必须具有足够的密度，以阻挡后面曝光时的 UV 光。另外这两种喷墨系统都可以采用传统网印制版的感光胶及曝光设备，并且能够实现喷嘴清洗，墨盒补充自动化。但是热喷墨液体油墨容易飞溅，而喷墨状态转变方式的油墨很快固化则不会产生飞溅现象。

2. 激光曝光系统

这种系统的输出设备其实是激光头产生光柱进行曝光，直接把网版当做胶片。激光曝光系统和喷墨系统的区别是激光系统使用激光代替油墨，所以它不需要后面的全曝光步骤。该系统的关键问题是要有适于感激光的感光胶，不能使用传统制版的感光版。这种系统大多用在间接网印制版工艺方面。

3. 激光烧蚀系统

激光烧蚀技术的原理是先在金属丝网上涂布好丝网感光胶并干燥，再在网版上盖上一个金属图像罩，用 CO_2 激光或氩激光烧穿感光层，从而让网版上的图文部分网孔通透。PC 机的出现使图像处理进入了数字化时代，很快数字化技术就被应用在激光烧蚀的制版方法中，形成激光烧蚀系统。即通过计算机来控制该在什么地方烧蚀，而不需要覆盖金属图像罩，如图 8-4 所示。

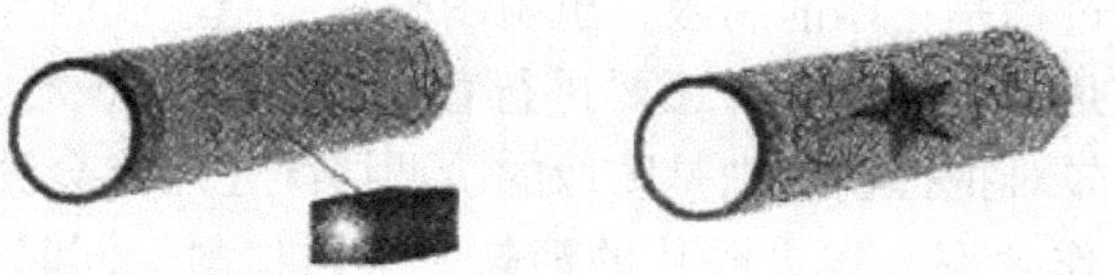

图 8-4 激光烧蚀系统工作原理

激光烧蚀系统主要用在印染业网印方面。我们知道印染业的印花采用网印的方法，其丝网版是金属滚筒形状的，因此用激光烧蚀系统非常合适。激光烧蚀系统用在印染业印花，不仅可以节约大量的胶片，还能避免因胶片弯曲在滚筒上而引起的形变。

三、典型的 CTS 系统

1. Steneil Writer 系统

此系统由 Berg Engneering 公司生产，主要用于精细与商业印刷。该系统采用氩激光在感光片上曝光镂空成像，然后贴网的间接制版工艺。该系统使用“Custom dot”软件，能复制高质量的连续调图像。系统可接受 Mac、PC 文件及 PostScript Level 2 文件。在分辨率 1270dpi 和 50% 网点覆盖率时，系统速度为 $10min/m^2$。

2. Jet Screen 系统

该系统由瑞士 Luseher Ac/ineline 公司生产。JetScreen 使用 Harlequin 公司的 Scriptworks RIP，可接受 PostScript Level 2 文件及 TIFF 图像文件及其他格式文件。Jet Screen 使用压电喷头，属于喷墨状态改变型系统，其油墨的 UV 光阻隔能力强，可以溶于水。系统可以用于抗水或抗溶剂感光胶的直接制版工艺，或者毛细管胶片的制版工艺。

3. Stencil Master 系统

该系统由 Sevcia 公司出品，属于相变型喷墨系统。它采用 Unix 作为操作系统，使用 Sun 公司的 Sun SPARC 服务器，并且使用的是 Chelgraph RIP，系统可以用低分辨率的图像，还可以对大幅面图像进行自动分割，生成拼联标记。

该系统还可以同时带动多个输出设备。系统组成为：Stencil Master 成像仪服务器、Unix 系统软件、17 寸显示器、modem 以及 Chelgraph RIP。

4. Screen Master 系统

该系统由 Perfecta 公司生产，是一个热喷墨类型系统。为了防止油墨飞溅，提高油墨阻隔 UV 光的能力，控制喷墨点形状，系统带有专用曝光装置和专利油墨，并能让网版旋转。曝光器内有一个特殊的白光过滤装置，防止光线在网版材料上散射。

5. Image Jet 系统

该系统是 KIWO 公司的产品，它属于相变型喷墨系统。采用的专利型油墨，具有对 UV 光的高阻隔性，溶于水。压电喷头包括自动充电装置和特殊的过滤装置。

第二节　柔印计算机直接制版技术

传统的柔性版制版过程是：印前制版、出阴图胶片、制印刷版等。在制版过程中要用专用的晒版机，让阴图胶片与版材密合，还要进行背面曝光、主曝光、显影、后曝光等工序，操作十分复杂，质量也较难把握，特别是图像的阶调层次还可能会丢失。而采用柔印直接制版同样可大大地提高工作效率，省去胶片的消耗，节约材料，同时也极大地提高了制版质量，使图像的网点再现范围加大，如图 8－5 所示。

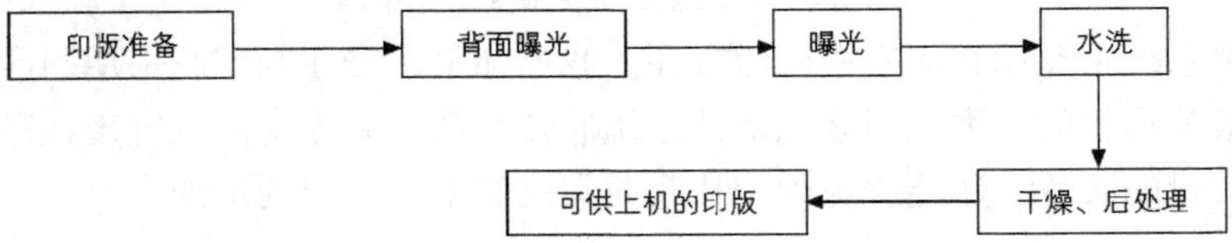

(a) 传统印版晒制

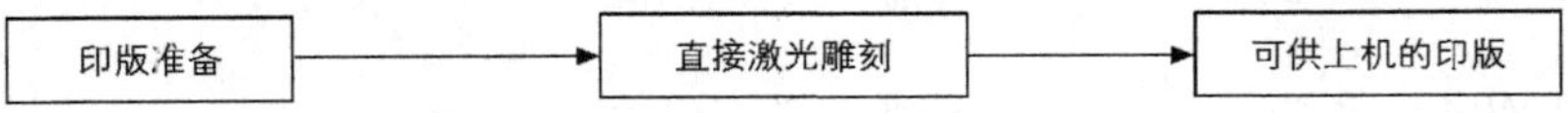

(b) CTP 印版制版过程

图 8－5　传统柔性版与 CTP 柔性版制版流程

和平版印刷一样，现在柔印制版也采用了计算机直接制版技术。柔性版直接制版是指利用激光或其他光源，对柔性版材进行曝光或烧蚀，制作出柔性凸版的技术。数字化柔版制作技术包括数字柔版直接制版技术和数字柔印滚筒直接制版技术。计算机直接制柔版系统的方式有两种：一种是激光数字成像制版技术；另一种是直接激光雕刻印版。两者区别在于，数字成像技术还包括了曝光成像后的 UV 曝光和显影加工阶段，而直接雕刻技术则能够一次性完成制版。

对橡胶柔性版所进行的激光直接雕刻制版早在 20 世纪 80 年代就已经实现。1995 年出现了利用激光对感光聚合物版材进行直接制版的技术。经过数年的发展，激光雕刻和激光成像技术正逐步成为柔性版直接制版的主要方法。

一、柔印 CTP 版材的结构及原理

柔印直接制版版材结构如图 8－6 所示，由树脂片基、感光树脂层、感光层上的黑色激光吸收层组成。感光树脂层和普通感光树脂版的感光树脂层是一样的，黑色激光吸收层能被激光

烧蚀。

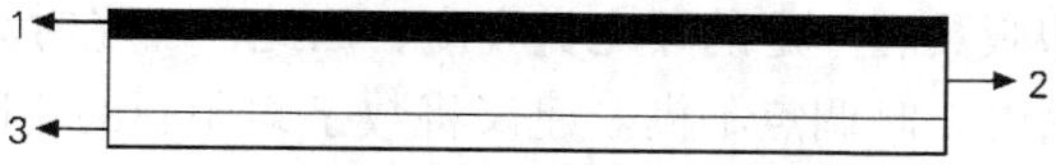

图 8－6　柔印 CTP 版材结构

如图 8－7 所示，制版时，首先由直接制版机图像发生器发出的红外激光将图文部分的黑色吸收层烧蚀掉，裸露出下面的感光树脂层。由于光聚合型感光层对红外线不敏感，因此被激光烧蚀掉地方的感光乳剂层不受红外激光影响。

图 8－7　柔印 CTP 制版的原理

激光烧蚀后，即可对印版进行全面曝光。保留在印版空白处的黑色涂层挡住光线，使空白处的感光胶层不感光；而图文处的感光胶层由于失去了黑色涂层的保护，发生光聚合反应，即形成了最终的图文部分。曝光后，一般数字柔印版均能采用普通方式进行显影处理，即溶剂冲洗、干燥和整理。但有些数字柔印版在用溶剂冲洗前，需要先把黑色涂层用水冲洗掉。

二、数字柔印版与普通柔印版的差别

1. 曝光过程中光的散射和漫反射情况不同

普通柔印版在曝光时，紫外线要穿过真空层、片基、乳剂层和防光晕层，其总厚度大，存在着较严重的散射和漫反射问题。而数字柔印版在曝光时，光线只通过一层不足 0.03mm 厚的黑色涂层，只存在微弱的散射与漫反射现象。

2. 曝光环境不同

普通制版是在真空条件下进行曝光的，而数字印版是在空气中进行曝光的。光聚合型感光树脂在空气中和在真空中的光聚合反应机理是不同的，由此导致印版上网点点形、曝光宽容度及印版的其他性能也有所不同。

3. 点形不同，网点再现范围大

普通柔印版上凸起的网点横截面呈圆形，纵切面呈梯形，且网点的顶部扁平，数字柔印版上凸起的网点比较小，而且倾斜度较小，点的顶端呈圆形，但不呈扁平状，如图 8－8 所示。数字柔印版的网点边缘比较圆滑。而普通柔印版上的网点边缘轮廓清晰。轮廓清晰的网点印刷时容易断划，而数字柔印版上的网点，特别是高光点不易出现这种情形，因此印刷质量好。

4. 曝光宽容度不同

数字印版上的黑色涂层极大地改善了紫外线主曝光的宽容度。实验表明，数字柔印版主曝光时间增加 5～10min，对印版上图像部分的凸起高度无任何影响，而普通柔印版则不同，只要曝光时间有少许增加，就会使图文凸起的高度明显降低。曝光宽容度大，有利于网点形状的完美。由于数字柔印版具有一定的曝光宽容度，因此在曝光时无须特别注意高光和暗调点，也能确保高光点不丢失，暗调点不糊。建议将数字柔印版的主曝光时间定为10min，这样就足以保证高光点不丢失。而在制取普通柔印版时，则必须严格控制曝光时间，既要注意高光点不丢失，又要顾及暗调点不糊版。

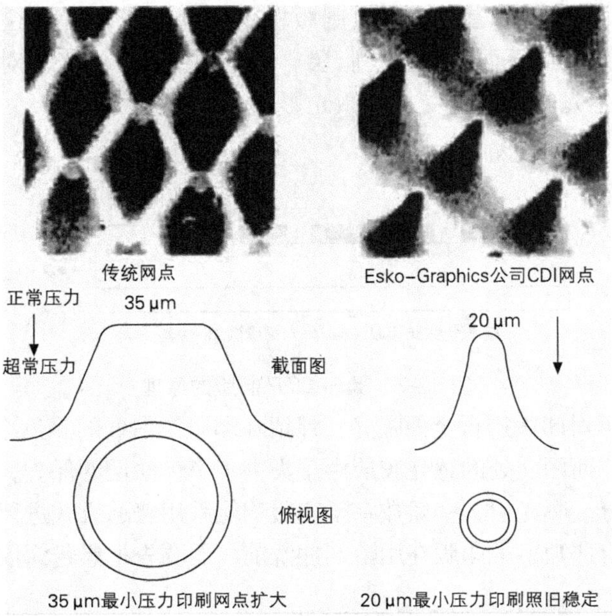

图 8－8　柔印 CTP 网点与传统柔印网点的差异

三、柔印直接制版机

与胶印 CTP 系统一样，一套柔性版 CTP 系统也主要由计算机系统、成像系统和供版系统三大部件组成。计算机系统的作用在三大部件中处于首位，因为它影响到整个工作流程以及最终印版的质量。计算机系统通常由图像数字化系统、图像页面描述语言、光栅图像处理系统、数据存储系统和控制系统组成，能完成图像的编辑和排版工作，并把排好的版面以页面描述语言的格式保存起来，以供成像系统的输出。成像系统的作用则是接收计算机系统传送过来的页面描述信息，经由 RIP 解释，产生控制成像头（激光束）动作的指令，对印版进行曝光，完成印版的制作。供版系统的作用和胶印 CTP 系统的基本相同，主要用来存储柔性版材，并在制版时完成柔性版的输送、定位和裁切工作。数字柔印直接制版机在曝光方式上分内滚筒曝光和外滚筒曝光两种方式。在内滚筒数字柔印直接制版机中，版材在曝光时一直保持在滚筒内侧；在外滚筒数字柔印直接制版机中，版材在曝光时一直保持在滚筒外侧。当滚筒高速旋转时，曝光头相对于滚筒作横向移动进行曝光。目前，柔印直接制版机基本上都是外滚筒式，只有小型或中型制版机有内鼓式的。数字柔印直接制版机是由光栅图像处理器（RIP）控制工作的。RIP 先把从计算机前端传来的数据解释后送给激光照排机的硬件或软件。内滚筒数字柔印直接制版机 RIP 的解释语言是 PostScript 语言，其工作任务和原理跟 PostScript 激光照排机一样。它把应用程序送过来的页面内容进行描述和解释后，形成点阵图像方式，并控制数字柔印直接制版机进行激光烧蚀，把页面信息记录在版材上。典型的有柯达的热力神柔印 CTP 系统，如图 8－9 所示。

光栅图像处理器包括两部分：解释部分和控制部分。解释部分从计算机接受页面信息并对其编码，以供控制部分使用；控制部分用来控制成像系统运转。柔性版 CTP 系统的工作流程如图 8－10 所示。

图 8－9　柯达热力神柔印 CTP 系统

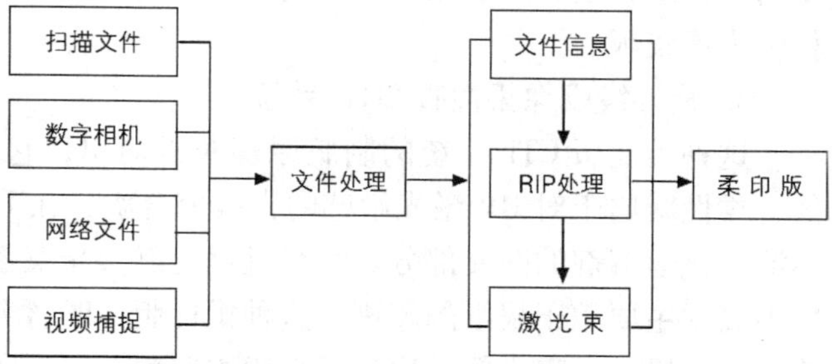

图 8－10　柔性版 CTP 系统的工作流程图

根据成像系统的类型，可以把柔性版 CTP 系统分成三大类。

1. Nd：YAG 激光成像柔性版 CTP 系统

激光由激光发生器产生，根据产生激光所用的介质不同，可以把激光发生器分为气体激光发生器和固体激光发生器。气体激光发生器用气体作介质，常见的氟离子激光和氦氖激光都是气体激光。固体激光发生器用固体作介质，Nd：YAG 激光就属于固体激光。固体激光发生器体积小且精致，正逐步取代气体激光发生器而在各行各业得到应用。Nd：YAG 激光发生器所用的介质是金属钕（Nd）和钇铝晶体（YAG）的混合物质，单一频率下，Nd：YAG 激光的波长是 1064nm，属红外线部分。把 Nd：YAG 激光的发生频率增加一倍，其波长可以变为 532nm，属可见光部分，三倍频率的 Nd：YAG 激光属于紫外光部分。灵活控制 Nd：YAG 激光的频率可以得到不同特性的光源，所以，Nd：YAG 激光有很好的光学性能，其功率范围也很广，从几毫瓦到几百瓦不等，符合制作高质量柔印版的需要。

Nd：YAG 激光成像柔性版 CTP 系统所用的版材属于常用的感光树脂版，其表面覆盖有一层非常薄且对激光敏感的黑色涂层，叫激光敏感黑层。成像时，根据由计算机系统发来的图文信息控制激光束的发生和动作，对激光敏感黑层进行曝光。被曝光的激光敏感黑层在激光的作用下蒸发，暴露出其下面的感光树脂柔性版，此时的激光敏感黑层则相当于Nd：YAG 激光成像柔性版 CTP 系统传统制版工艺中的阴图胶片。接着对仍覆盖着激光敏感黑层的柔性版进行 UV 曝光。先对其背面曝光，然后是正面的主曝光进行成像。柔性版上受 UV 光照射的部分在随后的化学处理中保存下来形成了柔印版上的图文部分，没有曝光的部分被冲洗掉，形成柔印版上非图文部分。最后再对柔印版进行烘干、后曝光和后处理，制作成能上机印刷的柔印版。

ESKO－Graphics 公司的 Cyrel 型柔性版 CTP 系统属于 Nd：YAG 激光成像 CTP 系统。它

采用外鼓型的制版方式，印版的最大幅面可达 1067mm × 1524mm，以 48 线/厘米的分辨率制作一张最大幅面的柔印版约耗时 35min。

2. 激光雕刻柔性版 CTP 系统

这种类型的柔性版 CTP 系统所用的激光不同于 Nd：YAG 激光，它所需激光的功率远远大于 Nd：YAG 激光的功率，一般采用功率在 1 ~ 2.5kW 之间的 CO_2 气体激光。激光雕刻柔性版 CTP 系统所用的柔性版材不再是感光树脂版，而是质地较软的橡胶柔性版。在计算机系统的控制下，激光束直接作用于橡胶柔性版上，高能量的 CO_2 激光束像刻刀一样能直接去除柔印版上非着墨空白部分的橡胶，从而完成柔印版的制作。雕刻下来的版材屑能立即被专用的吸泵吸走，以确保激光雕刻的顺利进行。其制作的柔印版分辨率可达 600dpi，所用版材多为橡胶版。

3. 紫外线成像柔性版 CTP 系统

这种柔性版 CTP 系统的制版原理非常简单，它利用大功率的 UV 激光对柔性版进行成像。柔性版属于对 UV 激光敏感的光敏聚合版，在 UV 激光的照射下发生光聚合反应，形成不溶于化学溶剂的图文部分。制版过程是靠激光束逐像素曝光完成的，其制作的柔印版分辨率不高，主要用于报纸的印刷。这种柔性版 CTP 系统也需要一个后处理的过程，包括显影、清洗、干燥、后曝光等。这种柔性版主要用于报纸印刷。

四、CDI（柔印版直接制版）工艺

CDI（Cytel Digital Imager）系统是激光成像制柔印版方式的一种，它利用计算机直接制版系统，用数字信号控制 YAG 激光，产生红外线，在涂有黑色合成膜的光聚版上，通过激光烧蚀黑膜而形成阴图，然后进行与传统制版方法相同的曝光、冲洗、干燥、后曝光等加工步骤，制成柔性版。在激光成像制柔印版的方法中，比较典型的是巴可公司的 CDI 计算机激光直接制版机和杜邦公司的 Gyrel DPS/DPH 100 柔印版材以及 $Cyrel^R$ 赛丽^{R}AST 干式热敏制版机，如图 8－11、8－12 所示。

图 8－11　CDI 计算机激光直接制版机

图 8－12　杜邦公司的 $Cyrel^R$ 赛丽^R FAST 干式热敏制版机

CDI 系统采用的版材是赛丽专用 DPS 或 DPH 型号的版材。这种版材是在普通的感光树脂柔性版表面复合了一层具有完整折光性能的黑色材料——水溶性涂层，见图 8－6。以代替传统工艺中的阴图片，将成像载体直接合成到版材之中。通过激光将黑膜烧蚀成阴图之后，需要进行与传统制版工艺相同的曝光、冲洗、干燥、后曝光等加工步骤，制成柔性版。

与传统柔性版材相比，其成像网点更细小，图像更清晰，印刷中的网点变形也小。

CDI 数字制版工艺流程如下：

装版→激光成像曝光→背曝光→主曝光→冲洗→烘干→去黏→后曝光。

（1）装版

曝光前，柔性版材被安装在可快速转动的滚筒上，同时由于印版伸缩，会使原本与实地区域等高的小网点高度降低，因此在制版前要把这些因素考虑进去，以便改善高光区域和实地印刷压力的平衡。整个滚筒由轻碳纤维材料制成，重 30kg，并可更换无缝套筒，用于无缝套筒的制版。滚筒幅面有 1083 mm×1630mm 和 1083 mm×815mm 等规格。当真空吸气装置启动时，将版材安置在滚筒上，滚筒转动，吸气装置将版材吸附在滚筒上。版材的连接处用胶黏带密封以达到真空，然后将盖子盖上开始激光成像曝光。

（2）激光成像曝光

将数字信号通过计算机控制柔印直接制版机 CDI 内的 YAG 激光头，滚筒旋转，激光头沿着滚筒轴向移动进行曝光。红外线在版材的黑色表层上进行曝光，将图文部分的黑色层消融，使图文部分的感光树脂外露，而非图文部分不受影响，保持原状。此时的黑色表层看上去像阴图片，与感光树脂紧密结合。红外激光对感光树脂没有任何作用（感光树脂只对 UV 光敏感），激光烧灼形成的烟雾与微粒由真空净化装置进行净化，使合成膜消失后不留任何痕迹。

（3）UV 背曝光

激光成像后，将 DPS 版从 CDI 中取出，放入带有 UV－A 光源的传统曝光机中进行背面曝光，形成印版的底基和提高印版的感光敏感度，背曝光的长短取决于印版图文的深度。

（4）UV 主曝光

图文部分的黑色表层被灼烧洞穿后，就可以进行主曝光了，此时黑色表层遮光材料只充当底片的作用。又因为黑色遮光材料与树脂层充分复合为一体，所以曝光时不需要抽真空，不会发生真空泄漏现象。主曝光和背曝光时分别使用上下两个光源，无须翻面，因而总曝光时间缩短，避免了不均匀性和烂点现象，构成高质量的感光聚合印版。

（5）冲洗

UV 曝光后，将 DPS 版送入传统冲版机中冲洗，黑色表层遮光材料与未曝光部分的树脂被溶解一起被冲走，形成凹凸形状的印刷表面即洗版。

（6）烘干

将印版上的溶剂残余物去除，并对洗刷完毕的印版进行烘干。

（7）去黏

用紫外线光源对印版进行照射，以去除印版表面的黏性。

（8）后曝光

对印版进行充分的 UV 曝光，使残余的光敏聚合物完全硬化，见光聚合反应彻底，降低版材的黏度。最终完成阶段蒸发溶剂残余物，从而维持版材的正常尺寸，然后可上机印刷。

在上述柔版的制版工艺中，版材的烘干占据了制版的绝大多数时间，因为在有机溶剂洗版的过程中版材吸收溶剂溶涨，厚度会发生很大改变。为了达到版材的正常厚度，必须充分烘干，而烘干的时间往往需要 2～3h。有些在制版中出现的问题需要在版材完全烘干后才能发现，如果出现制版问题重新制版又将大大影响生产效率，因此能否缩短烘干时间是提高这种制版方式效率的关键。

正是基于这一目的，杜邦公司在 2000 年开发了干式热敏制版技术。这种技术不再需要溶剂，烘干整个生产流程中没有溶剂出现，同时版材是被加热后除去未曝光部分，所以称为热敏，如图 8 – 13 所示。

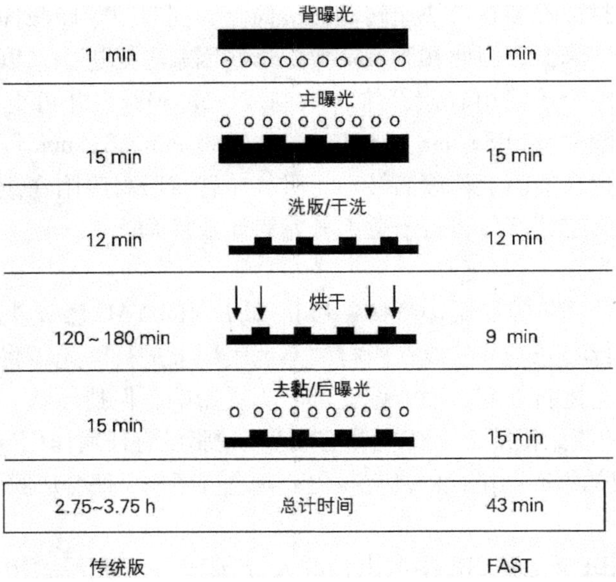

图 8 – 13　传统版和 FAST 热敏版各过程的时间比

采用干式热敏制版技术所使用的版材（下面简称热敏版）和传统柔性版有所不同，未曝光的热敏版的感光树脂在一定温度下会软化，而经 UV 曝光的部分则因发生光聚合反应不会出现这种现象。为去除未感光部分的树脂需要将版材加热软化，然后用无纺布将软化的树脂从版材上剥离下来。图 8 – 14 是 FAST 制版机的内部结构，版材被包在印版滚筒之上“干洗”成像。红外加热器用来为版材加热。显影辊确保无纺布和版材充分接触，同时自身也带有加热装置，可以在短时间内达到 300 华氏度以上。在这个过程中同时省去了制作胶片和版材冲洗的步骤，制版质量和速度都得以提高。以制版质量为例，对于传统柔性版最高可以再现加网线数 133lpi 下 2% 的网点，而这种 FAST 技术可以实现加网线数 175lpi 下 1% 的网点再现，极大地增强了柔性版对细微层次的表现能力。

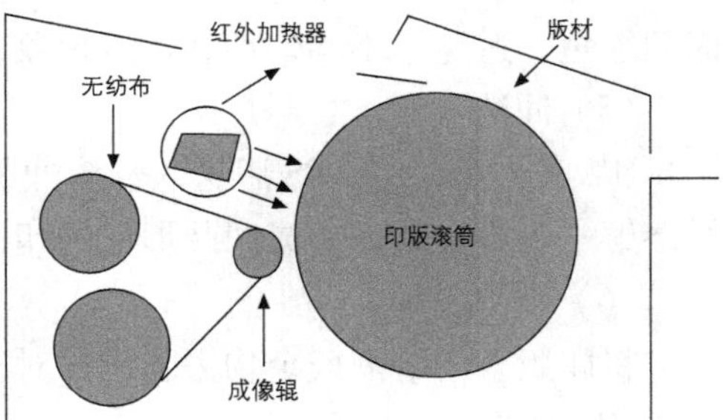

图 8 – 14　FAST 制版机的内部结构

五、套筒柔性版直接制版技术

前面讲的柔印版在制版后要将印版贴在版滚筒上，然后才能印刷。国外现在有一种更先进的柔印直接制版技术，可在套筒上直接制版，然后把套筒版套在版滚筒上就可印刷，工作效率更高。这种技术就是套筒直接制版技术。德国 BASF 公司的 LEP（Laser Engraved Plate）技术就属于这种。它通过计算机输出信号控制 CO_2 激光束在特制的印版材料上直接雕刻出可供上机印刷的柔性版，受激光扫描部分的材料分子气化形成凹陷的非图文部分，而印版上未被激光扫描部分将形成印版的图文部分。该技术是在柔性版制版领域中的一次成功的应用。德国 Rotec 公司和澳大利亚 LASERLIFE 公司是世界上著名的柔性版印刷套筒产品生产和制造厂商。

1. 套筒技术的优点

①套筒重量轻，装卸方便，手工就可以轻松地完成套筒的更换，降低了操作人员的劳动强度，缩短了停机时间，生产效率得到很大提高，能够满足印刷厂家快速、灵活以及个性化生产的需要。

②通过使用不同厚度的套筒就可以改变所需要的印刷周长，也就是说，仅用一种规格外径的气撑辊，就可以在很大范围内满足不同印刷周长的需要，具有高度的灵活性，比如壁厚分别为 10mm 和 70mm 的套筒，两者的印刷周长就相差近 400mm 之多。

③套筒占地面积小，储存简单。它采用特殊的工艺和材料制造而成，具有很高的精度，使用寿命长。

④采用套筒系统可以降低生产和运输费用，成本低。

2. 套筒的分类

据套筒用途的不同，可以将其分为贴版套筒、无接缝印版套筒、接合套筒以及网纹辊套筒 4 类。

（1）贴版套筒

贴版套筒是专门用来装贴感光树脂印版的，这种类型的套筒装卸容易、便于储存、成本低。根据表层材料的不同，贴版套筒又可分为硬质表层套筒和软质弹性表层套筒。

①硬质表层套筒

硬质表层套筒，这种套筒的表层是经过精确加工的硬质聚合物，十分坚硬，具有硬度高、耐冲击和耐切割等特点，需要用泡沫贴版胶带在套筒上装贴印版。硬质表层套筒主要用于厚版（1.7 ~7mm）印刷，适合的承印物材料主要包括牛皮纸、纸板、纸袋以及饮料盒等，不适合高质量、精细产品的印刷。

②软质弹性表层套筒

软质弹性表层套筒的表层材料是具有弹性、可压缩的聚氨酯类泡沫，压缩性能好，并有多种硬度可供选择，可以根据版材类型和承印材料的具体情况来选择合适硬度的套筒。软质弹性表层套筒是专门针对 CTP 技术和高质量薄版柔印设计生产的，需要用高黏性的薄型（厚度 0.1mm）贴版胶带来粘贴印版。软质弹性表层不仅韧性好、加工精度高，而且具有很高的可压缩性，能够吸收震动，因此，软质弹性套筒与薄型版材的组合应用，能够印刷出精细的高光网点，且网点增大率小，适用于高质量、精细产品的印刷，如条形码、细线条、网目调图案等，而且印刷质量和印刷效果非常好。软质弹性表层套筒的优点主要表现在以下几个方面：

（a）使柔性版印刷实现标准化，不必再为选用何种胶带或垫衬组合来粘贴印版而头痛；

（b）能够同时满足网目调版和实地版印刷的要求，也就是说能够在同一块印版上同时印刷高光小网点和实地色块；

(c) 能够有效地控制网点增大，使印刷质量明显提高；

(d) 能够减少对印版的磨损，延长印版的使用寿命；

(e) 具有很高的回弹性和吸震性能，即使在高速印刷过程中也能够迅速恢复原始形状，避免出现振动。

(2) 无接缝印版套筒

无接缝印版套筒也称套筒式印版，主要由内层、中间层和表层3部分构成。套筒的内层材料主要选用特殊的多层玻璃纤维（GFK）制造而成，具有重量轻、转动惯性低、弯曲强度高等优点，在高速印刷的情况下也能够保证转动平稳。套筒的中间层由特殊的聚氨酯橡胶组成，具有很高的弹性和可压缩性，中间层的可压缩性对于套筒的构造和性能有很大影响，它不仅可以增大套筒的壁厚，还能够吸收套筒所产生的拉伸变形。在印刷过程中，正是由于中间层的压缩性，才保证了套筒的平稳运转，从而得到了良好的印刷质量。套筒的表层主要由包覆了橡胶或者合成材料的硬质聚合物组成。

它是在套筒上直接雕刻的无接缝印版，这有点儿类似于凹版滚筒。随着 CTP 以及激光雕刻技术的发展，无接缝印版套筒的应用也越来越普遍了，目前国内已经有不少柔性版印刷厂家在使用无接缝印版套筒了。

无接缝印版套筒可以完成连续花纹图案或相同底色产品的印刷，比如包装纸、香烟过滤嘴水松纸、壁纸等。此外，如果此类无接缝印版套筒未经成像处理，则可以用于涂布、满版上光以及实地区域的印刷。

(3) 接合套筒

作为气撑辊和印版套筒之间的中间体，接合套筒的主要作用是增大滚筒或气撑辊的直径。接合套筒也有一层可压缩层，像气撑辊那样有充气孔，印刷机连接两台气泵，其中一台气泵给气撑辊充气，另外一台气泵则给接合套筒充气，因此，在更换套筒的时候可以不必从气撑辊上把接合套筒取下来。

(4) 网纹辊套筒

绝大多数网纹辊套筒的内层均采用可压缩性材料，利用内层的可压缩性可以将网纹辊套筒安装并固定在印刷机的轴承上，这个可压缩内层是通过空气来控制的。网纹辊套筒的中间层采用复合材料，比如玻璃纤维或者碳纤维。网纹辊套筒的表层包覆了一层由金属铝或者金属镍组成的外壳护套，目的就是吸收离心力，对陶瓷层起防护作用，防止出现裂缝。

套筒直接制版方法可分激光雕刻和激光烧蚀两种制版方法。

(1) 激光雕刻直接制版技术

由于激光雕刻网纹辊在激光雕刻直接制版技术中占有比较重要的地位，因此下面主要介绍激光网纹辊技术。激光雕刻法是应用激光束作为动力对网纹辊表面进行蚀刻加工。网纹辊在激光雕刻之前，先用等离子的方法，将金属氧化物（A_2O_3、Cr_2O_3 或矾土－钛）熔化，喷涂在金属辊表面，形成牢固、致密的陶瓷薄膜，然后用激光雕刻，激光的高能量使陶瓷汽化蒸发，移出网穴。采用这种加工方法形成的网纹辊称为陶瓷网纹辊。

传统激光雕刻技术采用 CO_2 激光器雕刻时，在陶瓷汽化蒸发出网穴的瞬间，CO_2 激光脉冲停止辐射。脉冲下降时，其剩余能量足以使陶瓷熔化，此时熔化的陶瓷在网穴周围再分配，改变了网穴的形状。现在网纹辊的雕刻多采用 YAG 激光器，其脉冲短，瞬间即可达到能量的最高点，使陶瓷汽化蒸发的同时又能迅速恢复到原来状态，限制了陶瓷的熔化。

世界上最先进的激光器 IPG Phtonics 的高功率脉冲光纤激光器。20W 脉冲 YLP－1/100/20 的出现为高性能网纹辊的制作提供了理想的激光光源。经焦距为 50mm 的透镜聚焦后光斑直径可以小于 6μm，多模的 Nd：YAG 激光器的 1/10 左右工作点的峰值功率密度高达 109W/cm^2，使 20W 平均功率的脉冲光纤激光器用于激光制辊时的效果超过平均功率 100 W 的 YAG 激光器，非常适合于进行精细网纹辊的加工。其打出的网穴细腻，轮廓规则清晰，网穴的壁陡、光滑，穴底平整，贮墨量大，墨容易释出，网线极大提高，有效网线为 400～3000lpi，最高可达 4000lpi。

（2）激光烧蚀套筒技术

在包装印刷品中，常遇到一些满版重复一致的，可随意裁切下来，两端对接又看不出接缝。在卷筒式印刷机上虽然能办到，但如果用单张纸印刷，要做到看不出接缝是一件很困难的事。而套筒技术能很好地解决这个问题，因为在套筒式印版上，可以利用 CTP 技术制版，轻易地解决问题。其制版步骤如下。

①在空芯的镍或其他金属辊上先涂上一层热熔胶，待干燥后，把已裁好的感光树脂包到金属辊上，两端拼齐。从金属辊内芯中抽真空（辊的表面有不少小气孔），使光敏版紧贴金属辊表面。然后放入烘箱内加热，使版材与金属辊表面的胶黏层熔合在一起，随后取出冷却。

②把第一步冷却后的套筒版放到外围磨床上去，按印件的尺寸要求把套筒版的外围磨到一定的直径（用激光来检测），版面自然也光洁无瑕。擦干净后，对套筒版表面喷上黑涂层，晾干、备用。

③ 把第二步准备好的套筒版进行数字激光扫描，使套筒版上的黑涂层受激光热蚀，然后再按常规进行 UV 曝光。

④把曝光后的套筒版放入腐蚀箱内进行冲洗腐蚀，然后取出吹干。

第三节　凹印计算机直接制版技术

目前在印刷领域中，CTP 已在胶印、柔印和网印领域方面得到普遍应用，在凹版移印领域中，随着计算机、光、电及计算机的不断发展，CTP 技术和 CTP 设备也逐渐发展起来。

对凹印的直接制版技术又称为计算机到滚筒（Computer to Cylinder）技术，它形象地描述了凹印计算机直接制版的特征，即利用数字数据控制雕刻机直接雕刻成凹版滚筒，如图 8－15 所示。它能够确保用户获得数字化图像文件、采用激光方式制作出高质量的凹版移印印版，而无须使用胶片、曝光设备和化学制剂等。自动化的提升、生产效率的提高、成本的节省以及高保真的成像质量使凹版移印比其他现有的制版技术具有明显的领先优势。

图 8－15　基于凹版雕刻的计算机直接制滚筒系统

一、计算机直接雕刻制凹版（CTC）的工艺流程

计算机直接雕刻凹版技术主要是指电子雕刻技术。随着计算机和控制技术等相关技术的发展，凹版制造业在20世纪80年代末发生了巨大变化，电子雕刻系统因其集成度高，性能稳定，成为凹版的主要制造手段，进入了现代凹版制造工艺阶段。现在世界上主要电子雕刻系统厂家为瑞士 MDC、德国 Hell 公司、美国 Ohio 公司和日本的网屏等。

需要指出是，虽然现在电雕系统已得到了广泛的应用，但由于腐蚀凹版制品的线条版质量好，网穴深度比同等线数的雕刻凹版深将近一倍，载墨量大，印刷墨层厚实，印品色彩鲜艳、饱和，这一工艺目前仍在使用。

1. 电子机械雕刻法

电子机械雕刻法是发展较快和较早的一种高速全自动凹版网孔形成的方法。先通过扫描仪或者图案处理系统将图案信号输入计算机，雕刻机上钻石雕刻刀在计算机图案信号的控制下直接对凹版铜面进行雕刻而成。其工艺是将原稿电分为网点片或连续调片，通过扫描头上的物镜对网点片或连续调图像进行扫描，其网点大小或深浅程度是由扫描密度的光信号大小转换成电信号大小后输入电子计算机内，经过一系列的计算机处理后，传递变化的电流和数字信号控制和驱动电雕钻石刻刀，在镜面铜滚筒表面上雕刻形成大小和深浅都不同的凹版网孔，从而得到不同层次的阶调变化。

以德国海尔 K304 电子雕刻机为例，其基本工艺流程如下：

底片制作→滚筒安装→胶片粘贴→程序编制→试刻→扫描校准→雕刻

（1）底片制作

根据电子雕刻机转换头的不同（分为 O/C 转换头与 O/G 转换头两种），可分别采用连续调和扫描网点胶片。若采用 O/C 转换头，胶片应采用伸缩性小的白色不透明聚酯感光片拍摄；若采用 O/G 转换头，胶片用扫描加网。胶片可用阳图，也可用阴图，主要根据加工件复杂程度和要求而定。

（2）滚筒安装

凹印机滚筒可分为有轴滚筒和无轴滚筒两种。无轴滚筒安装时须用两顶尖顶住凹版滚筒两端锥孔；有轴滚筒必须在两端轴套上安装后，用联轴器与电雕机连接。滚筒安装好后，应用 1∶500 的汽油机油混合液将滚筒表面的灰尘、油污、氧化物清除干净，使滚筒表面洁净无污。

（3）底片粘贴

粘贴前，用干净的纱布加适量无水酒精将底片与扫描滚筒表面揩干净。粘贴时，底片中线应与扫描移动方向垂直，并与扫描滚筒表面完全紧密贴合，否则因扫描焦距不准，成像发虚，影响雕刻的阶调层次和清晰度。

（4）程序编制

是指为控制电雕机工作而给计算机输入的相应数据和工作指令，程序编制必须熟悉产品的规格尺寸、客户要求、版面排版，并根据图案内容、规格尺寸选用网线、网角和层次曲线。当版面尺寸较大的层次图案，宜用较粗线数如 60l/cm，并按黄、品红、青、黑使用相应的网角和层次曲线。若复制规格尺寸较小，层次又丰富的图案，宜用较细线数如 70l/cm，

才能反映细微层次。而文字线条图案则宜采用较硬的层次曲线。

（5）试刻

通过调节控制箱电流值的大小，得到合适的暗调（全色调）、高光（5%）和通沟大小。电子雕刻的网点可分为四种形状，以 0#、2#、3#、1#来表示，称为网角形状，如图 8－16 所示。不同的网角形状是通过改变电雕刻时转速进给速度和雕刻频率而获得的。如较高速度将点形拉长呈◇形；较低速度时点形压扁呈□形。试刻是一项十分重要的工作，直接关系到印刷品的阶调层次。因此，试刻时应根据不同的网屏线数、网点形状、承印材料，选用相应的暗调、高光网点，可用网点测试仪测定网点的对角线和通沟尺寸来确定。

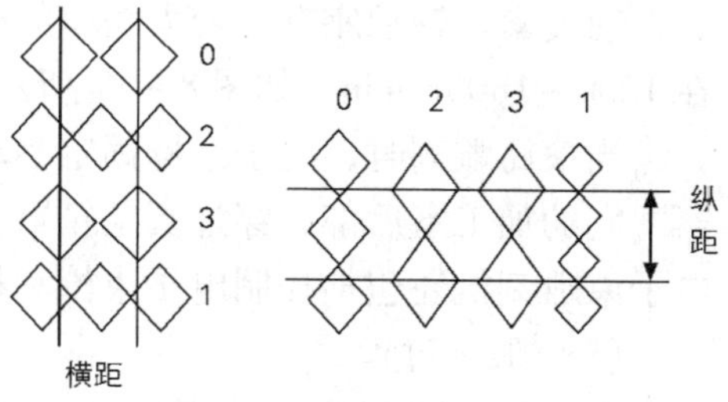

图 8－16　网角形状示意图

（6）扫描校准

扫描时，以扫描滚筒的白色表面作为基面，使底片上呈黑色密度的图文与白色基面有明显的反差，为了保证凹印时第一色调的印刷，扫描头设定应有恰当的密度差，它可通过将光学头移至 5% 加网密度区域，这个密度的数字输入值校准在 768，第一个着墨孔的对角线（试刻高光网点）是在这个值，余下的数字输入（768～1023），使白基面与底片空白部分间形成足够的差异，这就保证了雕刻粘贴以及底色部分所形成的边缘，都不会对雕刻或印刷过程产生影响。

（7）雕刻

上述工作完毕后，电雕机则正式进入雕刻。扫描头对底片进行扫描时，与扫描同步的雕刻头根据扫描信号进行雕刻。雕刻头的动作由石英振荡器驱动，雕刻头的最高雕刻速度可达 4000 网格/秒。

电雕设备厂商除了美国俄亥俄、德国 HELL、日本网屏和瑞士 MDC 的产品比较成熟外，国内也有厂家研制出性能相近的产品。

2. 电子束雕刻法

电子束雕刻制版机同电子雕刻机是不一样的。电子束雕刻机是德国 HELL 公司在 1985 年初试制成功的。它利用电子束枪和电子束发生器以及电子束光学系统组成的装置，直接由电子束枪射击的高能电子束，在滚筒表面的铜层上打成 5μm 深度的洞穴。而电子雕刻机是由电气控制的钻石刀的动作打成洞穴。滚筒由一个高功率的电机驱动，速度可达 1800r/min。电子束发生器的钨线阴极上产生电子束，在电磁场中加速，以 108m/s 的速度打到版辊上。

（1）电子束雕刻机的特点

①同电子雕刻机相比时，生产效率高 1～2 倍，在正常情况下，一台电子束雕刻机每小时可雕刻长度为 2400mm，圆周为 780mm 的滚筒 2 只。

②电子束能雕刻任意线数和网线角度。

③电子束雕刻所产生的网格形状为半球形，有利于高速印刷下油墨的转移，在雕刻过程中高能的电子束一进入铜层中，就把动能转变成热能，使洞穴底部熔化成光滑的半球形。

（2）电子束雕刻机的基本结构

它与同长度的真空箱构成一个滚筒加工室。该室中有两个轴承座，它们通过丝杠由步进电机驱动，相互独立地顺着机器的长度方向运动。轴承座有两个辅助装置，在机器装上滚筒后自动夹紧。轴承座有一台大功率的电机驱动滚筒，滚筒速度根据滚筒直径大小而定，一般在 1200～1800r/min，如图 8－17 所示。

当滚筒雕刻时，电子束枪固定不动，而滚筒在电子束枪前作左右移动。电子束枪装在机器中间的加工室后部，穿过真空箱罩。电子束枪与滚筒远近的距离是由一只步进电机驱动。电子束雕刻机还包括控制电子束枪和机器的电子柜、高压发生器和真空泵等部分。

（3）雕刻过程

将雕刻的凹版滚筒装到打开盖的定心装置上，将滚筒轴定心到轴承座的轴线上。其他步骤由多个微型计算机控制自动进行，其操作顺序如下：

①关闭真空室的箱盖；

②夹紧滚筒；

③真空泵抽气使电子束枪加工室内产生真空；

④使滚筒转动，在滚筒的起始端进行雕刻的起始定位；

⑤接通并调定电子束；

⑥开始雕刻。

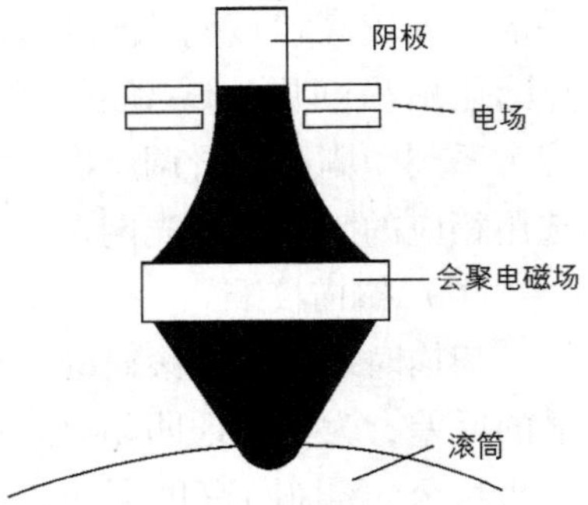

图 8－17　电子束雕刻机的基本结构

控制和调节过程的大部分时间是并行的，到雕刻起始需要 6min。一个长度为 2400mm，周长为 780mm 的滚筒，雕刻时间为 15min。另一个长度相同，而周长为 1540mm 的滚筒雕刻时间为 22min。雕刻时只有雕刻滚筒转动及横移，电子束枪固定不动。雕刻完毕，电子束自动切断，滚筒被刹住，加工室充气，最后滚筒被松开。雕刻一只滚筒，整个准备时间不超过 15min，由此可见，每小时可雕刻 2 只滚筒。

在用电子束进行雕刻时，高能量的电子束深入铜层约 5μm，并在原子场内被刹住。它把电子束所具有的动能传递给了铜，于是产生了过热铜熔液。在电子束中生成的等离子体压力，将铜熔液从侧面挤出熔融区。每秒 20～30m 的滚筒圆周速度将熔液以滴状的形式沿切线抛出旋转的滚筒。微小的铜滴在真空中飞行，只稍冷却一点，仍以熔融状态碰撞到调换的反射板上，变成了铜渣。电子束冲击后，网穴里的熔化区在熔铜表面张力的作用下重结晶，形成一个光滑面，网穴形状呈半球面形。

（4）电子束雕刻技术的优点

①电子束雕刻速度高（10 万～15 万个网格/秒），易于调制和偏转。

②电子束在射击间与快速旋转的滚筒同步运动，即在射击网穴时电子束始终在滚筒的同一位置上。

③电子束能雕刻任意线数和网线角度。

④采用特殊的电子束雕刻网点装置，使轮廓的再现有了明显的改善，这对文字和线条的复制非常重要。

⑤生产效率与电子雕刻比较提高了 1～2 倍。

⑥电子束雕刻所产生的网格形状为半球形，当高热的铜熔化后，汽化筒被等离子压挤出网格，再结晶的表面厚度不到 5μm。因此网格内壁光滑，网墙无缺陷，利于在高速印刷情

况下，实现非常好的油墨转移。

3. 激光雕刻法

从原理上讲，激光凹版雕刻是应用一路或多路高能激光束，将图文信息在滚筒表面的待雕刻材料（金属层或基漆层）上，烧蚀出网穴（被烧蚀后的网点残物被特制的装置吸走）或露铜的网穴形状，直接形成网穴印版，或为后续加工网穴做好准备，如图 8－18 所示。

通常制作凹版采用铜作为底层，这主要是因为铜容易电镀和加工，经过研磨抛光，光洁度好。但是在激光雕刻过程中，一方面由于铜的汽化和融熔的温度比较接近，用激光直接雕刻会造成网穴边缘坍塌；另一方面功率较大的激光器的波长都在红外区域内，铜又是极好的激光束反射体，因此直接在铜的表面雕刻凹印版辊，工艺上操作比较困难。因此人们想到了两种解决的办法：

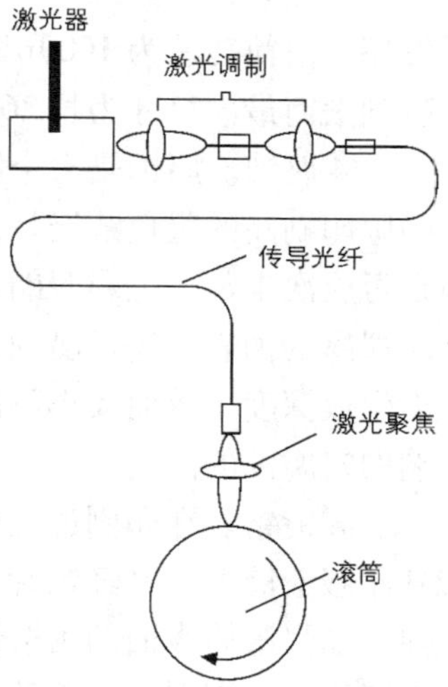

图 8－18　激光雕刻原理图

①在铜滚筒上先涂覆黑色基漆层，用激光烧蚀网穴区域，使网穴处的铜层裸露出来，非网穴处由基漆保护抗蚀，待腐蚀后即可获得凹下的网穴，即激光雕刻凹版基漆层技术；

②用高能量激光直接雕刻滚筒金属锌表面，形成凹版网穴实现其激光雕刻的目标。

激光雕刻技术的优点：

①简化了制版流程，制作好的图文文件通过计算机控制就能得到印版，降低了制版的直接成本，免除了胶片的使用费用；

②最佳的网穴形状残留油墨少，几乎完全转移到纸上，因此既减少溶剂和油墨消耗，又印出最好的图像。该机用户证实，使用该机后在油墨中减少了 30% 的溶剂用量，油墨消耗量也减少 10% ~20%；

③减少了色彩还原过程中信号的损失，更有利于色彩管理；

④解决了图形在滚筒上的连续无缝拼接，对于装饰、纺织等领域实用性大大加强；

⑤幅面尺寸变化更自由，目前国内可制 2800mm × 2000mm 幅面的印版，完全不用受照排机输出胶片的限制；

⑥激光雕刻能自由选择网点角度，用 0°、30°、45°和 60°不会产生龟纹，在同一版上可以有不同线数、不同网线角度网点的组合。采用非常清晰聚焦的激光光束形成的网点可以提高印刷质量。

（1）激光雕刻凹版基漆层技术

激光刻膜及后腐蚀工艺是继电雕之后又一种先进的数字制版方式，它和电雕一样通过接口接受经计算机分色处理过的图像文件，将加网后的图文信号送至激光调制器，激光作用于滚筒表面预涂的保护层而使铜或铁底露出，再经过不同时间的腐蚀在滚筒上形成大小不同的网点凹坑。工艺流程为：铜辊清洗→涂基漆层→激光雕刻→腐蚀→清洗→镀铬。

首先在铜辊表面均匀地涂布一层基漆层，雕刻机的激光束把图文部分的基漆层瞬间汽化，非图文部分胶层依然存在，这一过程称作激光刻膜。然后把版辊放在腐蚀槽里用三氯化铁腐蚀液进行腐蚀，图文部分的胶层被打开，所以就被腐蚀形成凹下去的网穴，非图文部分的胶层依然保留，然后再用清洗液洗去非图文部分的胶层，最后再镀铬增加版辊的耐印力。

①铜辊清洗。清洗的目的是将版面的油污、灰尘、氧化物去掉，使后继工序的涂胶层更好的与铜层黏附。

②涂基漆层。在铜辊表面均匀地涂布一层高感光度树脂或黑漆，用激光束烧蚀高感光度树脂或黑漆，图文部分的胶层瞬间气化，非图文部分胶层依然存在。

③激光雕刻。采用 CO_2 气体激光器（功率 150W），激光束触及处的防腐胶表面则被蒸发掉。滚筒转速为 1000r/min，雕刻速度根据滚筒周长而定，一般每分钟雕刻 75mm。激光雕刻滚筒最大尺寸为长 2600mm，周长 1600mm。

④腐蚀。腐蚀是整个制版过程中的关键环节。它与制版质量的好坏有密切的关系。因为凹版印刷品的墨色浓淡是由印版表面上腐蚀深浅不一的着墨孔来决定的，所以一张凹印制品是否层次丰富、色彩明朗，在很大程序上取决于腐蚀是否恰好到处。一般采用三氯化铁溶液对裸露的铜表面进行腐蚀，在腐蚀槽中控制 $FeCl_3$ 溶液的浓度和喷淋时间，在铜层或铁辊表面生成深度一致而大小不同的网点。在腐蚀过程中，网穴轮廓面积的大小会在一定程度上影响网穴腐蚀的深度。

⑤镀铬。在印刷过程中，由于油墨中可能存在杂质，纸面的不光洁以及尘沙，都可能带到印版滚筒上，又经钢片刀刮墨，使印版表面磨损、粗糙而起脏，为了防止凹版滚筒的磨损，加强滚筒表面的耐磨性，增加耐印力，则采用镀铬的方法提高其硬度。同时，版面镀铬后还可以长期保存，不致受空气氧化及其他化学气体的影响。

激光雕刻凹版基漆层技术克服了电雕版文字及细线条发毛、发虚的弱点，突出了含墨量高、颜色厚实、字迹清晰、经久耐用的特点，同传统的照相凹版制版相比又具有加网精度高，任意编辑网形，无接缝等优点。适用于文字特别细小但要求清晰度高的印版，被广泛用于货币、证券、票务等高精度防伪印刷以及高档烟酒包装，在精细压纹辊和涂胶辊制作工艺中更具优势。

下面介绍几种激光雕刻凹版基漆层技术系统。

①德国 Hell 公司的 HelieBeam C2000 系统

德国 Hell 公司的激光雕刻凹版方案的实质是：充分利用激光记录的高分辨率，使激光在基漆上烧蚀出的网穴轮廓、文字、图形轮廓达到高精度。网穴轮廓面积随图像颜色的深浅明暗而变化。因此，经过后续腐蚀处理所得到的网穴属于前述的“面积可变、下凹深度不变的网穴”（实际上，在腐蚀过程中，网穴轮廓面积的大小仍然会在一定程度上影响网穴腐蚀深度）。熟悉胶印制版的人员会发现，这是“平印化”的凹版。

在 HelioBeam C2000 激光雕刻机上，由于采用“准平印方式”进行激光基漆烧蚀，可以采用 2540～5080dpi 的高分辨率记录图文（激光光斑直径为 5～10μm），雕刻分辨率是原来分辨率的 10～20 倍，因此从根本上解决了上述问题，提高了文字和图形的再现质量。同时，由于烧蚀出的每个网穴是由多个激光曝光点组合而成的，因此可以较为方便地设计网穴轮廓形状，以改善图像层次的传递效果。在 HelioBeam C2000 激光雕刻机上，除 Hell 公司原有的网穴形状外，还可以产生其他网穴形状。从原理上讲，雕刻调频网穴也是可以实现的。

为了保证在提高雕刻分辨率的同时保证雕刻效率。Hell 公司的技术人员在 HelioBeam C2000 激光雕刻机上采用了多束激光并行曝光的方法，将功率为 60W 的新型纤维红外激光

(1110nm) 分成8束（每束7.5W），对镀铜滚筒上的基漆层进行热烧蚀。纤维激光器产生的激光束质量好、聚焦深度（景深）大，而基漆的性质稳定，仅在高能激光下才汽化。

从雕刻制版工艺路线上观察，采用该系统不必改变滚筒镀铜。滚筒表面加工（车/磨/抛）的配置，仅需要在工艺流程中加入基漆涂布和腐蚀两个步骤。系统可以比较方便地与原有的雕刻工艺共存，即加工好的带铜层滚筒，既可以进行机械电磁式雕刻，也可以经过基漆涂布进入 HelioBeam C2000 进行激光雕刻，再经过腐蚀和去除基漆层得到凹版滚筒。随后进行的镀铬等工艺布置也是相同的，因此，该系统具有较高的工艺灵活性。

②柯达和 Acigraf 的 Exactus 热敏凹版雕刻技术

(a) Exactus 工艺流程

将 PC 或 Macintosh 上制作好的生产文件送到 Brisque 必胜或 Prinergy 印能捷工作流程，由必胜或印能捷工作流程对文件进行处理，在 Exactus 中也可使用无缝加网。接下来雕刻成像，这也是 Exactus 技术的关键和核心，它采用 3200dpi 方形光点激光成像头，可发射 208 束激光，能保证成像质量超凡脱俗，滚筒的最大成像幅面为 1.2m（周长）×1.8m（长）。之后滚筒送到其后的3个工作站，进行冲洗、铜去除和剥膜处理。

热敏涂布。铜滚筒采用 Graviti 热敏抗蚀膜涂布，此抗蚀膜耐光，可长时间保存。

成像。涂布后的滚筒被送到成像工作站，从工作流程系统传来的数据将控制成像头通过滚筒上的 Graviti 抗蚀膜成像。借助 Graviti 抗蚀膜，Exactus 能实现极好的处理控制。

冲洗。成像后的滚筒被放入冲洗单元，溶解已成像区域的抗蚀膜。可及时补充消耗掉的冲洗液。

电解铜离子去除。通过电解，滚筒上将形成网穴，此步可将网穴准确制作为原先定义的深度。

剥膜。将剩余的抗蚀膜从滚筒上剥落。

(b) Exactus 系统的优点

Exactus 系统结合了以下两种成熟技术的优点：柯达 SQUAREspot 方形光点热敏成像头和 Acigraf 电解铜离子去除处理技术。相对激光雕刻而言，这套凹印印前系统不仅生产能力更高，还具备激光雕刻的所有优点。

图像质量优良。柯达的方形光点成像技术，使图像质量得到保证。电解铜离子去除处理技术能够形成独特的网穴横截面，从而使油墨层的分布更加均匀，大大减少“鱼眼”和“网点丢失”现象，同时图像更清晰，色彩更亮丽，总之，激光热敏成像与电解铜离子去除处理技术的结合，使网穴形状不再受机械的限制，加网选择也不再受限制。

处理控制能力更强。Exactus 系统结合了方形光点成像技术和电解铜离子去除处理技术，可为凹版生产商提供更精确的处理控制。热敏成像的图像更精确、更清晰；电解铜离子去除处理技术可对网穴的深度进行精确的控制，能保证整个滚筒的网穴深度一致。印刷厂在印刷时也能对油墨的用量进行空前精确的控制，印品质量也将更精确、更可靠。

生产能力更强。Exactus 系统可明显缩短生产周期。激光成像可显著提高滚筒的产量，如果对滚筒进行预先涂布，每个小时可以生产 1.2m（长）× 0.7m（周长）的4根滚筒。

节约成本。相对于传统的凹版处理工艺，Exactus 系统可大大节约成本，并能在很短的时间内收回投资。

除了以上优点之外，Exactus 还有利于环保。其基本上使用水基溶液，还内置了回收系统，可从电解液中回收剩余的铜，保持处理环境稳定，并尽可能减少更换溶液的次数。

(2) 激光直接雕刻凹版

激光直接雕刻凹版是应用一路或多路高能激光束，将图文信息在滚筒表面的待雕刻材料(金属层)上，烧蚀出网穴或露铜的网穴形状，直接形成网穴印版，被烧蚀后的网点残物被特制的装置吸走。

从激光记录技术上看，曝光光斑尺寸不变，用图像记录信号调制激光的记录强度，即可雕刻出网穴。一次激光曝光即产生一个网穴。这一技术的关键之处是：为了保证图像层次再现，对激光曝光强度进行了精确控制。如果图像数字信号为8位，可以携带256级图像层次信息，要求激光能量也精确地控制为256等级，在数十微米至数百微米的范围内雕刻出多级深度的网穴。图像层次的再现依赖于激光雕刻精度控制。由于网线数在70~200l/cm，在此雕刻分辨率下，文字和图形的轮廓精度尚可，但并不很高。

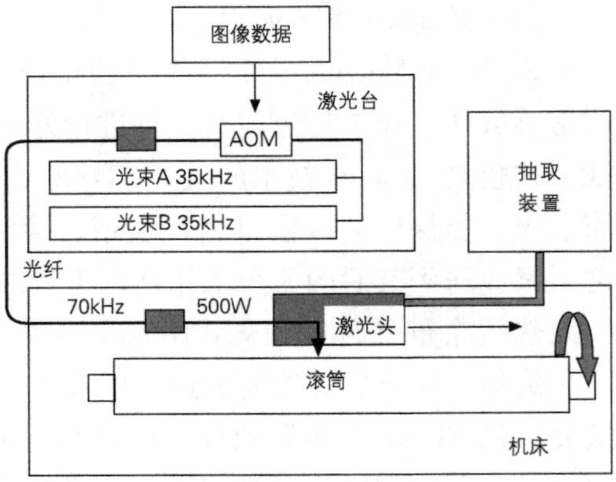

图 8－19　直接激光雕版的基本的光学设备

直接激光雕版的基本的光学设备如图 8－19 所示，有 2 束多模式激光，每个的能量都为 400W，频率 35kHz，在外部由一个声光调制器控制每束激光的能量，调制后其最大的利用率为 75%，也就是能量为 600W，频率为 70kHz，再通过一个透射率为 92% 的光纤系统透射后，平均有大于 500W 的能量聚集于滚筒表面。为了精确地定位网穴，减少热量的相互作用，滚筒表面的图文部分被蒸汽直接去除了。使网穴周围融化的部分及其毛边的厚度都可以不超过 2~3μm，为了实现这个目的，可以利用一种添加了有机物的特殊的电镀锌材料，与利用普通的锌材料相比利用这种材料可以降低热量的产生。与蒸汽的结合，又使这种雕版技术效率更高，因为只需要较低的能量就能融化网穴，而其余的部分可以由汽化产生的压力去除。

每 1 束激光都能产生 1 个网穴，网穴的形状取决于激光束的形状，其大小取决于激光束的能量。由于直接激光雕版的频率很高，并且可以做到 1 束激光 1 个网穴，所以这种方法雕版比电子机械雕版要快 9 倍。

下面介绍几种激光直接雕刻凹版基技术系统。

①Daetwgler－Ohio 公司的 Laser Star 系统

瑞士 Daetwyler 公司与美国 Ohio 电雕机公司合并成立了 Daetwyler－Ohio 公司，在 1995 年的 Drupa 上，该公司首次推出了雕刻金属锌的系统 Laser Star。系统采用单束氩离子激光雕刻，雕刻速度为 35000~70000 网穴/秒。网穴具有下凹深度可变和“影写凹版”的特征。该公司还进行调频图像激光雕刻系统的开发。为了改善雕刻质量，该公司又在提高雕刻分辨率的基础上，推出了多光束组合网穴。具体的实现方法是用 7 个激光曝光点组成一个网穴(雕刻分辨率为原来的 3 倍)，这样雕刻的网穴为“面积和下凹深度都可变”类型。网穴的面积率可以有 7 级变化，而凹深有多级变化。分辨率的提高可以改善文字和图形的雕刻质量，同时，网穴面积的多级变化又可以降低对激光强度调制的精度要求。

②德国 HELL 公司的 Cu – Diretlaser 系统

它应用高分辨率的激光直接在铜的滚筒表面进行精细的雕刻，可以任意改变所雕刻信息的轮廓、网点分布及深度，从而实现以前只有激光照排机才能达到的输出效果。针对文字部分可以采用 2540 dpi 的分辨率。采用 Cu – Diretlaser 激光直接雕铜技术带来了以下突破性的质量提升：

(a) 精细的线条及文字边缘不再出现锯齿边；

(b) 雕刻的网线数不再受到限制，同一个版面上实现粗细网线混合雕刻；

(c) 网穴的中心位置不再固定不变；

(d) 激光可以在相对较小的面积内形成足够的深度，这样就可以在高光部分获得足够的墨量；

(e) 无须更改原有的电镀工艺就能轻松地获得 Cu – Diretlaser 所需的铜辊坯，从而完成简易的整合过程。

③德国 HELL 公司的激光直接雕刻凹印制版 Cellaxy 系统

激光直接雕刻凹印制版系统的核心是 Cellaxy 输出设备。Cellaxy 采用的激光器是输出功率高达数瓦的大功率激光器，加工分辨率可以达到 2540dpi（1000l/cm），可以在铜表面进行直接雕刻。激光头的操作是连续的，可通过一个三维的 RIP 进行控制。这种加工原理与胶印制版有些类似，每一个版坑由 16×16 个激光点构成的矩阵构成。与胶印 CTP 制版不同的是，凹印的激光直接雕刻的激光强度是可调的，因此，每个独立的激光点，以及版坑的深度也是可调的。这使得雕刻网版过程中，可以随意调整网版的分辨率、网点形状、深度、网坑壁的角度等。这种特性还将允许企业根据特定的印刷条件生产特制的凹印印版。由于雕刻精度达到了 2540dpi，因此 Cellaxy 可以适应要求非常高的印刷需求。这使 Cellaxy 在烟包、标签和药包领域拥有广阔的应用前景。

二、计算机直接雕刻制凹版（CTC）设备

激光类型、软件性能和设备功能特征是计算机直接雕刻制凹版 CTC 设备的三个关键要素。

1. 激光

现在有三种激光已应用于凹版移印印版的制作：YAG 激光、光纤激光和 CO_2 激光。三种激光最重要的不同在于维护要求、蚀刻网点尺寸和熔融各种材料的能力。

①维护。二极管 YAG 激光发射器是靠二极管工作，使用寿命为 10000h，但是需要较高的替换成本；光纤激光没有二极管，因此无须维护，使用寿命可达 70000h；CO_2 激光也不需要太多的维护。

②网点尺寸。YAG 激光的波长只有 1.064μm，仅是 CO_2 激光波长 10.064μm 的 1/10。因此，在相同情况下，YAG 激光的蚀刻网点尺寸也只有 CO_2 激光的 1/10，前者成像效果要强于后者。

③材料。YAG 激光适于制作金属材质的印版，但是如果用于其他材料的制作（如木材、丙乙酸、塑料、织物等），其波长就难以聚集。CO_2 激光的制作范围较大，如木质、塑料、丝织物和橡胶等均适用，但是对于金属材质版材的制作则显得较为困难。

2. 软件

激光软件是凹版移印版材制作的一个关键因素。在刚刚进入制作移印版领域时，激光仅能雕刻直线型和空白类的版材，不能雕刻位图、梯度、网目调和三色图像，也无法按照行业标准处理一些制图软件所做的图表。

现在，印刷行业的制图软件大多采用 Illustrator、CorelDraw 和 Photoshop。目前利用上述软件制作的 Mac 版或 PC 版的图文文件，激光软件都可以轻松处理，使任何激光制版系统都能够整合印刷商的工作流程。

网点尺寸与版深是激光软件中最重要的参数，它确保精确地控制成像深度。在雕刻同一图像的多个通道时，激光软件可以把版深控制得十分精确，便于激光束精确地雕刻出高保真的图文，激光的功率和频率可根据版深要求进行变化，使制作出的印版具有较高的油墨兼容性、印刷速度和较长的使用寿命。在激光软件中也可以将应用于目标图像的网目调和网点尺寸作为重要参数编入制版程序，使制版工艺趋于完美。同时用于成像的激光束之间的阴影或分色，可以按照成像类型进行分类。小的阴影可应用于精细图文；大的阴影在粗体图文中则可防止锯齿的产生。另外，多种阴影尺寸也可应用于同一图像。

3. 系统功能

直接制版设备提供保证制版质量和工作流程顺利进行的功能模块。此外，用户对直接制版系统功能应该有大概了解，如可重复性的提高（微距离调整和印版套准系统）、效率的提升（自动装卸版、预雕刻指示器）等。

第九章 印刷数字化工作流程

完整的数字化工作流程是在信息数字化的基础上，对印前、印刷、印后等工艺过程中的图文信息和生产控制信息进行集成（整合）控制管理的系统和技术，它组合了组织上和技术上的工作步骤，使数字化的图文信息能够完整、准确地流通，并最终加工制作成完整的印刷品。数字化工作流程是将印前、印刷、印后的各工序进行整合，是一个庞大的工程。然而，在中国要实现全数字化工作流程还需要发展相当长的时间才能做到。现在中国的很多印刷企业的数字化流程系统，实际上只做到了控制印前、印刷的数字化工作流程，只实现了数字化工作流程中的第一种模式：即以 CIP3 为基础的数字化工作流程，将以前的 RIP、拼大版、数码打样用 PDF 整合到一起，实现的功能主要局限于印前和印刷领域。

第一节 数字化印刷生产流程的实现

一、印刷工业的信息流和数字化

数字化工作流程包括图文信息流和印刷生产控制信息流两大类信息。其中图文信息流是需要印刷传播给公众的图文对象，诸如：由客户提交复制的文字、图形和图像等。而控制信息流则是使印刷产品正确生产加工而必要的控制信息，例如：印刷成品规格信息（版式、尺寸、加工方式、造型数据），印刷加工所需要的质量控制信息（印刷机油墨控制数据，印后加工的控制数据等），印刷任务的设备安排信息等。

（1）图文信息流——PDF

PDF（Portable Document Format 可移植文件格式）是 Adobe 公司开发的一种通用电子文档格式，它可以将文字、字型、格式、颜色、图形图像、超文本链接、声音、动态图像等信息封装在一个文件当中，而不管创建该文档所使用的应用程序和平台。作为全球标准的 Adobe 系统图像模式，PDF 是 Adobe 公司研究开发的能进行可靠的，连贯的图形、图像和文字混排技术的一种记录格式。

当前基于 PostScript 的印前工作流程已在印刷厂和输出中心获得推广，但无论是国内还是国外，基于 PostScript 的印前工作流程仍然伴随有一些亟待改进的问题。PDF 文件可通过 PostScript 文件转换获得，PDF 文件中包含有与 PostScript 语言文件同样的成像操作，这些可以数据库的方式描述。在 PDF 文件中，页面是完全相互独立的，PDF 可为印刷生产系统提供稳定不变的、可预知的输出结果。

①PDF 格式是标准化的。PDF 文件使用目标数据库的、精致的、高度标准化和结构化的方法来描述每一页面上的每一个事物。这些目标是容易访问和标准化的，并且也不需复杂的

编程技巧去描述页面内容。每一个 PDF 文件就像一个目标数据，这个数据库包括有创立的文件内容数据、字体、图形、注解、可变数据、与数据库的连接以及到数字音像的连接等。

②PDF 文件是可预知的。一方面，PDF 文件解决了由于不同应用软件可能生成不同类型的 PostScript 文件而增加页面描述的复杂性与输出时发生的不可预知的问题；另一方面，PDF 文件利用有关软件或软插件可进行预视，所以是可预知的。

③PDF 文件是可视和可编辑的。PDF 文件与所用平台，操作系统和组版软件无关，可在 Macintosh、Windows 和 UNIX 环境下打开。PDF 成为对所有文件都可使用的，相同的，稳定一致和可预知的格式，利用有关插件可对 PDF 文件做方便的后阶段正文编辑处理。

④PDF 格式是灵活的。灵活是指可以容易地把已有 PDF 文件应用为不同的出版目的，如数字打样和印刷、多媒体 CD - ROM、Intranet 和 Internet 出版等。

⑤PDF 文件具有页面独立性。PDF 格式允许过程变量和控制集中注意力于单个页面。这在对不同文件中的不同页面做不同处理，或对指定页面进行拼大版，或最后一分钟修改而需迅速完成的情况下是很重要的。由于 PDF 格式是页面独立的，所以可以跨所有平台，操作系统和应用软件使用，也体现出其理想的灵活性。

⑥PDF 格式有更好的传送性能。目前传送大文件还是有困难的，需要有大的存储空间，PDF 产生的信息量为小文件，可以在网络上迅速运行，明显地改善了整个系统性能。

（2）生产控制信息流——JDF

JDF 是基于可扩展标记语言 XML 用于印刷作业的描述及交换的开放式文件格式。

①JDF 工作流程。JDF 定义了完备的通信机制，能够在生产流程与管理信息系统（MIS）之间建立沟通的桥梁，可以实现作业和设备的实时监控，对印刷作业的估价和核算，对物料库存的管理，统计各种报表。一个 JDF 工作流程由 5 个部分组成：机器、设备、控制器、MIS 和代理。

（a）机器。印刷生产中完成某工作的器械，如骑马订书机或印刷机等。

（b）设备。一种支持 JDF 功能执行某种软件的设备，通过专用的电子连接，按照 JDF 作业传票的 JDF 结点完成某个任务。这样的设备可嵌入到机器之中，也可从中分离出来。对于其他一些机器，尤其是一些老的机型，设备会通过计算机终端告诉操作者如何来控制相关的机器。

（c）控制器。一种支持 JDF 的仪器，用来控制和监视设备以及其他的控制器。

（d）MIS。是整个印刷作业生产工作流程的主控制器、监视器。在商业印刷领域，MIS 通常指的是一套客户关系或其他一些相关功能的管理系统。但在 JDF 工作流程中，它被定义为一套工作流程和生产管理的系统，尽管它也可能包括一些 MIS 系统的常规功能。利用 JDF 传票，MIS 可以通过控制器将 JDF 结点发送给设备，每一个设备执行一个由 JDF 结点描述的工艺。

（e）代理。一款驻留在装置、控制器或 MIS 中的软件，可用于创建或修改 JDF 作业传票。

②JDF 在印刷工业中的应用。JDF 着眼于整个数字化生产流程的各个步骤，对每个步骤上的“输入、输出”资源，加工处理的数据进行记录以便对生产进程进行控制，其中可以进行消息发送、跟踪、中断等干预。

JDF 的每个步骤都是一个“节点”，整个流程把“节点”连接成“树”形结构，每个节点有其“输入资源”和“输出资源”，节点上还存储了生产加工需要的各种数据。JDF 可以提供一种生产自动化的“消息服务”，在执行作业（Job）的每个步骤上，记录执行的结果，以便对作业状态进行跟踪。JDF 规定了“消息”的结构、数据格式、语法和协议。设备可以根据这种消息与生产控制系统进行交流、通信。图 9－1 描述了 JDF 的作用机制。

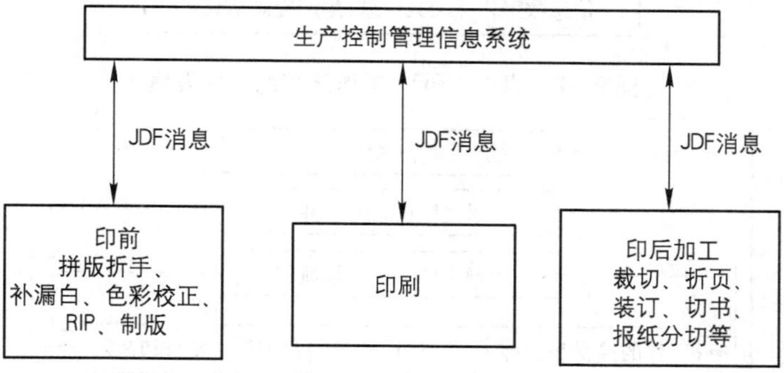

图 9－1　JDF 的作用机制

目前印刷企业应用的数字化印刷工作流程大多是基于 JDF 的流程。客户提供图文原稿、版式和制作要求，印刷单位接受任务后，根据印刷产品的基本特点和客户要求，确定合适的工艺和印刷、印后加工设备。

印前处理阶段的进行与 PDF 工艺基本相同，整版拼大版后，有关折手、裁切装订、套准线等信息就已经确定下来了，这些信息将直接用于印后设备调控使用，经过 RIP 解释处理后，得到每一张印版的记录信息。除了用于在胶片和印版上记录外，还可以统计印刷机各个油墨区的基础数据，从而省去了印版扫描的过程。

印后加工的数据在印前处理过程中就已经确定，只需要将相关数据输入相应的印后设备的控制系统中，预调的过程将大大地缩短，使印后设备很快的进入工作状态，得到最终的成品。

JDF 格式文件使生产过程有序，信息管理和反馈自动完成，实现远程控制。从而保证印前、印刷和印后真正做到流程一体化，也是整个印刷工作管理更加科学化、规范化。

采用 PostScript 语言编写的联系印前、印刷和印后加工整个过程的各工序设备配备、管理信息、企业信息的印刷流程标准称印刷生产格式 PPF。

（3）JDF＋PDF 模式的工作流程

数字化工作流程包括图文信息流和印刷生产控制信息流两大类信息。其中图文信息流是需要印刷传播给公众的信息，比如：由客户提交复制的文字、图形和图像等；而控制信息流则是使印刷产品正确生产加工而必要的控制信息，如：印刷成品规格信息（版式、尺寸、加工方式、造型数据等）、印刷加工所需要的质量控制信息（印刷机油墨控制数据、印后加工控制数据等）、印刷任务的设备调度信息等。

PDF 传递的是印刷媒体生产的图文信息；JDF 承载的则是用来控制生产进程正常进行的信息。在数字化工作流程中，图文信息的文件格式 PS/PDF 和生产控制信息文件格式 JDF/PPF 是不能相互代替的。没有 PS/PDF 的流程，就没有信息可以“流动”；只有 PDF 而没有 JDF/PPF，则无法全面传递印前、印刷、印后等步骤的生产控制信息。如图 9－2 和图 9－3 所示为印刷媒体中数字化工作流程的过程要素和流程中 PDF 和 JDF 的共同作用。

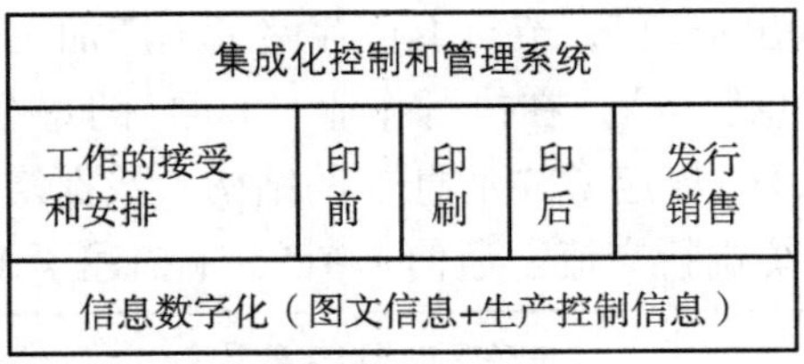

图 9－2　JDF＋PDF 工作流程的构成要素

图 9－3　流程中 JDF 和 PDF 的共同作用

二、印刷数字化对印刷生产模式的影响

传统印刷生产流程是以物理媒体（如分色片照排片样张印版等）及其物流与仓储为基础，生产各个环节（工序）都以物理媒体的加工处理为目的，通过物流与仓储将不同环节的物理媒体连接，通过质量控制提供物理媒体的可视化的媒介外观。而数字工作流程从信息采集到印版输出甚至到印刷，都以数字信息的传输、处理和存储为目的，数字贯穿在印刷系统各个组件，数字网络和数字媒介（如光盘、光磁盘、硬盘等）是连接系统各组件的纽带。

目前，数字印前由扫描仪、数字相机、数字工作站、计算机直接制版机及各种处理图形和图像软件组成。其中，扫描仪和数字相机实现印前图文采集，将模拟信息数字化。数字工作站是图文处理的基础硬件，借助各种印前软件，完成图文处理、排版、拼大版及其输出控制。计算机直接制版机将数字工作站大版文件直接输出印版。

CTP 的运用使数字打样替代了传统机械打样，印刷厂也已开始普及使用，全新的色彩管理技术和数字成像技术不仅提高了生产效率，而且简化了作业过程，保证了模拟印刷的质量。数字打样已经成为 CTP 印前系统的重要组件。

印前、印刷与印后加工的衔接更加紧密，通过通用的 CIP3 PPF 文件，印前已经向印刷机传递各种印刷控制数据，如套准数据和供墨参数，实现了印刷机套准和墨量的预先设定，还可以向无轴传动的裁切和装订设备传送产品尺寸、裁切线和折页线位置等印后加工数据，实现了印刷生产全过程的数字化、网络化控制。

传统印刷生产模式是按照印前、印刷、印后、仓储、运输和发行等顺序排列，整个生产过程以物理载体的转换为特征，在时间上严格按逻辑先后顺序传递，即从原稿到数字文件、到胶片、到印版、到印刷品采用不同物理载体之间的转换，采用仓储、运输方式来连接不同生产环节，完成成品和半成品载体的传送、存储和流通。传统的印刷生产是一个典型的以“模拟流程＋物理媒体/仓储＋运输”为技术基础的生产模式，这种生产模式不可避免地要受到时间和地域的限制，即时间和距离成为制约生产服务供货的主要因素。

CTP 技术开启了印刷数字化进程，对生产模式进行了局部性的变革，实现了数字版面到达印版的数字整合，不仅淘汰印版生产过程中各个环节对印版质量的影响因素，还大大缩短了制版生产周期，可减少 25% 以上的作业时间。此外，CTP 技术还拓展出了在机直接制版和数字印刷机，实现了印版制作和印刷作业准备的整合，改变了短版印刷市场的技术与生产格局。

印刷数字化的逐步扩展和完善，使印刷生产模式发生了巨变。

（1）在印前全数字化生产的基础上，建立了一种“数字流程 + 数字媒体/高密存储 + 网络传输”的新印刷生产方式。

（2）大幅度缓解或消除了时间和地域对印刷的制约，拓展了印刷覆盖的区域。

（3）实现了印刷生产从“生产后再销售”到“销售后再生产”的生产模式。

（4）实现“产品（数字文件/页面）实时传输，按需印刷”的加工向服务的转变，可以构筑满足全球范围内按需生产和服务的个性化出版印刷的市场体系。

第二节　CIP3/CIP4 工作流程

一、CIP4 组织

CIP 既不是硬件、也不是软件，而是一个制定印刷生产与管理标准及规制化的团体，CIP 代表 Computer Integration for Printing 组织，成员包括世界上著名的印前设备、印刷机、印后加工、印刷图文软件公司和数字打印全录公司。此组织于 1995 年 2 月由 Adobe、柯达、爱克发、富士胶片、海德堡、罗兰、小森、三菱等 15 家厂印前、印刷和印后加工设备供应商、生产商和软件开发商组成，命名为 CIP3（International Cooperation for Prepress，Press and Postpress）。

CIP 的宗旨是发展推进印前、印刷和印后加工协调性，建立一套能对印前、印刷到印后加工整个过程所涉及的各种产生相关信息描述的自动化的和系统化的流程标准。也就是要贯穿印前、印刷和印后加工三者，研发出大家都能使用的指令、规范或规格的工作单，因此不仅要能跨平台、跨软件，更要大家能把流程中的材料及操作种类、定义及秩序等规范下来。

1999 年年初，为了集成整合印刷过程中各环节的资料、财务、会计、管理信息系统，以实现全印刷流程的计算机集成制造，Adobe、爱克发、海德堡、罗兰 4 家公司组织了另一个联盟组织，该组织制定了一个新的文件格式 JDF（Job Ddfinition Format），故称该组织为 JDF 组织。

为了更广泛地适应印刷出版、电子商务自动化和计算机集成制造等方面的要求，更明确地将“集成”的范围扩大到印前、印刷、印后加工和销售的各过程，CIP3 组织和 JDF 组织于 2000 年 7 月达成协议，合并为 International Cooperation for Integration of Processes in Prepress，Press and Postpress，简称为 CIP4，其标志如图 9 – 4 所示。CIP4 组织结合 CIP3 和 JDF 的工作内容，致力于制定通用的文档与信息分享格式。

二、CIP3 PPF 格式

数字化工作流程的关键在于实现图文信息、生产控制信息和在整个工作流程中的畅通交流。其核心就是建立一种贯穿整个流程的统一工作标准格式，将不同种类、不同功能的设备连接成一个整体协调运作，实现图文信息流和生产控制信息流、非技术性管理信息流的一体整合。由 CIP3、CIP4 推行的 PPF 和 JDF 就是两种起这样作用的、与设备无关的标准格式。另外，Adobe 公司开发的 PJTF（Portable Job T1cket Format）便携活件传票格式也属于这类格式。利用这种具有设备独立性及页面独立性的标准格式，能预先将各种控制信息或管理信息以数字数据形式保存在该格式文件中，然后传送到印前、印刷、印后各个设备并转换为相应指令，预调各设备到待作业状态。JDF 是对 PPF 的继承，它们在所使用的语言基础、具体内容以及整合程度都有较大的差异。

图 9－4　CIP4 组织标志图

PJTF 是基于 PDF 对象的一种开放式的印前作业传票格式，允许用直接或间接的方法通过 PDF 对象类型在 PJTF 文档中实现与印刷作业有关的数据表示，通常包含页面处理指令、输出参数、承印物参数、油墨参数、发货信息、调度信息和管理性数据。PJTF 主要是为精确的印前处理规范提供一种手段，虽然也提供了印前操作以外过程的有关数据，如发货信息和客户信息，只覆盖了印刷作业非常有限的方面。而且，PJTF 还只能单向传输数据，所以不能跟踪和反馈作业状态信息。

PPF（Print Production Format 印刷生产格式）是 CIP3（International Cooperation for Integration of Prepress, Press and Post－press，即“印前、印刷、印后集成的国际合作”）在 1995 年发布的一种统一的、与设备无关的标准格式，其目的就是要将 CIM（computer Integrated manufacturing，计算机集合制造）概念引入印刷工业，使印刷工艺流程的三大环节连成一个整体，即从承接印刷任务和印前处理开始，采集并获取各种数字化的生产控制信息，且逐步传递到印刷、印后加工过程所涉及的设备上，对印刷、印后过程进行控制，使整个生产工艺过程、生产设备状态都在生产控制信息流的掌管之下，达到合理、高效、优质生产的目标。

PPF 的开发由德国的 Frauenhofer Institute for Computer Graphics 承担。这种格式采用 PostScript语言编写，数据结构为树状结构，工作流程中的各工序和设备都定义在相应的节点上。它采用继承机制，子级节点可继承父级节点及更高节点的属性，因此一些通用信息可定义在高级节点上。这是一种与设备无关的文件格式，因此能通过标准接口与印前、印刷和印后各种设备联机或脱机交流，相应的控制信息到达设备后，转换成设备能够理解并执行的指令，控制设备迅速进入工作状态。图 9－5 所示为 PPF 对印前、印刷、印后的集合作用。

1. PPF 所包含的内容几乎包括所有的生产控制信息，具体可概括为以下三方面。

①印前阶段。色彩管理描述信息，补漏白参数，文稿、图像的管理（记录相对路径、支持图像置换），版面描述，拼大版以及数字打样信息等。

②印刷阶段。印张构成（单面、双面），油墨量的控制（油墨扩大和转换曲线、各墨区的墨量计算与调节），颜色质量控制（颜色色彩和密度测量），套准控制，以及允许的误差等。

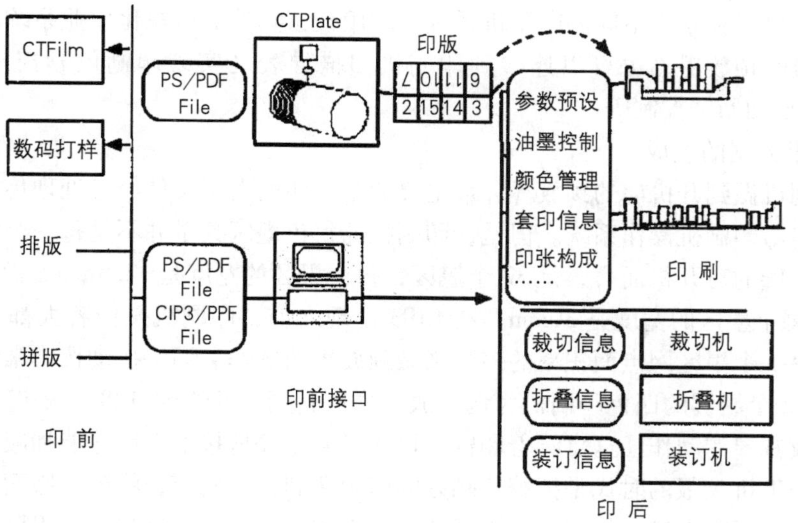

图9-5 基于PPF的数字工作流程及PPF接口

③印后阶段。裁切、折叠参数和装订（配页、上胶、附页粘贴）信息。

2. PPF作为一种标准在实现数字化工作流程中发挥了重要作用，为各大环节的一体化整合提供了一种方便、快捷、可靠的手段，但它还存在许多局限性。

①它没有活件跟踪及反馈机制，还不能真正满足完全的数字化生产流程控制。例如：PPF文件包含各加工过程的设备“应该如何去做”的数据信息，但设备究竟“做得如何”、“是否达到了要求”的信息则无法反馈。

②它不包括活件管理及流程安排信息，还不能代替管理信息系统（MIS）所应发挥的效能。为了知道某个活件是否准时完成或在哪个环节受阻，仍然需要沿路跑遍整个流程或打电话到各个部门。

③它还无法参与涉及客户的电子商务、电子数据交换等方面的信息交流。

三、基于CIP3/CIP4标准的预放墨与控墨技术

1. 传统的油墨预置方式

传统方式的油墨预置，通常是由印刷机台操作人员根据经验来预调墨匙放墨量。开机前根据印版或样张的图文分布状况，估计各个墨区的大致油墨量，作为墨量的预先设定值，开机后再根据印刷品的具体变化作进一步调整。显然，这种放墨方式比较粗略，精度因人的操作经验和主观认识不同而形成较大的差异。这种预放墨方式从开机到正式印刷，纸张消耗量多，调整费时，机器操作人员的工作强度也相应的加大。

2. 基于CIP3/CIP4标准的预放墨技术

目前CIP3或CIP4，被大多数厂商提到的就是预放墨资料的传递，以及印刷品质量稳定性的维持。在辅助放墨方面，最主要是帮助印刷操作者避免手动放墨的不一致和时间上的浪费。所需的放墨资料直接由印前的数据文件取得，经过简单的转换后传送至印刷机的墨控台做预放墨的调整，因为这样的辅助放墨方式大大的节省了时间，从而提高了转单的效率。

胶印机的预放墨系统，除了原厂整合的作业系统之外，也有采用其他厂商系统的方法。

其目的是为了可以独立于不同的印刷机系统，改用大家熟悉的可视化作业系统。这样不但可以做到印刷机的预放墨，也可以连线到印刷机扫描导表（实现印刷色彩控制的一系列色块），并实现自动回馈控制等。

（1）放墨数据的生成

要对印刷机做到开机前的预放墨，最主要的是将印前大版文件经过处理传递给相应的转换软件然后传给印刷机操作系统。但是，印刷机的每色墨区数量并不是每一个设备制造商都相同，对海德堡的对开机而言，是 32 个墨区，每个墨区的宽度是 32.5mm，而罗兰 700 则是 34 个墨区，每个墨区的宽度是 30mm。在 CIP3 出现之前，印刷机操作者大都会依据每个色版上对应的每一个墨区网点面积率的多少来做预放墨的操作。用手按动按键来调整墨键的开合程度，以 32 个墨键的四色印刷机为例，放一次四色墨至少要动 128 个墨键，每个墨键还要再做加墨或减墨的动作，这意味着印刷机操作者要不停地按上下键才能加减墨。

在以往手工拼大版的时代是把胶片晒好的印版拿到扫版机上，将整个版面的网点面积率按照印刷机的墨区来扫描，得到每个墨区的网点面积百分比，然后将每个墨区百分比传到印刷机操作系统，印刷机就可以调节每个颜色、每个色版该放多少墨量了。印版扫描机就是一台大型的扫描器，专门测量印版上网点在每个墨区的百分比。

现在有了大版文件数据后，要得到每一墨区的网点面积率，只需要将大版文件运算一下就可以得到。对于印版而言，版上的网点不但有大小之分，而且每个点都是全黑的，同时也是接受油墨的最小单元，这些网点在 1 - bit Tiff 文件里又是有更小的大小相同的点组成，如图 9 - 6 所示。

图 9 - 6　1 - bit Tiff 文件放大图

其实 1 - bit Tiff 文件就是让激光照排机或 CTP 制版机知道哪些地方要打点，哪些地方不打点。而这些点不论其大小，都是黑点，其信息传递到版上以后，主要的功能就是接受油墨。

综上所述，无论是从扫版机得到的墨区网点百分比还是由 1 - bit Tiff 文件计算得到的墨区网点百分比，都是根据黑（网点）和白（空白部分）的比例做整个版面的划分，依据墨区（ink zone）的大小来计算每个墨区该有的放墨量。所以，预放墨百分比可以从 PDF 的大版文件，或者从 RIP 后拼大版所产生的 1 - bit Tiff 文件计算得到。

为了可以达到数据交换的目的，就必须写成通用的格式，最普遍的格式就是 CIP3 所制定的 PPF 文件格式，或 CIP4 的 JDF 文件格式。这些标准格式大都可以由 RIP 得到，而在使用接口方面上大都能接受 1 - bit Tiff 或 PDF 大版数据文件。

（2）预放墨数据的传输

有了预放墨数据并不能直接控制印刷机的墨键，PPF 档案中记录了每个墨区的网点面积率，但无法实现不同厂商的印刷机印出相同的效果。而从大版文件得到的 PPF 文件上的数据，给同型号的印刷机，其数据都是相对固定不变的。预放墨数据传到印刷机的控制机台后，必须经过印刷机作业系统的放墨曲线来调整，才可以保证墨键预调多少的间隙能得到我们需要的效果。

目前，国内外应用的比较多的连接 CIP3/4 的 PPF 或 JDF 文件到印刷机控制台的软件为瑞士 Digital Information Ltd. 公司开发的 InkZone 系列软件。InkZone 产品包括有 DI-plot、InkZone Box、InkZone Cand、InkZone Strip、InkZone Perfat。下面就以 InkZone 软件为例说明预放墨数据的传输。

DI – Plot 软件的设计是为了提升印刷业的生产力。它独特的转换和运算工具可以读取 1 – bit TIFF，8 bit TIFF，CIP3/4 格式的文件，可以转换成所需要的输出格式如 CIP4/JDF、PDF、TIFF 等。在这里 DI – Plot 读取 1 – bit Tiff 文件或 PPF 文件得到预放墨数据并以 . ink 格式存储。例如，有一印件 A 制好 CTP 版后，产生一份 A0. ppf，同时这个 A0. ppf 文件传到 DI – Flot软件中，DI – Plot 将 A0. ppf 先转换成 InkZone 的内部文件格式 A0. ink，再通过 InkZone PERFECTOR 软件转化成机器可以识别的格式，如果是海德堡印刷机则 InkZone PERFECTOR 将 A0. ink 转化成 A0. hei，如果是曼罗兰印刷机则转化成 A0. man，如果是小森印刷机则转化成 A0. kom，然后把这些相应的数据传到印刷机的墨控台，流程如图 9 – 7 所示。如果印刷过程中这些数据经过操作人员的调整，并达到可以接受的质量要求时，将这一组调整好的墨控数据（A1. hei 或 A1. man 或 A1. kom）储存回 InkZone PERFECTOR 的硬盘中，以备将来的线性化使用。

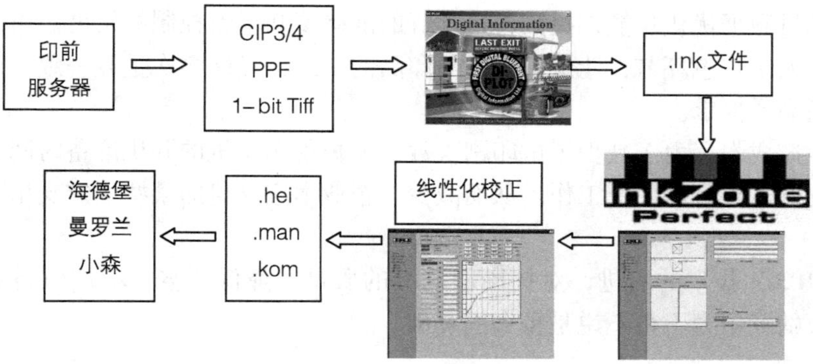

图 9 – 7　CIP3/4 预放墨流程图

然而，由于印刷机墨斗出墨量与标称刻度并非线性关系，而根据版面图文分布信息分析计算所得版面油墨数据是线性数据，以及由于使用年限较长、设备磨损较大的机器，墨斗墨键处于非标准状态，再加上所用的承印材料、油墨、版材的类型，环境的温湿度等的影响，这时对预放墨数据进行调整转化就变得非常有必要，使之与墨斗实际放墨量数据趋于一致。

3. 稳定控墨的方法

虽然，有了预放墨曲线的设定，但是由于印刷机本身墨路的结构、油墨的特性、版面图文分布状况、印刷机的速度等诸多因素的影响，刚达到理想的浓度值并不能一直维持到印刷结束。因此必须要借助各种方法才能做到稳定准确的控墨。

（1）主观目视法

此方法以人眼主观观测的方式，但不一定快速。因为人眼是最敏感，但也最容易疲劳的，而且要同时照顾到四个色版上的墨键，虽然不是每个墨键都需要调整，但工作量也是相当大的，并且每一位印刷机长的判断以及经验也不尽相同，常常造成品质上的不稳定。

（2）仪器测量法

这种方法通常是印刷操作者将印出来的印刷品拿到看样台上，采用密度计或分光光度仪扫描彩色导表上的每一墨区色块，得知哪个色版、哪一墨键需要做加减墨，然后将此信息传到墨键上的步进电机调整放墨量。现在也有设备制造商开发出扫描整张印刷品色彩值的监控仪器，而不是扫描单一的彩色导表。如图 9－8 所示为海德堡的 CPC 系统。

CIP3/4 油墨预置技术现在愈来愈多地应用于生产中，从而可以减少纸张、油墨的使用量，大大的降低生产成本，提高企业的竞争力。而且使用印前文件的油墨预置系统具有很高的精确性。精确度的提高，也就意味着无须进行多次试印刷就可以达到样稿的颜色效果，自然也就减少了很多次试印刷中所用的纸张与油墨，主要表现如下。

图 9－8　海德堡全张墨控扫描仪

①缩短开机准备时间，提高印刷机的效率。一台进口四色印刷机能在 10 分钟内完成印版的单面四色套准及校色，缩短了传统的上版及校色时间，适应于短版活的时间要求。

②具备墨量数据优化功能，提高墨量预置的准确度和墨量控制的精度。由于引入数据工艺流程取代了人工校色环节，能保证印样与印品的一致，且能多次重复一致，能适应当前客户对颜色的高品质要求。

③降低生产成本。由于减少了试印刷次数，缩短了印刷机的开机准备时间，也就意味着有更多的时间用于正常的生产工作。从而减少了企业本应支付的某些固定支出，大大的降低了生产成本。

因此，CIP3/4 技术的引进，对提高印刷品的质量、降低成本、增加效益、拓展新的市场、提高企业的竞争力不得不说是重大的突破。

第三节　JDF 数字化工作流程

JDF（Job Definition Format）即活件描述格式，是一种用 XML 编码（可扩展标志语言）的用于活件的描述及交换的格式，JDF 联盟由原 CIP3 联盟成员的四家公司所另行组成，这四家公司为 Adobe、Agfa、Heidelberg 和 MAN Roland，联盟成立于 1999 年初，致力于把管理信息和生产内容与软硬设备相结合，并考虑 CIP3 所寻求的垂直整合和水平整合，并尝试与互联网相结合。

如图 9－9 所示是基于 XML 进行数据交换的体系结构，JDF 是一种数据交换格式的说明而不是一个应用程序或一个系统。也就是可把印刷任务当成一个要经过许多生产过程的活件，而 JDF 提供按生产过程去描述这种活件的一种格式。这种格式能使使用者明确地指明每一工序过程中所必要的控制，指导生产装置去执行生产过程，并能用于前期业务管理与后期生产执行之间相互交换。JDF 具有可扩展性并建立在 CIP3（International Cooperation for the Integration of Prepress，Press and Post press）的 PPF（印刷生产格式）和 Adobe 的 PDF（可携带标签格式）所描述的结构之上；JDF 是在产品结点、加工过程结点以及生产资源的综合上建模的，描述与活件信息格式 JMF（Job Messaging Format）的信息一起来定义 JDF 的结构。

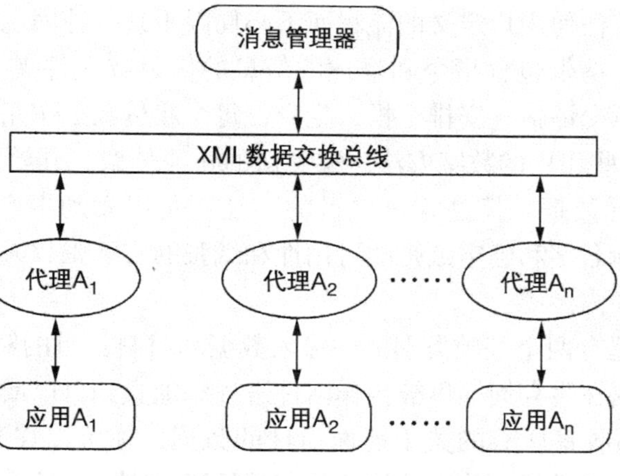

图 9－9　基于 XML 进行数据交换的体系结构

JDF 文件除包含 PPF 文件中所含有的信息以外，还加入了系统管理方面的信息（MIS），以保证印前、印刷、印后做到数字流程的一体化，也使整个印厂工作管理更加科学化。

JDF 有三个显著优势：

①它对任何印刷活件的印前、印刷与印后方面格式予以标准化；

②它为生产加工服务与管理信息服务系统（MIS）两者之间架起了桥梁；

③不论任何活件在何种场地结构或何种生产手段的情况下完成，它均能实现以上两种功能。

一、JDF 的功能

JDF 既作为一种格式也是一种标准，可实现如下功能，如图 9－10 所示。

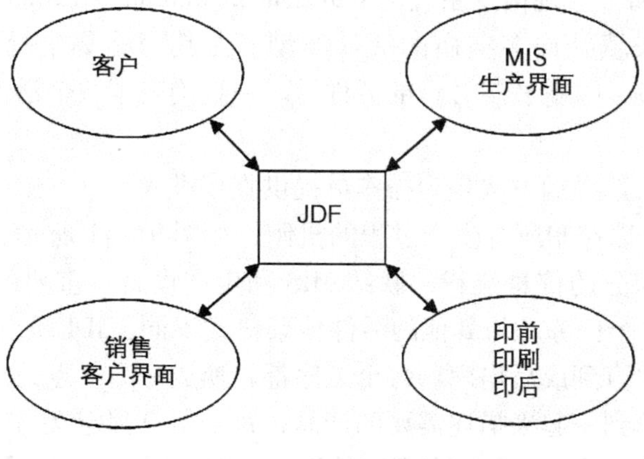

图 9－10　JDF 的功能示意图

①它涵盖从起始到完成的印刷全过程，对印刷活件的印前、印刷、印后以及传输各阶段格式予以统一标准化。

②它在生产加工服务与管理信息服务（MIS）两者之间架起了桥梁。这种功能使得印刷领域活件和设备的适时跟踪，以及预先和事后的计算成为可能。

③通过定义与产品要求相关的和不相关的两种工作流程，来建立一个沟通用户对产品的

要求信息和生产流程信息之间联系的桥梁。

④可以定义和跟踪任何用户定义的流程而不必局限于某一种固定的流程模式。

作业传票相当于是携带包含指令和描述的信息的信封或文件夹。它贯穿于销售中的购买、客户信息和加工意向评估、安排、投入生产，每个雇员在工作完成后签字，实现传票传送。JDF 提供了实现这些作用的数字方法。像类似的作业传票，开始于客户提供的或者是从销售采集来的活件的元数据。仅是客户“目的”还不足以发动生产过程，但也是必要的。客户可能指定一个商标名字和确定纸张的可用性和纸张的实际张数或卷筒纸卷数来完成印刷任务，包括废纸数量在内。

同样地，在 JDF 里有两个基础类别活件输入数据和材料：目的和处理（process）。客户目的保持，但处理数据在生存周期里被当作活件进程添加直到可以或正被处理。因此，利用 JDF 并不意味着你必须收集所有的关于前面活件的数据，你可以在某个活件生存周期里向 JDF 实例添加数据（比如说某一独立的作业传票或 JDF 文档），且不必都添入。JDF 的后台构想一部分是保持活件元数据在其入口点来排除重键入和它的内在传达错误、冗余、混淆等问题。一些可能的 JDF 元数据资源包括：

①客户文件和元数据。客户自身的文件可能是元数据的自动提取、摘录的资源。它们也可能正用 JDF 激活工具传输 JDF 数据。

②JDF 激活的预检软件。几种最突出的预检软件公司正在添加能提供从预检函数剥来的 JDF 数据的能力。

③客户通过网站或者公司电子商务系统登录。或许客户已经有自己的 JDF 数据，但是根本不需要了解这些数据。

④默认和预设设备。几种产品规范可能被确立为系统默认值。比如说你可根据人们经常使用参数默认的书订方式。

⑤活件“特征”和“管理信息系统（Management Information System，MIS）”默认设置。你可能已预定义了用来填补许多空白的活件类型，尤其当你集中处理具有类似属性（如 Pringting Paperback Books 印刷平装书）的活件时。一旦确定了一个活件，就可以集中确定所有活件的独有的属性。

⑥直接入口。最后选择的方法是为操作员提供直接进入。

JDF 提供了一个可以控制所有生产过程的机制，如图 9 - 11 所示，JDF 的任务是活件处理从开始到结束每个部分的信息流程、联结 MIS 和生产设备，重要的是，不管使用什么工具，JDF 都能执行这两个任务。与其他的活件传票格式不同，JDF 允许描述完成生产所需的所有过程，从活件接单直到成品出库。每个工序都转换成一个节点，整个工作描述成一个节点树，所有的节点汇总到一起来描述需要的产品，每个节点都定义为输入和输出。

JDF 是整合所有半自动业务和生产程序的开放标准，用于实现不同系统和应用之间流畅的信息交换，并且试图将实现整个印刷与出版行业（包括按需印刷公司和电子商务公司）的一体化，JDF 的优势在于能为印刷工作流（从客户订货到生产出成品）中的各部分提供一个桥梁。它还能实现 MIS 和生成服务部门之间畅通的信息交流，及客户意见和生产状况及时有效的沟通。

JDF 将整个工作描述成操作的等级网络，节点间通过消耗输入和产品输出连接起来，每个

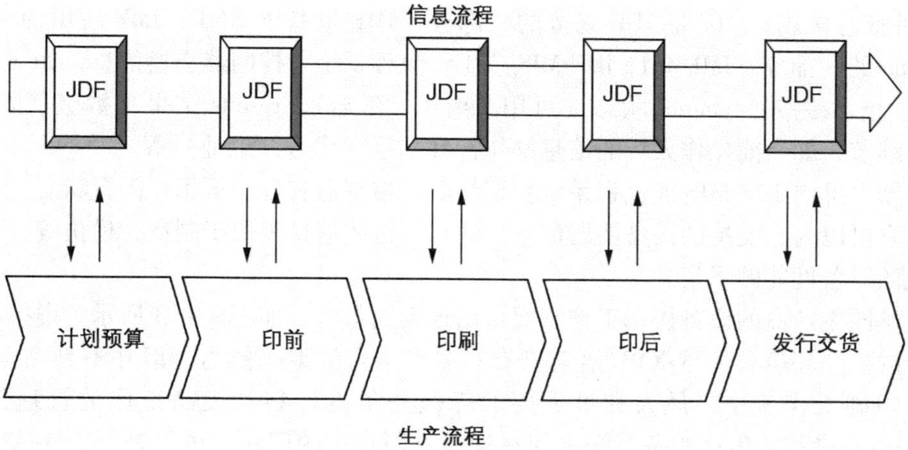

图 9－11　JDF 的信息流程和生产流程图

节点的输出内容按顺序又将成为进一步处理的输入内容，最后的结果就是所有输出的合成物进而得到所要成品。JDF 将单独的动作嵌入宏观流程中，使之成为整个系统结构的一部分。

JDF 可以用来处理任意大小的业务，小到几个活件，大到几十个活件。JDF 可以降低用于实现不同提供商系统间交流的配置费用。同时它还能帮助完成印刷活件的每个方面，从制造到运输。JDF 活件由一系列指定生产步骤的节点组成，节点之间通过输入、输出连接起来，且被安排在分等级的树结构中，节点描述最终产品和生产的不同部分，如图 9－12 中的封面和插页。包含在节点中的树枝信息变得更加详细准确，每个子节点都定义了生产的一个组成部分，并有一系列特性，比如不同的媒体，不同的物理尺寸，或不同的颜色要求，树中层的节点代表生产产品各部分所需要的一组操作。每个接近树枝末梢的节点代表单独的操作。示例中的子节点封面和插页都具有截然不同的需求。所以，两个节点需要在广泛意义上更好地描述活件要素，而在内页上又有黑白页面和彩色页面之分，这就需要不同的操作方法，进一步的分支是必需的。

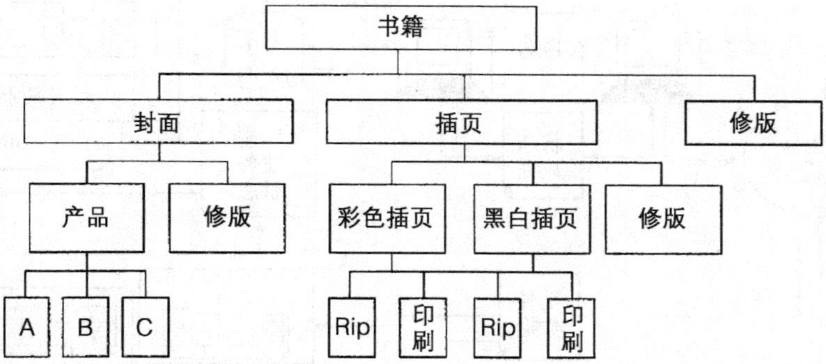

图 9－12　树结构节点细分图

JDF 还提供质量控制（QC）数据，并记录各进程信息，如开始时间、操作员/轮换、出错/作废，结束时间等。自从记录和质量控制数据由设备以电子方式直接提供，被用作检查实际消耗和预估消耗差别、工作流程的瓶颈、内部处理冗余的自动调整，再加上可用来改善管理生产的全局观，以助更好完善计划、优化资源分配、给客户提供更好的工作信息。

JMF 是用来在 JDF 代理和控制器之间发送和接收消息的语言，全称“Job Messaging Format”活件信息格式。JMF 是 JDF 规范的一部分。JMF 也基于 XML，JMF 所用的 schema 是 JDF schema 的一部分。JMF 允许 JDF MIS 或工作流程系统与控制器交换信息，如 events 事件（开始、停止、差错）；statues 状态（可用、离线、延迟）；results 结果（数量、废弃），以及其他的细节，如当前操作人员的信息操作符（名字、代号、地址）等。

控制器也可向 JDF MIS 或流程系统登记注册：控制器有处于可用、闲置状态，或监视多个设备。它可以为它支持的设备注册信息。注意：这些信息类似于制造、模仿等，而不是像前面所说的设备性能的子集。

要使不同生产商的设备协调工作需要付出很大的努力，如图 9－13 所示为虚拟印刷生产设备整合的生产环境。虽然 XML 语言具有对多种语言的编码能力，但并不是完全可用的。而且，在印刷工作流中，最大和最重要的障碍是负责计划和控制工作的管理信息系统（MIS）和负责操作的生产服务系统之间在沟通方面存在的问题。也就是说，在这两个方面之间，没有一个自动、协调、有效的双向沟通办法。所有列举计划、安排、处理结果、工作状况和工作跟踪的数据必须从生产部门传递到 MIS，MIS 才可以处理信息提供指示。MIS 或流程系统可用 JMF 来指示车间底层设备，也可改变在活件等待队列的顺序。JMF 既可以是单向的（MIS 发出指令，控制器不回应），也可以是双向的。JMF 可以被控制器用来与其他的控制器交换信息。这是支持前面所讲的工序组合、流水线组合的一个重要特征。

JDF 为自动生产系统提供了控制及跟踪活件的机制，同时为 MIS 和生产之间提供信息传递服务，在活件执行过程中，每个处理过程的结果都存储起来以便更好地跟踪。体系机构定义了一系列标准信息、信息格式和设备执行协议，另外还提供了信息量的范围，最小接受量为零信息，在没有信息选择时，控制器必须检查 JDF 来确定处理的结果，独立于信息容量之外，JDF 包括各个处理过程的不同审核记录，它提供了处理计划和实际结果的细节。多数设备将选择支持不同级别的信息容量。

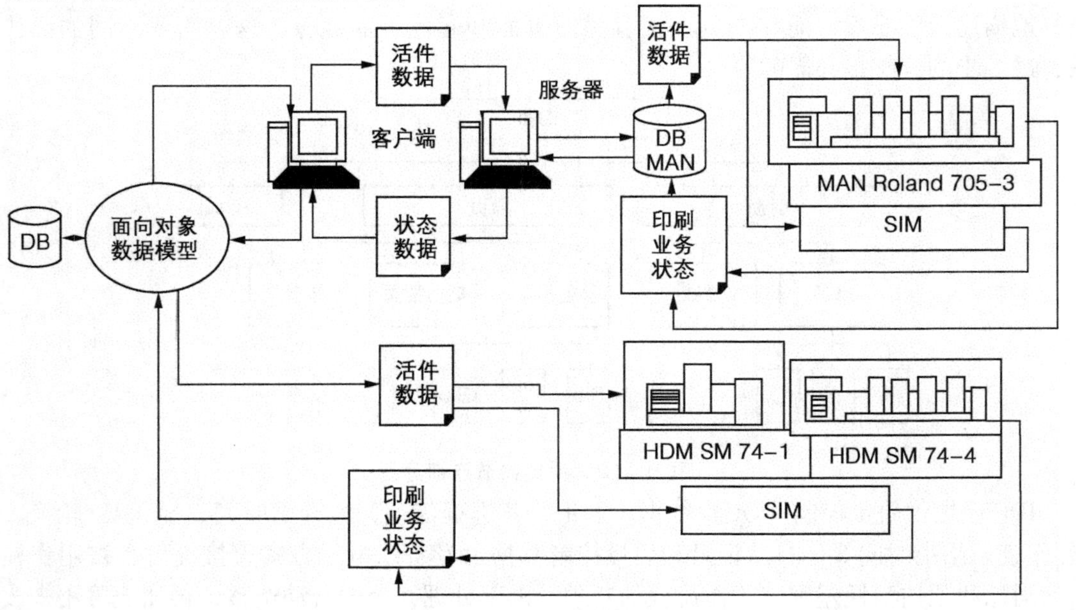

图 9－13　虚拟印刷生产设备整合的生产环境

JDF 定义了一个消息体系结构，其中包括消息格式、语义和通信协议，JDF 驱动器用这个体系结构来与控制生产设备的系统交流信息。系统提供商也在选择消息机制时有了更大的灵活性。JDF 为 MIS 一体化提供了良机。

二、JDF 解决的问题

CIP3 与 JDF 合并后希望达到以下一些新目标。

1. 制程（Procsses）信息的导入

在 JDF 出现以前，CIP3 PPF 格式着重实现在印前、印刷、印后加工三者之间的信息分享与无障碍的信息传递，但在生产流程上还有待改进，例如生产计划的工作排程，以往大约都需要有经验的人员依据客户交货期、工厂生产状况与物料库存作综合研究后确定生产计划，这部分若也能自动化进行则更完美，CIP4 中的 JDF 便尝试解决这部分的问题。

2. 管理信息、接管及查询回馈的导入

除了制程信息，管理信息也是重要的一环，例如客户的基本数据、印件需求、公司的生产成本、原材料成本、库存、估价系统、财务系统甚至是 MIS 可否与生产制程相结合以实现“印刷全厂信息化”和全印刷流程之计算机整合制造（CIM）。如此则全厂自估价、接稿、排程、原材料进货、制作、追踪、查询、品管至发货、开票、收款，实现全流程自动化。

3. 互联网、无线通信与远距遥控的导入

通过互联网及时且地域限制的特性，可以远程掌握甚至控制所有的系统，加入电子商务的需求，用户可以通过网页上对话框形式实现订货和报价请求。

第四节　PDF 文件格式

目前，已有多种数字化工作流程方案推出。其中，主要有 PostScript 工作流程、专用工作流程、位图工作流程和 PDF 工作流程等。而在这些工作流程中，基于 PDF 的工作流程是主流工作流程。在 PDF 工作流程中 PostScript 数据或其他数据格式被转换成 PDF 格式。PDF 避免了 PostScript 页面描述语言的不可预测性，来自于任何应用软件、任何平台的 PostScript 文件都被转换成 PDF 格式，其单一性保证了生产的可靠性。同时 PDF 与设备无关，具有相当高的数据压缩能力，保证数据格式的灵活、紧凑。

PDF 即便携式文件格式（Portable Document Format），顾名思义，它是一种用来描述文件的数据格式。不仅 PDF 格式的开发者 Adobe 公司，推出了生成、编辑、阅读 PDF 文件的软件，而且由于 PDF 格式具有开放性，其他许多公司开发了应用 PDF 的软件。在印前领域，PDF 越来越多地被用于软件之间的数据转换。

PDF 格式可用于生成电子文件，帮助用户接近“无”纸办公；由于越来越多的软件支持 PDF 文件，广告界一般都使用 PDF 文件来交换数据；另外，PDF 文件可做出电子表格存储在一个数据库中以供填写。

随着印前技术的发展，特别是大幅面 CTP 系统的出现，要求印前系统处理的数据量也越来越大，过程越来越复杂，工作中也就越来越容易发生错误。因此，印刷行业希望有一种数字化的方式来替代胶片，既能减少成本也能减少错误的出现。PDF 数据格式就是解决此问题的理想方案，它可以由多种软件来产生，并且是跨平台的，它包含了页面中所有必需的数据。PDF 使我们可以直接用 Quark XPress 编排文章，并转化成一种文档格式。这种文档格式可以上送到 PEI Web 网站、制成 CD－ROM 或者给印刷商输出，这就省去了传统胶印所需的印前步骤。在任何时候，用户可准确地看到同一编排格式的文章，文章的字体、图像、版面和颜色都与最终在杂志上的文章完全一致。

PDF 在十多年的发展中，经历了从 PDF1.0 到 PDF/X 版本多个发展阶段，因为 PDF1.3 和 PDF1.4 版本才支持 ICC 色彩管理，故在此节中探讨 Acrobat 5.0 版本的色彩处理问题。

PDF 已经成为现代出版、印刷的标准文件格式，在出版社与印刷厂之间传递的是 PDF 文件。在印刷总厂和印刷分厂之间，传递的是数字胶片文件。所谓的数字胶片，实际就是 1－bit TIFF 文件。这个文件的内容就是网点信息，所起的作用相当于传统胶片，所以称为数字胶片。

一、PDF 文件的特点

PDF 的许多优点，例如跨平台、与设备无关、可压缩数据、设备齐全、独立的流线型检查和标记、通过机制、便携工作标签格式、最后可编辑性能以及完全的数据工作流程等，使得基于 PDF 的工作流程被运用到高端印前生产流程中。

PDF 文件是 7 个字节的 ASCH 文件，文件中每行最多可包含 255 个字符。若文本不被压缩，它可以在 Word 中打开。

1. 文件结构

PDF 文件结构可分为四个部分：

（1）标头，包含 PDF 文件版本信息；

（2）主体，描述所有页面中的各个元素；

（3）相互参照表，在主体中查找所有页面中的各个元素；

（4）标尾，告诉软件或 RIP，去哪儿寻找相互参照表，以“%%EOF”结束，如果没有标尾，PDF 文件就不能被任何软件或 RIP 处理。如果在 PostScript 文件中，丢掉了一些程序行（可能是传送文件断线或计算机突然断电），仍可打印出大多数页面；而对于 PDF 文件，则会丢掉所有信息。

2. 修改数据

如果向一个 PDF 文件中添加数据（比如用户在 Exchange 中编辑了文字，又保存了一次），则在文件末尾，又会加上另外一套主体部分、相互对照表及标尾。

3. PDF 文件中的字体

在 PDF 文件中，可使用 PostScript（Type1 和 Type3）及 TrueType 字体，如果将字体与 PDF 文件保存在一起，可得到满意的打印效果。若 PDF 文件找不到相应的某种字体，Acrobat Reader 或 Exchange 则会用其自带的 Multiple Master 字体进行替代，造成打印效果与原来文件不一样。Acrobat 所用的 Multiple Master 字体有：Adobe SeritMM 和 Adobe SansMM。

对于 PDF 文件使用的字体类型，Acrobat Reader 和 Exchange 在文件信息下都提供“字体信息”。但这个选项并不能列出文件中所用的所有字体，仅显示当前页面所用的字体。若想了解文本中所用的全部字体，则需要一个 Enfocus Pit Stop 插件。

（1）内置字体

Acrobat Distiller 要有一个选项，可自动为其所处理的 PostScript 文件寻找丢失的字体。在字体文件夹，用户可以添加 PostScript 文件中所用的字体。Distiller 仅需打印用的字体，不需显示用的字体。

（2）字体子集

在一个文件中，只包含一种字体的一些字符，这就是字体子集技术。使用 Distiller 中 “Subsetfont below × ×%”（字体子集在 × ×% 以下）参数，可以决定字体子集中包含多少字符，这样便能减小 PDF 文件大小，便于网络下载。同时，RIP 也可使用字体子集，以避免字符因字体不同而出错。但若在 Exchange 中编辑文字，且字体子集中没有所需的字符，则不能输入，另外，合并两个包含同一种字体不同子集的文件时，会丢掉一些字符。

4. PDF 文件中的文本

PDF 文件中的文本可以被压缩，文本的压缩算法为 LZW。若文本已被压缩，则不能在 Word 等软件中被阅读。

在 PDF 文件中，文本以逐行方式来保存。若用 Acrobat Exchange 对一行文本做些小修改，文本不会“流入”到下一行中。在一个两栏的版面中，可以跨栏选择同一行文本，若将之拷贝并粘贴到一个文件中，则一栏中的文本会置于另一栏文本之后。

5. PDF 文件中的图片

（1）多色调图片。双色、三色等图片，不能被置入 PDF1.2 文件中（即用 Acrobat 3.0 生成）。但 PDF1.3 提供了一种新的色彩空间，即 Device N 来处理这类多色调图片。

（2）RGB 图片。这种图片包含有 160 万种颜色，可被置入 PDF 文件中。

（3）索引色图片。这种图片包含有 256 种颜色，也可被置入 PDF 文件中。

（4）CMYK 图片。PDF 文件支持印前设计软件中的所有 CMYK 图片。

大多数情况下，图片都被压缩，并在图片中使用 OPI 技术，有时即使工作流程中没有使用 OPI 技术，PDF 文件也可为图片提供 OPI。这并不是 PDF 文件格式的功能，而是一些软件（如 Quark Xpress、PageMaker）处理图片的结果。

当用 Pit Stop 工具在 PDF 文件中检查元素时，有时可看到图片以 Fores Xobjeets 形式置入，在 PDF 内部来讲，Fores Xobjects 等价于 EPS 文件格式，是一个包含文本、矢量图、位图图像的合成体；也可以在一个 Fores Xobjects 内含有另一个 Fores Xobjects。只要使用 OPI 技术，Distiller 就会使用 Foms Xobjects。如果不想使用 OPI，则可在 Distiller 中关掉“Preserve OPI”选项，一般应尽量减少 Fores Xobjects，因为有些 PDF 插件不能处理它。

6. PDF 格式中的压缩

PDF 文件大小比同样内容的 PostScript 文件小很多。这是由于数据结构不一样，但主要是因为压缩算法不同。LZW 压缩算法可以将 PDF 文件压缩至同样内容的 PostScript 文件一半大小。PDF 文件中所用到的压缩算法包括：JPEG 压缩、ZIP 压缩、CCITT 压缩、RLE 压缩和 Flate 压缩。要检查 PDF 文件中使用何种压缩算法，可使用一个能处理双字节数据的文本编辑器，打开 PDF 文件，找到“/Filter”关键字，在其下面就可得知其所用的压缩算法。

（1）JPEG 压缩

JPEG 压缩主要用于彩色和灰度图片，是一种既可有损又可无损的压缩算法。在 Acrobat 中，仅能使用有损 JPEG 压缩，也就是说当压缩图片时，图片会损失一些数据。压缩比越大，损失数据越多。注意：不要再压缩已用 JPEG 压缩过的图片，这样会导致数据进一步损失。如果用 Distiller 来生成 PDF 文件，则 Distiller 会先把原文件压缩，然后再依据设置进行压缩，但这也会带来一些数据损失。

Quite 软件公司的软件支持功能更强大的 JPEG 压缩算法，可重新压缩 PDF 文件。

（2）ZIP 压缩

ZIP 压缩在 PC 程序中很流行。选用 ZIP 压缩，并不意味着 Acrobat 会生成一个 ZIP 打包文件，它只是使用这种算法来压缩彩色或灰度图片。ZIP 压缩是对 LZW 压缩的改进。它扫描一个图片文件，在其中找到数据模式，并用一个记号来表示全部。例如，只用一个记号来代替文件中所有的单词“the”，这样，每次就可节省 2 个字节。

ZIP 压缩是一种无损压缩。它分为 4 字节和 8 字节 ZIP 压缩。4 字节 ZIP 压缩指将每通道中 256 种颜色改变为每通道中 16 种颜色，其压缩比大，同时图片质量也受一些影响，应尽量避免使用。而 8 字节 ZIP 压缩则是完全无损压缩。

（3）CCITT 压缩

CCITT 压缩用于黑白线条稿，传真设备中使用的也是这种压缩算法。Acrobat 有 CCITT-group 3 或 guoup 4 两种压缩，其中 group 4 广受欢迎，可时刻将之设为“Oil”。

（4）RLE 压缩

RLE 即 Run Length Encoding，是一种无损压缩。它也是最简单的算法之一，但却没有 CCITT 受欢迎。

（5）Flate 压缩

Flare（有时也称 Deflate）是相当复杂的压缩算法。

7. PDF 格式中的渐变

渐变是指从一种颜色到另一种颜色的过渡。许多软件和许多方法都可以生成这种渐变。

在 PostScript 和 Acrobat4 推出前，PDF 文件中有渐变就是 PostScript 文件的编码。大多数软件中生成的渐变，在 PostScript 文件中被编码为多个物体（直接、图形渐变中的矩形或椭圆），逐渐改变位置或大小，并且颜色有些轻微变化。

现在，Adobe 公司又推出了“平滑过渡”（smooth shading）和“习语识别”（idiom recognition）两项技术。“平滑过渡”技术是 Adobe 公司用于 PostScript 3 和 PDF 1. 3 描述渐变特别有效的方法，在低分辨率显示及高加网线输出时都会得到完美的渐变。而“习语识别”是指用该算法扫描 PostScript 文件，如果找到在软件如 Quark XPress、FreeHand、Illustrator 中所做的渐变，它就会用高级的 PostScript 3 中的“平滑过渡”来替代。

Adobe 公司在其 Acrobat 4 Distiller 中使用了“习语识别”算法。Acrobat 5 也使用“习语识别”算法，可在 Acrobat Distiller 的“Job options”菜单的“advanced”选项中，关掉或打开此选项。

二、PDF 文件的生成

可以用多种软件来生成 PDF 文件。

1. Acrobat Distiller

Acrobat Distiller 是一个将 PostScript 文件转换为 PDF 文件的软件。它像一个 RIP，但不是将位图信息输出到照排机，而是将 PDF 文件写入磁盘中。它是 Adobe Acrobat 软件包中的一部分，可应用于 Mac、PC 及 Unix 系统上，如图 9-14 所示。

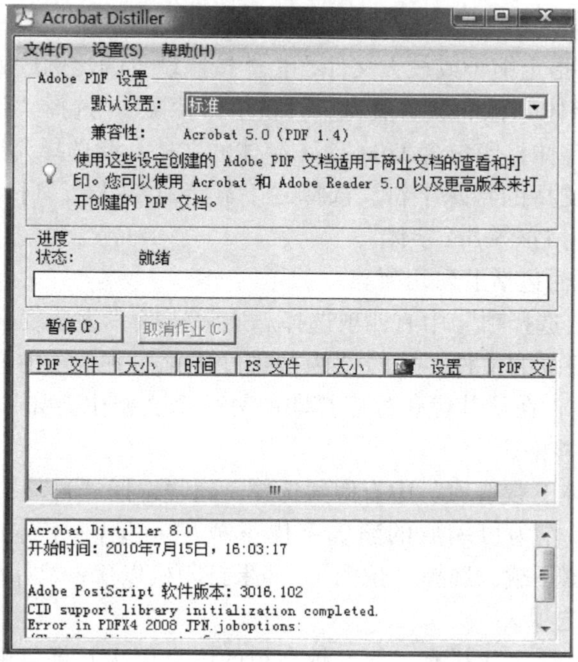

图 9-14　Acrobat Distiller 生成 PDF 文件

Acrobat 可拥有许多插件，用来提高功能，Acrobat Distiller 也是如此。如 Prinergy Distiller 插件可提高专色处理的能力，同时，还具有来自 QuarkXpress 或 PageMaker 的 PostScript 文件的出血设置。Distiller 仅可输入 PostScript 文件，如需生成印刷所用的 PDF 文件，就要将文件先打印成 PostScript 文件并用 Distiller 将 PS 文件转换成 PDF 文件。

(1) 打开 Acrobat Distiller 打印机首选项。选择“高级”栏，根据需要进行各项设置。

(2) 选择“PostScript 自定义页面大小”选项。首先根据版面要求输入印版宽度、高度，注意单位选择。然后确定“送纸方向”，默认为“先是长边”，此外还有“先是短边”、“先是长边（翻转）”、“先是短边（翻转）”，而纸张类型只有默认值“卷筒进纸”。再次选择“相对于送纸方向的偏移量”批定文件页面起始打印位置。注意“垂直方向”距离是指相对于垂直送纸方向打印边缘开始计算的偏移量，而“平行方向”则表示距离打印平等边间距大小。

(3)“打印份数”默认为 1 份，最高可以设置到 9999 份。

(4)“图形”中“打印质量”，默认打印质量为 1200dpi；如果输出给 RIP，则设置为 2400dpi；如果输出给网络，设置为 72dpi；最高可以设置为 4000dpi。

(5)“图像颜色管理”中“ICM 方法”默认值为“已停用 ICM”。如果颜色匹配处理在主机上进行，选择“主机系统处理的 ICM”；如果颜色匹配处理在打印机上进行，选择“打印机处理的 ICM”；如果一组颜色已下载到打印机，希望进行颜色匹配处理，选择“打印机使用打印机校准处理的 ICM”。“ICM 含义”默认为“照片”，可以根据需要调整，通常按照“照片”设置。如果打印图表颜色很鲜艳，选用“图形”；如果颜色混合在一起的图形或照片，选择“照片”达到最大化对比度；如果要在文档中使用完全匹配的颜色，并送带有这种颜色墨水的打印机，选择“校样”；如果希望预览另一台打印机的颜色设置，选用“匹配”。

(6) “图像缩放”指定缩小或放大文件，整体按照设置的比例放大或缩小。

(7) “True Type 字体”栏的默认值为“设备字体替换”。选择“设备字体替换”表示已使用等价的 PostScript 字体打印包含 True Type 字体的文档。此选择允许快速打印，但会丢失一些 PostScript 字体不支持的特殊字符。选择“下载为软字体”，则表示已下载用于打印的 True Type 字体，不使用 PostScript 字体。

(8) “文档选项”栏包括下列几项。

① “PostScript 输出选择项”中有四项选择。通常选择“为速度优化”项。如果要创建符合 Adobe 文档编写规范的文件，选择“为携带性优化”项。“内嵌的 PostScript (EPS)”表示该文件作为图像包含在从其优化程序打印的另一个文档中。如果创建以后使用的 PostScript 文件，选择“存档格式”。

② “True Type 字体下载选项”中有四项选择。通常选择“自动”使 PostScript 自动选择哪种格式最优。如果要作为可缩放的轮廓字体下载 True Type 字体，选择“轮廓”。如果 True Type 字体作为位图下载，选择“位图”。如果打印机以 True Type Rasterizer 打印机，选择“原始 True Type”选项。

③ “PostScript 语言层次”栏有三层。越高级的语言层次其提供的功能越多，一般选择 2 或 3。但必须与打印机兼容。

④如果希望打印机打印作业出现错误时打印错误页，选择“发送 PostScript 错误处理程序”中的“是”，否则选“否”。

⑤ “镜像输出”。指是否按水平坐标翻转打印文档的镜像。

(9) “Adobe PDF 设置”。“一般转换设置”项中通常选择默认设定“CJKScreen”；产生通过屏幕阅读的 PDF 文件时，选用“Ebook”，此选择所有色域转化为 sRGB，文件较小；产生作为高品质文件输送给印版的 PDF 文件时，选用“Press”，此选择保持正确打印所需信息；产生发送到打印机、数字复印机、光盘或出版客户校对的 PDF 文件时，选择“Print”；产生用于网络显示或发送电子邮件用 PDF 文件，选用“Screen”。

2. Adobe Extreme

Extreme 是 Adobe 公司出售的一项技术，可帮助印刷设备生产商开发基于 PDF 格式的数字化工作流程。已有许多公司采用 Adobe Extreme 技术，最出色的是 Agfa Apogee 和 Creo Scitex/Heidelberg Prinergy，Creo Scitex Brisque 和 Screen Trueflow。

所有这些数字化工作流程，不可以生成 PDF 文件，还具有许多印前系统功能，如 Agfa 公司推出的 Apogee Create 便是 Acrobat Distiller 的一个优化版本。

3. PDF Creator

这是由 5 - D Systems 公司推出的与 Acrobat Distiller 相当的软件。许多年前，它叫“NikNak”，但它不支持 PDF 1.3。

4. PDF Writer

PDF Writer 是 Adobe Acrobat 的打印驱动程序，它有 Mac 和 PC 两种版本。PDF Writer 在系统中显示为一个打印机图标。当用它要印文件时，并不是将文件输出到打印机上，而是将文件转换为 PDF 文件。

5. GhostScript

GhostScript 是 Alladin Systems 公司推出的免费 PostScript RIP。它可用于阅读或打印 PDF 文件，也可以输出一个 PDF 文件，现在有 Mac、PC 及 Unix 版本。

GhostScript 主要在教育及 Soho 领域用得较多，它并不适用于印前设计，其最大缺点是字体处理效果不够好，GhostScript PDE 文件中的字体没有 Acrobat PDF 文件中的字体漂亮。

6. PDF Printerdrivers

Print To PDF 是一款可在 Mac 机上生成 PDF 文件的共享软件，其功能不如 Acrobat 强大，不适用印前设计，但可生成简单的 PDF 文件。PC 机上相似的工具软件有 Win 2PDF 或 Free PDF。

7. 在线 PDF 生成器

网络上还提供一些在线生成 PDF 文件的服务，如 Adobe 公司的网站等。

8. PageMaker 软件中生成 PDF 文件

由于在 WIN2000 或 WINXP 系统中，PageMaker 转化为 PDF 不能用直接导出的方法，中文字会变乱码。而 WIN98 和 WINME 中则可以顺利导出到 PDF。

所以，常采用打印到 *. ps 文件，再转 PDF 文档的方法。打印 *. ps 时，要注意设置，不要下载字体，而是将字体下载到位图。在 Distiller 中打开 *. ps 文件，转换为 PDF，由于文字是作为位图下载的，所以不可以编辑。

9. InDesign CS 软件中生成 PDF 文件

点击菜单“File \ PDF Export Presets”，选择一项需要最终输出的文件，与 Distiller 中的类型选择项选择相似。

当确定某一选择后，弹出“Export PDF”窗口，输入需要的文件名后，点击保存。弹出 PDF 窗口，进行设置。

三、PDF 文件的阅读、编辑和输出

1. 阅读 PDF 文件

到 Adobe 网站下载 Acrobat Reader 软件，即可阅读 PDF 文件，它有三个版本：Windows、Macintosh 及 Linux。一些软件，如 CorelDraw、Maeromedia Freehand、Adobe Illustrator，也可打开输入 PDF 文件，故它们也可以阅读 PDF 文件。

值得注意的是：PDF 文件在屏幕上的显示与打印出来的效果，还是有些差异，“所见即所得”并未完全实现。主要问题在于：

（1）PDF 文件中的连续调图片，不能加网，故不能检查是否存在龟纹；

（2）Acrobat 3. 0 和 Acrobat 4. 0 都不能显示叠印，所以如果将一个黄色的文字置于一个青色背景上，虽然可以打印出绿色文字，但 PDF 文件仍显示为黄色文字；

(3) 如果在 PDF 文件中找不到字体，Acrobat 则会启动复杂算法来模拟这种字体，造成显示与打印的差异。

2. 编辑 PDF 文件

PDF 文件比 PostScript 文件更容易编辑，有许多软件，可修改 PDF 文件的内容。如：Acrobat、Acrobat Exchange、Acrobat 插件 Illustrator、Photoshop、Adobe Acrobat（以后叫 Acrobat Exchange）可用来阅读及编辑 PDF 文件，可以进行以下操作；删除页面，改变页序或进行旋转；从一个 PDF 文件中拖拉页面到另一个 PDF 文件中；改变页面大小（使之变小，不能变大）；在 PDF 文件中修改文字。

Acrobat 4 可以链接到 Photoshop 和 Illustrator 软件，故可在 PDF 文件中编辑位图和矢量图形。

Acrobat 插件可安装在 Exchange 中，以提高 PDF 文件中编辑文件的功能，较有名的是 Enfocus 公司的 Pit Stop 插件。

3. 输出 PDF 文件

Acrobat 可生成并编辑 PDF 文件，却不能将 PDF 文件正确地输出到照排机上，虽然 Adobe Acrobat 有一个打印选项，但它只是使用基本的 PostScript 驱动，而不能设置加网线数、加网角度、裁切线、叠印等。除非所用的 RIP 可提供以上所述各个设置，否则必须要将 PDF 文件从另外的软件中输出或者再去购买一个 Acrobat 插件。

输出 PDF 文件的 Acrobat 插件有：Lantananps 公司的 Cracker Jack 软件，它是历史最久、最流行的输出插件之一；Callas 公司的 PDF Output 软件，可通过 PostScript level 和 RIP 输出各分色片；Adobe 公司推出的 In Production 也是 PDF 输出插件。在将 PDF 文件输出到胶片或印版上时，可在屏幕上预览各分色片。

输出 PDF 文件需用什么样的 RIP 是一个很复杂的问题，取决于输出的 PDF 文件类型、软件等因素，下列是一些常用的原则：

①尽量不用 PostScript Level 1 RIP，除非 PDF 文件只是黑白文本文件；

②由于 PDF 文件包含压缩图片，故需一台可解压缩的 RIP，若是彩色的 PDF 文件，还须 RIP 进行分色，故须选用 Level 2 RIP；

③若输出的是由 Acrobat 4.0 生成的 PDF 1.3 版本的文件，且使用 Prinergy 或 Apogee 系统，则需选用 Level 3 RIP。

四、PDF 与色彩管理

我们要在 PDF 文件中运用色彩管理，必须先了解哪些 PDF 文档案的产生和转换是支持色彩管理的，产生 PDF 的方法有多种，包括：

①使用 PDF Writer 的简单工具；

②用不同的应用软件如 Photoshop、PagerMaker、FreeHand 及 Office 等直接产生；

③将原来的文件在打印过程中产生；

④将文件输出成 PostScript，再用 Acrobat Distiller 产生；

⑤使用一些专门软件如 PDF Creator 去产生；

⑥使用高阶输出的 RIP 去产生。

第 1 种方法不支持色彩管理，第 2 及第 3 种方法可有限度地支持色彩管理，第 4 ~ 6 种方法是比较完善有效的方案。

1. Acrobat Distiller 中的色彩设定

（1）先从菜单 Setting 中选 Job Options，见图 9 – 15。

（2）选取需要的 PDF 版本，如没有特别理由应选最新版本，如图 9 – 20 中选择 PDF1.4 版本。

图 9 – 15　设置

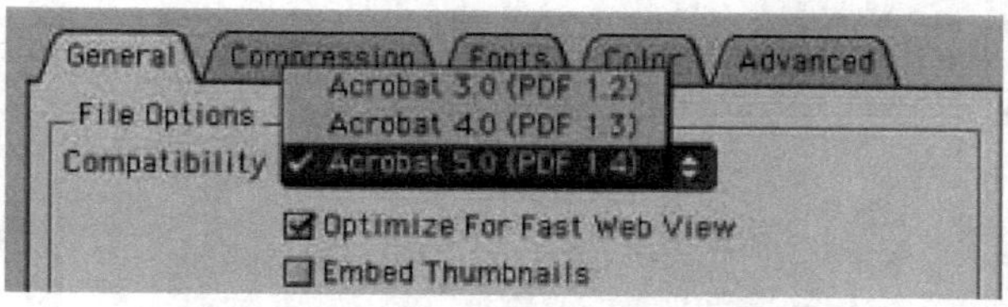

图 9 – 16　版本选择

（3）在 Color 菜单中的 Setting 中可选用不同的色彩管理模式，如想设定自己要求的色彩管理模式应选 None，如图 9 – 17 所示。

（4）在 Color Management Policies 的选项中共有四种，Leave Color Unchanged 是转换 PDF 档时，保留所有数值不变，如知道上一道工序中已设定好色彩管理模式，可选用此选项；Tag Everything for Color Mgmt（no conversion）是保留所有数值不变，但将 Working Spaces 中所选定的 ICC Profile 按需要内嵌于 PDF 文档内，方便下一个工序的工作人员知道档案来源的 ICC Profile；Tag Only Images for Color Mgmt（no conversion）与上一个选项功用相同，但只是影响点阵图像的部分，文字及外框图形则没有影响，如页面内的图像是 RGB 模式，而文字及外框图形是 CMYK 模式，又或者是想文字部分不要转换色彩，则可选用此选项；Convert All Colors to sRGB，如 PDF 文档将来用于网页或一般展示用途可选用此选项，因这个选项转换成的 PDF 文档较细，方便传送，如图 9 – 18 所示。

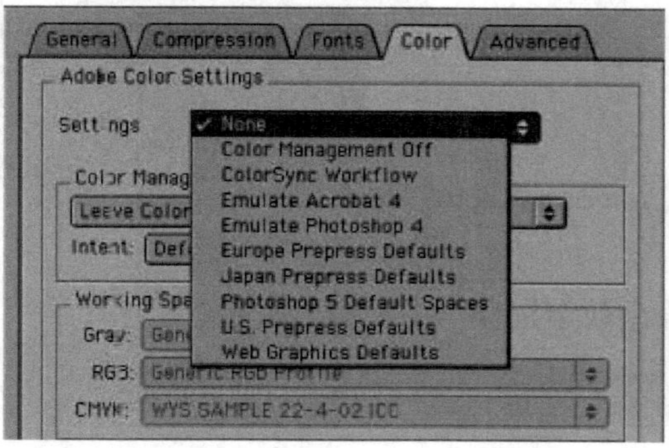

图 9 – 17　色彩管理模式选择

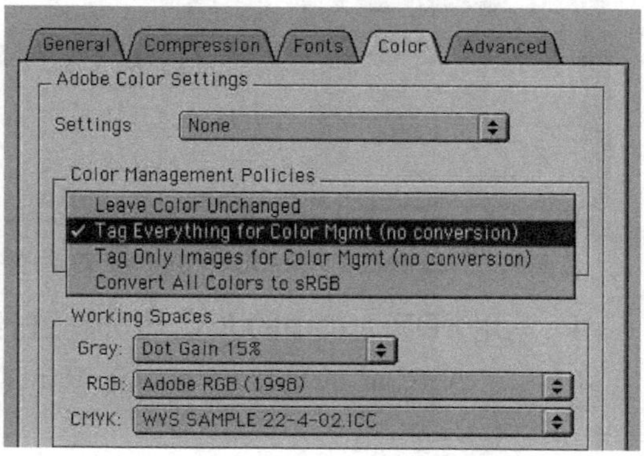

图 9 – 18　色彩管理廓线选择

（5）在 Intent 的选项中可选 Default，这样色域的转换方式会交由输出部分决定，如图 9 – 19所示。

2. PDF 文档中所含 ICC Profile 的检查

（1）用实心箭头工具选取页面其中的图像，然后按着 Command 及 Option 的按键再双击，这样便会直接启动 Photoshop 开启图像，从这个视窗的下方便可看到已内嵌的 ICC Profile，如图 9 – 20 所示。

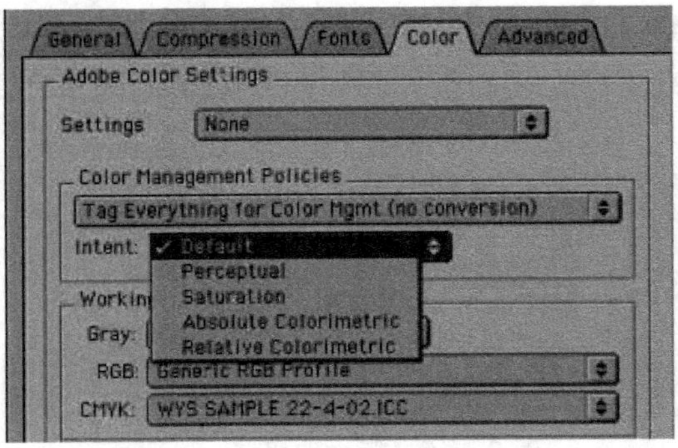

图 9 – 19　Intent 的选项

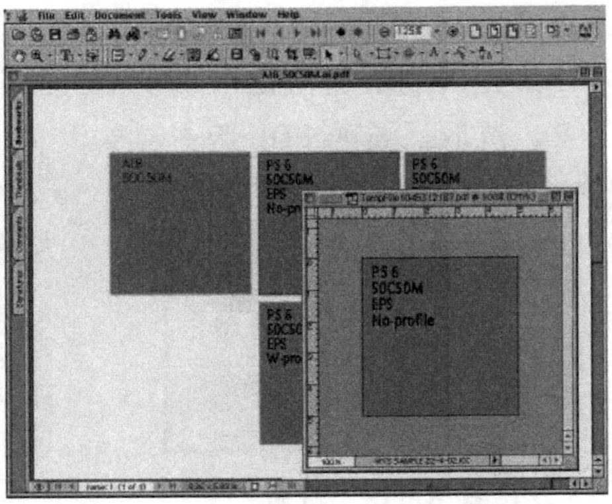

图 9 – 20　图像 ICC Profile 检查

（2）需要附加的 Plug – in 软件如 Enfocus PitStop，用空心箭头工具选取页面其中的图像，在 Enfocus PitStop Inspector 的视窗内便可看到已内嵌的 ICC Profile，如图 9 – 21 所示。

3. 运用 PDF 文档中的 ICC Profile 进行屏幕软打样

先从 Acrobat 的菜单 View 中选 Proof Setup→Custom，跟着选取适当的 ICC Profile，再从此菜单下启动 Proof Colors，这样便可看到准确的预览色彩，如图 9 – 22 所示。

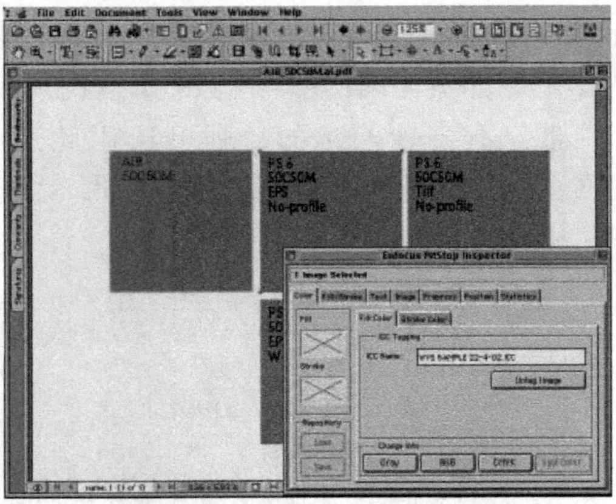

图 9 – 21　Enfocus PitStop Inspector 对话框

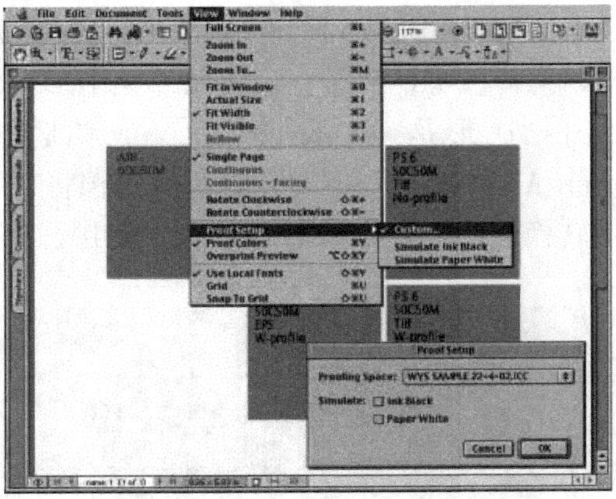

图 9 – 22　色彩预览

4. 运用 PDF 文档中的 ICC Profile 进行输出数字打样

（1）从 Acrobat 的菜单 File 中选 Print，接着在 General 下进入 Acrobat 5.0 的选项，如图 9 – 23所示。

（2）在 Acrobat 5.0 的菜单内选 Advanced，接着会见到如图 9 – 24 所示的视窗。

（3）在这选用 Print ICC Colors as Device colors 及 Apply Working Color Spaces，在 Color Profile 下选用数字打印的打印机 ICC Profile，跟着按 OK 回到上一个视窗，按 Print 键进行打印，如图 9 – 25 所示。

（4）完成后的结果，左面是原来的档案，用印刷的 ICC Profile 显示；右面是打印后的数据，用打印机的 ICC Profile 去显示，打印结果的颜色与左面的基本一致，如图 9 – 26 所示。

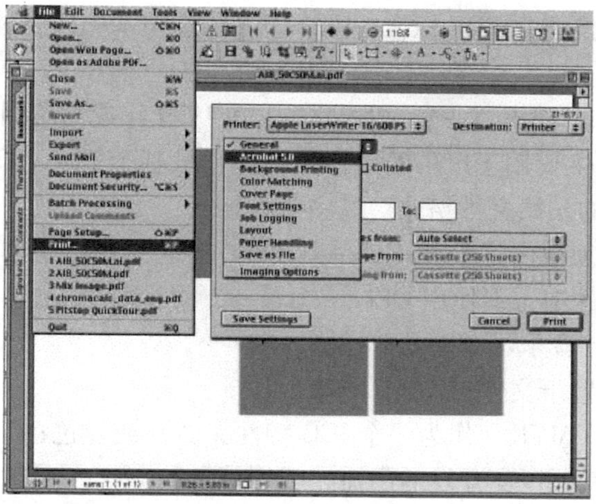

图 9－23　打样选择

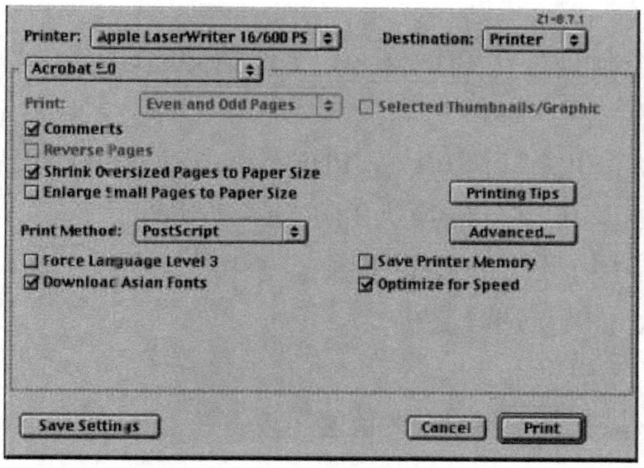

图 9－24　Advanced 选择

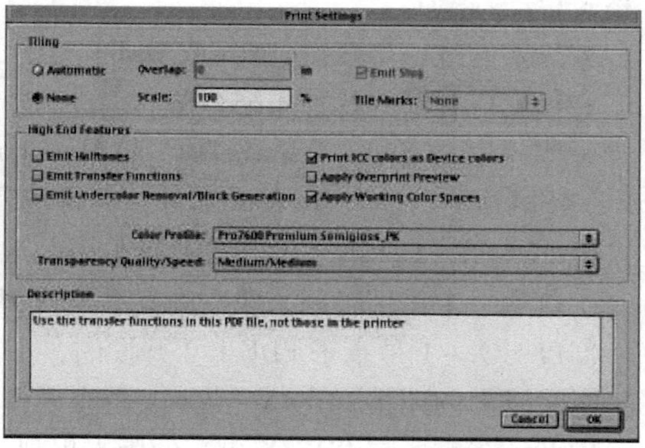

图 9－25　打印设置

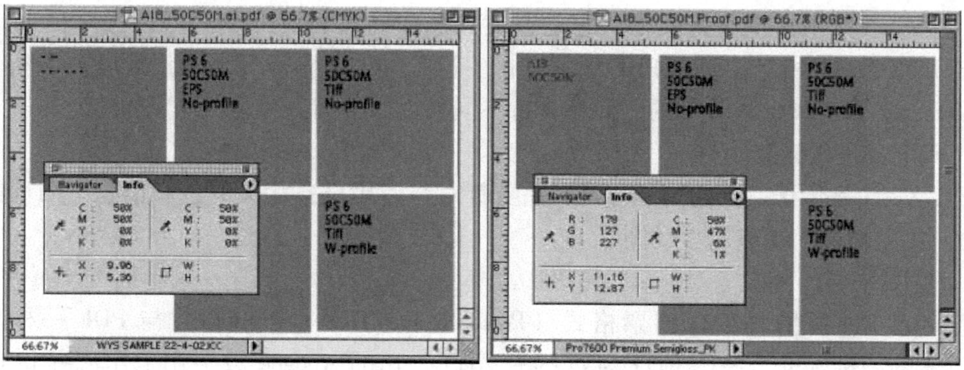

图 9－26　源文件数据与打印数据对比

五、PDF/X 标准

PDF 格式的最大优点在于它的开放性。而在印前流程中，进行 PDF 文件交换时，这又变成其最大的缺点。往往需要考虑：是否应置入字体，是否应在 PDF 文件中做陷印设置、色彩管理和出血等。

为了给印前数据交换建立 PDF 标准，CGATS（印刷技术标准委员会）开发了 PDF/X。

1. PDF/X－1

PDF/X 第一个版本为 PDF/X－1。PDF/X－1 在 1999 年成为美国的第一种行业标准，它使用 CMYK 色彩空间，主要用于广告的数据传送。它是基于 PDF 1.2 参数开发的，是 Acrobat Distiller 3.0 所生成的初始文件格式。其主要特征有：

①所需的文件都必须被内置于 PDF/X－1 文件中，包括高分辨率图像；

②在 PDF/X－1 文件中，不使用 OPI；

③PDF/X－1 不支持音乐、电影及非印刷注解；

④所有字体必须内置于文件；

⑤所有颜色必须是 CMYK（作为一个 ICC 特性文件）或专色；

⑥PDF/X－1 包含其他厂商开发的出血、裁切等参数；

⑦PDF/X－1 内置文件仅支持 TIFF/IT－PI、DCS 1&2（包括拷贝网点文件数据）及 EPS 等格式；

⑧只要通过一个按钮（ON 或 OFF），便可控制是否在 PDF/X－1 文件中做陷印；

⑨仅支持有限的几种压缩算法。

一些厂家像 Scitex、RorkeDate 和 Harlequin 推出了可以生成 PDF/X－1 文件的产品，Apago 公司开发出一个 Acrobat 插件，可将现有的 PDF 文件转换为 PDF/X－1 文件。

但 PDF/X－1 标准并没有被业界采用，这其中有几个方面的原因：

①这是一个需用时间来建立的标准，许多公司仍在选择之中；

②PDF/X－1 是基于 PDF 1.2 开发的，不支持 PDF 1.3；

③最重要的还是 PDF/X－1 不支持多媒体，只支持 CMYK 及专色。

因此，就需要有 PDF/X 更高的版本出现。

2. PDF/X－2 标准

PDF/X－2 并不支持现有版本，它是针对商业印刷市场所开发的一种国际标准。PDF/X－2 与 PDF/X－1 相似，但在 PDF/X－2 中，字体、高分辨率图像等元素可被省略。它是基于 PDF 1.3 或 PDF 1.4 开发的，而且支持不同的色彩空间。

3. PDF/X－3 标准

PDF/X－3 是传送广告的国际标准，主要针对与使用设备无关的色彩信息。与前两种标准相比，它主要被广泛应用于欧洲。

4. PJTF

PJTF 是一种便携式工作传票格式（Portable Job Ticket Format）。与 PDF 一样，它是 Adobe定义的一种标准，使用 PJTF 标准的有 Agfa 公司的 Apogee 数字化工作流程和 Creo 与 Heidelberg 公司联合研制的 Prinergy（印能捷）数字化工作流程。

PJTF 定义了印刷过程中各个环节的参数，包括一个或多个 PDF 文件。PJTF 数据可被包含在一个文件中，并可被链接到相应的 PDF 文件中，也可被存储在 PDF 文件中。

PJTF 只在一定范围内使用，它仅定义与印前相关的一些参数，在输出胶片或生成印版后，就不再使用。

六、PDF 与 PostScript 的关系

PDF 格式是由 Adobe 公司开发的，Adobe 同样也开发了 PostScript。不过，PostScript 是一种程序语言，可以用来编写一个象棋程序或文本处理程序；而 PDF 只用于描述文件的版面，它更像一个数据库，而非程序语言。

在某些方面，PDF 优于 PostScript。因为采用了高效的压缩算法，所以 PDF 文件小，容易编辑；PDF 文件的运行与设备无关，而 PostScript 文件只能在特定设备上输出，否则会出错；另外 PDF 文件中还可包含许多多媒体元素。

所谓 PostScript 工作流程，是将色彩管理、套印检查、编页码等处理于 RIP 的前阶段，在应用软件一侧作出指定。而且将所有的处理与基本的 RIP 处理一次计算好后输出。因此，对 RIP 来说，负担较重，错误发生率较之单页的 RIP 处理要高得多。

另外，在输出后出现需要修改和换页时，再次要求 RIP 来处理大的数据，所以效率很差。当考虑到 CTP 上的输出时，若用 PostScript 工作流程，有人认为不放心，大概是来自上述理由。

为了消除这类问题，就使用了中间文件。即是一度先让每个单页用 RIP 处理完，或叫做中间文件的 RIP 后数据，然后再利用此中间文件进行色彩管理、套印检查、编页码等处理。因为已经结束 RIP 处理，在最终输出时发生错误的概率也低，又能灵活应对换页等问题。

RIP 首先要对 PostScript 数据进行翻译，检查所用的字体是否已装载在 RIP 上，以及描述的 PostScript 语言是否正确。RIP 大多数的错误是在这个翻译程序的处理过程中发生的。这个翻译程序之后产生的中间文件即是 PDF。由于线条数据作为轮廓数据保存下来，不会依赖输出的分辨率，数据量在中间文件当中也属最小的分量。字体的处理，因提供工作流程的销售商而异，有时为填充，有时为轮廓化。

PDF 工作流程即利用属于这种中间文件的 PDF 来进行工作流程的各种处理。

第五节　其他文件格式

一、PostScript 文件格式

PostScript（PS）语言是一种与输出设备无关的程序化语言，它已经成为页面描述语言的国际标准。我们可以这样理解它，首先，它是一种通用程序设计语言，具有通用程序设计语言的一些基本结构，类似于 C 语言，所有运算都是基于堆栈的压入和弹出；其次，它又是一种页面描述，它支持一系列图形、图像处理，控制文字、图形和图像在页面上打印、输出，在一个印刷品页面中可能包含有图像、图形、文字等页面信息元素，PostScript 则将这些信息表现形式都用一种图形数据来描述。PostScript 语言最早由 Adobe 公司于 1985 年提出，并在 Apple 的 Laser Write 激光印字机上实现打印。经过多年的不断改进和提高，Adobe 公司先后推出了 PostScript Level 2 和 Level 3。

PostScript Level：

1989 年，Adobe 公司在总结以前经验的基础上推出了 PostScript Level 2。Level 2 在描述能力和工作效率方面都有了明显的改进。下面是 Level 2 新添的重要功能：

①支持设备无关的颜色空间 Lab；

②支持其他的数据压缩格式，特别是 JPEG；

③支持调频加网工艺；

④采用二进制编码技术；

⑤支持远东国家的双字节字体的编码（中文、韩文以及日文等）；

⑥含有描述图案的命令。

又经过随后 7 年的发展，PostScript Level 3 进入市场，PostScript Level 3 在 Level 2 的基础上又增加了以下重要的新内容：

①支持专色、采用“Device - N”算符处理专色；

②含有描述渐变网的标准命令等图像增强技术；

③支持 1Bit 的蒙版；

④支持网络作业，让用户可以充分利用国际互联网；

⑤具有高级页面处理能力，可以识别 HTML 文件格式和 PDF 文件格式。

PostScript 是专门为打印图形和文字而设计的一个编程语言，它与打印的介质无关，不管您是在纸上、胶片上打印，还是在屏幕显示都适合。它是一种页面描述语言，与 HTML 语言类似。

PostScript 是由 Adobe 公司在 1985 年提出来的，首先应用在了苹果的 LaserWriter 打印机上。PostScript 的主要目标是提供一种独立于设备的能够方便描述图像的语言。独立于设备意味着，不需要借助任何具体设备的特性（例如，打印机的分辨率）来描述一个图像，因而这个描述不需要经过任何修改即可用在其他的 PostScript 打印机上进行打印。

PostScript 作为一种语言，自己有一整套语法和格式方面的规定。

PostScript 文件是以文本方式存储的，与 HTML 文件类似。这个您只要用写字板打开一个 PostScript 文件就可以看到。PostScript 文件本身只是用 PostScript 语言描述了所要显示或者打印的图像有哪些特征、参数，在显示或者打印 PostScript 文件的时候，再由 PostScript 解释器解释执行，进行具体的打印或者显示，得到所要的图像。

与其他格式的文件相比，PostScript 文件具有很多优点，上面所提到的独立于设备就是其中很重要的一点。PostScript 文件还具有独立于操作系统平台的优点。因为很多 Unix 的图形环境本身就把对 PostScript 的支持作为核心的一部分，所以无论您使用的是 Windows 操作系统，还是 Unix 操作系统，都可以阅读和打印 PostScript 文件，这样交流起来就比较方便。由于 PostScript 文件是以文本方式存储，因而文件比较小，适合在 Internet 上传输。还有就是在 PostScript 设备（打印机、显示器）上打印和显示有着得天独厚的优势，可以达到最好的效果。

生成 PostScript 文件有几种途径：

①您可以参照 PostScript 的语言格式，自己按照需要直接用文本编辑器写一个 PostScript 文件，当然如果文件比较复杂的话，工作量就不小了，而且还得熟悉 PostScript 的语法；

②您可以使用专门的 PostScript 文件编辑软件或者某些文字、图像编辑软件提供的功能来生成 PostScript 文件；

③还有一种最简单的方法，就是在您的操作系统中添加一个 PostScript 打印机（虚拟的），然后在文字编辑器或者图形编辑器中，您所需要的图像通过 PostScript 打印机打印到另一个文件里，得到的文件就是您想要的 PostScript 文件。

二、EPS 文件格式（Encapsulated PostScript）

EPS 是 Encapsulated PostScript 的缩写，是跨平台的标准格式，扩展名在 PC 平台上是 . eps，在 Macintosh 平台上是 . epsf，主要用于矢量图像和光栅图像的存储。EPS 格式采用 PostScript 语言进行描述，并且可以保存其他一些类型信息，例如多色调曲线、Alpha 通道、分色、剪辑路径、挂网信息和色调曲线等，因此 EPS 格式常用于印刷或打印输出。Photoshop 中的多个 EPS 格式选项可以实现印刷打印的综合控制，在某些情况下甚至优于 TIFF 格式。

PostScript 语言是 Adobe 公司设计用于向任何支持 PostScript 语言的打印机打印文件的页面描述语言。除了它是被优化用于纸张上打印文字和图像之外，它像 Basic 语言、C 语言或任何其他编程语言一样。当你在 PostScript 打印机上工作并告诉文字处理器（或任何其他的应用程序）打印页面时，计算机就会用 PostScript 语言编写一个程序描述该页面，并将这个程序传送给打印机。打印机实际上其中装有一台功能齐全的计算机和 PostScript 语言解释器执行这个程序，将图形画在内存中的虚拟纸张上，然后将其打印到纸上。

封装的 PostScript（Encapsulated PostScript）格式。EPS 文件就是包括文件头信息的 PostScript 文件，利用文件头信息可使其他应用程序将此文件嵌入文档之内。EPS 文件还有一些限制，而这些限制并不适用于标准的 PostScript 文件。这些限制主要就是一些规则，以保证 EPS 文件可以插入到不同的文件中，而不会损伤该文件。例如：在 Microsoft Word 中，可以嵌入 ESP 文件。EPS 文件最流行的应用就是将其嵌入桌面出版文件中，特别是由 PageMaker 或是 QuarkXPress 创建的文件。桌面分色（DCS）就是由 Quark 公司开发的，用于套印色（Process color）处理。DCS 图像是 EPS 格式或图像，由 5 部分组成：低分辨率的屏幕预览，再加上青色、品红色、黄色和黑色图层。DCS 2. 0 版文件可包括 4 种以上的套印色，也可以在其中包括一定数量的专色（spot color）或者是高保真度的分色。

EPS 文件格式可用于像素图像、文本以及矢量图形的编码。如果 EPS 只用于像素图像（例如选择 Adobe Photoshop 程序作为输出），挂网信息以及色调复制转移曲线可以保留在文件中，而 TIFF 则不允许在图像文件中包括这类信息。

由于 EPS 文件实际上是 PostScript 语言代码的集合，因而在 PostScript 打印机上可以多种方式打印它。创建或是编辑 EPS 文件的软件可以定义容量、分辨率、字体和其他的格式与打印信息。这些信息被嵌入到 EPS 文件中，然后由打印机读入并处理。有上百种打印机支持 PostScript 语言，包括所有在桌面出版行业中使用的图像排版系统。所以，EPS 格式是专业出版与打印行业使用的文件格式。EPS 格式是一种用于打印的格式。嵌入到 EPS 文件中的 PostScript 语言代码提供了重要的打印定义，但是，这就使得文件的尺寸变大。除此之外，在软件中建立 FostScript 引擎所需要的价值和内存开销也是较高的。结果大多数的 Web 浏览器不支持 EPS 文件，大多数图像查看共享软件和自由软件也都不支持 EPS 文件。由于这种原因，EPS 格式不能用在 Web 站点的图像显示上。

EPS 称为被封装的 PostScript 格式，它主要包含以下几个特征。

（1）EPS 文件格式又被称为带有预视图像的 ps 格式，它是由一个 PostScript 语言的文本文件和一个（可选）低分辨率的由 pict 或 tiff 格式描述的代表像组成。

（2）EPS 文件格式的封装单位是一个页面，也就是一个。EPS 文件只包含一个页面的描述。这样，如果有 50 个页面的出版物就会产生 50 个 EPS 文件。另外要注意。页面大小可以随着所保存页面上物体的整体长方形边界来决定，所以它既可用来保存组版软件中一个标准的页面大小，也可用来保存一个独立大小的对象的矩形区域。

（3）其文本部分同样既可由 ASCII 字符写出（这样生成的文件较大，但可直接在普通编辑器中修改和检查），也可以由二进制数字写出（生成的文件小，处理快，但不便修改和检查）。

（4）EPS 文件虽然采用矢量描述的方法，但亦可容纳点阵图像，只是它并非将点阵图像转换为矢量描述，而是将所有像素数据整体以像素文件的描述方式保存。而对于针对像素图像的组版剪裁和输出控制参数，如轮廓曲线的参数，加网参数和网点形状，图像和色块的颜色设备特征文件等，都用 PostScript 语言方式另行保存。如 include halftone screen（包含加网参数），include transfer function（包含传递函数），postscript color management（ps 色彩管理）。

（5）EPS 文件有多种形式，如按颜色空间有 cmyz eps（含有对四色分色图像的 PostScript 描述部分和一个可选的低分辨率代表像），rgb eps，lab eps。另外不同软件生成的各种 EPS 文件也有一定区别，如 photoshop eps，generic eps，ai（eps 格式的 Illustrator 软件版本）等，在交叉使用时应注意其兼容性。

（6）EPS 文件可以同时携带与文字有关的字库全部信息。如果输出系统没有相应的汉字字库，那么在处理时就必须将文字转换成图形才能正常输出。打印 EPS 文件时，EPS 文件可以同时携带与文字有关的字库全部信息。如果输出系统没有相应的汉字字库，那么在处理时就必须将文字转换成图形才能正常输出。特别强调的一点是在向非 PostScript 设备输出时，只能输出低分辨率代表像。只有在 PostScript 输出设备上才能得到高分辨率的输出。所以在许多情况下，我们打印的校样图形非常粗糙，其原因就是我们使用的为非 PostScript 打印机来打印 PostScript 文件。只要换成 PostScript 打印机，就可打印出近乎完美的图形。

三、PostScript 文件输出的问题

PostScript 是目前应用得比较成熟的一种页面描述语言。每一个 PostScript 文件实质上就是一个程序，最终这个程序要在 RIP（光栅图像处理器）上被解释生成可控制输出设备输出用的点阵命令。页面设计丰富的文档能产生复杂的 PostScript 文件，而且，在 PostScript 文档中除了包含版面内容外，还要加上一些可变的功能语句，所以通常的 PostScript 文件量都比较大，不适合于通过 Internet 实现大规模传输。由于功能性语句的存在，所以 PostScript 在解释时可能很快，也可能很慢，而且由于有部分内容可能是外挂的，解释的内容有可能不是你所需要的，这样就相应地延长了曝光输出时间，甚至还存在发生输出中断的危险。

由于 PostScript 文件在生成之后不具有再编辑的功能，因此，当 PostScript 文件经过 RIP

处理后，如果发现存在问题，必须修改，这就要求我们必须要在原始制作时使用软件修改，然后再次输出打印修改后的页面文件，生成新的 PostScript 文件。显而易见，这样做相当烦琐，同时也明显地延长了作业时间。

不同的组版软件生成的 PostScript 页面描述是有差别的，而在印前制作领域中存在很多种组版软件，也就意味着存在多种 PostScript 生成方法，如此多的 PostScript 版本是 RIP 时经常出错的原因之一。此外，在 PostScript 文件中包含的许多功能语句也是 RIP 易出错误的根源。鉴于 PostScript 的众多输出问题，以 PostScript 为基础的印前工作流程管理系统的可靠性值得研讨。

诚然，在过去的几年内，PostScript 驱动程序稳定性能有了明显地提高，RIP 的解释性能也更加可靠，但是这些都没有从根本上解决 PostScript 的输出问题，所以在未来的几年内 PostScript 输出问题还将继续存在。

第六节　常见的印刷数字化流程软件

目前，流程软件随着印刷业的进步也不断得到发展，流程软件的内部文件格式也从 PS 向 PDF，甚至目前最新的 JDF 转变，其中 JDF 包含的信息量最大，可以说涵盖了整个印刷的过程，使得整个工序操作都有统一的文件格式，避免了不同文件格式之间的转换带来的不必要的错误，而且由于它包含了整个印刷过程的信息，也使得操作简单化。

一个好的流程软件必须要具备几点要素。

①工作流程要具备可扩展性。它应该是随着需求的不断增加功能也在不断的得到扩充，如它的 RIP 内核也应随着文件格式的不断变化而不断升级。

②工作流程要提供完整的功能模块，如标准化器、陷印、预检、拼版、打样等，其中文件的预检也是重要工序之一。对于 CTP 来说，没有了输出胶片后的补版以及晒完 PS 版后的修版，所以它要预先将文件错误的概率降到最低。目前，大部分公司的流程都是选用的 Enfocus 公司的 Acrobat Pitstop 插件，它强大的功能也满足了预检工作的要求。

③具备以打样为中心的解决方案。打样功能也是流程软件的一个重要环节，它包括 RIP 前打样和 RIP 后打样，一般都为 RIP 前打样，作为文件的检查和印刷的标样。随着目前印刷竞争的日益激烈，数码打样代替传统打样的呼声也越来越高，当然，它在节约了操作时间的同时也对印前人员的操作技能提出了更高的要求。

④具备 CIP3/4 功能。CIP3 代表着印刷业的前进方向，由它生成的 PPF 文件包含了管理信息、墨槽键预设及预视资料、转换曲线归位、十字线资料、色彩及浓度信息、折纸及裁切信息、个别厂商专属资料区、配帖、装订、三面修边等后加工信息，这使得后道工序全部实现数据化，而 CIP4 采用的 JDF 格式使其功能更是得到了扩展。

⑤可以对不同印刷方式提供不同的解决方案。如商业解决方案、报业解决方案、针对输出的简单模块解决方案，这样提供给客户以更多的选择，也更贴近实际印刷环境。

除了以上的一些要素外，每种流程软件还都有其自身的特点。以下就软件商推出的新版本流程软件功能做一下简单介绍。

1. **柯达公司的印能捷**（Prinergy）

印能捷基于 Adobe Extreme 技术，它通过工作流程处理计划和工作传票处理器完成对作业的控制和管理。印能捷包含一个基础数据库，智能地存储着作业状态和历史，并及时将作业中的错误信息详细提示给操作者，以尽快解决问题。在新版本当中，拼版软件 Pandora 被作为选购件加入到了流程当中，加上以前的 Preps 选件，流程的拼版功能相当强大，具备了商业流程和包装流程的双重特点。印能捷软件的特点在于它是完全基于 PDF 的工作流程管理系统，它将印前工作优化组织起来，以提高生产效率。印能捷可以自动管理和完成诸如文件优化、陷印、打样、拼大版、胶片/印版输出和存档的任务，从而增强工艺控制并提高生产效率。它可以使分散的印前操作员畅游在印能捷提供的工作环境中处理需要输出到数字成像设备的印前数据。印能捷可扩充到多服务器和多用户环境中，软件可分配在多个计算机上工作，以增加系统产出。印能捷软件模块可按需搭配并能自动控制资源平衡，确保系统始终保持最大的生产能力。印能捷有不同的产品解决方案，其中印能捷 Connect - PDF 的创建、Normalize（规范化）、预飞（Preflight）、PDF 陷印、CMS（色彩管理系统）、自动拼版、RIP 和输出，具有多操作平台下完全的数据库及处理的配置；Prinergy Publish/Powerpack 是针对 Trade shops/Publishers 或 Packaging 的 PDF 创建；Prinergy Direct 可以 RIP 一些从 Prinergy Connect 中导入的文件，目标在于远程的生产站点；Prinergy EVO 是低成本的 PDF 创建工具，带有 RIP 和输出，但不具备数据备份功能；Prinergy Brisque Extreme 支持多 CPU 的工作流程。

2. **爱克发公司的** ApogeeX

ApogeeX 由以前的流程软件 Apogee Series 演化而来，其功能模块一目了然，ApogeeX 是市面上自动化程度最高，最简单易用的软件。目前最新的版本是 ApogeeX3.0，它也提供了诸如文件优化、陷印、打样、拼大版、胶片/印版输出等基本功能，除此之外，它还具备多 RIP 功能，提高了工作效率。同时，最新的 Delano 达灵通，使得 ApogeeX 工作流程和因特网相连接，客户可以直接上网及时浏览 ApogeeX 生成的文件。ApogeeX 也具备多种产品结构：ApogeeX Commercial 适应于商业印刷；ApogeeX Light 适合输出中心、印前制作公司、包装印刷和小型印刷厂；ApogeeX Create Pro 为设计者、印前和印刷公司的使用建立 PDF 文件工具。另外，爱克发自身特有的 Sublima 晶华网结合了 AM 传统调幅网点和 FM 调频加网两者的优点，可以轻松实现 340lpi 的印刷效果。

3. **海德堡公司的印通**（Prinect）

海德堡的流程由 Delta 演变到满天星（Metadimension），再到目前的 Prinect，Prinect 印易得系统是海德堡推出的全面工作流程管理解决方案。它对从印前、印刷直到印后的整个印刷生产过程进行记录和优化，对所有的活件处理工作进行集成。它是高度模块化、可升级的开放系统，能根据客户要求订制解决方案，系统的实施简单方便，并可以不断进行扩展。海德堡的 Prinect 印易得 JDF 工作流程能够完全基于单一数据格式标准来建立作业流程的软件。它大幅度简化了印前操作，加快了印前工序的进程。现在您可以从开始到结束更高效地安排各个活件，并随时对各工序加以监控。能够轻易地集成流程中的商务和管理软件也正在研发中。

4. **网屏公司的汇智**（Trueflow）

Trueflow 经历了 2.0、3.0、4.0 版本，功能上有了很大的改进和提高。最新的版本是

Trueflow 4.0，它具有和 Apogee 类似的新的基于 Java 的用户界面，同时也具有 Adobe Normalizer 技术（网屏称为“Polisher”），它采用客户、服务器结构，客户端使用 Java（MAC 或 PC）。预飞工具使用 Enfocus 的 Pitstop，运行于微软 Window 系统下的专用 Adobe CPSI RIP，输出前转化为 CT 及 LW，通过网屏的 Flatworker 拼版软件来进行自动拼版，内部采用 SQL 数据库，提供网屏的基于对象的陷印。此外，网屏公司还开发出了一系列在匹配 JDF 的 Trueflownet 环境下的模块化作业流程组件，它主要包括：Ritecontrol、Riteonline、Riteportal、Ritetransfer、Riteapprove 等功能模块。组件的设计更加方便印刷商以及客户使用并提供高效的在线印刷服务、PDF 创意、通信及核定服务，同时也为印刷商提供了一系列客户关系管理的高品质工具。另外，网屏公司的视必达 2 加网技术可以提供 740lpi 的超高频网点来获得丰富的纹理及色彩灰度，它克服了调频和调幅加网的弱点，同时也继承了它们的优点，使得用普通设备就可以提高细节，以获得高品质的印刷效果。

5. 富士公司的 Celebrant Extreme

Celebrant 是一款可以根据客户要求进行不同配置组合的商品套件的总称。Celebrant 系列软件作为模块化产品，可以根据需要将其配置为客户提供从简单的 RIP 到完整的印前工作流程系统的各种方案。Celebrant 提供的工具可以让用户在进行生产之前发现并及时更正文件中的错误。Celebrant 中经确认的 PDF 工作流程可以在工作继续之前与客户达成符合印刷标准（Press Standard）文件的共识。在整个工作流程中，Celebrant 可以对工作进行预览、更正以及重新处理，还包括最后一分钟在拼版模块中对已经 RIP 过的文件进行替换。另外，Celebrant中包括多种行业标准模块，例如 Adobe 公司的 CPSI RIP 和 Enfocus Pitstop 等。目前该产品有以下 3 个种类可供用户选择。

（1）Celebrant Extreme（Workflow RIP）

包含有拼版和文件色彩管理功能，是一款可以使用 PDF 数据的流程。因为可以接受和输出 PS、PDF 数据文件，所以能和其他公司的流程很好地结合。它采用 Dynastrip 软件拼版，可以轻松实现文件高、低精度之间的互换以及实现自动拼版功能。另外，它特有的多重黑版功能也极大方便了印前排版操作，节省了印版的成本。

（2）Celebrant RIP（单功能 RIP）

这是一款面向希望控制初期投资，使用原来的出版机，只输出同样数据的 RIP 软件。当然也可以选择拼版、CIP4 等必要的选项功能，也可以将来升级到 Extreme。

（3）Celebrant Gateway（其他的公司接口）

这款软件可以为已经采用其他公司 RIP 和流程软件，但又想用富士公司 Celebrant Extreme的客户提供相应的接口。

6. 方正畅流

方正畅流工作流程管理系统全面兼容各种通用设计、排版软件格式和方正的各种排版格式，采用国际标准的 PDF 作为流程内部格式，在全球率先采用 CIP4 组织最新制定的 JDF 规范作为电子工作传票在整个流程中传递作业参数，对作业进行规范化处理、预飞检查、陷印、色彩管理、屏幕预览、折手拼版、数码打样、数码印刷输出、胶片或印版输出、CIP4 油墨控制输出、作业管理追踪、数据统计存档等处理，不仅大大减少了传统生产流程中的操作冗余和错误，而且帮助用户实现团队协作的网络生产，完善了业务管理，确保全速驱动高性能的输出设备达到最大的生产效率，为用户赢取最大的利润。

7. Workflow Integrator—Dalim Twist

Dalim Twist 是一个自动化生产工作流程。其产品基于模块化的设计，用户可以根据自己的需求快速升级以组成无穷多样化的自动化工作处理流程。软件本身具备的强大功能：基于数据库的工作流程、JDF 的预检和拼大版、自动陷印等，这些功能可以让那些行业的领导者在苛刻的环境下达到更高的产量，而且有更高的可靠性。它可接受各种应用程序（Quark Press，Adobe InDesign 和 PageMaker 等）并生成格式（PS、PDF、TIFF/IT、TIFF、EPS、DCS 等）。经预检，转化成可靠、安全的可预知的 PDF - P2 格式。其产生的 PDF - P2 都基于后续处理过程，可用来做数码打样、拼大版、传输或 CTP、CTF 印刷以及数字化的文件储存、备份系统。这种 PDF - P2 的转换是基于“着色一次，多次输出（ROOM）和解释一次，多次输出（NORM）”概念实现的，基于此概念转换的 PDF - P2 可经得起不同流程和不同输出设备的考验。其色彩管理功能包括 RGB 至 CMYK 的色彩空间转换，在转换的过程中可设定黑色的文字不转换，还可设定保护某种颜色或某种色彩通道在色彩空间转换时不转换，更重要的是可配合基于互联网架构的应用程序 WEB Link 和 DALiM DiALOGUE，提供了远程的在线管理和远程打样功能。DALIN TWIST 基于最新 JDF - enabled Version 5，可以提供最大的可适应性，直接支持 PDF1.4 和 PDF1.5，并有全新的易用的图形化用户交互界面。另外，对于 PDF/X - 1a ：2003，PDF/X - 3：2003，PDF/X PLUS 文件的支持为软件提供了许多的创新功能，比如新的预检和色彩分色转换。DALiM DiALOGUE 是市场上唯一使用 Mac OSX 系统的在线打样软件。可以通过互联网进行远程的同步校对，屏幕打样，对高分辨率的文件进行确认，输出文件可以是 PDF、PDF/X、PS、CT/LW、TIFF 等。利用数据流程技术通过标准的互联网浏览器，用户可以实时看到高分辨率的文件，放大、浏览、加注释、检查密度读数、检查制作参数，实时确认和沟通，这一切都不需要安装客户端软件，可让客户在世界任何地方都可以确认单页或拼好的大版。

8. Artwork systems—Nexus

Nexus 是 Artwork Systems 公司用于标签及包装的高端工作流程方案。它的目的是通过对手动的烦琐处理和 RIP 任务的自动化来提高印前生产效率。Nexus 是一个模块化系统，它由三个核心模块组成：Nexus IMPORT、Nexus PROCESSOR 和 Nexus RIP。它们可以运行在有相同或不同配置的硬件上，从而让用户根据其功能、输出及安全性的需求来配置系统。Nexus 与 Artwork Systems 公司的 ArtPro 实现了天衣无缝的整合，它们可以互相切换。Nexus Manager 是 Nexus 控制终端，用户可以从公司内部或外部的 MAC 工作站通过 TCP/IP 监控作业进展和工作流程。作业可以由 Nexus Manager 中合适的编辑软件打开（如 ArtPro、NexusEdit 或 DotSpy），从而可以对作业进行修改，在这里，我们可以看到诸如叠印、出血等前后的不同效果，也可以对色彩以及分色做最后的修改，而且任何时候都保证文件的预览是“所见即所得”，使得操作很直观。Nexus 的 DotSpy 工具可以很快的打开和浏览 Nexus RIP 所生成的数码印版和胶片，甚至如果数据与 DotSpy 不在同一台电脑上，它的浏览能力很全面，图像可以轻松放大到网点等级并可以测量加网线数、网点角度、距离等，这使得检验人员可以在出版前轻松找到错误位置并及时修改。Nexus 还给我们提供了混合加网（Hybrid Screening）技术，它可以消除柔性版印刷当中的高光损失。

附录一 数字打样系统

制造商	型 号	种类	最大尺寸		最高分辨率	色数	备 注
			宽/in	长/in			
爱克发 Agfa	Sherpa2	喷墨	37.5	滚筒	720	4	
Agfa	Sherpa24m	喷墨	24	滚筒	1440	7	
Agfa	Sherpa43i	喷墨	43	滚筒	720	6	
Agfa	Sherpa62i	喷墨	62	滚筒	720	6	
Agfa	Grand Sherpa50	喷墨	50	滚筒	1440	8	
Agfa	Grand Sherpa64	喷墨	64	滚筒	1440	8	
Agfa	Grand Sherpa87	喷墨	87	滚筒	1440	8	
Agfa	SherpaMatic	喷墨	43	滚筒	720	6	双面打印
Brother	HL－2700CN	激光	8.5	11	600	4	
Brother	HL－3450CN	激光	13	19	600	4	
Brother	HL－4000CN	激光	8.5	14	1200	4	
佳能 Canon	CLC range	激光	12	18.5	600	4	
Canon	iRC range	激光	12	18	600	4	
Canon	W－2200	喷墨	13	22	2400	4	热泡
Canon	CLC range	喷墨	36	滚筒	360	4	热泡
Canon	CLC range	喷墨	44	滚筒	1200	6	热泡
克里奥 Creo	Spectrum option	热敏	30	40	2400		
Creo	Proofsetter Spectrum	热敏	30	40	2400		
Creo	Veris	喷墨	21	28.5	1500	4	多滴技术
Creo	Integris Desktop	喷墨	17	滚筒	2880	7	Epson 引擎
Creo	Integris 400	喷墨	24	滚筒	2880	7	Epson 引擎
Creo	Integris 800	喷墨	42	滚筒	2880	7	Epson 引擎
Creo	Iris 62	喷墨	62	滚筒	720	4	
杜邦 Dupont	Cromalin AQ4－GE	喷墨	22	28.3	600/1200	6	
Dupont	Cromalin b2	喷墨	20.5	29.2	970	6	
Dupont	Cromalin iG2	喷墨	15.7	22	600/1200	6	
Dupont	Cromalin iG4	喷墨	22	28.3	600/1200		
美国 Encad	T200＋	喷墨	36	滚筒	600	4	
Encad	NovaJet750	喷墨	42	滚筒	600	4	
Encad	NovaJet750	喷墨	60	滚筒	600	4	
Encad	NovaJet850	喷墨	42	滚筒	600	8	
Encad	NovaJet850	喷墨	60	滚筒	600	8	
Encad	NovaJet880	喷墨	60	滚筒	600	8	
Encad	NovaJet 1000i	喷墨	42	滚筒	600/1200	6	
Encad	NovaJet 1000i	喷墨	60	滚筒	600/1200	6	
爱普生 Epson	Stylus Pro4000 Pro	喷墨	24	滚筒	1440/2880	7	
Epson	Stylus Pro7600	喷墨	24	滚筒	1440/2880	7	
Epson	Stylus Pro9600	喷墨	44	滚筒	1440/2880	7	

（续表）

制造商	型　号	种类	最大尺寸		最高分辨率	色数	备　注
			宽/in	长/in			
Epson	Stylus Pro10600	喷墨	44	滚筒	720/1440	6	
Fujifilm	PictroProof	热敏	12.2	18	400	4	
Fujifulm	FinalProof5600	热敏	21.5	32.25	2540	6	网目调
Hewlett – Packard	Cp1700ps	喷墨	13	50	1200/2400	4	
Hewlett – Packar	DesignJet30	喷墨	13	19	1200/2400	6	
Hewlett – Packard	DesignJet130	喷墨	24.6	64	1200/2400	6	
Hewlett – Packar	DesignJet500	喷墨	42	滚筒	1200/2400	4	
Hewlett – Packard	DesignJet800ps	喷墨	42	滚筒	1200/2400	4	
Hewlett – Packar	DesignJet5500ps	喷墨	60	滚筒	1200/2400	6	
Kodak	Approval XP	热敏	13.3	20.9	2540	4	网目调
Kodak	Approval XP4	热敏	20.9	26.6	2540	4	网目调
Kodak	Approval NX	热敏	20.9	26.6	2540	6	网目调
Kodak	First Check	热敏	12.69	25.75	600	4	
Kodak	MatchPrint ProofPro	喷墨	B2	B2	1200/2400	6	
美. 利盟 Lexmark	C510	激光	8.5	14	2400	4	
Lexmark	C752	激光	8.5	14	2400	4	
Lexmark	C912	LED	12	36	2400	4	
美. 罗兰 Roland DGA	VersaCAMMSP – 300VS	热敏	30	滚筒	1440	4	热升华
Roland DGA	VersaCAMMSP – 540VS	热敏	54	滚筒	1440	4	热升华
Roland DGA	Hi – Fi Jet Pro Ⅱ FJ540	喷墨	54	滚筒	1440	6	
Roland DGA	Hi – Fi Jet Pro Ⅱ FJ740	喷墨	74	滚筒	1440	6	

注：1. Encad 公司为伊士曼柯达公司的全资子公司；

2. CreoScitex（克里奥赛天使）更名为 Creo（克里奥）。

附录二　典型 CTP 版材的主要性能参数

表 1　　典型的 CTP 版材的性能参数

生产商	印版型号（激光波长）	印版类型	成像方式	成像分辨率	免显影	预热	免冲洗	印量（不烤版/烤版）
爱克发	Lithostar－V（405nm） －O（488nm） －R（532nm）	银盐版	阳图	250	否	否	否	35 万/
	N91（405nm） （532nm）	感光树脂	阴图	175	否	否	否	40 万/100 万
	Thermostar P970（830nm） P791（1064nm）	热敏版	阳图	200	否	否	否	30 万/100 万
	Thermolite Plus	Atex Coalescence	阴图	200	是	否	否	Max10 万/
美国 Anocoil Corporation	830－T	热敏版	阳图	Max300	否	否	否	20 万/100 万
富士胶片公司	Brillia LH－NI（830nm）	热敏版	阴图	200	否	是	否	/100 万
	Brillia LH－PI（830nm）	热敏版	阳图	200	否	否	否	30 万/
	Brillia LH－PSE（830nm）	热敏版	阳图	200	否	否	否	/100 万
	Brillia LP－N3 （405nm，488nm）	感光树脂	阴图	200	否	否	否	10 万/100 万
	Brillia LP－NV（405nm）	感光树脂	阴图	200	否	否	否	
	Brillia LP－NN2 （405nm，488nm）	感光树脂	阴图	200	否	否	否	30 万/
巴西 IBF Corporation	IBF	热敏版	阳图	175	否	是	否	10 万/100 万
柯达保丽光	Thermal（830nm）	热敏版	阴图	300	否	是	否	15 万/100 万
	Thermal Gold（830nm）	热敏版	阴图	300	否	是	否	20 万/100 万
	Thermal News	热敏版	阴图	150	否	是	否	30 万/50 万
	Sword ULTRA（830nm）	热敏版	阳图	175	否	否	否	40 万/150 万
	Scorpion	热敏版	阴图	200	否	否	是	20 万/
	Sword Excel	热敏版	阳图	200	否	否	否	50 万/
	DITP GOLD（830nm）	热敏版	阳图	可进行 10μm 调频加网	否	是	否	25/100 万
	Electra Excel HRL（830nm）	热敏版	阳图	200	否	否	否	40/100 万

（续表）

生产商	印版型号（激光波长）	印版类型	成像方式	成像分辨率	免显影	预热	免冲洗	印量（不烤版/烤版）
柯尼卡公司	Thermal Plate HST	热敏版	阳图	200	否	否	否	10 万/100 万
	EP－200	热敏版	阳图	200	是	否	否	2 万～3 万/
Lastra America Corporation	Extrema 2G	热敏版	阳图	200	否	否	否	20 万/100 万
	Futura Oro	感光树脂	阳图	340～400	否	否	否	15 万/100 万
	Nitio Dev	感光树脂	阴图	340～400	否	否	否	15 万/
美国 Presstek Inc.	Anthem（830nm，1064nm）	热敏版	阳图	300	是	否	否	10 万/
	PEARLdry（830nm，1064nm）（aluminum）	热敏版	阴图	200	是	否	是	10 万/
	PEARLdry（830nm，1064nm）	热敏版	阴图	200	是	否	是	2 万/
	Applause（830nm，1064nm）	热敏版	阴图	300	是	否	否	10 万/
Printing Developments Inc.	Bi－metal Prisma830	热敏版	阳图	200	是	否	否	200 万/
	Delta830	热敏版	阳图	240	否	否	否	100 万/
Toray Industries Inc.	Toray Waterless	热敏版	阳图	200	是	否	是	10 万/
美国 Western Lithotech	LA－5（405nm）LY－8（488nm）	感光树脂	阴图	200	否	否	否	20 万～30 万/
	Alpha Red	银盐扩散版	阳图	175	否	否	否	20 万/
	LT－1，LT－G	热敏版	阳图	200	否	否	否	30 万/100 万
	LT－N	热敏版	阴图	200	否	否	否	25 万/100 万
	LV－1	卤化银版	阴图	200	否	否	否	20 万/
	Xante Myriad 4	纸张	阳图	95	是	否	否	0.5 万/
乐凯第二胶片集团公司	TN	热敏版	阴图	1%～99%	否	是	否	15 万/30 万
	TP	热敏版	阳图	2%～98%	否	否	否	10 万/10 万以上

表2

部分紫激光 CTP 版材性能

生产商	版材名称	激光波长	解像力	耐印力（不烤版/烤版）
爱克发	Diamond Plate LV－2	410nm	1%～99%	中/长
	Lithostar Plus	410nm	1%～99%	35万以上/
	Lithostar Ultra LAP－V	410nm	1%～99%	35万以上/
	Lithostar Lop－o	488～532nm	3%～97%	25万/50万
	Lithostar Lop－v	400～410nm	3%～97%	25万/50万
	N91	532nm	3%～97%	25万/50万以上
	N91V	405nm	3%～97%	25万/50万以上
富士胶片	Brillia LP－NV	410nm	2%～98%	中/长
	Brillia HD PRO－V	405nm	1%～99%	20万/
富士星光	LP－NVA	410nm	2%～98%	20万/100万
	LP－NNV	405nm	2%～98%	30万/
柯达保丽光	VioletNews	410nm	2%～98%	20万/
	VioletPrint	405nm	2%～98%	20万/
三菱制纸	SDP－V Alpha	410nm	1%～99%	中
Saveio Rief	Violet	410nm	2%～98%	20万/100万
IBF	IBF－Million 3V	410nm	1%～99%	30万以上/
CitiPlate	AQUA－IHB/LHP Ⅱ	360～430nm	2%～98%	2万/200万

表3

部分热敏 CTP 版材一览表

生产商	版材名称（曝光量）	激光波长	解像力	免化学处理	预热	耐印力（不烤版/烤版）
爱克发	AZURA	830nm	2%～99%	√	√	10万/
	THERMSTAR（120～135mJ/cm²）	830nm	1%～99%	否	√	15万/100万
	Energy Elite	830nm	1%～99%	否	√	50万/100万
	Amigo	830nm	1%～99%	√	否	20万
	Marathon	830nm	1%～99%	否	√	100万
	Electra Excel HRL	830nm	1%～99%	否	否	40万/100万
柯达保丽光	Thermal 830（50～175mJ/cm²）	800～850nm	1%～99%	否	否	15万/100万
	DITP Gold	800～850nm	1%～99%	否	√	15万/100万
	Thermal News（20～180mJ/cm²）	800～840nm	1%～99%	否	√	20万/100万
	Thermal Dircet	800～850nm	1%～98%	√	否	10万/
	Electra Excel（140mJ/cm²）	800～850nm	1%～99%	√	否	15万/100万
柯达	Sword Ultra	800～850nm	1%～99%	否	否	40万/100万
柯尼卡	Duros HST（120mJ/cm²）	830nm	1%～99%	√	否	15万/100万

（续表）

生 产 商	版材名称（曝光量）	激光波长	解 像 力	免化学处理	预热	耐印力（不烤版/烤版）
富士胶片	Brillia HD－PROT（120mJ/cm^2）	830nm	1%～99%	√	否	10 万
	LH－PA（120～140mJ/cm^2）	800～850nm	1%～99%	否	否	20 万（普通），5～10/7～15 万（UV）
	LH－NH（100mJ/cm^2）	830nm	1%～99%	否	√	10 万/20 万
Presstek	Anthem	800～1200nm	1%～99%	√	√	10 万/
	Fredom	800～1200nm	3%～97%	√	√	2.5 万/
	AURORA	800～1200nm	1%～99%	√	√	5 万/
	Applause	800～1200nm	1%～99%	√	否	10 万/
四川炬光	炬光 JPT－I（120mJ/cm^2）	830nm	1%～99%	否	否	25 万/100 万
方正豹驰	豹Ⅱ（130～150mJ/cm^2）	815～915nm	1%～99%	否	否	20 万/
IBF	Million 2 Ultra	830nm	1%～99%	否	√	15 万/100 万
乐凯第二胶片集团公司	TN（120mJ/cm^2）	830nm	1%～99%	否	√	15 万/100 万
	TP（120～140mJ/cm^2）	830nm	2%～98%	否	否	10 万/10 万

注：①Agfa。P970 和 P971 热敏版及 Lithostar（紫激光）银盐版用爱克发 Balanced Screening 加网，80l/cm 的图像 1%～99% 的网点可再现；用 Sublima 加网，135l/cm 的图像 1%～99% 的网点可再现。N91 和 N91 V（紫激光）光聚合版用 Balanced Screening 加网，70l/cm 的图像可再现 2%～98% 的网点；用 SublIma 加网 100l/cm 的图像可再现 2%～98% 的网点。

②Fujifilm。LH－PIE、LH－PSE、LH－PCE 热敏版 120l/cm 的图像 1%～99% 的网点都能再现，LP－NV 型紫激光版 120l/cm 的图像能再现 2%～98% 的网点。

③KPG。DITPGold 热敏版 120l/cm 的图像可再现 1%～99% 的网点，Electra Excel 版 100l/cm 的图像 1%～99% 的网点可再现；Thermal News 报版 48l/cm 的图像 1%～99% 的网点可再现。

④Lastra。LT2 热敏版 120l/cm 的图像可再现 1%～99% 的网点；LV2 紫激光版 120l/cm 的图像可再现 2%～98% 的网点。

⑤三菱。SDP Alpha Vioet 银盐版 120l/cm 的图像 2%～98% 的网点都能再现。

表 4　　柔性版版材

产生商	名称	曝光方式	尺寸/cm	厚度/mm	特点
杜邦	Cyrel DPS/	激光烧蚀	76.2×101.6/ 1067×1524	1.14/1.70 0.18/0.13	带黑膜柔性版
	Cyrel DPH/			1.14	环保，用于包装印刷
	Cyrel DFH/		45.7×76.2/	1.14/1.70	
	Cyrel DFM		76.2×120		
德．巴斯夫	DigFlex	激光烧蚀	61×76.2	1.14/1.70	带黑膜柔性版 制版时间 70s
	Nyloflex－ID	激光雕刻		1.14	
德．Polywest	Novotec	激光雕刻筒		1.14	

表 5 CTcP 版版材

品牌	型号	类型	感光度	显影加工
富士	FNS	阴图	—	—
	VPV	阳图	3000W20s	—
	VP	阳图	3000W30s	ND－3C
	VPL	阳图	3000W40s	DP－4A
华光	UV－CTP	阳图	3000W14s	PD 型显影液
	YP－S	阳图	3000W20s	—
	YN－Ⅱ	阳图	—	ND－Ⅱ显影液

附录三 CTP 制版机型号及技术规格

表 1　　八开制版机型号及规格

生产商	型号	成像	系统	最大分辨率/dpi	最大成像尺寸/in	上版
Kodak	Lotem 200k	红外 830nm	外鼓式	3556	16. 00/21. 26	半自动
Kodak	Magnus 400S/F Quantum	红外 830nm	外鼓式	25μm 方形网点	26. 00/29. 50	半自动
ECRM	Mako2/2X	紫激光 405nm	平台式	1200/3556	22. 00/26. 40	手动/半自动
Heidelberg	Prisetter52	紫激光 405nm	内鼓式	3386	20. 67/26. 38	全自动（选件）
Presstek/ABD	Dimension200/Vector52	红外 830nm	外鼓式	2540	18. 50/20. 87	手动
Presstek/ABD	Vector TX52	红外 1064nm	内鼓式	2400	13. 38/19. 88	半自动
Presstek	Compass4038	红外激光 830nm	外鼓式	2400	20. 50/20. 50	全自动
Screen	PlateRite Micta/3051vi	紫激光 405nm	平台式	2400	20. 30/22. 80	全自动（选件）
Screen	PlateRite 2055Vi	紫激光 405nm	平台式	3000	25. 00/29. 60	半自动/全自动
Xante	Impressia	红外 830nm	平台式	2400	13. 83/19. 87	全自动
Colenta/LSH	Revolution 4	紫激光 405nm/UV	外鼓式	2540	26. 60/30. 00	半自动/全自动
Andromeda Srl	OptotecOne 540	紫激光 405nm/808nm/UV	内鼓式	2540	20. 40/21. 20	自动
大族数码	炫龙 HD670	红外激光 830nm	外鼓式	2540	22. 00/26. 30	全自动

表 2　　四开制版机型号及规格

生产商	型号	成像	系统	最大分辨率/dpi	最大成像尺寸/in	上版
Agfa	Acento Ⅱ	红外激光 830nm	外鼓式	2400	26. 00/32. 70	全自动（选件）
BasysPrint	UV – Setter5	UV405nm	平台式	1500	27. 00/37. 00	手动
Kodak	Lotem 400	红外 830nm	外鼓式	3556	24. 50/29. 50	全自动（选件）
Kodak	Lotem 400 Quantum	红外 830nm	外鼓式	2540	24. 50/29. 50	全自动（选件）
Kodak	Trendsetter400 Ⅱ Quantum	红外 830nm	外鼓式	2400	30. 00/33. 00	全自动（选件）
ECRM	Mako 4 matic/NewSmatic	紫激光 405nm	平台式	1200/3550	25. 00/36. 50	半自动（选件）
Esher – Grad	Cobalt – 4	紫激光 405nm	内鼓式	3600	24. 21/29. 33	全自动（选件）
Esko – Graphic	PlateDriver Compact	紫激光 405nm	内鼓式	2540	24. 10/29. 30	手动
Esko – Graphic	PlateDriver 4	紫激光 405nm	内鼓式	3200	26. 70/31. 00	全自动（选件）

（续表）

生产商	型号	成像	系统	最大分辨率/dpi	最大成像尺寸/in	上版
Esko - Graphic	PlateDriver 6	紫激光 405nm	内鼓式	3200	26. 70/36. 60	全自动（选件）
Fujifilm	Dart luxel T76000 Ⅱ	红外 830nm	外鼓式	4000	25. 30/32. 70	全自动（选件）
Heidelberg	Prisetter74/F74	紫激光 405nm	内鼓式	3386	26. 38/29. 63	全自动（选件）
Heidelberg	Supersetter74	红外 830nm	外鼓式	2540	26. 77/29. 53	全自动（选件）
HighWater	Python	紫激光 405nm	内鼓式	2540	23. 62/29. 33	手动
Presstek	Dimension400	红外 1064nm	外鼓式	2540	22. 44/29. 53	手动（选件）
Presstek	Dimension800	红外激光 8300nm	外鼓式	2024/3048	26. 80/29. 50	自动
Presstek	Compass4015	红外激光 830nm	外鼓式	2024/3048	26. 77/29. 53	全自动
Luscher	Xpose 75	红外 830nm	内鼓式	2400	25. 59/29. 92	全自动（选件）
Screen	PlateRite 4300/4100	红外 830nm	外鼓式	4000	24. 90/32. 70	全自动（选件）
北京中印周晋	Thumsetter 800M/A	红外激光 830nm	外鼓式	2540	四开	全自动

表 3　对开制版机型号及规格

生产商	型号	成像	系统	最大分辨率/dpi	最大成像尺寸/in	上版
Agfa	GalileoVE/VS/XT	紫激光 405nm	内鼓式	2400	32. 29/44. 50	全自动/半自动
Agfa	Xacaliber45	红外 830nm	外鼓式	2400	32. 29/45. 66	全自动（选件）
Agfa	Avalon N	红外激光 830nm	外鼓式	2540	37. 29/45. 66	全自动/半自动
BasysPrint	UV - Setter7	UV405nm	平台式	1500	32. 00/44. 00	手动
Kodak	Lotem 800 Ⅱ	红外 830nm	外鼓式	2540	35. 60/44. 50	全自动
Kodak	Lotem 800 Ⅱ Quantum	红外 830nm	外鼓式	2540	35. 60/44. 50	全自动（选件）
Kodak	Trendsetter800 Ⅱ	红外 830nm	外鼓式	2400	33. 00/44. 00	全自动（选件）
Kodak	Trendsetter800 Ⅱ Quantum	红外 830nm	外鼓式	2400	33. 00/44. 00	全自动（选件）
Kodak	TrenmoFlex Hybrid	红外激光 830nm	外鼓式	2400	39. 40/47. 20	全自动（选件）
Kodak	Magnus 800Z Quantum	红外激光 830nm	外鼓式	2400	37. 40/45. 70	全自动（选件）
ECRM	MAKO8	紫激光 405nm	平台式	3556	32. 40/45. 00	手动
Esher - Grad	Cobalt - 8	紫激光 405nm	内鼓式	3600	31. 90/40. 50	全自动（选件）
Esko - Graphic	PlateDriver 8	紫激光 405nm	内鼓式	3200	31. 50/42. 30	全自动/半自动
Fujifilm	Javelin luxelT9000	红外 830nm	外鼓式	4000	37. 00/45. 60	全自动（选件）
Fujifilm	Javelin luxelT9000HS	红外 830nm	外鼓式	4000	37. 00/45. 60	全自动（选件）

（续表）

生产商	型号	成像	系统	最大分辨率/dpi	最大成像尺寸/in	上版
Fujifilm	Javelin luxelT9000 Ⅱ	红外 830nm	外鼓式	3657	37.00/45.60	全自动（选件）
Fujifilm	LuxelT－9500I	红外激光 830nm	外鼓式	2400/2438	37.00/45.60	全自动（选件）
Fujifilm	Saber luxel P9600	绿激光 532nm	内鼓式	3657	37.00/45.60	全自动（选件）
Fujifilm	Saber luxel VxP9600	紫激光 405nm	内鼓式	3657	35.40/44.50	全自动（选件）
Heidelberg	Prosetter102/F102	紫激光 405nm	内鼓式	3386	31.93/41.54	全自动（选件）
Heidelberg	Supersetter105	紫激光 405nm	内鼓式	2540	36.61/44.88	全自动（选件）
Heidelberg	Supersetter162/75/32	红外激光 830nm	内鼓式	2400	36.60/44.88	全自动（选件）
Krause	laserStarLS110	紫激光 405nm/绿激光 532nm/红外 1064nm	内鼓式	2540	32.00/41.00	全自动（选件）
Presstek	Compass8022	红外激光 830nm	外鼓式	2400/2540	37.40/45.74	全自动
Luscher	Xpose! Xpose! 130 Xpose! 160 Xpose! 190	红外激光 830nm	内鼓式/外鼓式	3600 2400 2400 2400	37.40/44.48 37.40/44.48 53.90/66.10 63.00/81.90	全自动（选件）
Screen	PlateRite Nigara8200	红外激光 830nm	外鼓式	2540	33.00/41.70	手动
Screen	PlateRite 8600/8000 Ⅱ/8100	红外 830nm	外鼓式	2540	37.00/45.60	全自动/半自动
Screen	PlateRite 8800	红外 830nm	外鼓式	2400	37.00/45.60	全自动/半自动
Screen	Plate Rite 8800E/S/Z/Z	红外激光 830nm	外鼓式	2540	37.00/45.60	全自动
杭州科雷	雷霸 TP－6448/TP－4632/TP－4664	红外激光 830nm	外鼓式	1800/3000	37.00/45.60	全自动
潍坊华光	HG－Rosetla 32NM	红外激光 830nm	外鼓式	2540	37.00/46.00	全自动
北京中印周晋	Thumsetter 1100SM/A	红外激光 830nm	外鼓式	2540	37.00/45.60	全自动
北京华锐精艺	TR800－Ⅰ/Ⅱ/Ⅲ	红外激光 830nm	外鼓式	2540	37.00/45.60	全自动
苏州布鲁赛特机电	Atlas9000	红外激光 830nm	外鼓式	2540	37.00/45.60	自动
松下电器	CX－5000/5070/5045/5035/5025/5020	红外激光 830nm	外鼓式	2540	37.00/45.60	自动
豹驰	Leopard 800	红外激光 830nm	外鼓式	2540	37.00/45.60	半自动
多元电气	DYCTP800I	红外激光 830nm	外鼓式	2540	37.00/45.60	自动
方正电子	雕龙 DL8500	紫激光 405nm	内鼓式	1270/2540	33.46/42.10	自动

表 4 超大幅面制版机型号及规格

生产商	型号	成像	系统	最大分辨率/dpi	最大成像尺寸/in	上版
Agfa	XacaliberVLF	红外 830nm	外鼓式	2400	58.00/80.00	手动
Agfa	Avalon N VLF N16	红外激光 830nm	外鼓式	2400	45.80/57.80	全自动/半自动
Agfa	Avalon N VLF N24	红外激光 830nm	外鼓式	2400	55.10/68.90	全自动/半自动
Agfa	Avalon N VLF N36	红外激光 830nm	外鼓式	2400	63.00/82.60	全自动/半自动
BasysPrint	UV - Setter Ⅱ	UV405nm	平台式	1500	63.00/83.00	手动
Kodak	MagnusVLF 4570	红外 830nm	外鼓式	2540	45.00/70.00	全自动（选件）
Kodak	MagnusVLF 5183	红外 830nm	外鼓式	2540	51.00/83.00	全自动（选件）
Kodak	MagnusVLF 5570	红外 830nm	外鼓式	2540	55.00/70.00	全自动（选件）
Kodak	MagnusVLF 6383	红外 830nm	外鼓式	2540	63.00/83.00	全自动（选件）
Kodak	MagnusVLF 80 Quantum	红外激光 830nm	外鼓式	2400	51.00/89.00	全自动（选件）
Kodak	TrendsetterVLF /VLF - Qu4557	红外 830nm	外鼓式	2400	44.46/57.00	手动
Kodak	Trendsetter VLF/VLF	红外 830nm	外鼓式	2400	49.46/67.00	手动
Kodak	Trendsetter VLF/VLF	红外 830nm	外鼓式	2400	49.46/80.00	手动
Kodak	Trendsetter VLF/VLF	红外 830nm	外鼓式	2400	57.46/80.00	手动
Esher - Grad	Cobalt - 24	紫激光 405nm	内鼓式	3000	50.00/60.00	全自动（选件）
Esher - Grad	Cobalt - 32	紫激光 405nm	内鼓式	3000	60.00/80.00	全自动（选件）
Krause	laserStarLS170	紫激光 405nm/绿激光 532nm/红外 1064nm	内鼓式	2540	54.00/67.00	全自动（选件）
Krause	laserStarLS200	紫激光 405nm/绿激光 532nm/红外 1064nm	内鼓式	2540	54.00/78.00	全自动（选件）
Luscher	Xpose 160	红外 830nm	内鼓式	2400	53.94/66.93	全自动（选件）
Luscher	Xpose 180	红外 830nm	内鼓式	2400	58.46/79.92	全自动（选件）
Screen	PlateRite 32000z	红外 830nm	外鼓式	2540	49.90/83.60	全自动/半自动
Screen	PlateRite Ultima32000	红外激光 830nm	外鼓式	2540	50.00/93.70	全自动/半自动
Screen	PlateRite 16000	红外 830nm	外鼓式	2540	45.00/57.90	全自动/半自动
Screen	Plate Rite Ultima24000	红外激光 830nm	外鼓式	2540	55.10/68.90	全自动
Screen	Plate Rite Ultima 16000/16000 Ⅱ/16000 Ⅱ E/16000S	红外激光 830nm	外鼓式	2400	63.00/82.60	全自动
Screen	Plate Rite 36000	红外激光 830nm	外鼓式	2540	40.55/63.00	全自动

表 5　报纸幅面制版机型号及规格

生产商	型号	成像	系统	最大分辨率/dpi	最大成像尺寸/in	上版
Agfa	Palladio	紫激光 405nm	平台式	2400	21.65/29.33	全自动
Agfa	PalladioXC/XCV	紫激光 405nm/绿激光 532nm	平台式	2540	25.20/36.00	全自动
Agfa	PalladioXDV	紫激光 405nm	平台式	2540	36.00/46.00	全自动
Agfa	PalladioXTV－S/XCV－S	紫激光 405nm	平台式	2540	25.20/40.40	全自动
Agfa	PalladioXT/XTV	紫激光 405nm/绿激光 532nm	平台式	2540	25.20/40.40	全自动
Agfa	PalladioXE/XEV	紫激光 405nm/绿激光 532nm	平台式	2540	24.00/36.00	全自动
Agfa	Advantage	UV405nm	平台式	2540	27.00/42.00	全自动
BasysPrint	UV－Setter N	红外 830nm	平台式	1500	27.00/37.00	手动
Kodak	Trendsetter NEWs	紫激光 405nm	外鼓式	1200	26.00/37.80	全自动
ECRM	NEWS CTP	紫激光 405nm	平台式	2540	25.00/37.80	手动
ECRM	NEWs matic	紫激光 405nm	平台式	2540	25.00/36.50	全自动
Esher－Grad	Cobalt－4news	紫激光 405nm	内鼓式	3600	24.21/29.33	全自动/半自动
Esko－Graphic	Cobalt－6news	紫激光 405nm	内鼓式	3200	26.00/40.00	全自动/半自动
Esko－Graphic	Cobalt－8news	紫激光 405nm	内鼓式	3200	31.90/19.68	全自动/半自动
Krause	laserStarLSN	紫激光 405nm/绿激光 532nm	内鼓式	2540	31.50/40.50	全自动
Krause	laserStarLSJet	绿激光 532nm	内鼓式	1270	25.20/33.10	全自动
Krause	laserStarLSJet Eco	绿激光 532nm	内鼓式	1270	17.30/25.20	全自动
Lastra/Western	DiamondSetter610	绿激光 532nm	平台式	2540	24.00/36.00	全自动
柯达保丽光	Newsetter TH100/180	红外 810nm	平台式	1270	12.2/20.1	全自动
Screen	Plate Rite News	红外 830nm	外鼓式	1270	36.60/45.60	全自动/半自动
Screen	Plate Rite News PT－RN2000S/E	红外激光 830nm	外鼓式	1270	27.00/38.60 18.10/27.00	全自动
Fujifilm	Alinte News 845/930	紫激光 405nm	内鼓式	800/1270	25.00/36.60	全自动
杭州科雷	雷霸 TP－3348NP/TP－3332NP/TP－3364NP	红外激光 830nm	外鼓式	1800/3000	26.00/32.70	全自动

表 6 喷墨型制版机型号及规格

生产商	型号	成像	系统	最大分辨率/dpi	最大成像尺寸
Jet Plate	iSett	喷墨	平台式	2880	18.00in/25.00in
Jet Plate	Jet Plate7800	喷墨	平台式	2880	635mm/927mm
Glunz & Jensen	Plate Writer 2400	喷墨	平台式	2880	B3 幅面
Iris/Scitex	Iris Plate	喷墨	外鼓式	600	711mm/533mm
Dataproducts	Solid inkjet printer SJ02A	喷墨	平台式	1200	670mm/560mm
Lastra	Extema	喷墨	平台式	914	1024mm/816mm
Kodak	IJP－1000	喷墨	平台式	1200	1422mm/1422mm
KIMOTO	Kimosetter 525	喷墨	外鼓式	1080	459mm/525mm

表 7 CTS 制版机型号及规格

公司	Berg Enginering	KTWO	Luseher AC	Perfecta	Sevica
系统名称	Steneil Writer	Image jet	JetScreenF（flat）Jet Screen R（rotary）	Jet Screen F（flat）Jet Screen R（rotary）	Steneil Master
输出介质	氩激光	压电喷墨 专利蜡状态可变油墨	压电喷墨 专利蜡状态可变油墨	热喷墨 专利水溶性油墨	压电喷墨 专利蜡状态可变油墨
系统平台	Mac/PC/Sun	Mac/Windows UNIX	Mac/Windows UNIX	Mac/Windows	Mac/Windows/UNIX
阅读格式	PostScript Level 2/TIFF/EPS/PICT DCS	PostScript Level2/TIFF EPS	PostScript Level2/TIFF/EPS	PostScript Level2/TIFF/EPS/HPGL/DXF	PostScript Level2/TIFF/EPS
RIP 软件	Adobe PostScript Level 2 兼容软件	专利 RIP 或兼容 RIP	Harleguin Sciptworks	Onyx Postershop Por 或 Perfexta Printex	Chelgraph UNIX Solaris2.5 Netware
其他兼容 RIP	没有建议	Rippil Cactus ScanVec，Visual Edge	可以	可以	没有建议
RIP 服务器	Power PC	Pentium PC	Pentium with Windows NT	Pentium PC	SunSPARC
输出分辨率/dpi	1270 和 2540	150300600	409～633	300 和 600	150～600
操作环境	黄光和安全红光	黄光和安全红光	黄光和安全红光	黄光和安全红光	黄光和安全红光
网版兼容性	间接制版	所有直接，间接制版方式	所有直接制版方式	所有直接制版方式	所有直接制版方式

表 8　　柔性版制版机型号及规格

生产商	设备名称	型号	曝光方式	材料	特点
杜邦	Cyrel Fast	1000TD/TD4260/1000ECLF/2000ECLF	热显影	Cyrel DFH	环保、热显影
Stork Prints	Agrios	512X	CO_2 激光 2×500W	柔版	激光雕刻
HELL Gravure system	HelioFlex	F2000	纤维激光	凹柔版	激光雕刻
克里奥赛天使	ThermoFlex	5280，5067，2630	830nm 激光	柔版	激光雕刻
Eske	CDI Spark	Spark2120	高功率纤维激光	DPS \ DPH	烧蚀型
	CDI Spark XT	Spark4260			
	CDI Advance	Advance5080			
	CDI Compace	Compace4835			
FexoLaser	FexoLaser	FLEXOLASEK	纤维激光	凸柔版	激光雕刻
MDC	Digilas	Schepers Digilas	YAG	凹柔版	激光雕刻
俄亥俄薛派士	凹柔制版机	—	YAG	凹柔版	激光雕刻
Lotem	Flex40/45	Lotem Flex40/45	氩离子激光	柔版	激光雕刻
Omniseter	Digital Misomex	Omnisetter	氩离子激光	柔性版、胶印	激光雕刻
Screen	Plate Rite	FX890	红外激光	杜邦和 Cyral 柔版	热敏成像
Screen	Plate Rite	FX1524	红外	TOK，杜邦和 Toray 等	热敏成像